"机械工程材料"国家立项精品课程教材

普通高等学校省级规划教材

工程材料基础

（第2版）

吴玉程　主编

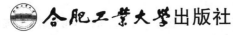

合肥工业大学出版社

图书在版编目(CIP)数据

工程材料基础/吴玉程主编. —2 版. —合肥:合肥工业大学出版社,2022.1
ISBN 978 - 7 - 5650 - 5660 - 4

Ⅰ.①工…　Ⅱ.①吴…　Ⅲ.①工程材料—教材　Ⅳ.①TB3

中国版本图书馆 CIP 数据核字(2022)第 015737 号

工程材料基础(第 2 版)
GONGCHENG CAILIAO JICHU

吴玉程　主编		责任编辑　张择瑞　汪　钵	
出　版	合肥工业大学出版社	版　次	2014 年 12 月第 1 版
地　址	合肥市屯溪路 193 号		2022 年 1 月第 2 版
邮　编	230009	印　次	2022 年 1 月第 3 次印刷
电　话	理工图书出版中心:0551 - 62903204	开　本	787 毫米×1092 毫米　1/16
	营销与储运管理中心:0551 - 62903198	印　张	23　字　数　518 千字
网　址	www.hfutpress.com.cn	印　刷	安徽昶颉包装印务有限责任公司
E-mail	hfutpress@163.com	发　行	全国新华书店

ISBN 978 - 7 - 5650 - 5660 - 4　　　　　　　　　　　定价:58.00 元

如果有影响阅读的印装质量问题,请与出版社营销与储运管理中心联系调换。

前　　言

　　《工程材料基础》是安徽省高等学校"十一五"省级规划教材,以合肥工业大学的国家立项精品课程"机械工程材料"为基础,根据教育部全国高等学校机械工程专业教学指导委员会关于机械类专业人才的培养标准,结合课程组多年的教学实践编写。"中国制造2025"的快速推进,使我国逐步迈向高端装备、智能制造强国行列。随着"新工科"人才培养模式改革的深入,编者在教学实践基础上,启动《工程材料基础》的修订工作,拟申报省级"十四五"规划教材。

　　"工程材料基础"是机械与运载类专业的一门重要的专业技术基础课,涵盖范围广,从工程材料的应用出发,阐明工程材料所涉及的基本理论,如材料的基本结构、基本相图、结晶过程、变形机理及强化机制,介绍材料的成分、加工工艺、组织、结构与性能之间的关系及常用的工程材料的结构、性能及应用。目的是让学生通过课程学习,在掌握工程材料基本理论和基本知识的基础上,具备根据零件的使用条件和性能要求合理选择材料并制订零件加工工艺、热处理工艺路线的初步能力,且能够对失效零件的失效原因做初步分析。

　　本书分为三篇,共9章,包含工程材料的基本理论,常用工程材料和机械零件的失效、强化、选材及工程材料的应用三大模块。内容选择上既注重材料科学的基本理论和知识,也突出工程材料在实际生产生活中的应用;重点介绍传统结构材料,也适当介绍新型的功能材料和纳米材料,注意理论联系实际,加强学生的基本理论素养和实际工程技术能力的培养。本书可作为高等学校机械、机电、车辆、能源动力工程及建筑工程等工科相关专业的教材,也可用作从事机械零件设计和加工工艺的工程技术人员及管理人员的培训教材和参考资料。

　　本书由合肥工业大学吴玉程教授主编,合肥工业大学工程材料课程组成员共同修订完成,其中吴玉程编写绪论、第2章,杜晓东编写第1章,徐光青编写第3章,秦永强编写第4章,张学斌编写第5章,王岩编写第6、7章,崔接武编写第8章,余东波编写第9章,崔接武负责统稿。在本书修订过程中,部分材料专业教学指导委员会和机械专业教学指导委员会的委员提出了宝贵意见,同时,参阅了部分国内外相关教材、著作及科技论文,在此一并表示感谢。

　　由于编者学识有限,书中不妥之处在所难免,恳请读者批评指正。

编　者

2021 年 7 月

目　　录

第一篇　工程材料的基本理论

第二篇　工程材料

第三篇　机械零件的失效、强化、选材及工程材料的应用

0　绪　论

材料是人类生活和生产必需的物质基础,一切发展离不开材料。材料是人类进步的里程碑,每个时代都记载着材料的贡献,材料的发展为其他技术的发展提供了基础,并带来新的技术生长点。技术与产业的发展见证了"一代材料,一代装备,一代器件"的历程,材料科技的发展水平也是国家实力的象征,材料科技必须支撑传统产业的转型升级,支撑经济的高质量发展,支撑供给侧结构改革,这是我国发展的历史阶段对材料科技提出的基本要求。

0.1　材料的含义及分类

材料是人类用于制造物品、器件、构件、机器或其他产品的物质的统称。材料是物质,有时人们又称原材料,但不是所有物质都可以称为材料,如燃料和化学原料、工业化学品、食物和药物一般不算作材料。另外,广义的材料可包括人们思想意识之外的所有物质。

材料与工农业生产、国防建设、科学技术研究和人民生活密切相关。20世纪70年代人们把信息、材料和能源称为当代文明的三大支柱,其中材料又是信息和能源科技的基础。80年代以高技术群为代表的新技术革命,又把新材料、信息技术和生物技术并列为新技术革命的重要标志。新材料的问世和广泛使用促进了生产方式的变革,推动整个社会和经济的发展。

材料的种类繁多,可以按照不同的方式对材料进行分类。

(1)按用途分类:结构材料(承载)和功能材料(光、电、声、磁、应力转换、半导体、超导等)。结构材料是以力学性能为基础,制造受力构件时所用的一类材料,对物理或化学性能有一定要求,如光泽、热导率、抗辐照、抗腐蚀与抗氧化等;功能材料则主要是利用物质的独特物理、化学性质或生物功能等形成的一类材料。

(2)按属性(化学组成)分类:金属材料、无机非金属材料、有机高分子材料和各种类型复合材料。

(3)按物理形态分类:晶体材料(单晶、多晶和准晶材料)、非晶体材料、纳米材料(按尺度分为零维、一维、二维、三维材料)等。

(4)按服役领域分类:电子信息材料、空天材料、能源材料和生物医用材料等。

(5)按材料的发展分类:传统材料和新材料。其中,传统材料是指那些已经成熟且在工业中批量生产并大量应用的一类材料,如钢铁、水泥和塑料等。该类材料生产量大、产值高、涉及面广泛,是很多支柱产业的基础,所以又称为基础材料。新材料是指正在发展且具有超传统优异性能或超常态特殊功能,可以实现从基础到颠覆的跨越,有望广阔应用且产生变革的一类材料。新材料与传统材料之间并没有明显的界限,传统材料可通过新技术,提高技术含量及性能,大幅度增加附加值,从而成为新材料;新材料在经过长期生产与应用后也成为传统材料。传统材料是发展新材料和高技术的基础,而新材料又能推动传统材料的进一步发展。

0.2 材料的发展历程

材料的发展史是人类社会的发展史,也是科学技术的发展史。古代的石器、青铜器、铁器等的兴起和广泛利用,极大地改变了人们的生活和生产方式,对社会进步起到了关键的推动作用,这些具体的材料曾被历史学家作为划分某一个时代的重要标志,如石器时代、青铜器时代、铁器时代、钢时代、硅时代、新材料时代,是人类社会进化和发展的里程碑。

1. 石器时代

自然界中大量存在,不经过加工或经过较简单加工即可直接利用,如石斧、石锄和石镰等(浙江湖州的马桥文化,距今 4000 年),如图 0-1 所示。人类开始了刀耕火种的生活方式,促进人体成长和劳动技能训练。

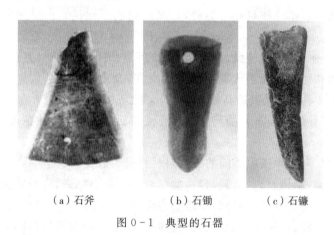

(a)石斧   (b)石锄   (c)石镰

图 0-1 典型的石器

2. 青铜器时代

随着人类文明的发展,火的应用越来越广泛,冶铜术和铸造技术达到一定水平,以铜材料的铸冶为标志的青铜器时代到来。青铜器是由铜和锡制成的各种器具,其冶炼温度较低,成型性好,是人类最早大规模利用的金属材料。青铜器代表着我国自夏代末期至秦汉时期高超的技术与文化,其中杰出的代表作品有司母戊鼎(商)、四羊方尊(商)、青铜爵(夏)、秦始皇陵一号铜马车(秦)和铜奔马(汉)等(图 0-2)。

3. 铁器时代

铁器是以铁矿石冶炼加工制成的器物,铁器的出现使人类历史产生了划时代的进

步,春秋战国时代是我国的早期铁器时代。铁器的主要类型有农具、手工具和兵器等,使
人类的工具制造进入全新的领域,提高了生产力。由于铁的价格便宜且耐磨性高于青
铜,铁质农具既能大面积推广也更加耐用,极大地促进了农业生产发展,军事进步。典型
的铁器如图 0-3 所示。

（a）司母戊鼎　　　　　（b）四羊方尊　　　　（c）青铜爵

（d）铜马车　　　　　　（e）铜奔马

图 0-2　典型的青铜器件

（a）沧州铁狮　　　　　　（b）玉泉铁塔

图 0-3　典型的铁器

4. 钢时代

19 世纪下半叶,由于钢铁冶炼技术进步,钢得以大量生产且质量大幅度提高。随着工具钢、不锈钢等逐渐问世,钢的材料性能和工具制造等水平不断提升,在机械制造、铁路建设、房屋桥梁建筑和武器装备等方面广泛应用。当时,钢铁工业的发展如日中天,导致重工业在工业中的比例直线上升,史称"钢铁时代",人类进入工业经济的文明社会。第二次世界大战期间,战列舰、坦克等武器装备的大量生产和使用促进了钢铁材料的迅猛发展。

5. 硅时代

自从 1958 年罗伯特·诺伊斯发明了基于硅的集成电路,人类正式进入硅时代,一场全新的电子革命拉开序幕。半导体硅材料几乎支撑了整个微电子器件的发展,从电子管、晶体管、集成电路的高速发展(图 0-4),到器件的小型化、运算速度、存储密度均得到极大的发展。如今,迅猛发展的信息产业提供便捷的信息存储、通信和交通等,都得益于硅材料的运用与发展。

 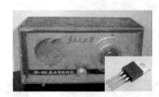 

(a)电子管器件　　　　(b)晶体管器件　　　　(c)集成电路器件

图 0-4　典型的微电子器件

半导体产业是现代信息社会的基础,是保障经济社会发展和国家安全的战略性、基础性和先导性产业,其中第三代半导体产业前景光明,商业化的 SiC、GaN 电力电子器件新品不断推出,性能和技术水平日益提升,应用逐渐广泛。

6. 新材料时代

如今,人类社会已经进入以人工合成为特征的新材料时代,技术方面的突破大多与新材料的发展和加工合成紧密相连。新材料是以人造为特征,根据所了解的材料的物理化学性能,为特定需要设计和加工的材料。新材料时代是一个由多种材料决定社会和经济发展的时代,主要的新材料有复合材料、生物替代材料、仿生材料、超导材料、储氢材料和光伏材料等。

精确控制材料的成分和组织结构,以及加工合成工艺的发展,使晶体管的微型化成为可能,高性能计算机、高密度存储、移动通信等产品得到飞速发展,电子技术革命影响着现代生活的各个方面;质量轻、强度高的铝合金和钛合金的发展,镍基高温合金的发明和改进,均大幅提升了航空发动机的性能,为航空、航天工业的发展提供了强劲的动力;航天飞机在通过地球大气层时,机体表面与大气之间的摩擦产生超过 1600℃的高温,可熔化目前制备机架的任何金属材料,表面涂覆硅酸盐玻璃的氧化硅瓦片可用于温度低于 1260℃的机架表面隔热,而碳/碳复合材料涂层的使用温度可达到 1600℃以上,这些均使航天飞机重复往返于太空和地球之间成为可能。

汽车工业的高速发展对汽车材料提出了越来越高的性能要求,如轻量化、低噪声、高舒适度及高安全性等,其中汽车轻量化是应对目前资源消耗危机的重要举措之一。据研究报道,汽车自重每减轻 10%,燃油消耗可降低 6%~8%,因此轻量化对节约能源、减少排放、实施可持续发展战略具有重要意义。为实现汽车材料的轻量化,一方面可以逐步降低钢材的使用量,提高有色金属、陶瓷、聚合物和复合材料等新材料的用量,并且在性能可靠的前提下大量采用密度低的轻质材料,如铝合金、镁合金、塑料及轻质复合材料等;另一方面可以采用高强度钢材,在满足力学性能的前提下相应降低钢材的使用量。

在新一轮科技革命和产业变革形势下,新材料及其相关技术正在加紧融合和发展,材料基因组计划、智能仿生超材料、石墨烯和增材制造等新技术蓬勃兴起,"互联网+""人工智能+"等新模式推陈出新,新材料与信息、能源和生物等高技术领域交叉融合、更新迭代,这不仅会引发科技革命,还会催生经济增长。

0.3 材料科学的发展趋势

1. 材料设计实现新方法

材料设计从"炒菜式"的成分设计发展到"计算机炒菜"的材料基因组计划,通过高通量计算、高通量实验等手段,突破传统材料设计理念与方法,提高材料制备效率和性能预测精准性。

2. 从单一材料向复合材料发展

材料依靠复合组元的成分和结构、性能优势复合化。通过"复合效应",材料形成多功能复合材料体系。从稻草混泥巴的墙体材料,到颗粒、纤维增强复合材料(金属基、陶瓷基、高分子基),再到纳米晶须、碳纳米管增强复合材料,复合材料的优势更加显著。

3. 高性能结构材料的开发

高性能结构材料是支撑航空航天、交通运输、电子信息、能源动力、深海探测及国家重大基础工程建设等领域的重要物质基础,也是目前国际上竞争较为激烈的高技术新材料之一。

4. 材料结构的尺度逐步减小

微纳技术的发展既让现有微电子器件的进一步小型化发展受到制约,也为基于单电子传输的量子器件、纳米器件提供基础,为进一步提高材料的性能与应用拓展了思路。

5. 具有主动性的智能材料

智能材料(intelligent material)是一种可以感知外部刺激,能够判断并适当处理且本身可执行特殊功能的新型功能材料。智能材料是继天然材料、合成高分子材料、人工设计材料之后的第四代材料,是现代高技术新材料发展的重要方向之一,将支撑未来高技术的发展,使传统意义下的功能材料和结构材料之间的界线逐渐消失,实现材料的结构功能化、功能多样化。科学家预言,智能材料的研制和大规模应用将导致材料科学发展重大革命。一般智能材料有七大功能,即传感功能、反馈功能、信息识别与积累功能、响应功能、自诊断能力、自修复能力和自适应能力。

6. 生命健康与生物医用材料

随着人类对生命健康的关切,相应材料也有很大的发展空间。生物医用材料又称生物材料,是指用于人体组织和器官的诊断、治疗、修复和替换组织,或增进其功能的一类高技术新材料,即用于取代、修复活组织的天然或人造材料,其作用药物不可替代。生物材料由最初的生物惰性材料,发展到具有生物活性或生物可降解性的材料,再逐步发展到具有性能兼具性、可调性和智能性的新一代材料。

0.4 工程材料的应用

工程材料主要指用于制造各种设备、产品的结构件和零部件,以及各种加工模具的材料,其应用领域广泛,包括机械工程、船舶工程、电器工程、建筑工程、化工工程和航空航天工程等。

（a）卫星

（b）大桥

（c）汽车

（d）零件

图 0-5 工程材料的应用

工程材料按材料组成和结合键的性能可分为金属材料、无机非金属材料、高分子材料和复合材料,这些材料因原子间结合方式的不同,在加工方式、性能及应用上存在极大的差异,构成现代工业材料的四大体系。

金属材料目前仍是工业应用中用量最大、应用最广泛的工程材料,其中又以钢铁材料的应用最为广泛,有色金属铜、铝等材料应用比例逐步增大。无机非金属材料中的陶瓷材料因其高硬度,优良的耐热、耐磨、耐蚀性能及电绝缘等特性,成为某些特殊领域中不可替代的材料,如内燃机的火花塞、火箭尾喷管喷嘴及其他高温构件。高分子材料是以分子键和共价键结合为主的材料,具有塑形、耐蚀性、电绝缘性、减振性好及密度小的特点,包括塑料、橡胶及合成纤维等,在国民经济的各个部门得到广泛的应用。复合材料是上述 3 种材料之间以基体和增强相的形式复合而成的一种新型材料,其不仅可以综合发挥不同材料的优点,使其性能优于单一的基体材料,并且可以通过调整材料的组分从而获得需要的性能。复合材料可分为金属基复合材料、陶瓷基复合材料和聚合物基复合材料,如航空发动机中承受高温的材料是氧化物粒子弥散强化的镍基合金复合材料,高级体育器械多采用的是密度低、弹性好和强度高的碳纤维复合材料。

目前,金属材料仍然是机械工程领域的主导材料,其成分、组织、加工工艺、热处理工艺与最终的性能、材料的失效与选材分析之间具有内在的关联性。对于从事机械设计、制造、使用、管理工作的工程技术人员而言,掌握机械工程材料的基本知识是非常重要的。当进行机械设计时,需要根据零件的服役条件选择合适的材料,制订合适的热处理工艺,从而使各零部件结构合理、功效良好、加工方便;当进行加工制造时,需要考虑零件的选材、成型工艺、热处理工艺是否合理,有无其他替代材料或加工工艺;当设备发生故障时,需要根据零件的失效情况,从选材、材质供应、加工过程、热处理过程、使用及维护过程中找出产生零件失效的环节,分析零件失效的原因。

0.5　本书的主要内容

本书作为高等学校机械类、交通类等专业的基础课教材,着重阐述金属与合金的化学成分、结构、组织与性能之间的内在联系及在各种条件下的变化规律,比较全面系统地介绍金属与合金的晶体结构、金属与合金的相图与结晶、塑性变形与再结晶、固态金属相变与扩散的基本理论、材料强化的基本工艺方法,以及常用的金属材料、非金属材料、高分子材料和复合材料。本书可以使相关专业学生掌握材料科学的基础知识,熟悉常用工程材料(碳钢、合金钢、铸铁、有色金属、陶瓷、高分子材料、复合材料等)的成分、加工工艺、组织结构与性能之间的关系及变化规律,了解常用材料的分类、性能、应用领域、选材原则及失效分析方法,从而初步具备选用常用材料、合理制订加工工艺及热处理工艺路线的能力。

本书的主要内容分为三大部分:工程材料的基本理论,工程材料,机械零件的失效、强化、选材及工程材料的应用。

(1)工程材料的基本理论:介绍材料的基本结构和性能参数、金属材料的基本结晶过程、相图的基本理论、塑形变形与再结晶的基本理论、钢的热处理原理及热处理工艺,为进一步学习奠定基础。

(2)工程材料:掌握常用的碳钢、合金钢、铸铁、有色金属及其合金的牌号、成分、组织、性能及用途;掌握高分子材料、陶瓷材料、复合材料的分类、性能特点和应用领域;了解新型功能材料、纳米材料的性能及应用,为合理选材提供基础。

(3)机械零件的失效、强化、选材及工程材料的应用:掌握材料各种失效机理及其防护措施、失效分析方法及工程材料常用的强韧化机理,了解工程材料的选材特点及行业中的应用。

第一篇 工程材料的基本理论

第1章　材料的结构与性能

材料的使用性能取决于其成分、组织和结构,其中材料的结构对其性能起到决定性作用。本章主要探求材料的结构与性能之间的关系,揭示结构与性能之间的内在联系及其基本规律,为材料的选择、设计与应用奠定理论基础。

1.1　材料的键合方式

材料的最基本结构单元是原子(离子为带电的原子)。材料中的原子不是简单地堆砌,而是存在强烈的相互作用。原子靠结合键构成分子或聚结成固体,分子之间也靠结合键聚结成固体状态。键的实质是一种力,所以有时也称为键力。

结合键可分为化学键和物理键两大类。化学上把材料中原子间(有时原子得失电子转变成离子)的强烈作用力称为化学键。化学键为主价键,它包括金属键、离子键和共价键;物理键为次价键,也称范德华力(van der Waals force)。此外,还有一种称为氢键,其性质介于化学键和范德华力之间。

有些材料是由分子构成,分子内部的原子的键合主要是共价键,分子之间则由范德华力键合在一起。

1.1.1　金属键

金属原子的构造特点是围绕原子核运动的最外层电子(称为价电子)数很少,通常只有1~2个,且与原子核的结合力较弱,容易失去。当原子聚集成为固体金属时,每个原子的外层电子为全体原子所共有,共有化的电子(也称自由电子)在金属中自由运动,构成电子云,原子失去电子后变成正离子。这些共有化的自由电子和正离子依靠静电引力相结合,这种结合方式称为金属键。图1-1为金属键模型示意图。

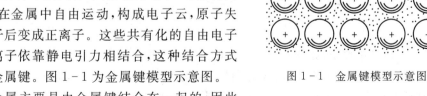

图1-1　金属键模型示意图

金属主要是由金属键结合在一起的,因此表现出许多不同于离子键晶体和共价键晶体的宏观特性。金属中的自由电子可以在一定的电位差下做定向运动,构成金属优良的导电性;同时,这种定向运动也能传递热能,使金属热量的传递能力比单纯依靠金属离子的振动要强得多,因此金属具有良好的导热性；金属中的自由电子易吸收可见光的能量，使其不能穿过金属，因此金属具有不透明性；自由电子吸收了可见光能量后，被激发到较高的能级，当它跃迁回原来低能级时又重新辐射出吸收的可见光，因此金属有光泽性。

在外电场作用下，加速运动的自由电子与偏离平衡位置的金属正离子发生碰撞，使电子运动速率降低，宏观上表现为电阻。当金属温度升高时，正离子热运动加剧，碰撞概率增大，金属的电阻随温度的升高而增大，因而金属具有正电阻温度系数。

当金属原子发生相对位移时，金属正离子(或原子)始终沉浸在电子云中，正离子和电子仍然保持结合，因此金属可以变形但不发生破坏，具有良好的塑性。

1.1.2 离子键

大多数盐类、碱类和金属氧化物主要以离子键的方式结合。离子键是由电子转移(失去电子者为阳离子，获得电子者为阴离子)形成的，即正离子和负离子之间由于静电引力所形成的化学键。这种结合方式实质是金属原子的最外层的价电子给予非金属原子后成为带正电的正离子，而非金属原子得到价电子后成为带负电的负离子，正负离子依靠它们之间的静电引力相结合，因此离子键的基本特点是以离子而不是以原子为结合单元。离子键要求正负离子相间排列，并使异号离子之间的吸引力达到最大，而同号离子间的斥力为最小，如图 1-2 所示。因此，决定离子晶体结构的因素是正负离子的电荷及几何因素。离子晶体中的离子一般有较高的配位数。

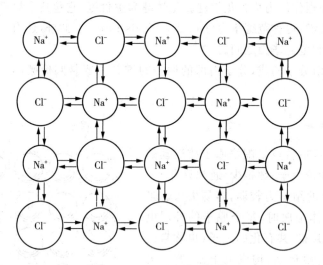

图 1-2 NaCl 离子示意图

离子既可以是单离子，如 Na^+、Cl^-；也可以由原子团形成，如 SO_4^{2-}、NO_3^- 等。

离子键的作用力强，无饱和性，无方向性。离子键形成的矿物总是以离子晶体的形式存在，其熔点和硬度均较高。另外，在离子晶体中，很难产生自由运动的电子，因此它们都是良好的电绝缘体。但当处在高温熔融状时，正负离子在外电场作用下可以自由运动，即呈现离子导电性。

1.1.3　共价键

共价键是指由两个或多个电负性相差较小的原子间通过共用电子对而形成的化学键。

相邻两个原子之间自旋方向相反的电子相互配对,形成共价键。此时,原子轨道相互重叠,两核间的电子云密度相对增大,从而增加对两核的引力。共价键的作用力很强,有饱和性与方向性。因为只有自旋方向相反的电子才能配对成键,所以共价键有饱和性。另外,原子轨道互相重叠时,必须满足对称条件和最大重叠条件,因此共价键有方向性。根据共用电子对在两成键原子之间是否偏向某一个原子,共价键又可分为以下3 种。

(1)非极性共价键

形成共价键的电子云正好位于键合的两个原子正中间,如金刚石的 C—C 键。

(2)极性共价键

形成共价键的电子云偏向对电子引力较大的一个原子,如 Pb—S 键,电子云偏于 S一侧,可表示为 Pb→S。

(3)配价键

共享的电子对只有一个原子单独提供,如 Zn—S 键,共享的电子对由 Zn 提供。

共价键可以形成两类晶体,即原子晶体与分子晶体:①原子晶体的晶格结点上排列着原子,原子之间为共价键;②分子晶体的晶格结点上排列着分子(极性分子或非极性分子),分子之间为分子间力,在某些晶体中还存在氢键。

由共价键形成的晶体中,各个键之间都有确定的方位,配位数比较小。共价键的结合极为牢固,因此共价晶体具有结构稳定、熔点高、质硬脆等特点。由于束缚在相邻原子间的"共用电子对"不能自由地运动,共价键结合形成的材料一般是绝缘体,其导电能力差。

1.1.4　分子间作用力

金属键、离子键和共价键这 3 种化学键是指分子或晶体内部原子或离子间的强烈作用力,但是它们没有包括所有其他可能的作用力,如氯气、氨气和二氧化碳气在一定的条件下可以液化或凝固成液氯、液氨和干冰(二氧化碳的晶体),这说明在分子之间还有一种作用力存在,这种作用力称为分子间力(范德华力),有时也称为分子键。

分子间力与分子的极性有关,虽然每个原子或分子都是独立的单元,但是近邻原子有时会相互作用引起电荷位移,从而形成偶极子。因此,分子有极性分子和非极性分子之分,其根据是分子中的正负电荷中心是否重合,重合者为非极性分子,不重合者为极性分子。范德华力借助极性分子中微弱、瞬时的电偶极矩的感应作用使原来具有稳定的原子结构的原子或分子相结合(图 1-3)。

分子间力包括 3 种作用力,即色散力、诱导力和取向力。①当非极性分子相互靠近时,电子的不断运动和原子核的不断振动使每一瞬间正、负电荷中心都重合是不可能的,但是在

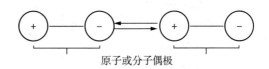

原子或分子偶极

图 1-3　极性分子作用力示意图

某一瞬间会有一个偶极存在,这种偶极称为瞬时偶极。同极相斥,异极相吸,瞬时偶极之间产生的分子间力称为色散力。任何分子(不论极性或非极性)互相靠近时,都存在色散力。②当极性分子和非极性分子靠近时,除了存在色散力作用外,非极性分子受极性分子电场的影响会产生诱导偶极,这种诱导偶极和极性分子的固有偶极之间所产生的吸引力称为诱导力。同时,诱导偶极又作用于极性分子,使其偶极长度增加,从而进一步加强它们之间的吸引。③当极性分子相互靠近时,色散力也会起到作用。此外,极性分子之间的固有偶极之间,同极相斥,异极相吸,两个分子在空间按异极相邻的状态取向,这种固有偶极之间的取向而引起的分子间力称为取向力。取向力使极性分子更加靠近,并且在相邻分子的固有偶极作用下,使每个分子的正、负电荷中心更加分开,产生诱导偶极,可知极性分子之间还存在着诱导力。总之,非极性分子之间只存在色散力,极性分子和非极性分子之间存在色散力和诱导力,极性分子之间存在色散、诱导力和取向力。色散力、诱导力和取向力的总和即为分子间作用力。

分子间作用力没有方向性与饱和性,键力较弱。

1.1.5 氢键

氢原子和电负性较大的 X 原子(如 F、O、N 原子)以共价键方式结合后,共用电子对强烈地偏向 X 原子,使氢核几乎"裸露",这种"裸露"的氢核体积较小,不带内层电子,不易被其他原子的电子云排斥,它还能吸引另一个电负性较大的 Y 原子(如 F、O、N 原子)中的独对电子云,从而形成氢键,可以表示成 X—H⋯Y 的形式,其中,"⋯"表示氢键。X、Y 可以是同种元素也可以是不同种元素。

除了 HF、H_2O、NH_3 这 3 种氢化物能够形成氢键之外,无机含氧酸、羟酸、醇、胺及和生命有关的蛋白质等许多类物质也都存在氢键。在一些矿物晶体,如高岭土中,局部存在氢键。

金属键、离子键、共价键、分子键和氢键的主要特点如表 1-1 所示。

表 1-1 各种结合键的主要特点

类型	作用力来源	键合强弱	所形成的晶体特点
金属键	自由电子气与正离子实之间的库仑引力	较强	无方向性键,结构密堆,配位数高,塑性较好,有光泽,良好的导热,导电性
离子键	原子得、失电子后形成负、正离子,正负离子间的库仑引力	最强	无方向性键、高配位数、高熔点、高强度、高硬度、低膨胀系数、塑性较差、固态不导电、熔态离子导电
共价键	相邻原子价电子各处于相反的自旋状态,原子核间的库仑引力	强	有方向性键、低配位数、高熔点、高强度、高硬度、低膨胀系数、塑性较差、即使在熔态也不导电
范德华力	原子间瞬时电偶极矩的感应作用	最弱	无方向性键、结构密堆、高熔点、绝缘
氢键	氢原子核与极性分子间的库仑引力	弱	有方向性和饱和性

1.2　晶体结构

1.2.1　晶体的概念

固态物质按其内部原子(或分子)的聚集状态可以分为晶体和非晶体两大类,自然界中的固体物质除少数(如普通玻璃、松香等)外,绝大多数是晶体。

晶体是指内部质点(原子、离子或分子)在三维空间按一定规律进行周期性重复排列的固体。而非晶体中的质点在三维空间中排列则是杂乱无章的,个别在局部区域呈短程规则排列。晶体与非晶体的根本区别在于内部质点排列的规律性不同,即结构不同,因此两者性能具有差异。

(1)晶体有一定的熔点,而非晶体则没有。晶体在熔点以上为非晶体状态的液体,而在临界温度以下液体转变为晶体。对于一定的晶体,其熔点是恒定值,即晶体的固、液态转变具有突变。非晶体的固态与液态之间的转变则是逐渐过渡的,没有明显的熔点,在由固态变为液态的熔化过程中,存在一个软化的温度范围。

(2)晶体具有各向异性,而非晶体则具有各向同性。在晶体中,沿晶体不同方向测得的性能(如导电性、导热性、弹性、强度及外表面的化学性质等)并不相同,这种现象称为各向异性。例如,沿铜单晶体不同方向测得的弹性模量最大值为 191000MPa,最小值为66700MPa,两者之比约为 2.86,可见沿晶体不同方向,其性能各有差异。而在非晶体中,其性能不因方向而异,称为各向同性。

(3)晶体可以有规则外形,也可以有不规则外形。自然界常见的许多晶体(如天然金刚石、结晶盐、水晶等)有规则的外形,但不能据此把是否具有规则外形作为判断是否为晶体的标准。因为晶体是否具有规则外形与晶体的形成条件有关,如果条件不具备,晶体也可能有不规则的外形。晶体与非晶体的本质区别在于内部质点排列是否有规律而非其外形。

尽管晶体与非晶体有上述区别,但在一定条件下,晶体与非晶体可以相互转化。例如,液态金属在极快速冷却条件下(冷却速率大于 10^6 K/s),其原子没有充分时间形成规则排列,就会凝固成非晶态的固体金属(又称金属玻璃);而作为典型非晶体的玻璃,经长时间高温加热后,原子可以在三维空间中呈规则排列,即形成晶态玻璃。晶态与非晶态之间的转变,会使其性能发生极大的变化。

1. 晶格与晶胞

假设晶体中的原子(离子、分子)都是固定不动的钢球,晶体就是由这些钢球堆垛而成的,称为钢球堆垛模型,如图 1-4(a)所示。

钢球堆垛模型非常直观,但是据此无法清楚了解晶体内部的质点排列规律,不易确定原子与原子之间的距离、原子列与原子列之间的夹角等,不便于晶体的研究。为此,可用几何点代替钢球,即将晶体的内部质点抽象为几何点,得到由几何点构成的空间构架,这种空间构架称为空间点阵或晶格,如图1-4(b)所示。用来代替质点的几何点称为阵点或结点,阵点可以是原子或离子本身的位置,也可以是彼此相同的原子群或离子群中心,其主要特征是每个阵点周围空间的环境相同。

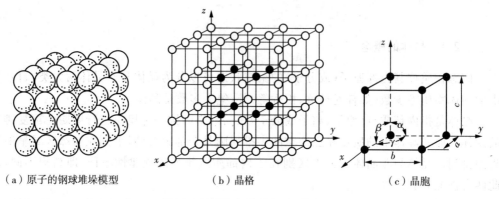

（a）原子的钢球堆垛模型　　　　（b）晶格　　　　（c）晶胞

图1-4　晶体中原子排列示意图

在三维空间中,晶体中的原子排列具有周期性,因此,晶格实际可看成由许多基本单元堆砌而成,这种能反映点阵特征的最小的几何单元称为晶胞,如图1-4(c)所示。通过描述晶胞的结构,可以描述整个晶格的晶体结构。通常,晶胞的大小和形状用3条棱边的长度a、b、c及棱边的夹角α、β、γ共6个参数来表示。晶胞棱边长度称为点阵常数或晶格常数,棱边的夹角称为轴间夹角。

为研究方便,根据晶格常数和轴间夹角的特征(在晶胞的6个参数中,a、b、c是否相等,α、β、γ是否相等,α、β、γ是否成直角,而不涉及晶胞中阵点的具体排列),可将所有晶格归为7种晶系,如表1-2所示。若考虑同一晶系中阵点的排列不同,又可将7种晶系分为14种空间点阵,如图1-5所示。

表1-2　空间点阵和晶系

晶系	特征	空间点阵	空间点阵特征
三斜	$a \neq b \neq c, \alpha \neq \beta \neq \gamma \neq 90°$	简单三斜点阵(a)	—
单斜	$a \neq b \neq c, \alpha = \beta = 90° \neq \gamma$	简单单斜点阵(b)	—
		底心单斜点阵(c)	晶胞上下底面中心各有一个原子
正交	$a \neq b \neq c, \alpha = \beta = \gamma = 90°$	简单正交点阵(d)	—
		底心正交点阵(e)	晶胞上下底面中心各有一个原子
		体心正交点阵(f)	晶胞中心有一个原子
		面心正交点阵(g)	晶胞六个侧面中心各有一个原子
正方	$a = b \neq c, \alpha = \beta = \gamma = 90°$	简单正方点阵(h)	—
		体心正方点阵(i)	晶胞中心有一个原子
菱方	$a = b = c, \alpha = \beta = \gamma \neq 90°$	简单菱方点阵(j)	—
六方	$a = b \neq c, \alpha = \beta = 90°, \gamma = 120°$	简单六方点阵(k)	—

（续表）

晶系	特征	空间点阵	空间点阵特征
立方	$a=b=c, \alpha=\beta=\gamma=90°$	简单立方点阵(l)	—
		体心立方点阵(m)	立方体晶胞中心有一个原子
		面心立方点阵(n)	立方体晶胞六个侧面中心各有一个原子

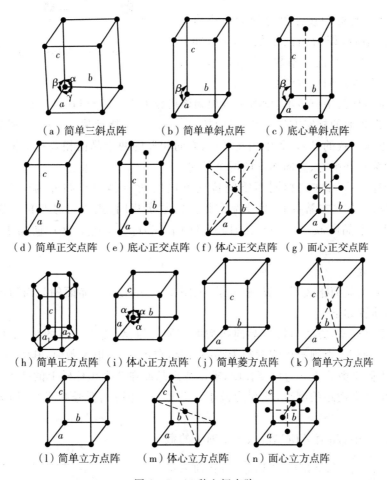

（a）简单三斜点阵　（b）简单单斜点阵　（c）底心单斜点阵

（d）简单正交点阵　（e）底心正交点阵　（f）体心正交点阵　（g）面心正交点阵

（h）简单正方点阵　（i）体心正方点阵　（j）简单菱方点阵　（k）简单六方点阵

（l）简单立方点阵　（m）体心立方点阵　（n）面心立方点阵

图 1-5　14 种空间点阵

2. 晶向指数与晶面指数

在研究晶体的过程中，经常需要确定某些原子组成的平面或列的相对位置。为了方便起见，通常将晶体中由原子构成的平面称为晶面，任意两个原子的连线方向称为晶向，并且分别用晶向指数和晶面指数作为标号来区分不同的晶面和晶向。

1）晶向指数

立方晶系的晶向指数用 $[uvw]$ 来表示，如图 1-6 中，$\overrightarrow{AB}$ 晶向的晶向指数是 $[210]$，其具体确定步骤如下。

(1)建立坐标系。以晶胞中某一顶点为原点,以晶胞的3条棱边为坐标轴 x、y、z,以点阵常数 a、b、c 为长度单位。

(2)过原点引一条平行于待定晶向 $\overrightarrow{AB}$ 的直线 $\overrightarrow{OC}$,在其上任找一点(如 C 点),求出该点在3个坐标轴上的坐标值,如 C 点的坐标值分别为 1、$\frac{1}{2}$、0。

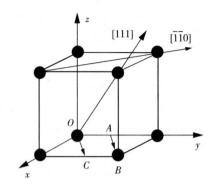

图 1-6 晶向指数的标定

(3)将3个坐标值按比例化简为最小简单整数,加上方括号,即为晶向指数 $[uvw]$,如 C 点的坐标值化为最小简单整数,即 2、1、0,写入方括号中,即得到晶向指数 $[210]$。

(4)如果坐标值中有负值,则将负号加到该指数上方,如 $[-110]$ 应记作 $[\bar{1}10]$。

根据晶向指数的标定方法可知,晶向指数 $[uvw]$ 不是特指某一个晶向,而是表示所有相互平行、方向一致的晶向,其中相互平行、方向相反的两个晶向相差一个负号,如 $[111]$ 和 $[\bar{1}\bar{1}\bar{1}]$ 即为相互平行、方向相反的两个晶向。

晶体中原子排列方式相同而空间位向不同的所有晶向可归并为一个晶向族,用 $<uvw>$ 表示。在立方晶系中,只要晶向指数的数字相同(正负符号与排列次序可以不同),就属同一个晶向族,如 $[100]$、$[010]$、$[001]$、$[00\bar{1}]$、$[0\bar{1}0]$、$[00\bar{1}]$ 同属于 $<100>$ 晶向族。

2)晶面指数

立方晶系的晶面指数用 (hkl) 来表示,如图 1-7 中,ABC 晶面的晶面指数是 (238),其具体确定步骤如下。

(1)建立坐标系,方法与标定晶向指数时相同。但是,需要注意的是,不可将坐标原点取在待定晶面上,否则会出现截距为零的情况,在步骤(3)取倒数时,其为 ∞。

(2)以点阵常数 a、b、c 为单位长度,求出待定晶面在3个坐标轴上的截距。

(3)求出3个截距的倒数,化简为最小简单整数,并用圆括号括起来,即为该晶面的晶面指数。

在图 1-7 中,晶面 ABC 在 x、y、z 轴上的截距分别为 1、$\frac{2}{3}$、$\frac{1}{4}$,取倒数后为 1、$\frac{3}{2}$、4,化简为最小简单整数,即 2、3、8,写入圆括号中,即得到晶面 ABC 的晶面指数为 (238)。

根据上述标定方法可知,晶面指数 (hkl) 表示一组相互平行的晶面,而相互平行的晶面的晶面指数相同或相差一个负号。

晶体中原子排列方式相同而空间位向不同的所有晶面可归并为一个晶面族,用 $\{hkl\}$ 表示。例

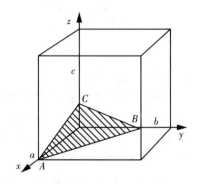

图 1-7 晶面指数的标定

如,在立方晶体中,(111)、$(11\bar{1})$、$(1\bar{1}1)$、$(\bar{1}11)$、$(1\bar{1}\bar{1})$、$(\bar{1}11)$、$(\bar{1}11)$、$(11\bar{1})$这 8 个(组)晶面的原子排列完全相同,同属于$\{111\}$晶面族。

1.2.2 晶体的主要类型

1. 金属晶体

晶格阵点排列金属原子(离子)时,所构成的晶体称为金属晶体。金属中的原子(离子)和电子通过金属键相结合。为了增加晶体的稳定性,金属通常是密堆积程度高、对称性高、配位数高的晶体结构。

2. 离子晶体

由阴、阳离子以离子键结合构成的晶体称为离子晶体。绝大多数盐类和很多金属氧化物的晶体都是离子晶体。形成离子晶体的条件具体如下。

(1)在化学成分上,阴、阳离子数之比应满足定比定律,以保持电荷中性。

(2)每一类离子的周围应有尽可能多的异类离子,使结合键数较多、内能较低,从而晶体稳定。

3. 共价晶体

由具有方向性的共价键结合构成的晶体为共价晶体。共价晶体遵循$(8-N)$规律,N为族序。元素晶体中的最大配位数,即键数为$(8-N)$。例如,常见的 SiC、SiN 等晶体属于共价晶体。

1.3 金属的晶体结构与性能

1.3.1 纯金属的晶体结构

1. 金属的典型晶体结构

虽然金属在固态时是晶体,但是各种金属的晶体结构并不完全相同。常见的金属元素中,除了少数具有复杂的晶体结构,大多数具有比较简单的晶体结构。金属中较为常见晶格的只有 3 种,即体心立方晶格、面心立方晶格和密排六方晶格(图 1-8~图 1-10)。在 80 多种金属元素中,具有这 3 种结构之一的金属有 60 多种。

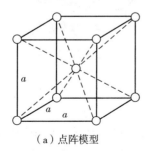
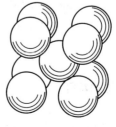

（a）点阵模型　　　　　　　（b）刚性球模型

图 1-8 体心立方晶格

(1)体心立方晶格

体心立方晶格为立方晶系的一种,如图 1-8 所示。除晶胞的 8 个角上各有一个原子外,立方体中心还有一个原子。具有体心立方晶格的金属有 α-Fe、Cr、Mo、Nb、W、V、β-Ti 等。上述具有体心立方晶格的不同金属元素原子排列方式是一样的,只是晶格常数各不相同,因此其性能各有差异。

(2)面心立方晶格

面心立方晶格为立方晶系的一种,如图 1-9 所示。除晶胞 8 个角上各有一个原子外,在立方体的每个面中心还有一个原子。具有面心立方晶格的金属有 γ-Fe、Al、Cu、Ni、Au、Ag、Co 等。

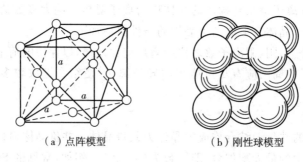

(a) 点阵模型　　　　　(b) 刚性球模型

图 1-9　面心立方晶格

(3)密排六方晶格

密排立方晶格为六方晶系中的一种,如图 1-10 所示,水平截面为正六边形。晶胞正六棱柱体的 12 个顶角和上下底面中心各有一个原子,晶胞的中间还有 3 个原子。密排六方晶格晶胞的晶格常数常用 a 和 c 来表示。具有密排六方晶格的金属有 Mg、Zn、Be、α-Ti、Cd 等。

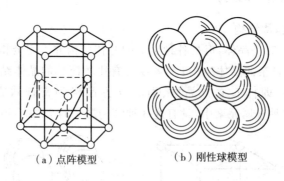

(a) 点阵模型　　　　　(b) 刚性球模型

图 1-10　密排六方晶格

2. 金属晶体的结构特征

1)晶胞原子数

一个晶胞中所含的原子数称为晶胞原子数。在计算晶胞原子数时,需要注意的是晶胞顶角和周面上的原子并不是一个晶胞独有的,而是相邻晶胞共享的。例如,面心立方晶胞每个顶角上的原子都是相邻 8 个晶胞共享,在计算晶胞原子数时只能按 1/8 个原子计;6 个侧面中心上的原子为相邻的两个晶胞共享,在计算晶胞原子数时只能按 1/2 个原子计。因此,体心立方晶胞、面心立方细胞和密排六方晶胞的晶胞原子数 n 具体计算如下。

(1)体心立方晶胞为

$$n = 8 \times \frac{1}{8} + 1 = 2$$

(2)面心立方晶胞为

$$n = 8 \times \frac{1}{8} + 6 \times \frac{1}{2} = 4$$

(3)密排六方晶胞为

$$n = 12 \times \frac{1}{6} + 2 \times \frac{1}{2} + 3 = 6$$

2)致密度

钢球堆垛模型的晶胞中,原子所占的体积与晶胞体积比称为致密度,计算可得体心立方晶胞、面心立方晶胞和密排六方晶胞的致密度分别为 0.68、0.74、0.74。由此可见,3种晶格中原子堆垛的紧密程度不同。

3. 金属晶体的多晶型性

绝大多数纯金属的晶体结构可以来用体心立方晶胞、面心立方晶胞和密排六方晶胞中的其中一种进行描述,但有些金属在不同温度或压力范围内具有两种或几种晶体结构,如铁、钴、锰、铬等。晶体有两种或两种以上晶体结构时,称共具有多晶型性。当条件变化时,晶体会由一种结构变为另一种结构,这种转变称为多晶型转变(或同素异构转变),如纯铁,在 912℃以下是体心立方结构,称为 $\alpha - Fe$;在 912～1394℃时具有面心立方结构,称为 $\gamma - Fe$;在 1394℃～熔点时是体心立方结构,称为 $\delta - Fe$。

1.3.2　实际金属的晶体结构

前面有关金属晶体结构的介绍有一个前提,即整个晶体中原子排列都是非常有序的,均处于理论结点位置,这是一种理想状态。但是,实际晶体并非如此,因为实际晶体多为多晶体且存在晶体缺陷。

1. 单晶体与多晶体

整个晶体内部的原子排列大体上是整齐一致的晶体称为单晶体;由许多很小的单晶体组成的晶体称为多晶体,金属通常不是单晶体。其中,单晶体称为晶粒,晶粒与晶粒之间的界面称为晶界;在多晶体中,每个晶粒中的原子排列都是整齐一致的,但相邻的晶粒原子排列的位向不一致,即一个晶粒中原子排列的规律性不能延续到相邻的晶粒中,如图 1-11 所示。

2. 晶体缺陷

实际金属晶体中,有些原子在外在因素的作用下偏离其平衡位置,破坏了晶体中原子排列的规律性,形成微小的不完整区域,这种偏离理想结构的区域,称为晶体缺陷。

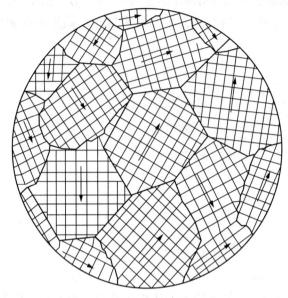

图 1-11　多晶体位向示意图

　　在金属中偏离平衡位置的原子数目较少,一般远低于原子总数的千分之一,因此实际金属晶体的结构还是接近完整的。但是这些晶体缺陷却对金属的塑性、强度、断裂、导电性、固态相变和扩散等产生重大影响。

　　根据几何形状特征,晶体缺陷可分为点缺陷、线缺陷和面缺陷。

　　1)点缺陷

　　点缺陷主要有空位、间隙原子和置换原子。其特征是,在三维空间中,3 个方向上尺寸均很小,晶格畸变区的尺寸大约只有几个原子间距。点缺陷如图 1-12 所示。

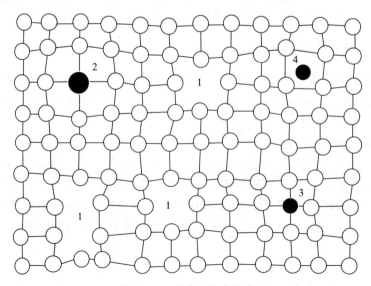

图 1-12　晶体中的点缺陷

1—空位;2—大的置换原子;3—小的置换原子;4—间隙原子

(1)空位:晶格结点未被原子占据,产生空结点,其周围原子向空结点位置偏移,所形成的原子偏离平衡位置的区域称为空位。

空位的形成与原子的热振动有关。晶体中的原子总是以平衡位置为中心产生高频热振动,在一定温度下,不同原子在某一瞬间的振动能量不完全相同,有些原子能量较高,振幅较大。当某一个原子在某瞬间具有足够大的能量时,就可能因振动而脱离其平衡位置,并迁移到别处,使晶体结构中形成空结点,即形成空位。

因此,空位是一种热平衡缺陷。在一定温度下,空位有一定的平衡浓度,温度越高,空位浓度越高。

(2)间隙原子:晶体中原子堆垛在一起,相互之间存在间隙,但间隙尺寸很小,当某些原子进入晶格的间隙中,会使其周围原子偏离平衡位置,产生晶格畸变,这些进入晶格间隙的原子称为间隙原子。

(3)置换原子:外来的原子进入晶格,并占据晶格结点位置,这种原子称为置换原子。

2)线缺陷

晶体中的线缺陷也称为位错。位错是指由于晶体中原子发生错排形成的线状的晶格畸变区。图 1-13 所示为刃型位错示意图,其是位错的一种,其晶体上部较下部多了一个垂直纸面的原子面,使交界处沿垂直纸面方向形成一个管状的晶格畸变区,即为位错。

位错的特点是易动,其本身具有较高的能量,周围存在应力场,相互之间会产生交互作用,因此在金属的塑性变形过程,对强度、塑性、相变、扩散和腐蚀等性能有较大影响。

晶体中的位错密度用单位体积中位错线的总长度或晶体中单位面积上位错线的根数来度量。经充分退火后,多晶体金属的位错密度为 $10^6 \sim 10^8 \mathrm{cm}^{-2}$;而强烈冷变形后,其位错密度可增至 $10^{12} \mathrm{cm}^{-2}$。

金属晶体中的位错密度可用 X 射线或透射电镜测定。

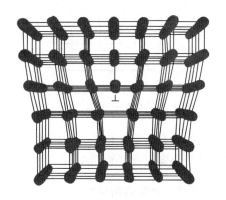

图 1-13　刃型位错示意图

3)面缺陷

面缺陷包括晶体的外表面、晶界、亚晶界、孪晶界和堆垛层错等,是面状的晶格畸变区,其特征是一个方向上尺寸很小,而另两个方向尺寸较大。

(1)晶界:晶界可以被看成两个相邻晶粒间具有几到几十个原子间距宽度的过渡区。在该区间,原子多偏离其平衡位置,排列不规则,处于较高能量状态,原子致密度也较低,因此晶界处的性能与晶内有较大区别。

根据晶界两侧晶粒的位向差大小,晶界可以分成两类:两相邻晶粒位向差小于 10°时,其间的晶界称为小角度晶界,反之称为大角度晶界。图 1-14 所示为一种典型的小角度晶界的位错模型,它由一系列刃型位错排列而成。

多晶体金属材料中,各晶粒之间晶界大多属于大角度晶界,其位向差一般为
$30°\sim40°$。

(2)亚晶界:在晶体的各个晶粒中,原子排列总体是有规律的。但是在电子显微镜下
观察,可发现晶粒内部不同区域原子排列的位向有微小的差别,即晶粒实际是由许多尺
寸很小、位相差很小的小晶块堆砌而成的。这些小晶块称为亚晶,在亚晶内部,原子排列
位向一致。

图1-15所示为由位错组成的小角度晶界,即一种亚晶界,其两侧原子排列有很小的
位向差。

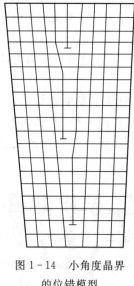

图1-14 小角度晶界
的位错模型

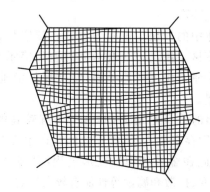

图1-15 亚晶粒示意图

亚晶界有与晶界相类似的特性,对材料强度、塑性等都有一定影响,细化亚晶粒可以
显著提高金属的强度和硬度。

1.3.3 合金的相结构

1. 合金和相的概念

纯金属的机械强度低,绝大多数只有几十兆帕,有的甚至更低,因此在机械工业中应
用很少。在机械工业中,使用的金属材料主要是合金。合金是指两种或两种以上的金属
元素(或金属元素与非金属元素)组成的,具有金属特性的物质。其中,组成合金的元素
称为组元,如碳素钢和铸铁的主要组元是 Fe 和 C 元素。由两个组元组成的合金称为二
元合金,由三个组元组成的合金称为三元合金,由三个以上组元组成的合金称为多元
合金。

合金是由相组成的,即合金组元以不同的方式组成不同的相,进而组成合金。碳素
钢在退火态下由铁素体和渗碳体两种相组成,而这两种相都是由 Fe 和 C 元素以不同的
方式组合而成的。

相是指合金中具有同一聚集状态、同一结构、同一性质,并与其他部分有界面分开的

均匀组成部分。相中原子的具体排列方式称为相结构。合金不是只有一种原子,而是由不同组元的原子组成的,因此其相结构比纯金属的晶体结构复杂得多。合金在固态下通常不只是一个相,而是由两个、三个甚至多个相组成的,由一个相组成的合金称为单元合金,由两个、三个甚至多个相组成的合金分别称为两相合金、三相合金和多相合金。

2. 合金中的相结构类型

合金中相种类是非常多的,但根据其结构特点,可以将合金中的相分为两类:固溶体和金属间化合物。

1)固溶体

溶质原子溶入固态金属溶剂晶格中所形成的均一的、保持溶剂晶体结构的合金相称为固溶体。根据溶质原子在溶剂晶格中所处的位置,固溶体可分为两类,即间隙固溶体和置换固溶体。

(1)间隙固溶体:指溶质原子不是占据溶剂晶格结点位置,而是填入溶剂晶格的某些间隙位置所形成的固溶体,如图 1-16(a)所示。

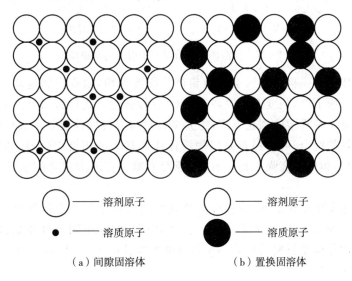

（a）间隙固溶体　　　　　　（b）置换固溶体

图 1-16　固溶体的晶体结构

形成间隙固溶体的溶质原子都是一些原子半径很小(小于 0.1nm)的非金属元素,如 C、H、O、N、B 等,而溶剂元素则多是过渡族元素。实践证明,只有当溶质原子半径与溶剂原子半径的比值($d_{溶质}/d_{溶剂}$)不大于 0.59 时,才有可能形成间隙固溶体。间隙固溶体的固溶度不仅与溶质原子大小有关,还与金属溶剂的晶格类型有关。例如,C 在体心立方的 α-Fe 中的最大溶解度是 0.0218%(质量百分比),而在面心立方的 γ-Fe 中的最大溶解度是 2.11%,两者相差接近 100 倍,其原因是两者晶体结构不同,间隙大小和形状不同。

(2)置换固溶体:其指溶质原子占据溶剂晶格的某些结点位置所形成的固溶体,如图 1-16(b)所示。在置换固溶体中,溶质原子半径与溶剂原子半径的比值($d_{溶质}/d_{溶剂}$)大于 0.59,金属原子与金属原子之间原子半径相差较小,因此形成的固溶体通常为置换固溶体。

(3)固溶体的性能:在固溶体中,随着溶质原子的溶入,固溶体的晶格常数将发生变化。形成置换固溶体时,若溶质原子直径较溶剂原子直径大,则溶质原子的溶入会挤开结点周围的原子[如图1-17(a)],使其偏离平衡位置,固溶体晶格常数将增大;若溶质原子直径较溶剂原子直径小,则晶格常数减小[图1-17(b)]。在形成间隙固溶体时,因为溶质原子尺寸一般远大于溶剂晶格间隙尺寸,所以间隙固溶体的晶格常数总是增大的,其产生的晶格畸变较置换固溶体大得多。

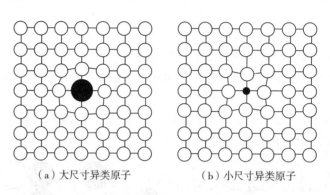

(a)大尺寸异类原子　　　　　(b)小尺寸异类原子

图1-17　固溶体中的溶质原子引起的晶格畸变

由于固溶体中的晶格畸变区会与位错产生交互作用,阻碍位错运动,从而导致合金的塑性及韧性有所下降,强度有所提高。通常,这种强化方式称为固溶强化。

固溶强化是一种重要的强化方式,绝大多数对综合机械性能要求较高(强度、韧性和塑性之间有较好的配合)的材料都是以固溶体作为基本的相组成物的。但是,单纯的固溶强化后,材料达到的最高强度指标有限,因而不得不在固溶强化的基础上再补充其他强化方法。

除机械性能发生变化之外,固溶体的物理性能较纯金属也有所变化,其中对电阻的影响规律主要体现如下:随着溶质原子的溶入,电阻增加,电阻温度系数减小。因此,固溶体合金可以用作电热材料,如Ni-Cr合金电炉丝、Fe-Cr-Al合金电炉丝等。

2)金属间化合物

金属间化合物也称为中间相。当A、B两种元素组成合金时,不仅可以形成以A为基或以B为基的固溶体,若合金的成分超出固溶体的最大溶解度,还可以形成新相,这种新相与A、B两组元晶格类型均不相同,称为金属间化合物。这些化合物一般可以用化学式 A_mB_n 表示,但是它往往与普通化合物不同,主要是采用金属键结合,不一定遵循化合价的规律,并在一定程度上具有金属的性质(如导电性等)。一般,合金中金属间化合物的出现会使合金的硬度增加,韧性降低。

金属间化合物种类很多,常见的有以下3种。

(1)正常价化合物:这类化合物符合正常的原子价规律,即具有一定的化学成分,并可用化学分子式来表示。通常金属性强的元素与非金属或类金属可以形成这种类型化合物,如 Mg_2Si、Mg_2Sn 等。

正常价化合物具有高的硬度和脆性。在合金中,当它在固溶体内细小而均匀分布时,可在一定程度上强化合金。

(2)电子化合物:这类化合物的化学式并不符合化合价规律,但符合一定的电子浓度比值(价电子数/原子数)规律,即其形成与电子浓度有关,因此称为电子化合物,如铜锌合金,当电子浓度比值为 21/12 时,形成 $CuZn_3$ 电子化合物;当电子浓度为 21/13 时形成 Cu_5Zn_3 电子化合物。

电子化合物虽然可以用化学式表示,但是其成分可以在一定范围内发生变化,即在电子化合物中溶入其他组元,可形成以化合物为溶剂的固溶体。

电子化合物具有高的硬度和脆性,与正常价的化合物一样,一般只能作为强化相存在于合金中。

(3)间隙化合物:由原子半径较大的过渡族金属元素(Fe、Cr、Mo、W、V 等)和原子半径较小的非金属元素(C、H、N、B 等)组成的金属间化合物称为间隙化合物。间隙化合物又可分为以下两类。

① 简单晶格的间隙化合物。当非金属元素的原子半径和金属元素原子半径的比值小于 0.59 时,若溶入的元素超过其极限溶解度,则产生简单晶格的间隙化合物(又称间隙相),如 TiC、TiN、ZrC、VC、NbC 等。其特点是半径较大的过渡族元素原子占据新晶格的结点位置,而半径较小的非金属元素原子则有规律地嵌入晶格的间隙中,从而形成了类似间隙固溶体的结构。但是,与间隙固溶体不同的是,间隙相位于结点位置的原子的晶格与原晶格完全不同。如图 1-18 所示,V 本身为体心立方晶格,但与 C 形成间隙相 VC 时,V 原子构成面心立方晶格,而 C 原子则规律地分布在晶格的空隙内。

间隙相的特点是具有极高的硬度和熔点,是合金钢中常见的强化相,也是硬质合金和高温金属陶瓷的重要组成部分。

② 复杂晶格的间隙化合物。当非金属元素的原子半径和金属元素的原子半径的比值大于 0.59 时,所形成的化合物结构较为复杂,称为复杂晶格的间隙化合物,如碳钢中的 Fe_3C(图 1-19),合金钢中的 Cr_7C_3、$Cr_{23}C_6$ 等,均属于此类化合物。

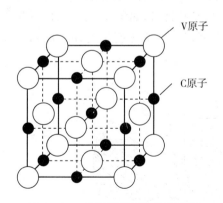

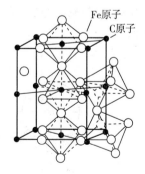

图 1-18　间隙相 VC 的晶体结构　　　图 1-19　间隙化合物 Fe_3C 的晶体结构

复杂晶格的间隙化合物,熔点、硬度均较简单晶格的间隙化合物低,加热时较易分解,是碳钢、合金钢的重要组成相。

表 1-3 列出了部分常见金属间化合物的性能。

表 1-3 部分常见金属间化合物的性能

类型	简单晶格的间隙化合物									复杂晶格的间隙化合物	
化合物	WC	TiC	VC	NbC	W_2C	ZrC	Mo_2C	TaN	Nb_2N	Fe_3C	$Cr_{23}C_6$
熔点/℃	2867	3410	3023	3770 ±125	3130	3805	2960 ±50	3360 ±50	2300	1227	1557
硬度/HV	1730	2850	2010	2050	—	2840	1480	—	—	1000	1650

1.3.4 金属材料的力学性能

1. 硬度

硬度是指材料抵抗局部塑性变形的能力。硬度指标是以材料抵抗局部压入或刻划能力大小来衡量,其测试方法简便、迅速,不需要专门的试样,也无须破坏零件,测试设备比较简单。对于大多数金属材料,硬度和强度之间存在明显的对应关系,可以从硬度值粗略估算出其抗拉强度,因此,生产中往往把硬度作为零件质量检验的主要内容。

工业生产中经常采用的硬度试验方法有以下两种,如图 1-20 所示。

(1)布氏硬度

布氏硬度用符号 HB 表示。测试时,把规定直径(10.5mm 和 2.5mm)的淬火钢球或硬质合金球在载荷 P 的作用下,压入所测试样表面[图 1-20(a)],保持规定时间后卸载,测量卸载后表面压痕的面积 A,载荷 P 除以压痕面积 A 即为布氏硬度值。布氏硬度值可由布氏硬度机上直接读出,无单位。

(2)洛氏硬度

洛氏硬度用符号 HR 表示。测试时,把金刚石圆锥体或淬火钢球压入金属表面[图 1-20(b)]。在加主载荷前,首先预加 100N 的预载,对应的压痕深度为 h_0,然后加主载荷,保持一段时间后卸载,对应的压痕深度为 h。对硬材料,如淬火后的钢件,采用的是金刚石圆锥体压头;对较软的金属,采用的是淬火钢球。测量压痕深度($h-h_0$),换算后得到洛氏硬度值。

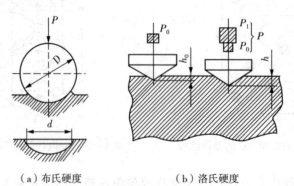

(a)布氏硬度　　　　(b)洛氏硬度

图 1-20 硬度试验法示意图

洛氏硬度分为 HRC、HRA、HRB、HRF 等,其应用如表 1-4 所示。

表 1-4 洛氏硬度分类及应用

洛氏硬度	压 头	总试验力/N	测量范围	应用
HRC	120°金刚石圆锥头	1500	HRC20～HRC67	淬火钢等高硬工件
HRB	120°金刚石圆锥头	600	HRA70 以上	渗碳层、表面淬硬层及硬质合金等
HRB	直径 1.588mm 钢球	1000	—	软钢、铜合金等
HRF	直径 1.588mm 钢球	600	HRF15～HRF100	铝合金、镁台金等

2. 强度

强度是指材料在载荷作用下抵抗变形和断裂的能力,其大小用应力值表示,单位为 MPa。如图 1-21 所示,工程中常见的强度指标有如下几种。

(1)屈服极限

由低碳钢的拉伸曲线可以看出,在拉伸过程中,当应力达到 R_{eH} 后,应力-应变曲线会下降并出现一个平台,该平台称为屈服平台,这种现象称为屈服现象。应力值 R_{eH} 称为上屈服极限,平台下沿对应的应力值 R_{eL} 就称为下屈服极限。

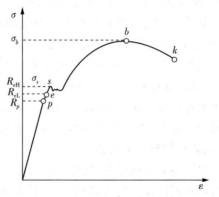

图 1-21 低碳钢拉伸时的应力-应变曲线

对于无明显屈服平台出现的材料,规定以产生 0.2% 残余变形的应力值为其屈服极限,用 $R_{p0.2}$ 表示。

(2)抗拉强度

抗拉强度又称为强度极限,用 R_m 表示。当外加应力超过屈服极限 σ_s 后,材料进入均匀塑性变形阶段,随着应力的增加,应变不断增加;当应力达到 R_m 后,均匀变形阶段结束,应力超过 R_m,则试样的某一部位的截面面积会急剧减小,产生"颈缩"现象,应力值逐渐降低,材料进入断裂阶段或称为非均匀塑性变形阶段。因此,R_m 实际是材料发生均匀塑性变形的最大抗力。

(3)断裂强度

材料进入断裂阶段后,并不立即分离,而是当试样进一步被拉长,应力值为 σ_k 时,才发生分离,σ_k 称为断裂强度。

3. 塑性

塑性是指金属材料断裂前在载荷作用下产生塑性变形的能力。评定材料塑性好坏的指标通常有延伸率(A)和断面收缩率(Z)。

(1)延伸率

延伸率也称为断后伸长率,是指标准拉伸试样断裂后的残余变形量与原始长度的比值。伸长率计算公式如下:

$$A = \frac{(L - L_0)}{L_0} \times 100\%$$

式中：L_0 为试样拉伸前的标距长度；L 为拉断后试样的标距长度。

(2)断面收缩率

断面收缩率是指标准拉伸试样拉伸前和断裂后的截面积之差与拉伸前原始截面面积的比值。断面收缩率计算公式如下：

$$Z = \frac{(S_0 - S)}{S_0} \times 100\%$$

式中：S_0 为试样拉伸前的原始截面面积，S 为拉断后试样的截面面积。

延伸率和断面收缩率均为材料的塑性指标，都可以反映材料产生塑性变形的能力。其中，断面收缩率因不受试样标距长度的影响，因此能更可靠地反映材料的塑性。必须指出的是，塑性指标不可直接用于机械零件的设计计算，只能根据经验来选定材料的塑性。一般，伸长率达 5% 或断面收缩率达 10% 的材料，即可满足绝大多数零件的要求。对需要进行强烈塑性变形的材料，需要有较高的塑性指标，以保证其具有良好的冷变形成形性。此外，重要的受力零件也要求具有一定塑性，这样可以在瞬间超载产生变形强化，以防止材料发生断裂。

对于各种具体形状、尺寸和应力集中系数的零件而言，塑性并不是越大越好，否则不能发挥材料强度的潜力，造成产品粗大笨重、浪费材料和使用寿命不长的现象。

4. 韧性

材料在断裂前吸收变形能量的能力称为韧性。根据加载方式的不同，韧性指标可分为冲击韧性和断裂韧性两种。

(1)冲击韧性

实践证明，机器零件在工作过程中往往受到冲击载荷的作用，如在机器起动或改变速度时、飞机的起落架在着落时以及锻床锻造工件时。在冲击载荷作用与静载荷作用下，金属材料发生变化的情况完全不同。因此前面所述力学性能指标不能反映材料受突然载荷即冲击载荷时的性能，有必要测定材料受冲击载荷时的性能。

在冲击载荷作用下，标准试样被冲断时，单位横截面上吸收的冲击功大小即为冲击韧度值，其大小用于衡量材料冲击韧性的高低。

目前，普遍采用一次摆锤冲击试验机测量材料的冲击韧度，如图 1 - 22(a)所示。常用的标准冲击试样一般采用缺口试样，如图 1 - 22(b)所示。一般，冲击韧度低的脆性材料可以采用无缺口试样。

试验时，将试样放在试验机的机座上，将摆锤落下，从试样槽口背面冲击试样，然后在刻度盘上读出摆锤打断试样所消耗的能量，该能量称为冲击吸收功，以 w_K 表示，单位为 J。冲击韧度值用 a_K 表示，其大小表示材料韧性的高低，计算公式如下：

$$a_K = \frac{w_K}{A_0}(\text{J}/\text{cm}^2)$$

式中：A_0 表示试样横截面面积。

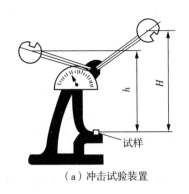

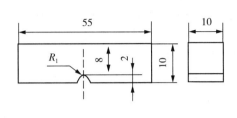

（a）冲击试验装置　　　　　　　　　　　　（b）冲击试样

图 1-22　冲击试验示意图

冲击韧性测试方法简单易行，测试结果可在一定程度上反映材料韧性的高低，在工程领域应用较广，但是它也有局限性。研究表明，α_K 值不仅与材料的成分及内部组织有关，而且和试验条件（试样尺寸及测试时的温度等）有关。对于同一种材料，如果试样尺寸、缺口形状、缺口深度不同，或试验时的环境温度不同，α_K 值会有较大变化。

冲击试验对材料内部组织及存在的缺陷较其他方法更为敏感，即使内部组织结构存在微小差异也能反映出来，因此其在生产科研中常用于检查材料品质和工艺质量，如组织的均匀性、晶粒大小、晶界析出物、夹杂物、裂纹、白点和回火脆性等。

（2）断裂韧性

理论上，屈服极限 σ_e 是材料发生塑性变形前所能承受的最大应力，即只要构件的工作应力不超过 σ_e，就能保证构件在使用过程中不会发生塑性变形，更不会断裂。然而实际并非如此，高强度材料的零件有时会在应力远低于屈服点 σ_e 的状态下发生脆性断裂，中、低强度材料的重型及大型结构也有这种断裂发生。因此，零件设计时不仅要参考材料的 σ_e 值，还要充分考虑到低应力脆性断裂现象。

研究表明，低应力脆性断裂是由材料中存在的裂纹扩展而引起的。在冶炼、轧制、热处理等制造过程中，材料内部可能会产生某种小裂纹，这些小裂纹在外力作用下发生扩展，当裂纹扩展到大于临界尺寸时，零件便突然发生断裂。

材料抵抗裂纹失稳扩展的能力称为断裂韧度，其大小实际反映试样断裂前所吸收的能量大小，常用 K_{Ic} 表示，称为临界应力场强度因子。K_{Ic} 可由断裂韧度试验测定，试样如图 1-23 所示。

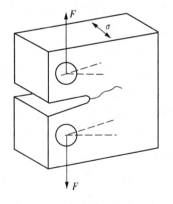

5. 疲劳强度

曲轴、弹簧等零件工作时，会受到交变力的作用，　　　　　　图 1-23　断裂韧度试验试样
可能会在较低的应力水平下发生断裂，这种断裂称为
疲劳断裂。材料的疲劳抗力大小多以疲劳极限（或称为疲劳强度）来表示，对于中、低强度钢，如能经受住 10^7 次循环应力而不发生疲劳断裂，可认为永不断裂，其不发生断裂的

最高应力称为疲劳极限。高强度钢和有色金属一般以承受 10^8 周次循环应力不发生断裂时的最大应力作为疲劳极限。

在对上述受力状态的零件进行设计时,应首先考虑材料的疲劳强度,而不是屈服强度,疲劳强度有时比屈服强度低得多。

根据疲劳的特点和总的循环次数,可以分为高周疲劳($N \geqslant 10^4$)和低周疲劳($N \leqslant 10^4$)。高周疲劳时,材料的重要的性能是疲劳极限。如果零件的工作应力低于材料的疲劳极限,则在理论上不会发生疲劳断裂。低周疲劳时,材料的疲劳抗力不仅与强度有关,而且与塑性有关,即材料应有良好的强韧性配合。

材料的疲劳断裂是交变应力造成微裂纹(尤其是表面裂纹)的低应力下疲劳裂纹扩展引起的,因此零件的疲劳强度除了取决于材料的成分及其内部组织外,还受到零件的表面状态及其形状等因素的影响,如表面应力集中(划伤、损伤、腐蚀坑等)会使疲劳极限大大减低,零件设计和加工时应注意避免这些因素的影响。

疲劳破坏具有很大的危险性,在金属材料的零件失效中大约占 80%,并且一般是脆性断裂,常常造成严重事故。

陶瓷材料和高分子材料的疲劳强度都很低,金属材料的疲劳强度较高,特别是钛合金和高强度钢。因此,耐疲劳的构件几乎是用金属材料制成的。

1.3.5 金属材料的工艺性

1. 铸造性

由于铸件具有切削加工量小、易切削、成本低、抗震性好、可制成复杂零件等优点,应用较为广泛。按重量百分比来算,机械产品的 80% 是铸件,尤其是形状复杂或尺寸较大的零件,多是采用铸件。但铸件的机械性能不如锻件,废品率也较高。

铸件是依靠铸造成型的,因此铸造性能的好坏对铸件最为重要。材料的铸造性主要包括流动性、收缩性、偏析倾向、吸气性、熔点等。除纯金属外,接近共晶成分的合金熔点低、偏析小、流动性好、分散缩孔比例小、集中缩孔比例大,因此成分接近共晶成分的合金具有良好的铸造性。

2. 锻造性

锻造不仅可以使合金组织致密,力学性能提高,还可以减少切削加工量,节约原材料。另外锻造还可以使碳化物细化和均匀化。锻造性包括可锻性、冷镦性等。若材料的塑性好,变形抗力小,则可锻性良好。

可锻性与晶体结构有关。具有面心立方结构的材料,如铜、铝及其合金,塑性优良,可受性好;体心立方结构的材料可锻性次之;六方结构的材料可锻性较差。单相固溶体合金的可锻性比双相组分合金要好。再结晶温度较低(或熔点较低),材料的可锻性一般比再结晶温度较高的材料要好。

在碳钢中,低碳钢可锻性最好,中碳钢次之,高碳钢的可锻性较差。合金钢中存在合金元素,变形抗力较大、导热性较差、锻造温度范围窄,因此锻造性低于碳素钢。在锻造合金钢时,需要特别注意的是工艺是否合理,严格控制终锻温度,防止锻造过程中发生开裂现象。

3. 可焊性

焊接具有节约材料、生产率高、接头质量好和不受构件形状和尺寸的限制等许多优点,可以将型材、锻件、冲压件或铸件拼合成复合焊件,所以焊接工艺在生产中有非常广泛的应用。但是,焊件存在内应力、变形严重、热影响区内性能有所下降等缺点,使某些材料进行焊接较为困难。

金属的可焊性是指金属在生产条件下接受焊接的能力。材料的可焊性一般用焊缝脆性、焊缝处出现裂纹、气孔或其他缺陷的倾向来衡量。低碳钢和低碳合金钢的可焊性好,含碳量大于 0.45% 的碳钢或大于 0.38% 的合金钢可焊性较差,铸铁可焊性很差,一般只能进行补焊。

铜合金和铝合金焊接时,易氧化形成脆性夹杂物,且易形成气孔,因为其膨胀系数大,所以容易变形,同时其导热率大,焊接时消耗功率多,往往需要预热。因此,铜合金和铝合金的可焊性比碳钢差。

4. 热处理工艺性

热处理工艺性是指对材料实施热处理的难易程度,包括材料的淬透性、淬硬性、淬火变形开裂倾向、过热敏感性、回火脆性倾向和氧化脱碳倾向等。

5. 切削加工性

切削加工性一般用切削速度、切削力、加工零件表面光洁度、排屑的难易程度、断屑能力和刀具磨损量等来衡量。材料的切削加工性应视具体情况来确定,如粗加工时希望生产率高、切削力小、刀具耐用度高等,因此要求材料的硬度低一些;精加工时希望加工表面光洁度高,因此要求材料的硬度高一些。对于高合金钢而言,其导热性差,变形层内的热量易高度集中,温度会急剧上升,因此其加工用的刀具磨损和刀具耐用度成了主要矛盾。

一般材料硬度为 170~240HB,适宜进行切削加工。为了改善表面粗糙度,硬度可提高到 250HB。但是,过高的硬度不但难于加工,而且刀具很快磨损,当硬度大于 300HB 时,切削加工性显著下降。硬度过低切削时形成带状切屑,不易断屑,容易出现黏刀现象,使被加工表面光洁度变差。

1.4　高分子材料的结构与性能

1.4.1　高分子化合物的基本概念

1. 高分子化合物的组成

对于低分子化合物,每一个分子中只有几个到几十个原子,其中较为复杂的有机化合物分子中也只含有几百个原子,相对分子质量不大,仅为 1000 左右,如脂肪 $C_{57}H_{10}O_6$ 的每个分子只有 173 个原子,相对分子质量为 890。高分子化合物则是一种由许多原子通过共价键结合而成的相对分子质量较大的化合物,其相对分子质量一般为 $10^4 \sim 10^7$,甚至更大,即高分子化合物是指相对分子质量特别大的化合物,其具有高强度、高弹性和高耐蚀性等特点。

高分子化合物虽然原子数很多,相对分子质量较大,但是其化学组成并不复杂,因为组成高分子化合物的每个大分子由一种或几种较简单的低分子化合物(称为单体)聚合而成,因此又称为高聚物或聚合物。组成高分子的单元结构称为链节,一个高聚物中所具有的链节数称为聚合度。例如,聚氯乙烯就是由氯乙烯聚合而成的(其中,n 为聚合度)。

$$nCH_2 = CH \longrightarrow \ \text{—}[CH_2CH\ \text{—}\ CH]_n$$
$$\qquad\qquad |\qquad\qquad\qquad\qquad |$$
$$\qquad\qquad Cl\qquad\qquad\qquad\quad Cl$$

聚合度决定了大分子的相对分子质量及大分子链的长短。整个高分子链就相当于由 n 个链节按一定方式重复连接起来的一条细长链条。因此有如下关系:

$$高分子的分子量 = n \times 链节分子量$$

2. 高分子化合物的分类及命名

高分子化合物的种类繁多,有各种各样的分类方法,现将常用的几种分类方法简介如下。

(1)按工艺性质可分为塑料、橡胶、纤维、油漆和胶黏剂等。

(2)按主链化学组成可分为碳链高聚物、杂链高聚物、元素有机高聚物和梯形高聚物。

(3)按聚合物反应类别可分为加聚高聚物和缩聚高聚物。另外,高聚物、聚合物、高分子、高分子化合物,甚至"树脂"等名词也是其通用名称。

高聚物的命名一般有 3 种形式。

(1)简单高聚物的命名常根据原料(单体)的名称,在前面加上"聚"字,如聚苯乙烯和聚乙烯。

(2)有些缩聚高聚物在原料名称后加上"树脂"二字,如苯酚和甲醛的缩聚物称为酚醛树脂。

(3)有一些结构复杂的高聚物,往往采用商品牌号,如聚酯纤维称为涤纶,聚酰胺称为尼龙。

3. 高分子材料的合成方法

高分子化合物的合成方法可以分为加聚反应和缩聚反应两大类。

1)加聚反应

加聚反应又可以分为均聚反应和共聚反应。

(1)均聚反应是指由同一单体聚合而成的,通过加热或引发剂将单体的双链或环打开,单体结合成足够大分子链的聚合反应。例如,氯乙烯单体通过加聚反应制成聚氯乙烯,其中单体重复连接形成的链称为分子链。均聚反应获得的产物称为均聚物。均聚物应用很广泛,产量很大,但其性能有局限性和不足之处。

(2)为了克服均聚反应过程中的不足,可采用由两种或两种以上单体聚合的方式形成共聚物。两种以上单体的聚合反应称为共聚反应,很多性能优良的高分子化合物都是共聚生成的,如丁苯橡胶是苯乙烯和丁二烯的共聚物,ABS 工程塑料是丙烯腈(A)、丁二烯(B)和苯乙烯(S)3 种单体的共聚物。共聚反应是对均聚物进行改性,制造新品种高分子化合物的重要方法。

2)缩聚反应

缩聚反应是将具有两个或两个以上官能团(如—OH、—NH$_2$ 等)的低分子化合物,通过官能团间的相互缩合作用,在分子间生成新的化学链,从而使低分子化合物逐步合成高聚物的聚合反应。缩聚反应生成物的结构单元在组成上比相应单体分子少了一些原子,这是由于在聚合反应中官能团间进行聚合时失去某些小分子的缘故,如由己二酸、己二胺单体经缩聚反应生成聚己二酸己二胺(尼龙 66)的反应:

$$n\mathrm{NH_2（CH_2）_6} + n\mathrm{HOOC（CH_2）_4COOH} \longrightarrow \mathrm{[NH（CH_2）_6NH-CO（CH_2）_4CO]_n} + 2n\mathrm{H_2O}$$

缩聚反应的特点是,随着反应的进行,不断析出低分子化合物(如水、氨、醇等),如尼龙、电木(酚醛树脂)、的确良(涤纶树脂)均为缩聚物。

1.4.2　高分子化合物的结构

1. 高分子链的结构

高聚物的结构比常见的低分子物质更为复杂,它是由许多长链大分子组成,大分子的结构、形态及聚集态有很大的差异。

1)高分子链的几何形态

按大分子链的几何形态,高分子链可分为线型、支链型和体型(网状)3 种结构,如图 1-24 所示。

(1)线型:由大分子的基本结构单元(链节)相互连接成一条线型长链,如图 1-24(a)所示。由上千万个链节组成的长链,其长径比可达 1000 以上,通常呈蜷曲状,受拉时可以伸展为直线。乙烯类高聚物,如高密度聚乙烯、聚氯乙烯、聚苯乙烯等高分子化合物一般具有线型结构。这类高聚物具有较好的弹性、塑性,硬度低,可以反复加工使用,可溶解在一定的溶剂中,升温时可以软化及流动,具有可溶性和可熔性,通常称为热塑性高分子化合物。

(2)支链型:由一条很长的主链和许多较短的支链相互连接成若干分支链,如图 1-24(b)所示。大分子主链带有一些或长或短的支链,整个分子呈枝状。高压聚乙烯和耐冲击型聚苯乙烯均具有这类结构。它们一般能溶解在一定的溶剂中,加热也能熔化,但其分子不易整齐排列,分子间作用力较弱,因而对溶液的性质有一定的影响。这类高聚物的性能和加工在支链较少时接近线型结构高聚物。

(3)体型(网状):长链大分子之间有若干支链,借助强的化学链交联在一起,形成三维网状结构,如图 1-24(c)所示。因为整个体型结构聚合物是一个由化学键连接起来的不规则网状大分子,所以非常稳定,热压成型后,再加热时不熔融和溶解,成型后不可逆变,这种现象称为热固性。这种热固性聚合物只能在形成交联结构前热模压,一次成型,材料不能反复使用,具有这种结构的有硫化橡胶、酚醛树脂、尿醛树脂等。

（a）线型　　　　　（b）支链型　　　　　（c）体型

图 1-24　高分子链的结构示意图

2)高分子链结构单元的连接方式

（1）均聚物

均聚物在加聚过程中,单体的链接形式可以有所不同。对于单烯类如氯乙烯聚合,其单体单元在分子链中可以有 2 种不同的连接方式。

a. 头-尾连接,具体如下:

$$—CH_2—CH—CH_2—CH—CH_2—CH—CH_2—CH—$$
$$\qquad\quad | \qquad\quad | \qquad\quad\quad | \qquad\quad\quad |$$
$$\qquad\quad Cl \qquad\quad Cl \qquad\quad Cl \qquad\quad Cl$$

$$—CH_2—CH—CH—CH_2—CH_2—CH—CH—CH_2—$$
$$\qquad\quad | \quad | \qquad\qquad\qquad | \quad |$$
$$\qquad\quad Cl \quad Cl \qquad\qquad\quad Cl \quad Cl$$

b. 无规连接,具体如下:

$$—CH_2—CH—CH_2—CH—CH—CH_2—CH—CH_2—$$
$$\qquad\quad | \qquad\quad | \quad | \qquad\qquad |$$
$$\qquad\quad Cl \qquad\quad Cl \quad Cl \qquad\quad Cl$$

分子链中单体单元的连接方式对聚合物的性能有明显影响,如用来作为纤维的高聚物,一般要求排列规整,以便形成的高聚物结晶性能好,强度高,方便抽丝和拉伸。

均聚物在缩聚过程中,单体的链接方式较为明确。

（2）共聚物

以 A、B 两种单体共聚为例,它们的链接方式可以是无规共聚、交替共聚、嵌段共聚和接枝共聚。

① 无规共聚

—ABBABBABAABAA—

② 交替共聚

—ABABABABABAB—

③ 嵌段共聚

—AAAA—BB—AAAA—BB—

④ 接枝共聚

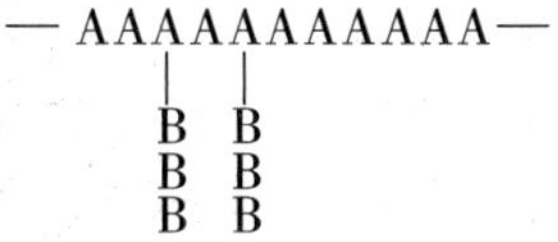

$$— AAAAAAAAAAA —$$
$$\begin{matrix} B & B \\ B & B \\ B & B \end{matrix}$$

共聚物一般不只是依靠某一种共聚方式链接的,很可能是以多种方式共同作用形成的。

3)高分子链的构型

构型是指在化学键键合作用下,组成高分子链的原子在空间中的几何排列方式。该排列是稳定的,要改变分子的这种排列必须使化学键断裂。例如,乙烯类高聚物中的取代基 R 可以有 3 种不同的排列方式,如图 1-25 所示。

全同立构结构比较规整,能结晶,如全同立构的聚苯乙烯,其熔点为 240℃;无规立构结构不规整,为无定形态,如无规立构的聚苯乙烯,无固定熔点,软化温度为 80℃;间同立构结构则处于两者之间,如间同立构的聚丙烯,易结晶,可以纺丝做成纤维,而无规立构的聚丙烯则是一种橡胶状弹性体。

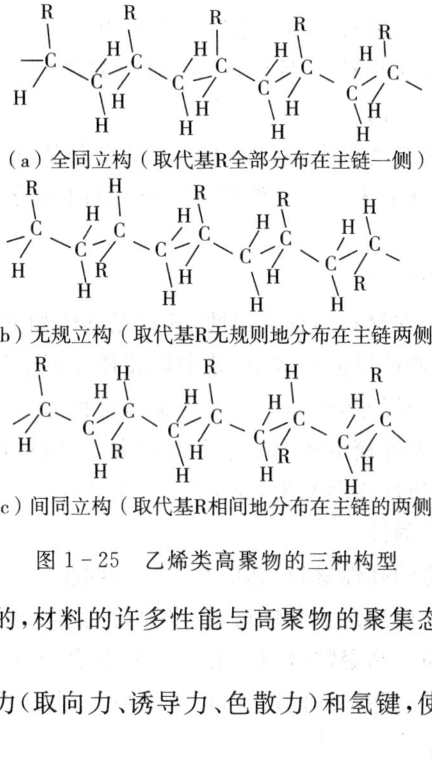

（a）全同立构（取代基R全部分布在主链一侧）

（b）无规立构（取代基R无规则地分布在主链两侧）

（c）间同立构（取代基R相间地分布在主链的两侧）

图 1-25　乙烯类高聚物的三种构型

2. 聚集态结构

以上讨论的是单个大分子的结构与形态,而高分子材料是高聚物大分子的聚集态,即高聚物的结构是分子间的相互作用使高分子聚集在一起组成的一种微观结构。这种聚集态结构是在加工成型过程中形成的,材料的许多性能与高聚物的聚集态结构密切相关。

高分子之间的作用力通常包括范德华力(取向力、诱导力、色散力)和氢键,使高分子聚集,从而成高分子的固态和液态形式。

按大分子排列是否有序,高聚物可分为晶态和非晶态两类。结晶型高聚物排列规则有序,非晶型高聚物分子排列杂乱无序。具有网络结构的高聚物都是非晶态的。

高聚物的长链结构很难达到完全排列有序,总有非结晶部分存在,因而其是两相结构。在结晶聚合物中,大分子有规则排列的区域称为晶区,无规则排列的区域称为非晶区。高聚物既有晶区,又有非晶区,而且每个区域都要比整个大分子链要小,所以每一个聚合物分子都可能同时穿过几个晶区和非晶区,如图 1-26 所示。晶区在整个高聚物中所占比例称为结晶度。一般高聚物分子结构越简单,对称性越高,结晶度越高。聚合物的结晶度一般为 30%~90%。

高聚物的聚集结构决定了它的性能，其中结晶度对性能影响十分明显。结晶度越高，分子间的作用力越强，高分子化合物的强度、硬度、刚度、熔点、耐热性和化学稳定性提高，而冲击强度、弹性、伸长率和韧性降低。

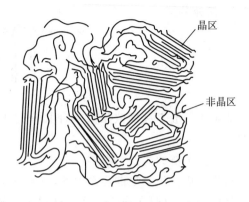

图 1-26 高聚物两相区示意图

1.4.3 高分子材料的性能

1. 高分子材料的力学性能

1)强度与塑韧性

高分子材料的强度比金属材料低得多，其强度主要取决于物理状态、微观结构形态及均匀性等。高聚物在加工和使用过程中会产生大量缺陷和微裂纹。在外力作用下，高聚物内部存在的大量微裂纹或由各种缺陷发展成的裂纹不断扩展，从而引起断裂。因此，高聚物的抗拉强度较低，一般只有 100MPa 左右。

形变速度对脆性高分子材料的破坏影响不大。但是，对于韧性高分子材料，拉伸速度快时，分子未能及时伸展，链未能及时充分受力，因而强度高，伸长率小；慢速拉伸时，韧性更好。

2)弹性

高聚物材料具有高弹性，其特点具体如下。

(1)弹性模量非常小，其中橡胶弹性模量仅为金属材料的 $1/10^6$，蚕丝的 $1/10^4$。塑料在玻璃态时的弹性模量也仅为金属材料的 $1/10$。

(2)弹性模量随温度上升而增大，与钢材相反。

(3)弹性变形率大，为 $100\% \sim 1000\%$。

3)黏弹性

理想的弹性材料，其应变与应力同步发生，即应变与应力的平衡是瞬时达到的，与时间无关。而理想的黏性材料，受力后的形变与受力的时间呈线性关系，即时间增加，应变线性增加。高聚物材料一般介于两者之间，受力后的形变与受力的时间呈非线性关系，形变会随时间增加而增加，但有滞后。因此，高聚物材料被称为黏弹性材料。

4)摩擦磨损性能

高聚物的硬度比金属低，抗磨能力比金属材料弱。但有些高聚物具有很低的摩擦系数，如聚四氟乙烯塑料的摩擦系数只有 0.04，几乎是固体中最低的，因此具有很好的耐磨性。而橡胶等具有高韧性的高聚物，耐磨性也较好，同时由于其摩擦系数大，特别适合于制造汽车轮胎等耐磨件。

2. 高分子材料的物理性能

(1)电绝缘性

高分子材料绝大多数具有良好的电绝缘性能，并且电击穿强度很高，常作为绝缘材料和电解质材料使用。聚乙烯、聚苯乙烯的电阻系数都在 $10^{16} \sim 10^{18} \Omega \cdot cm$，其具有高电绝缘性能是因为高分子化合物中化学键都是共价键,不能电离,不易形成电子的定向运动。

（2）耐热性

高分子材料一般不能在较高温度下长时间使用,其耐热性不如金属材料和无机材料。受热后,高分子链链段或整个分子易发生移动,材料易软化或熔化,造成力学性能的下降,所以耐热性低。例如,常用于耐热场合的聚砜、聚苯醚等高聚物热变形温度也都在200℃以下。

（3）线膨胀性

高分子材料的线膨胀系数大,为金属的3～10倍。这是由于受热后分子间缠绕程度降低,分子间结合减小,材料产生明显的体积和尺寸变化。

3. 高分子材料的化学性能

（1）耐蚀性

高分子材料具有很好的耐蚀性,一般的酸、碱、盐类对其没有腐蚀性。对于低分子化合物而言,只要某一化学试剂与分子中的某一基团起化学反应,则低分子化合物在这种试剂的作用下,会发生化学反应。而高分子化合物的分子链是纠缠在一起的,许多分子链的基团被包裹在里面,即使与某些试剂相接触,也只是暴露在外面的基团与试剂发生反应,而其内部基团不易与试剂起反应,因而高分子化合物的耐蚀性较好。

（2）老化性能

高分子材料容易发生老化。高分子化合物在长期使用过程中,由于受到某些物理因素(热、光、电、辐射、机械力)或化学因素(氧、酸、碱、水及微生物)的作用,逐渐失去弹性,出现龟裂、变硬、发脆、变色,以致丧失高聚物的物理、机械性能的现象,称为聚合物的老化,目前防老化的措施主要是采用对高分子化合物的结构进行改性,添加防老剂、紫外线吸收剂和表面处理等方法。

1.5　陶瓷材料的组织结构与性能

1.5.1　陶瓷的概念

陶瓷是由金属(类金属)和非金属元素之间形成的化合物,主要结合键是离子键或共价键,是无机非金属材料中的一类,是一种用天然或人工合成的粉状原料,经过高温烧结而形成的固体物质。由于具有高硬度、高耐磨性、高耐蚀性、高绝缘性以及其他特殊的性能而得到广泛的应用。陶瓷材料与金属材料、高分子材料统称为三大固体材料。

陶瓷种类繁多,应用广泛。按照习惯可将其分为两类,即传统陶瓷和特种陶瓷。

（1）传统陶瓷

传统陶瓷主要指黏土制品,可分为日用陶瓷、建筑卫生陶瓷、电器绝缘陶瓷、化工陶瓷、多孔陶瓷等。传统陶瓷是以黏土、长石、石英等天然原料为主,经粉碎、成型、烧结工艺制成的。

(2)特种陶瓷

特种陶瓷是用化工合成原料制成具有某些特殊性能的陶瓷,包括氧化物、氮化物、碳化物、硅化物、硼化物、氟化物陶瓷,按性能和应用可分为电容器陶瓷、工具陶瓷、耐热陶瓷、压电陶瓷等。

如果按照所具有的性能划分,陶瓷又可分为工程结构陶瓷和功能陶瓷。

1.5.2 陶瓷的组织结构

陶瓷的组织结构比金属复杂得多,内部有晶体相、玻璃相和气相,它们的数量、形状和分布对陶瓷的性能有很大影响。

1. 晶体相

晶体相是陶瓷的主要组成相,决定了它的主要性能。晶体相是由离子键构成的离子晶体(如 Al_2O_3、MgO 等)或共价键构成的共价晶体(如 Si_3N_4、SiC 等),一般是两种晶体都存在。与金属类似,陶瓷一般也是多晶体,也存在晶粒或晶界。细化晶粒及亚晶可以提高陶瓷的强度,影响其他性能。但陶瓷晶体相是由多种金属元素和非金属元素的化合物组成的,其组织结构和性能间的关系应考虑更多的因素。

晶体相是由离子键或共价键为主要结合键组成的晶体,根据主要结合键的种类,其结构主要有以下 3 种类型。

1)离子晶体陶瓷结构

离子晶体陶瓷结构的结合键是离子键。离子晶体陶瓷的种类很多。下面介绍几种常见的晶体结构。

(1)NaCl 型结构(称 AX 型):有几百种化合物属于 NaCl 型结构。MgO、NiO、FeO、CaO 等都具有这种结构。如图 1-27(a)和(b)所示,阴离子与阳离子位于各个六面体的角上和面中心位置,形成面心立方晶格。

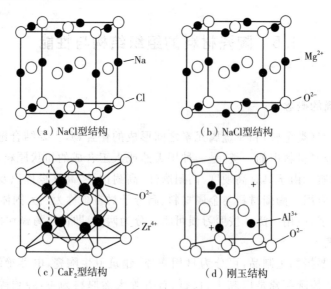

(a)NaCl型结构   (b)NaCl型结构

(c)CaF$_2$型结构   (d)刚玉结构

图 1-27 离子键陶瓷结构

（2）CaF_2 型结构（称 AX_2 型）：CaF_2、ZrO_2、VO_2、ThO_2 等都具有这种结构，如图 1-27(c) 所示。其中，Zr^{4+} 离子占据正常的面心立方结构结点位置，O^{2-} 处于四面体间隙位置，即 $\left(\frac{1}{4},\frac{1}{4},\frac{1}{4}\right)$ 位置。

（3）刚玉结构（称 A_2X_3 型）：Al_2O_3、Cr_2O_3 等具有这种结构，如图 1-27(d) 所示。氧原子占密排六方结构的结点位置，铝离子占据氧离子组成的八面体间隙中，但只占满 2/3。每三个相邻的八面体间隙就有一个是有规律的空着。每个晶胞中有 6 个氧离子、4 个铝离子。

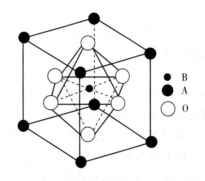

图 1-28　钙钛矿型结构

（4）钙钛矿型结构（称 ABX_3 型）：$CaTiO_3$、$BaTiO_3$、$PbTiO_3$ 等具有钙钛矿型结构，如图 1-28 所示。原子半径较大的钙离子与氧离子以立方最密堆积形式存在，半径较小的钛离子位于氧八面体间隙中，构成钛氧八面体 $[TiO_6]$。钛离子只占全部八面体间隙的 1/4，每个晶胞中有 1 个钛离子、1 个钙离子、3 个氧离子。

2) 共价晶体陶瓷结构

共价晶体陶瓷多属于金刚石结构（如 SiC）或其派生结构（如 SiO_2）。

SiC 的晶体结构属于面心立方点阵，如图 1-29 所示，每个晶胞中有 4 个碳原子和 4 个硅原子，4 个碳原子位于四面体间隙位置。

SiO_2 也属于面心立方点阵，如图 1-30 所示，每个硅原子被 4 个氧原子包围，形成 $[SiO_4]$ 四面体，四面体之间又都以共有顶点的氧原子互相连接。若四面体长程有序，则形成晶态 SiO_2。这个晶胞中有 24 个原子，其中 8 个硅原子、16 个氧原子。

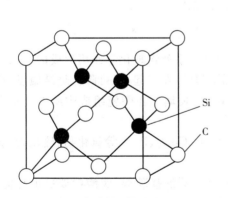

图 1-29　SiC 晶体结构

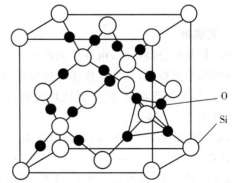

图 1-30　SiO_2 晶体结构

3) 硅酸盐结构

许多陶瓷是用硅酸盐矿物原料制作的，应用最多的是高岭土、长石、滑石等。硅和氧的结合很简单，由它们组成硅酸盐骨架，构成硅酸盐的复合结合体。

硅酸盐的基本结构是 $[SiO_4]$ 四面体，如图 1-31 所示，其中 Si^{4+} 离子周围有 4 个 O^{2-}

离子,形成四面体,带有-4电荷,称为SiO_4四面体。这个四面体中原子结合既有离子键又有共价键,结合力很强。

四面体顶点上的氧原子为克服电子的不足,有两种方法。

(1)可从金属那里获得电子形成SiO^-和金属正离子结合。

(2)每个氧原子再和四面体之外的另外一个硅原子共用一对电子对,形成多面体群。这种公用的氧原子称为搭桥氧原子。

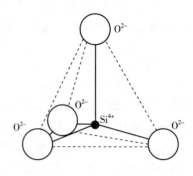

图1-31 Si—O四面体结构

对于没有金属离子存在的纯SiO_2而言,当四面体长程有序排列时,则为晶态SiO_2,在常压下以石英、磷石英、方石英3种安定的状态存在,结构如图1-32所示;在高温下则以磷石英、方石英的形式存在;如四面体为短程有序排列则为玻璃的结构。当温度、压力发生变化,这些结构之间能够相互转化,即发生同素异构转变。

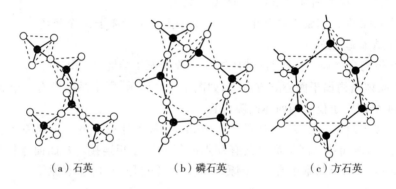

（a）石英　　　　　（b）磷石英　　　　　（c）方石英

图1-32 SiO_2的结构

2. 玻璃相

玻璃相是陶瓷烧结时,由各组成物和杂质通过一系列物理化学作用形成的非晶态物质。玻璃相熔点较低,其主要作用是把分散的晶相黏结在一起,还可降低烧结温度,抑制晶体长大,填充气孔空隙,但降低抗热性和绝缘性。玻璃相在陶瓷组成中所占体积百分比常限制为20%～40%。

玻璃相主要是由Se、S等元素,以及B_2O_3、SiO_2、GeO_2、P_2O_5等氧化物、硫化物、氯化物、卤化物等形成。

在实用玻璃中,硅酸盐类的玻璃使用得最广泛,硼酸盐玻璃、磷酸盐玻璃也有应用。硅酸盐玻璃的结构为SiO_4四面体,呈短程有序排列。纯SiO_2玻璃即使在液态时,其黏度也很大,成型困难。如果加入一些Na_2O、CaO等,引入金属离子,氧离子从金属中获得电子成为搭桥离子,打断玻璃态的网状结构,使玻璃在高温时具有热塑性,可提高其成型性能。

3. 气相

气相是指在陶瓷气孔中存在的气体,常以孤立状态分布在玻璃相、晶界或晶内。如果气孔是表面开口的,那么陶瓷质量下降;如果气孔是闭孔的,且存在于陶瓷内部,不易被发现,这种隐患常常是产生裂纹的原因,其不仅使陶瓷的力学性能大大下降,还会引起应力集中、强度降低和抗电击穿能力下降。普通陶瓷的气孔率一般应控制在 $5\%\sim10\%$,特种陶瓷控制在 5% 以下,金属陶瓷控制在 0.5% 以下。

1.5.3　陶瓷的性能

陶瓷为先成型后烧结的产品,其工艺流程为配料→压制成型→烧结。在烧结过程中,陶瓷发生一系列复杂的物理和化学变化,使其具有一些独特的性能。

陶瓷的性能由两种结构因素所构成:第一种是物质的结构,主要是化学键性质和晶体结构,决定着材料的本身性能,如材料是否适合作导体、半导体、铁电体;第二种是显微结构,包括相分布、晶粒大小和形状、气孔的大小和分布等,对材料的力学性能影响极大。陶瓷材料的力学性质是显微结构的敏感参数,其显微结构受制备过程中各种因素影响。

（1）力学性能

陶瓷的弹性模量比金属高,但在外力作用下几乎不产生塑性变形而呈脆性断裂。陶瓷的硬度高于一般金属,抗压强度也很高。但普通陶瓷含有较多的气孔等缺陷,因此抗拉强度低,实际强度与理论强度的比值远低于金属。以氧化铝陶瓷为例,氧化铝的理论强度为 5×10^4 MPa,普通烧结氧化铝的强度只有 240MPa 左右,仅为理论强度的 1/200。而奥氏体不锈钢这一比值为 $1/6\sim1/5$。

（2）热性能

陶瓷的熔点高,耐热性好,抗氧化性好,是工业上常用的耐热材料,在 1000℃ 以上的温度仍能保持室温性能。陶瓷的主要缺点是抗热冲击差,热膨胀系数和导热系数低于金属。

（3）电性能

陶瓷晶体中一般无自由电子,电绝缘性优良,是传统的绝缘材料。部分陶瓷具有半导体性质。

（4）化学性能

陶瓷的组织结构非常稳定,对酸、碱、盐及熔融的有色金属等具有优良的耐腐蚀性。

第2章　金属材料组织与性能的控制

通过不同方式制备或/和经过不同方法加工,金属材料表现出不同内在的组织结构(宏观组织、微观组织),因而产生不同的性能。金属材料也一样符合材料成分(composition)、组织结构(microstructure)、性能(property)和使用(performance)的四面体特征,因素之间密切相关。

2.1　纯金属的结晶

物质由液态→固态的过程称为凝固,因为液态金属凝固后一般为晶体,所以液态金属→固态金属的过程也称为结晶。绝大多数金属材料是经过冶炼后浇铸成型,即它的原始组织为铸态组织。掌握金属的结晶过程,对于了解铸件组织的形成,以及对它锻造性能和零件的最终使用性能的影响,都是非常必要的。而且掌握纯金属的结晶规律,对于理解合金的结晶过程和其固态相变也有很大的帮助。

2.1.1　冷却曲线和过冷现象

1. 液态金属的结构

金属加热到略高于熔点时,液态金属的结构具有以下特点:①是近程有序、远程无序结构,如图2-1所示;②存在能量起伏和结构起伏。

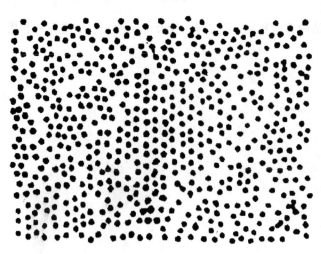

图2-1　液态金属结构示意图

2. 结晶过程的宏观现象

研究液态金属结晶最常用、最简单的方法是热分析法。将金属放入坩埚中,加热熔化后切断电源,用热电偶测量液态金属的温度随时间变化的关系曲线,该曲线称为冷却曲线或热分析曲线,如图 2-2 所示。从图 2-2 所示的曲线可以看出,液态金属的结晶存在两个重要的宏观现象。

（1）过冷现象

实际结晶温度 T 总是低于理论结晶温度 T_m 的现象,称为过冷现象,它们的温度差称为过冷度,用 ΔT 表示,$\Delta T = T_m - T$,纯金属结晶时的 ΔT 大小与其本性、纯度和冷却速度等有关。实验发现,液态金属的纯度低,冷却速度慢,ΔT 小,反之相反。

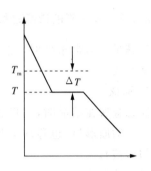

（2）结晶过程伴随潜热释放

由纯金属的冷却曲线可以看出,它是在恒温下发生结晶的,即随时间的延长液态金属的温度不降低,这是因为在结晶时液态金属放出了结晶潜热,补偿液

图 2-2　液态金属的冷却曲线

态金属向外界散失的热量,从而维持在恒温下结晶。当结晶结束时,其温度随时间的延长继续降低。

3. 金属结晶的微观基本过程

因为金属是不透明的,所以无法直接观察到其结晶的微观过程但通过对透明有机物结晶过程的观察,发现金属结晶的微观过程,就是原子由液态时的短程有序原子集团逐渐向固态的长程有序结构转变的过程。

当液态金属过冷到 T_m 以下时,尺寸最大的短程有序的原子集团通过结晶潜热的释放排列成长程有序的小晶体,该小晶体称为晶核,该过程称为形核。晶核一旦形成,就会不断地长大,同时其他尺寸较大的短程有序的原子集团也可形成新的晶核。因此纯金属的结晶过程是晶核不断形成和长大交替重叠进行的过程,如图 2-3 所示。结晶完成后,形成的由多个晶粒组成的晶体称为多晶体,如在结晶时控制只有一个晶核形成和长大,可得到单晶体。

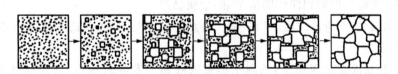

图 2-3　结晶过程示意图

4. 金属结晶的热力学条件

由热力学第二定律可知,物质遵循能量最小原理,即物质总是自发地向着能量降低的方向转化。图 2-4 所示为等压条件下液、固态金属的自由能与温度的关系曲线,都是单调减且上凸曲线,两者斜率不同。由热力学表达式可知,液相的斜率大于固相,因为液态时原子排列的混乱程度大（$S_{液} > S_{固}$）,两曲线交点的温度则为金属的理论结晶温度,即熔点 T_m。这时液、固两相的自由能相等,液、固两相处于动态平衡状态,两相可以长期共

存：①当 $T=T_m$ 时，$G_液=G_固$，两相共存；②当 $T>T_m$ 时，$G_液<G_固$，金属熔化成液体；③当 $T<T_m$ 时，$G_液>G_固$，金属结晶成固体，而 $\Delta G=G_固-G_液<0$，为结晶的驱动力。由此可知，过冷是结晶的必要条件，即 ΔT 越大，结晶驱动力越大，结晶速度越快。

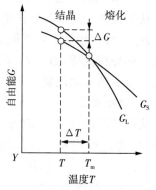

图 2-4 金属固、液态自由能 G 与温度 T 的关系 $\dfrac{dG}{dT}=-S$

2.1.2 纯金属的结晶过程

当满足热力学条件时，纯金属的结晶通过形核和长大来完成。

1. 形核

液态金属在结晶时，其形核方式一般认为主要有两种——均质形核（也称均匀形核）和异质形核（也称非均匀形核）。

1）均质形核

均质形核是指纯净的过冷液态金属依靠自身原子的规则排列形成晶核的过程，其形成的具体过程是液态金属过冷到某一温度时，内部尺寸较大的近程有序原子集团达到某一临界尺寸后成为晶核。

虽然过冷提供了结晶的驱动力，但晶核形成后会产生新的液固界面，体系自由能升高，所以并不是一有过冷就能形核，而是要达到一定的过冷度后，才能形核。形核速度的快慢用形核率 N 表示，它是单位时间内单位体积中形成的晶核数目，它与过冷度即结晶驱动力大小有关，还与原子的活动能力（扩散迁移能力）有关。

形核率 N 受两个相互制约的因素控制。过冷度 ΔT 大，结晶驱动力大，但温度低，原子活动能力小，所以 N-ΔT 关系曲线应成正态分布。因金属结晶倾向很大，实际只能测到曲线的前半部，金属已经结晶完毕，如图 2-5 所示。由于均质形核阻力较大，当 $\Delta T=0.2T_m$ 时才能有效形核。

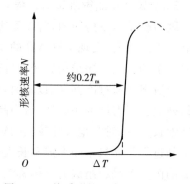

图 2-5 均质形核速率与过冷度关系

2）异质形核

异质形核是液态金属原子，依附于模壁或液相中未熔固相质点（包括外来杂质）表面，优先形成晶核的过程。

实验发现，异质形核所需的过冷度小，$\Delta T=0.02T_m$ 时，就能有效形核。因为异质形核是依附在现有固体表面形核（该固体表面称为形核基底或衬底），所以新增的液固界面积小，界面能低，结晶阻力小。另外，实际液态金属中总是存在未熔的固体杂质，而且在浇注时液态金属总是要与模壁接触，因此实际液态金属结晶时，首先以异质形核方式形核。需要注意的是，并不是任何固体表面都能促进异质形核，只有晶核与基底之间的界面能越小时，这样的基底才能促进异质形核。

由以上分析可知,过冷是结晶的必要条件,但过冷后还需通过能量起伏和结构起伏,使近程有序的原子集团达到某一临界尺寸后形成晶核。

2. 晶体的长大

晶核形成以后就会立刻长大,晶核长大的实质就是液态金属原子向晶核表面聚集堆砌的过程,也是固液界面向液体中迁移的过程。它也需要过冷度,该过冷度称为动态过冷度,用 ΔT_k 表示,其值一般很小,难以测定。

晶体的生长方式主要与固液界面的微观结构有关,而晶体的生长形态主要与固液界面前沿的温度梯度有关。

1)固液界面的微观结构和晶体长大机制

固液界面的微观结构主要有两类,即光滑界面和粗糙界面。

(1)光滑界面:液固界面是截然分开的,95%或5%的位置被固相原子占据。它由原子密排面组成,故也称为小平面界面,如图 2-6(a)所示。

(2)粗糙界面:液固界面不是截然分开的,50%的位置被固相原子占据,还有50%空着,因此也称为非小平面界面,如图 2-6(b)所示。

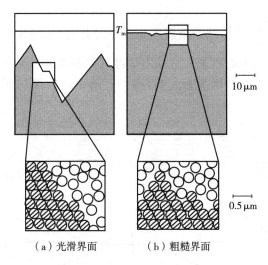

（a）光滑界面　　　（b）粗糙界面

图 2-6　光滑界面和粗糙界面的界面形状

界面的微观结构不同,则其接纳液相中迁移过来的原子的能力也不同,因此在晶体长大时将有不同的机制。

(1)粗糙界面的长大机制——连续垂直长大机制:液相原子不断地向空着的结晶位置上堆砌,并且在堆砌过程中固液界面上的台阶始终不会消失,使界面垂直向液相中推进,其长大速度快。金属及合金的长大机制多以这种方式进行,因为它们的固液界面多为粗糙界面。

(2)光滑界面的长大机制——侧向长大机制:对于完全光滑的固液界面多以二维晶核机制长大,而有缺陷的光滑界面多以晶体缺陷生长机制长大。

① 二维晶核机制:因为固液界面是完全光滑的,则单个液相原子很难在其上堆砌(界面积增大,界面能提高),所以它先以均质形核方式形成一个二维晶核,堆砌到原固液界

面上,为液相原子的堆砌提供台阶,而进行侧向长大。长满一层后,晶体生长中断,等新的二维晶核形成后再继续长大,因此它是不连续侧向生长,长大速度很慢,与实际情况相差较大,如图 2-7(a)所示。

② 晶体缺陷生长机制:即在光滑界面上有露头的螺型位错,它的存在为液相原子的堆砌提供了台阶(靠背),液相原子可连续地堆砌,使固液界面进行螺旋状连续侧向生长,其长大速度较快,并与实际情况比较接近,非金属和金属化合物多为光滑界面,它们多以这种机制进行生长,如图 2-7(b)所示。

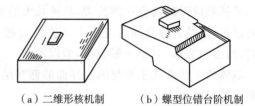

(a)二维形核机制　　(b)螺型位错台阶机制

图 2-7　小平面界面的两种生长机制

2)固液界面前沿的温度梯度与纯金属晶体的生长形态

除了固液界面的微观结构对晶体长大有重大影响外,固液界面前沿液体中的温度梯度也是影响晶体长大的一个重要因素。固液界面前沿的温度梯度主要有两种,即正温度梯度和负温度梯度。

(1)正温度梯度 $\left(\dfrac{\mathrm{d}T}{\mathrm{d}x}>0\right)$:液态金属在铸型中冷却时,热量主要通过型壁散出,结晶首先从型壁开始,液态金属的热量和结晶潜热都通过型壁和已结晶固相散出,因此固液界面前沿的温度随距离 x 的增加而升高,即 ΔT 随距离的增加而减小,如图 2-8(a)所示。

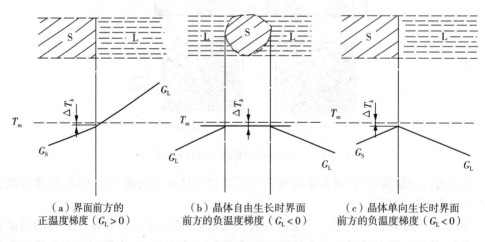

(a)界面前方的正温度梯度($G_L>0$)　　(b)晶体自由生长时界面前方的负温度梯度($G_L<0$)　　(c)晶体单向生长时界面前方的负温度梯度($G_L<0$)

图 2-8　两种温度分布方式

(2)负温度梯度 $\left(\dfrac{\mathrm{d}T}{\mathrm{d}x}<0\right)$:若金属在坩埚中加热熔化后,随坩埚一起降温冷却,当液态金属处于过冷状态时,其内部某些区域首先结晶,放出的结晶潜热使固液界面温度升高,固液界面前沿的温度随距离 x 的增加而降低,即 ΔT 随距离的增加而增加,如图 2-8(b)和图 2-8(c)所示。

晶体的形态不仅与其生长机制有关,还与界面的微观结构、界面前沿的温度分布及生长动力学规律等很多因素有关。纯金属的固液界面从微观角度看是粗糙界面,它的生长形态主要受界面前沿的温度梯度影响。

① 在正温度梯度时按平面状生长:粗糙界面的生长机制为连续垂直生长,在正温度梯度时,界面上的凸起部分若想较快地朝前生长,就会进入 ΔT 较小的区域,使其生长速度减慢,因此始终维持界面为平面状,如图 2-9(a)所示。

② 在负温度梯度时按树枝晶生长:如图 2-10 所示,在负温度梯度时,固液界面前沿随 x 增加 ΔT 增加,因此界面上的凸起部分能接触到 ΔT 更大的区域而超前生长,长成一次晶轴,在一次晶轴侧面也会形成负温度梯度,而长出二次晶轴;二次晶轴上又会长出三次晶轴。就像先长出树干再长出分枝一样,故称为树枝晶生长,其结晶过程如图2-9(b)所示,长成的树枝晶形态如图 2-10 所示。

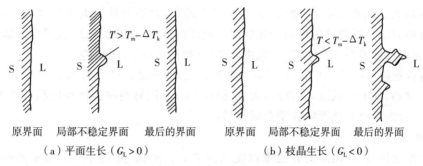

（a）平面生长（$G_L > 0$）　　　　（b）枝晶生长（$G_L < 0$）

图 2-9　液态金属中温度分布对纯金属结晶过程的影响

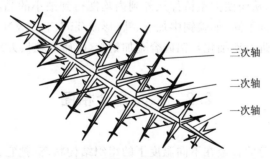

图 2-10　在负温度梯度时晶体长成的树枝晶形态

对于立方晶系各次晶轴间成垂直关系(沿<100>生长),如果枝晶在三维空间均衡发展(即 x、y、z 三个方向长大趋势差不多)最后得到等轴晶粒,通常金属结晶完毕时,各次晶轴相互接触,形成一个充实的晶粒,所以看不到其枝晶形态。

但在结晶时各晶轴间不能及时得到液相的补充,最后在枝间就会形成孔洞,结晶结束后就能观察到枝晶形态,液相中有杂质时,它们一般留在枝间处。另外,结晶后,经侵蚀也能观察到树枝晶形态。

3. 结晶晶粒的大小及控制

晶粒的大小称为晶粒度,通常用晶粒的平均面积或平均直径来表示。

1)晶粒大小对金属性能的影响

金属结晶后,在常温下晶粒越细小,其强度、硬度、塑性、韧性越好。多晶体的屈服强度与其晶粒大小的关系符合霍尔佩奇(Hall-Patch)公式,即 $\sigma_s=\sigma_0+kd^{-1/2}$,式中 d 为多晶体的晶粒直径,σ_0 为阻止位错滑移的摩擦力,即晶粒尺寸越小,材料强度越高。如纯铁晶粒平均直径从 9.7mm 减小到 2.5mm,抗拉强度 σ_b 从 165MPa 上升到 211MPa,伸长率 δ 从 28.8% 上升到 39.5%,通常将这种由晶粒细化引起强度、塑性和韧性提高的方法称为细晶强化,它的最大优点是能同时提高金属材料的强度、硬度、塑性、韧性,而其他各种强化方法都是通过降低材料塑性、韧性来提高材料强度、硬度的。

2)细化晶粒的途径

细化晶粒主要有两个途径:增大形核率和降低长大速度。

3)细化晶粒的方法

在金属材料进行结晶时,细化晶粒方式常用的有以下几种。

(1)增大液态金属的过冷度

因为增大 ΔT,形核率 N 增大,长大速度也增大,但前者效果大于后者,故可使晶粒细化。具体方法是对薄壁铸件采用加快冷却速度的方法,来增大 ΔT,如采用金属模代替砂模,在金属模外通循环水冷却,降低浇注温度(提高形核率)等措施。

随着快速凝固($v_冷>10^4$K/s)技术的发展,人们已能得到尺寸为 $0.1\sim1.0\mu m$ 的超细晶粒金属材料,其不仅强度、韧性高,而且具有超塑性、优异的耐蚀性和抗晶粒长大性、抗辐照性等,成为具有高性能的新型金属材料。

(2)孕育(变质)处理

对于厚壁铸件,用激冷的方法难以使其内部晶粒细化,并且冷速过快易使铸件变形开裂。但在液态金属浇注前向其中加入少量孕育剂或变质剂,可起到提高异质形核率或阻碍晶粒长大的作用,从而使大型铸件从外到内均能得到细小的晶粒。但是不同的材料加入的孕育剂或变质剂不同,如碳钢中加钒、钛(形成 TiN、TiC、VN、VC 促进异质形核),铸铁加硅铁、硅钙(促进石墨细化),铝硅合金加钠盐(阻碍晶粒长大)等。

2.2 二元合金相图

通过了解不同成分的合金在不同温度下的组织结构状态,把它们相互之间的关系用图的方式表达出,便于材料的选择设计和加工工艺制定,所得到的图就是相图。

相图是表示合金系中各合金在平衡状态(在极缓慢冷却条件下,各相成分和相质量比不再随时间变化)下,在不同温度时,具有的状态和组成相关系的图,因此也称为合金状态图或平衡图。

2.2.1 二元合金相图的建立

纯金属的结晶过程可以用热分析法进行分析,通过测定它的冷却曲线来反映成分、相组成和温度的关系。因为它的成分是不变的,所以它的结晶过程只需用一个温度坐标轴就能反映,在其熔点以上为液相,在其熔点以下为固相。

1. 二元相图表示方法

对于二元合金的结晶过程,同样也可以用热分析法分析,通过测定它的冷却曲线来反映。不同的是二元合金由两个组元组成,它的成分是可以变化的,所以它必须用两个坐标轴表示(合金结晶是在常压下进行,没有压力变化),如图 2-11 所示。纵坐标表示温度,横坐标表示成分(质量分数),由 A、B 两组元组成的合金系,A 点表示合金含 A 组元 100%、B 组元 0%,由纯 A 组元构成;B 点表示合金含 B 组元 100%、A 组元 0%,由纯 B 组元构成。

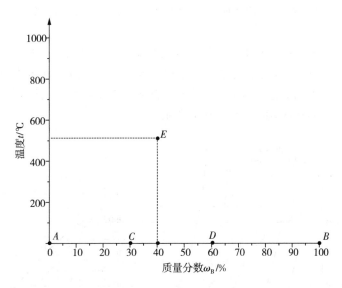

图 2-11　二元合金相图的坐标

相图中能表示合金成分、温度的任何点都称为表象点。在图 2-11 中,C 点表示合金含 A 组元 70%、B 组元 30%;D 点表示合金含 A 组元 40%、B 组元 60%;E 点表示合金含 A 组元 60%、B 组元 40%,并处于 500℃。

相图是反映合金结晶过程的直观图像,不仅可以看出不同成分的合金,在不同温度时的组织状态(即什么温度熔化,什么温度结晶,什么温度时发生什么组织转变),而且可以定性地估量合金的性能,是制定铸造、锻造和热处理工艺的重要依据,因此必须了解相图测定的原理及方法。

2. 相图的测定

过去,合金相图的测定一般是通过试验进行的,目前可借助计算机,通过理论计算(各相的自由能)绘制简单的相图。

建立相图的过程实际上就是测定各合金的相变温度即临界点的过程。合金在相转变时伴随有某些物理化学性质的突变,如潜热、膨胀系数、电阻和磁性、硬度等变化。测定合金临界点的方法很多,如热分析法、硬度法、金相法、膨胀法、电阻法、磁性法、X 射线结构分析法等。要测定一张精确的相图,必须将上述几种方法互相补充使用。

通常测定相图的最基本、最常用的方法是热分析法,下面以 Cu-Ni 合金为例,介绍用热分析法测定相图的基本步骤:

(1)将给定组元配制成一系列不同成分的合金,分别熔化后测出它们的冷却曲线(配制的合金越多,取得的点就越多,测出的相图越精确);

(2)找出各冷却曲线上的临界点温度(即相变温度,是冷却曲线上的转折点和停歇点);

(3)将各临界点标在温度-成分坐标中相应的合金成分垂线上;

(4)连接各相同意义的临界点,得到相应的曲线便分成不同的区域,分隔代表为若干相区;

(5)用组织分析法测出各相区所含的相及组成,将它们的名称填入相应的相区中,即得所测相图。

从图 2-12 可见,将图(a)中测得的各配制合金的冷却曲线上出现的停歇点和转折点(因放出结晶潜热而产生),按上述方法标注在温度-成分坐标中,即可得所测相图。连接各合金开始结晶点可构成液相线,连接各合金的结晶终止点可构成固相线,液、固相线将相图分为单相区和两相区,如图 2-12(b)所示。

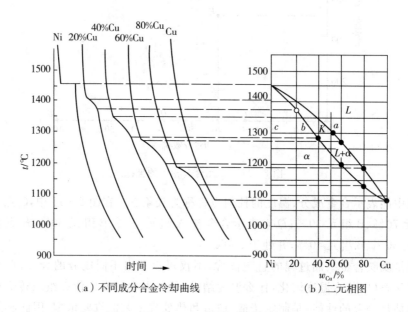

(a)不同成分合金冷却曲线　　　　(b)二元相图

图 2-12　Cu-Ni 二元合金相图的建立

3. 二元合金相图的使用

(1)确定合金的状态

如图 2-12(b),以含 Ni 50%、Cu 50%的合金为例,可以看出该合金在不同温度时所处的状态不同,在 1200℃时为单相的 α 固相,在 1250℃时为液相 L 和 α 固相两相共存,在 1350℃时为单相的液相 L。

(2)确定给定合金的相变温度

一般是沿给定合金作成分垂线,该垂线与相图中各曲线的交点即为该合金的相变温度。如图 2-12(b)中,含 Ni 50%的合金的结晶开始温度为 1320℃,结晶终止温度为 1240℃,温度范围为 80℃。

(3)确定合金两相平衡时的成分和相对量

给定成分合金在某一温度时两平衡相的成分,只需在该温度作成分横坐标的平行线,该平行线与相图中各曲线的交点所对应的成分即为两平衡相的成分,见图 2 - 12(b),含 Ni 50% 的合金,在 1300℃ 液、固两平衡相的成分为 a、b 点对应的成分坐标值,这时液、固两相的相对量可用杠杆定律计算。

杠杆定律:是利用相图确定合金在两相平衡区时,两平衡相的成分和相对量的方法。

如 K 合金在 1300℃ 时为液、固两相平衡,两平衡相的成分点分别为 a、b,而合金成分点用 K 点表示,用 W_L、W_α、W_K 分别表示液相、α 相和合金的质量,则可以通过 $W_L = \dfrac{W_L}{W_K} \times 100\% = \dfrac{bk}{ba} \times 100\%$、$W_\alpha = \dfrac{W_\alpha}{W_K} \times 100\% = \dfrac{ka}{ba} \times 100\%$ 来获得,见图 2 - 13。即以 K 点为支点,a、K、b 为杠杆,则在杠杆两端挂重物的相对量比,与两者的杠杆长度成反比,$\dfrac{W_\alpha}{W_K} = \dfrac{ka}{ba}$。

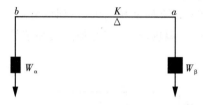

图 2 - 13　杠杆定律的力学图示

2.2.2　匀晶相图

根据合金组元的性质和相互作用,合金相图也有很多类型,下面以简单的匀晶相图为例来说明相图的分析和应用。

1. 匀晶相图分析

(1)匀晶相图

匀晶相图是两组元在液态和固态均能无限互溶,在结晶时发生匀晶转变的相图,如 Cu - Ni、Au - Ag、Cr - Mo、Cd - Mg 等合金系均形成匀晶系。

(2)相图分析

利用相图分析合金的结晶过程和组织,必须首先了解相图中点、线、相区表示的含义。以图 2 - 14 为例进行分析。

点:a、b 点分别为纯组元铜、镍的熔点(a 为 1083℃,b 为 1452℃)。

线:ab 凸曲线为液相线,是匀晶转变的开始线 L→α。合金加热到该线以上时,全部转变为液体,而冷却到该线时,开始结晶出 α 固溶体。

ab 凹曲线为固相线,是匀晶转变的终止线 L→α。合金加热到该线时开始熔化,冷却到该线时,全部转变为 α 固溶体。

相区:①单相区、有 L、α 两个,液相 L 在液相线以上,α 固相在固相线以下;②两相区有 L+α 一个,在液、固相线之间。

2. 合金的结晶过程分析

1)平衡结晶过程

平衡结晶是指合金在结晶过程中冷却速度无限缓慢,原子扩散能够充分进行的结晶过程。这是理想状态,实际冷却速度是变化的。

平衡结晶过程分析:以图 2 - 14 中含 Cu 40% 的合金为例,由图可以看出该合金在 1350~1290℃ 范围内发生匀晶转变,从液相中结晶出 α 固溶体(L→α),该结晶过程实际上是合金随温度的降低,建立起一系列的相平衡过程,如 $L_1 \xrightarrow{t_1} S_1$、$L_2 \xrightarrow{t_2} S_2$、$L_3 \xrightarrow{t_3} S_3$
(实际上每个相平衡的温度间隔很小),当温度降低一个间隔时,上个相平衡时的液、固相
成分,均能通过扩散与第二个相平衡时的液、固相成分均匀一致。如温度从 t_1 降到 t_2
时,$L_1 \xrightarrow{变为} L_2$、$S_1 \xrightarrow{变为} S_2$,在每个相平衡时液相转变出的固相的量是一定的,如果温度不
降低,固相的量不会再增加,在各温度时液、固两相的相对量可用杠杆定律计算(与线段
长度成反比关系),当冷却到 t_3 时最后一滴液相的成分为 L_3,α 固相的成分为 S_3,在
1290℃以下时液相消失,得到成分均匀含 Cu 40%的单相 α 固溶体,温度继续降低 α 相成
分不变,温度降低,其冷却曲线和结晶过程示意图见图 2-14(b)。

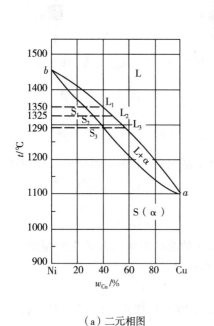

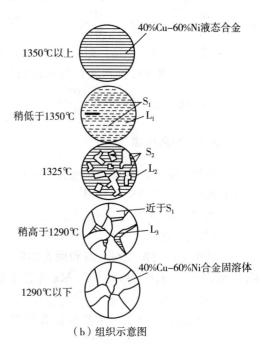

(a)二元相图　　　　　　　(b)组织示意图

图 2-14　Cu-Ni 合金结晶过程

匀晶转变得到是单项固溶体,固溶体平衡结晶的特点:

(1)是变温结晶(在一个温度范围内进行,纯金属是在一定温度下,恒温结晶);

(2)是选分结晶(先结晶出的固相含高熔点组元多,后结晶出的固相含低熔点组元
多);

(3)结晶也是通过形核和长大完成;

(4)形核不仅需要能量起伏、结构起伏还需要成分起伏;

(5)平衡结晶时,液相的成分沿液相线变,液相含量下降,固相的成分沿固相线变,α
固溶体含量上升,最后得到成分均匀的 α 固溶体。

2)不平衡结晶过程

不平衡结晶:合金结晶时,冷却速度较快,原子扩散不充分的结晶过程。如铸造时合
金液体在铸型中的结晶就是不平衡结晶。

不平衡结晶过程分析:见图 2-15,由于冷却速度较快,合金在冷却到与液相线相

交时,并不开始结晶,而是过冷到 t_1 时开始结晶出成分为 α_1 的固溶体,继续冷却到 t_2 时从液体中结晶出成分为 α_2 的固溶体。因冷却速度较快,t_1 时结晶出的 α_1 来不及通过原子充分扩散,使其成分变到 α_2,因 α_1 先结晶含高熔点组元 Ni 比 α_2 多,这时合金固相的平均成分介于 α_1 和 α_2 之间为 α_2'。当合金冷却到 t_4 时(已与固相线相交),由于固相的平均成分(α_4)没有达到原合金成分,所以结晶还没有结束,只有冷却到 t_5 时,固相的平均成分达到原合金的成分时结晶才结束,将 α_1'、α_2'、α_3'、α_4'、α_5' 连成的线称为固溶体不平衡结晶时的平均成分线,它偏离于平衡结晶时的固相线,并随冷却速度的增大,偏离的程度增大。

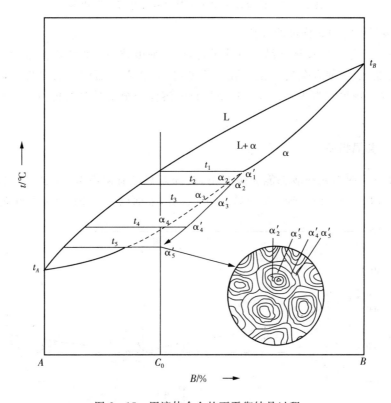

图 2-15 固溶体合金的不平衡结晶过程

由以上分析可知,合金在不平衡结晶后得到的固溶体成分是不均匀的,在一个晶粒中先结晶的部分(晶粒中心)含高熔点组元 Ni 多,后结晶部分(晶粒边缘)含低熔点组元 Cu 多,这种晶粒内部化学成分不均匀的现象称为晶内偏析。由于固溶体结晶时一般按树枝状方式生长,先结晶的枝干和后结晶的枝间成分也不相同,通常称为枝晶偏析,见图 2-16,黑色为先结晶的枝干,含 Ni 多,白色为后结晶的枝间,含 Cu 多。

严重的枝晶偏析会使合金的力学性能降低,主要是降低塑性、韧性以及耐蚀性等。实际生产中常用均匀化退火(扩散退火)方法来消除枝晶偏析。具体方法是将铸件加热到固相线以下 100～200℃,进行较长时间的保温,让原子进行充分扩散,消除偏析达到成分均匀化的目的,可使树枝状组织变为等轴状组织。

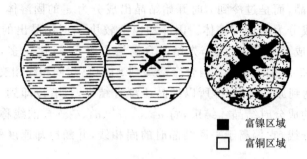

富镍区域
富铜区域

图2-16 固溶体不平衡结晶时的枝晶偏析示意图

3. 合金凝固时的成分过冷现象

固溶体合金结晶时按选分结晶方式进行,在不平衡结晶过程中在其液固界面前沿会产生溶质富集区,它使合金液体在正温度梯度时,其液固界面前沿会出现类似负温度梯度的区域,这种现象称为成分过冷。它是导致固溶体合金结晶时按树枝状方式生长的主要原因。

2.2.3 共晶相图

共晶相图是两组元在液态能无限互溶,在固态只能有限溶解,并且具有共晶转变的合金相图,如Pb-Sn、Pb-Sb、Ag-Cu、Al-Si等,下面以Pb-Sn合金为例进行介绍。

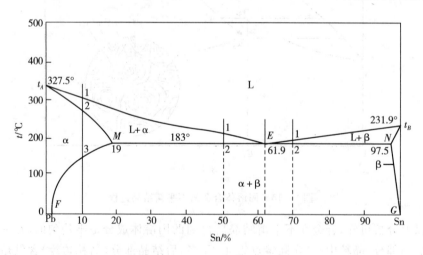

图2-17 Pb-Sn共晶相图

1. 共晶相图分析(图2-17)

(1)点:t_A、t_B点分别纯铅和纯锡的熔点和凝固点。

M、N点分别为α固溶体(锡在铅中)和β固溶体(铅在锡中)的最大溶解度点。

E点:共晶点,该点成分的合金在恒温T_E时发生共晶转变:$L_E \underset{T_E}{\rightleftharpoons} \alpha_M + \beta_N$,是具有一定成分的液相,在恒温$T_E$同时转变为两个具有不同成分和结构的固相。

F、G点分别是室温时锡在铅中(α)和铅在锡中(β)的溶解度。

(2)线：AEB 线是液相线，在冷却时 $\begin{cases} AE\ 线 & L \to \alpha \\ EB\ 线 & L \to \beta \end{cases}$ 的开始线；

$AMENB$ 线是固相线，在冷却时 $\left.\begin{cases} AM\ 线 & L \to \alpha \\ NB\ 线 & L \to \beta \\ MEN\ 线是共晶线 \end{cases}\right\}$ 终止线。

成分在 $M \sim N$ 之间的合金在 T_E 恒温时都发生共晶转变：$L_E \xrightleftharpoons[\quad]{T_E} \alpha_M + \beta_N$，生成由两个固溶体组成的机械混合物，称为共晶体或共晶组织。

MF 线：是锡在铅中（α 固溶体）的溶解度曲线，冷却时，$\alpha \xrightarrow{\text{析出}} \beta_{\mathrm{II}}$。

NG 线：是铅在锡中（β 固溶体）的溶解度曲线，冷却时，$\beta \xrightarrow{\text{析出}} \alpha_{\mathrm{II}}$。

(3)相区：

① 单相区：有 3 个，在液相线 AEB 以上为单相液相区，用 L 表示，在 AMF 线以左为单相 α 固溶体区，在 NBG 线以右为单相 β 固溶体区。

② 两相区：有 3 个，$AEMA$ 区为 $L+\alpha$ 两相区，$BENB$ 区为 $L+\beta$ 两相区，$FMENGF$ 区为 $\alpha+\beta$ 两相区。

③ 三相线：MEN 线为 $L+\alpha+\beta$ 三相共存线。

2. 典型合金平衡结晶过程分析

由图 2-17 可以看出该合金系中有四种典型合金。成分在 M 点以左、N 点以右的合金称为端部固溶体合金，用合金 I 代表。合金 II 为共晶合金，它结晶后的组织为 100% 共晶体，而把成分在 $M \sim E$ 和 $E \sim N$ 范围的合金分别称为亚共晶合金和过共晶合金，用合金 III 和合金 IV 代表。

(1)合金 I（Sn%<19%）的结晶

由图 2-17 可以看出，该合金与相图中的曲线交于 1、2、3 三个点，在 1~3 点之间它的结晶过程与匀晶相图中的固溶体相同（即在液相线以上为单相液相，与液相线相交时发生匀晶转变 $L \to \alpha$，随 T 降低，L 的成分沿液相线变化，α 相的成分沿固相线变化，并且 L 降低、α 升高，当与固相线相交时 L 消失，得到成分均匀的单相 α 固溶体，在 2~3 点之间，α 降温冷却，成分、结构不变）。当冷却到 3 点时，与 α 的溶解度曲线相交，α 的溶解度达到饱和状态，而冷却到 3 点以下时 α 为过饱和，其成分将沿 $3F$ 线变化，将多余的锡以 β_{II} 的形式从 α 中析出，随温度的降低，α 的量减少，β_{II} 的量增加，在室温时得到的组织为 $\alpha+\beta_{\mathrm{II}}$，结晶过程示意图见图 2-18。

合金 I 的结晶过程代表了成分在 $F \sim 19$ 范围内的所有合金的结晶过程，具有这种成分的合金可进行固溶处理：将它加热到 2~3 点之间，保温后快速冷却，得到过饱和的 α，从而提高合金的强度、硬度。有时也将经固溶处理后的合金在低温进行加热处理，也称时效处理，让它析出很细小的第二相，如第二相是高硬度的化合物，这对合金的强化效果更好。这种强化方式称为弥散硬化，这是强化合金的一种基本方法，强化效果主要取决于第二相的性能和尺寸、弥散度。

(2)合金 II（共晶合金）的结晶

该合金含 Sn 61.9%，与相图交于 1、2 两点，在 1 点以上为单相液体，冷却到 1 点时，在恒温 183℃发生共晶转变 $L_E \leftrightarrow \alpha_M + \beta_N$，在 1 点以下液相消失，得到 100% 的共晶体 ($\alpha+\beta$)，这时共晶体中的 α 和 β 的相对量，可用杠杆定律计算：

$$w(\alpha) = \frac{EN}{MN} \times 100\% = \frac{97.5-61.9}{97.5-19} \times 100\% = 45.4\%$$

$$w(\beta) = \frac{ME}{MN} \times 100\% = \frac{61.9-19}{97.5-19} \times 100\% = 54.6\%$$

$$\text{或 } w(\beta) = 100\% - w(\alpha) = 100\% - 45.4\% = 54.6\%$$

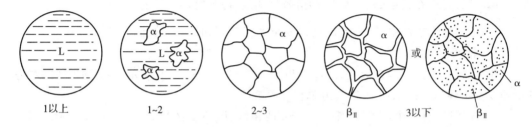

图 2-18　10% Pb-Sn 合金结晶过程示意图

继续冷却，α 和 β 相的成分分别沿 MF 和 NG 线变化，由于溶解度随温度的降低而降低，所以分别从 $\alpha \xrightarrow{\text{析出}} \beta_{II}$，从 $\beta \xrightarrow{\text{析出}} \alpha_{II}$。它们和共晶转变生成的 α 和 β 相混合在一起，在金相显微镜下不易分辨，因此合金Ⅱ在室温时的显微组织为 100%($\alpha+\beta$)共晶体，它的相组成物为 α 和 β 两相。

相组成物：合金在不同状态时由哪些基本相组成，该组成物称为相组成物。

组织组成物：组成合金显微组织的具有特定形态特征的独立组成部分，称为组织组成物，如合金Ⅱ的组织组成物为共晶体，是($\alpha+\beta$)的机械混合物。

该合金的结晶过程示意图见图 2-19，由金相显微镜观察发现其显微组织为层片状（α 和 β 层片交替分布），对于不同成分的共晶合金，其共晶体的组织形态不同，可以是层片状、树枝状、针状、螺旋状等。

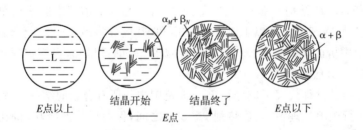

图 2-19　共晶合金Ⅱ结晶过程示意图

(3)合金Ⅲ(亚共晶合金)的结晶(以含 Sn 50% 为例)

由图 2-17 可以看出该合金与相图交于 1、2、3 三个点，在 1 点以上为液相，当冷 1 点时与液相线相交，开始发生匀晶转变从 L→α(称为初生相或一次相)，在 1～2 点之间其结晶过程与匀晶相图中的固溶体相同，随 T 降低 L 相成分沿液相线 AE 变化，L 含量降低，

α 相成分沿固相线 AM 变化,α 含量增大。当冷却到 2 点时,α 相成分达到 M 点,剩余液相成分达到 E 点,在恒温 183℃ 时,剩余液相发生共晶转变,形成共晶体,此时合金的组织组成物为 α+(α+β),它们的相对量可用杠杆定律计算:

$$w(\alpha_M) = \frac{2E}{ME} \times 100\% = \frac{61.9-50}{61.9-19} \times 100\% = 27.74\%$$

$$w(\alpha+\beta) = w(L\,剩余) = \frac{M2}{ME} \times 100\% = \frac{50-19}{61.9-19} \times 100\% = 72.26\%$$

继续冷却 α($\alpha_{初}$、$\alpha_{共}$)沿 MF 线变析出 β_{II}(沿晶界或晶内析出),$\beta_{共}$ 沿 NG 线变析出 α_{II},室温时的组织为 $\alpha+\beta_{II}+(\alpha+\beta)$,其结晶过程如图 2-20 所示。该合金的相组成物为 α 和 β,它们的相对量为 $w(\alpha) = \frac{X_3 G}{FG} \times 100\%$,$w(\beta) = \frac{X_3 G}{FG} \times 100\%$,组织组成物为 $\alpha_{初}+\beta_{II}+(\alpha+\beta)$,它们的相对量也可以计算出来,由 183℃ 时的计算知 $w(\alpha_{初}) = 27.74\%$,$w(\alpha+\beta) = 72.26\%$,由于初生 α 冷却时不断析出 β_{II},它们的相对量也可以求出,但必须先用杠杆定律求出 M'(含 Sn 19%)合金在室温时 α_F' 和 β_{II}' 的相对量。

$$w(\alpha_F') = \frac{M'G}{FG} \times 100\% , w(\beta_{II}') = \frac{FM'}{FG} \times 100\%$$

则

$$w(\alpha_F) = w(\alpha_F') \cdot w(\alpha_M) = = \frac{M'G}{FG} \times 100\% \times 27.74\%$$

$$w(\beta_{II}) = w(\beta_{II}') \cdot w(\alpha_M) = \frac{FM'}{FG} \times 100\% \times 27.74\%$$

$$w(\alpha+\beta) = 72.26\%$$

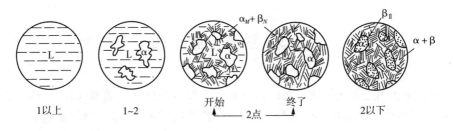

图 2-20　亚共晶合金结晶过程示意图

合金 III 的结晶过程代表了所有亚共晶合金的结晶过程。所不同的是当合金成分靠近 M 点时初生 α 相的量增加,共晶体(α+β)的量减少;而合金成分靠近 E 点时,初生 $\alpha_{相}$ 的量减少,共晶体(α+β)的量增加。

合金 IV(过共晶合金)的结晶过程与亚共晶合金相似,也经过匀晶转变,共晶转变和析出二次相,所不同的是初生相是 β,共晶转变后从 $\beta \xrightarrow{析出} \alpha_{II}$,故室温组织为 $\beta+\alpha_{II}+(\alpha+\beta)$。

通过上述分析,为了更容易掌握各合金在不同温度时的组织,可以在相图中填写出组织组成物,见图 2 - 21。

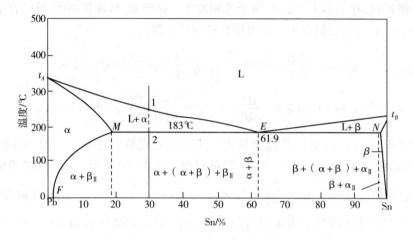

图 2 - 21 Pb - Sn 合金组织分区图

2.2.4 共析相图

两组元在液态能够无限互溶,在固态
只能有限互溶,并具有共析转变的相图为
共析相图,见图 2 - 22 或 Fe - Fe₃C 相
图等。

一个一定成分的固相在恒温下转变为
两个不同成分的固相的过程为共析转变,
其转变式为:$\alpha \rightarrow \beta_1 + \beta_2$,共析相图的分析
和转变过程将在铁碳合金相图中介绍。

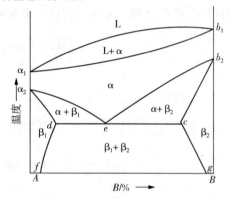

图 2 - 22 具有共析转变的二元合金相图

2.3 铁碳合金相图

铁碳合金相图是反映使用量最广的铁碳合金即钢铁材料的重要文件,掌握铁碳合金
相图,对于了解铁碳合金材料的成分、组织与性能之间的关系,以及制订铁碳合金材料的
各种热加工工艺,都具有十分重要的意义。

铁碳合金是由过渡族金属元素铁与非金属元素碳所组成,因碳原子半径小,它与铁
组成合金时,能溶入铁的晶格间隙中与铁形成间隙固溶体。而间隙固溶体只能是有限固
溶体,所以当碳原子溶入量超过铁的极限溶解度后,碳与铁将形成一系列化合物,如
Fe₃C、Fe₂C、FeC 等。由实际使用发现,含碳量大于 5% 的铁碳合金脆性很大,使用价值
很小,因此通常使用的铁碳合金含碳量都不超过 6.69%,这是因为铁与碳形成的化合物渗
碳体(Fe₃C)是一个稳定化合物,它的含碳量为 6.69%,因此可以把它看作一个组元,它与铁
组成的相图就是下面所要介绍的铁碳合金相图,实际上应该称为铁-渗碳体(Fe -Fe₃C)相

图。Fe–Fe₃C 相图是反映含碳量从 0%～6.69% 的铁碳合金在缓慢冷却条件下,温度、成分和组织的转变规律图。由于所讨论的铁碳合金中含铁量都大于 93%,因此铁是铁碳合金中主要的组成部分,了解有关纯铁的特性对于掌握铁碳合金相图是十分必要的。

2.3.1　纯铁的同素异构转变

纯铁具有同素异构转变,由它的冷却曲线可以看出,见图 2–23。由图可知,纯铁的熔点和凝固点为 1538℃,纯铁结晶后在 1394℃ 以上具有体心立方结构,称为 δ–Fe;在 1394℃ 发生同素异构转变,由体心立方结构的 δ–Fe 转变为面心立方结构的 γ–Fe;继续冷却到 912℃,纯铁再次发生同素异构转变,由面心立方结构的 γ–Fe 转变为体心立方结构的 α–Fe。同素异构转变是重新形核和长大的过程,并伴有结构、热效应和体积的变化,是一种固态相变。了解纯铁的同素异构转变,对于掌握纯铁的相图和进一步了解与掌握铁碳合金相图都是非常必要的。

2.3.2　纯铁的性能与应用

由实验测定纯铁的机械性能大致如下:抗拉强度 σ_b 为 176～274MN/m²,屈服强度 $\sigma_{0.2}$ 为 98～166MN/m²,延伸率 δ 为 30%～50%,断面收缩率 ψ 为 70%～80%。硬度(布氏)HB 为 50～80,冲击韧性 α_k 不大于 1.5～2MN·m/m²。由于纯铁的强度、硬度低,所以很少用作结构材料,但纯铁具有高的磁导率,因此它主要用来制作各种仪器仪表的铁芯。

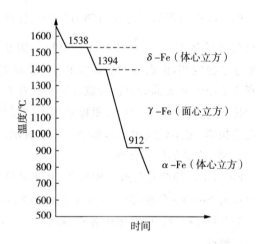

图 2–23　纯铁的冷却曲线和晶体结构变化

2.3.3　铁碳合金的基本相和组织

在通常使用的铁碳合金中,铁与碳主要形成五个基本相。

(1)液相:用 L 表示,铁和碳在液态能无限互溶形成均匀的溶体。

(2)δ 相:碳与 δ–Fe 形成的间隙固溶体,具有体心立方结构,称为高温铁素体,常用 δ 表示。由于体心立方的 δ–Fe 的点阵常数 $a=2.93$Å,它的晶格间隙小,最大溶碳量在 1495℃ 为 0.09%,是铁碳相图中的 H 点(见图 2–24)。

(3)γ 相:是碳与 γ–Fe 形成的间隙固溶体,具有面心立方结构,称为奥氏体,常用 γ 或 A 表示,由于面心立方的 γ–Fe 的点阵常数 $a=3.66$Å,它的晶格间隙较大,最大溶碳量在 1148℃ 为 2.11%(质量),是图 2–24 中的 E 点,奥氏体的强度、硬度较低,塑性、韧性较高,是塑性相,它具有顺磁性。

(4)α 相:是碳与 α–Fe 形成的间隙固溶体,具有体心立方结构,称为铁素体,常用 α 或 F 表示,由于体心立方的 α–Fe 的点阵常数 $a=2.87$Å,它的晶格间隙很小,最大溶碳量在 727℃ 为 0.0218%(质量),是图 2–24 中的 P 点,铁素体的性能与纯铁相差无几(强度、硬度低、塑性、韧性高),它的居里点(磁性转变温度)是770℃。

(5)中间相(Fe_3C):是铁与碳形成的间隙化合物,含碳量为6.69%,称为渗碳体。渗碳体是稳定化合物,它的熔点为1227℃(计算值),是图 2-24 中的 D 点。渗碳体的硬度很高,维氏硬度 HV 为950～1050,但是塑性很低($\delta \approx 0$),是硬脆相。铁碳合金中 Fe_3C 的数量和分布对合金的组织和性能有很大影响。

Fe_3C 具有磁性转变,在230℃以上为顺磁性,在230℃以下为铁磁性,该温度称为 Fe_3C 的磁性转变温度或居里点,常用 A_0 表示。

铁碳合金中常出现的组织主要有珠光体($\alpha + Fe_3C$),是铁素体和渗碳体的机械混合物,常用 P 表示;莱氏体($\gamma + Fe_3C$),是奥氏体和渗碳体的机械混合物,常用 L_d 表示。这些组织的具体形成过程将在典型成分合金的平衡结晶过程分析中加以介绍。

2.3.4 铁碳合金相图分析

由于碳以石墨形式存在时热力学稳定性比 Fe_3C 高,所以 Fe_3C 在一定条件下将发生分解形成石墨:$Fe_3C \xrightarrow{\text{分解}} 3Fe + C(\text{石墨})$。因此从热力学角度讲,$Fe_3C$ 是一个亚稳定相,石墨才是稳定相,但石墨的表面能很大,形核需要克服很高的能量,所以在一般条件下,铁碳合金中的碳大部分仍以渗碳体的形式存在。因此铁碳合金相图往往具有双重性,即一个是 $Fe-Fe_3C$(C 6.69%)亚稳系相图(常用实线表示),另一个是 $Fe-C$(石墨 100%)稳定系相图(常用虚线表示),如图 2-24 所示,下面主要介绍 $Fe-Fe_3C$ 亚稳系相图。

1. 铁-渗碳体相图分析

$Fe-Fe_3C$ 相图看起来比较复杂,其实只要掌握了二元合金的基本相图就可以看懂,可以看出 $Fe-Fe_3C$ 相图主要是由包晶相图、共晶相图和共析相图三个部分所构成。

先分析 $Fe-Fe_3C$ 相图中各点、线、相区的含义,见图 2-24。

1)特性点

$Fe-Fe_3C$ 相图中的特性点见表 2-1 所列。

表 2-1 铁碳合金相图中的特性点

特性点	温度(℃)	含碳量(重量%)	特性点的含义
A	1538	0	纯铁的熔点
B	1495	0.53	包晶转变时液相的成分
C	1148	4.3	共晶点 L→($\gamma + Fe_3C$)莱氏体,用 L_d 表示
D	1227	6.69	渗碳体的熔点
E	1148	2.11	碳在 $\gamma - Fe$ 中的最大溶解度,共晶转变时 γ 相的成分,也是钢与铸铁的理论分界点
F	1148	6.69	共晶转变时 Fe_3C 的成分
G	912	0	纯铁的同素异构转变点(A_3)$\gamma - Fe \rightarrow \alpha - Fe$
H	1495	0.09	碳在 $\delta - Fe$ 中的最大溶解度,包晶转变时 δ 相的成分

（续表）

特性点	温度(℃)	含碳量(重量%)	特性点的含义
J	1495	0.17	包晶点 $L_B + \delta_H \rightarrow \gamma_J$
K	727	6.69	共析转变时 Fe_3C 的成分点
M	770	0	纯铁的居里点(A_2)
N	1394	0	纯铁的同素异构转变点(A_4)$\delta - Fe \rightarrow \gamma - Fe$
O	770	0.5	含碳 0.5 合金的磁性转变点
P	727	0.0218	碳在 $\alpha - Fe$ 中的最大溶解度,共析转变时 α 相的成分点,也是工业纯铁与钢的理论分界点
S	727	0.77	共析点 $\gamma_s \rightarrow \alpha_P + Fe_3C(\alpha + Fe_3C)$珠光体用 P 表示
Q	室温	<0.001	室温时碳在 $\alpha - Fe$ 中的溶解度

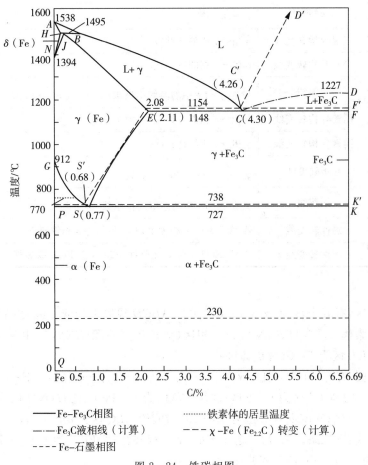

图 2-24　铁碳相图

2)特性线

Fe-Fe₃C 相图中的特性线见表 2-2 所列。

表 2-2　Fe-Fe₃C 合金相图中的特性线(冷却)

特性线	名称	特性线的含义
$ABCD$	液相线	AB 是 L 相 $\xrightarrow[\text{冷却}]{\text{匀晶}}$ δ 相的开始线 BC 是 L 相 $\xrightarrow[\text{凝固}]{\text{匀晶}}$ γ 相的开始线 CD 是 L 相 $\xrightarrow[\text{凝固}]{\text{匀晶}}$ Fe₃C$_{\text{I}}$ 的开始线
$AHJECF$	固相线	AH 是 L 相 $\xrightarrow[\text{凝固}]{\text{匀晶}}$ δ 相的终止线 JE 是 L 相 $\xrightarrow{\text{匀晶}}$ γ 相的终止线 ECF 是共晶线 $L_C \xrightarrow{1148℃} γ_E + Fe_3C$
HJB	包晶转变线	$L_B + δ_H \xrightarrow{1495℃} γ_J$
HN	同素异构转变线	δ 相→γ 相的开始线
JN	同素异构转变线	δ 相→γ 相的终止线
ES	固溶线	碳在 γ-Fe 中的溶解度极限线(A_{cm} 线)γ $\xrightarrow{\text{析出}}$ Fe₃C$_{\text{II}}$
GS	同素异构转变线	γ 相→α 相的开始线(A_3 线)
GP	同素异构转变线	γ 相→α 相的终止线
PSK	共析转变线	$γ_s \xrightarrow{727℃} α_p + Fe_3C(A_1$ 线)
PQ	固溶线	碳在 α-Fe 中的溶解度极限线,α $\xrightarrow{\text{析出}}$ Fe₃C$_{\text{III}}$
MO	磁性转变线	A_2 线 770℃,α 相无磁性>770℃>α 相铁磁性
230℃虚线	磁性转变线	A_0 线 230℃,Fe₃C 无磁性>230℃>Fe₃C 铁磁性

3)相区

(1)单相区:有五个,L、δ、γ、α、Fe₃C。①在 $ABCD$ 线以上为液相区;②$AHNA$ 区为 δ 相区(高温铁素体);③$NJESGN$ 区为 γ 相区(奥氏体区);④$GPQG$ 区中为 α 相区(铁素体区);⑤$DFKL$ 区为 Fe₃C(渗碳体区)。

(2)两相区:有七个,L+δ、L+γ、L+Fe₃C、δ+γ、α+γ、γ+Fe₃C、α+Fe₃C。①$ABJHA$ 区为 L+δ 区;②$JBCEJ$ 区为 L+γ 区;③$DCFD$ 区为 L+Fe₃C;④$HJNH$ 区为 δ+γ 区;⑤$GSPG$ 区为 α+γ 区;⑥$ECFKSE$ 区为 γ+Fe₃C;⑦$QPSKLQ$ 区为 α+Fe₃C 区。

(3)三相线:有三条。①HJB 为 L+δ+γ 三相共存;②ECF 为 L+γ+Fe₃C 三相共存;③PSK 为 γ+α+Fe₃C 三相共存。

2. 铁碳合金的分类

铁碳合金按其含碳量的不同,大致可以将它分为三类:

1)工业纯铁

含 C 量小于 0.0218% 的铁碳合金常称为工业纯铁,它的室温组织为单相铁素体或铁素体+三次渗碳体。

2)钢

含 C 量为 0.0218%~2.11% 的铁碳合金称为钢,钢在高温时的组织为单相的奥氏体,具有良好的塑性,可进行热锻,根据钢在室温时的组织又可将它分为三类:

(1)亚共析钢:含 C 量为 0.0218%~0.77% 的铁碳合金称为亚共析钢,其室温组织为先共析铁素体+珠光体(F+P)。

(2)共析钢:含 C 量为 0.77% 的铁碳合金称为共析钢,其室温组织为 100% 的珠光体(P)。

(3)过共析钢:含 C 量为 0.77%~2.11% 的铁碳合金称为过共析钢,其室温组织为珠光体+二次渗碳体($P+Fe_3C_{II}$)。

3)白口铸铁

含 C 量为 2.11%~6.69% 的铁碳合金称为铸铁,由于 C 以 Fe_3C 的形式存在时其断口呈白亮色,故称为白口铸铁,它们在凝固时发生共晶转变,具有较好的铸造性能,但共晶转变后得到的以 Fe_3C 为基的莱氏体脆性很大(按 Fe-C[石墨]相图凝固的铸铁,断口为灰色,称为灰口铸铁,因为碳大部分以石墨形式存在)。

白口铸铁根据其室温组织又可分为三类:

(1)亚共晶白口铸铁:含 C 量为 2.11%~4.3% 的铁碳合金称为亚共晶铸铁,其室温组织为珠光体、二次渗碳体和变态莱氏体($P+Fe_3C_{II}+L'_d$)。

(2)共晶白口铸铁:含 C 量为 4.3% 的铁碳合金称为共晶铸铁,其室温组织为 100% 变态莱氏体(L'_d)。

(3)过共晶白口铸铁:含 C 量为 4.3%~6.69% 的铁碳合金称为过共晶铸铁,其室温组织为一次渗碳体和变态莱氏体($Fe_3C_I+L'_d$)。

3. 典型成分合金的平衡结晶过程分析

由 Fe-Fe_3C 相图可以看出,铁碳合金中有七种典型成分的合金,即工业纯铁、亚共析钢、共析钢、过共析钢、亚共晶铸铁、共晶铸铁和过共晶铸铁,下面逐个进行分析:

1)含 C 0.01% 的工业纯铁结晶

含 C 0.01% 的工业纯铁在相图中的位置见图 2-25,由图可以看出,当该合金从液相冷却到与液相线相交的 1 点时,发生匀晶转变从液相中凝固出 δ 相,随着温度的降低,液相的成分沿相线 AB 变化含 C 量不断增加,但相对量不断减少;而 δ 相的成分沿固相线 AH 变,含 C 量和相对量不断增加。当冷却到 2 点时匀晶转变结束 L 消失,得到含 C 0.01% 的单相 δ 固溶体,在 2~3 点之间随温度的降低,δ 相的成分和结构都不变,只是进行降温冷却。当冷到 3 点时开始发生固溶体的同素异构转变,δ 相→γ 相。通常奥氏体的晶核优先在 δ 相的晶界处形成,在 3~4 点之间随温度的降低,δ 相的成分沿 HN 线变,含 C 量和相对量都不断减少;而 γ 相的成分沿 JN 线变,含 C 量不断降低,但相对量不断增加。当冷却到 4 点时固溶体的同素异构转变结束,δ 相消失,得到含 C 0.01% 的单相奥氏体。在 4~5 点之间,随温度的降低,γ 相的成分和结构都不变只是进行降温冷却。当冷却到 5 点时又开始发生固溶体的同素异构转变,γ 相→α 相。通常铁素体的晶核优先

在 γ 相的晶界处形成。在 5～6 点之间随温度的降低,γ 相的成分沿 GS 线变,含 C 量不断增加但相对量不断减少;而 α 相的成分沿 GP 线变,含 C 量和相对量都不断增加。当冷到 6 点时,固溶体的同素异构转变结束,γ 相消失得到成分为含 C 0.01% 的单相铁素体。在 6～7 点之间随温度的降低,α 相的成分和结构都不变,只是进行降温冷却,当冷到 7 点时铁素体的溶碳量达到过饱和,在 7 点以下铁素体将发生脱溶转变,α $\xrightarrow{\text{析出}}$ Fe₃C$_{\text{III}}$,这时铁素体 F 的成分沿 PQ 线变,相对量逐渐减少,而 Fe₃C$_{\text{III}}$ 的量逐渐增加。Fe₃C$_{\text{III}}$ 的析出量一般很少,沿 F 的晶界分布,由它的结晶过程示意图见图 2-26,可以看出,它在室温时的组织为 F＋Fe₃C$_{\text{III}}$,金相组织如图 2-27 所示。

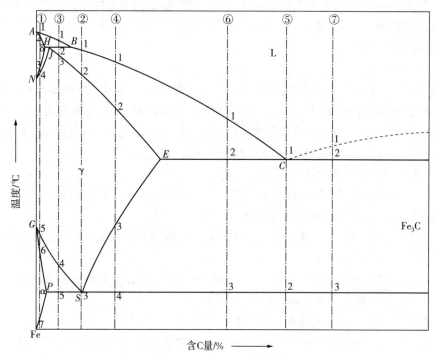

图 2-25 典型铁碳合金冷却时的组织转变过程分析

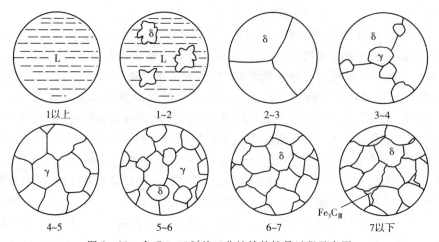

图 2-26 含 C 0.01% 的工业纯铁的结晶过程示意图

由杠杆定律可以计算出它在室温时的组织组成物和相组成物的相对量。工业纯铁含碳量为 0.0218％时析出的三次渗碳体的量最大,用杠杆定律计算,Fe_3C_{III} 最大含量为

$$\omega_{Fe_3C} = \frac{0.0218}{6.69} \times 100\% = 0.33\%$$

（这里把铁素体 F 在室温时

的含碳量当作零处理）

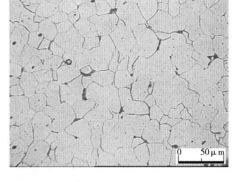

图 2-27　工业纯铁的光学显微组织照片

由相图可以看出,所有的工业纯铁的结晶过程都与该合金的结晶过程相似,只是含碳量越靠近 P 点析出的 Fe_3C_{III} 的量越多。

2）含 C 0.77％的共析钢结晶

含 C 0.77％的共析钢在相图中的位置见图 2-25,由图可以看出当它从液相冷却到与液相线 BC 相交的 1 点时,发生匀晶转变,$L \rightarrow \gamma$ 相,随着温度的降低,液相的成分沿液相线 BC 变化,含 C 量不断增加但相对量不断减少;而 γ 相的成分沿固相线 JE 变化,含 C 量和相对量都不断增加。当冷到 2 点时,匀晶转变结束,L 消失,得到含 C 0.77％的单相奥氏体,在 2~3 点之间随温度的降低,γ 相的成分和结构都不变,只是进行降温冷却,当冷到 3 点时,奥氏体在恒温（727℃）发生共析转变,$\gamma_{0.77} \xrightarrow{727℃} \alpha_{0.0218} + Fe_3C$,转变产物称为珠光体（一般用 P 表示）,它是 F 和 Fe_3C 的机械混合物,该铁素体通常称为共析铁素体用 F_P 表示,该渗碳体通常称为共析渗碳体,用 Fe_3C_K 表示。共析渗碳体通常呈层片状分布铁素体基体上,见图 2-28。共析渗碳体经适当的球化退火后,可呈球状或粒状分布在 F 基体上,称为球状（或粒状）珠光体,见图 2-29。在 3 点以下共析铁素体的成分沿 PQ 线变,发生脱溶转变析出三次渗碳体,$\alpha_P \rightarrow Fe_3C_{III}$,与共析渗碳体混合在一起,并且量很少,在显微镜下不易分辨,一般可以忽略不计,而共析 Fe_3C 和 Fe_3C_{III} 的成分都不发生变化,只是进行降温冷却。所以共析钢在室温时的组织组成物为 100％珠光体。而相组成物为 $F + Fe_3C$,它们的相对量可用杠杆定律计算。

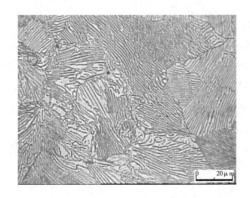

图 2-28　珠光体的光学显微组织照片

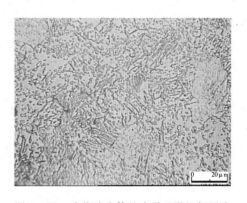

图 2-29　球状珠光体的光学显微组织照片

室温时：$w(F) = \dfrac{6.69-0.77}{6.69} \times 100\% = 88.5\%$，$w(Fe_3C) = 100\% - w(F) = 11.5\%$。

它的结晶过程示意图，见图 2-30。

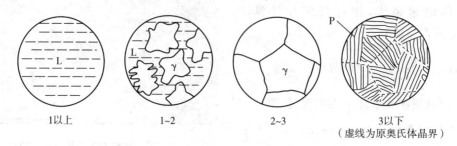

| 1以上 | 1~2 | 2~3 | 3以下 |

（虚线为原奥氏体晶界）

图 2-30 含 C 0.77% 的共析钢结晶过程示意图

3) 含 C 0.4% 的亚共析钢结晶

含 C 0.4% 的亚共析钢在相图中的位置见图 2-25，由图可以看出当它从液相冷却到与液相线 AB 相交的 1 点时，发生匀晶转变从 L→δ 相，随温度的降低，液相的成分沿液相线 AB 变，含 C 量不断增加，但相对量不断减少，而 δ 相的成分沿固相线 AH 变，含 C 量和相对量都不断增加，当冷却到 2 点时液相的成分达到 B 点(含 C 0.53%)，δ 相的成分达到 H 点(含 C 0.09%)，这时液相和 δ 相在恒温下(1495℃)发生包晶转变，$L_{0.53} + \delta_{0.09} \xrightarrow{1495℃} r_{0.17} + L_{0.53}$(剩余)，由于该钢的含 C 量为 0.4%，大于包晶成分(含 C 0.17%)，所以在包晶转变结束后有液相剩余。在 2~3 点之间随温度的降低，剩余液相发生匀晶转变，不断结晶出 γ 相($L_{剩} → r_{相}$)，其成分沿液相线 BC 变，含 C 量不断增加，但相对量不断减少；而包晶转变得到的 γ 相和匀晶转变得到的 γ 相成分都沿固相线 JE 变，含 C 量和相对量不断增加，当冷却至 3 点时匀晶转变结束，液相消失，得到成分为含 C 0.4% 的单相奥氏体，在 3~4 点之间随温度的降低，γ 相的成分和结构都不变，只是进行降温冷却。当冷却到 4 点时开始发生固溶体的同素异构转变由 γ 相→α 相。通常铁素体晶核优先在奥氏体晶界处形成。在 4~5 点之间随温度的降低，γ 相的成分沿 GS 线变，含 C 量不断增加，但相对量不断减少，而 α 相的成分沿 GP 线变，含 C 量和相对量都不断增加。当冷却到 5 点时，α 相的成分达到 P 点(含 C 0.0218%)，剩余的 γ 相的成分达到共析成分 S 点(含 C 0.77%)，这部分 γ 相在恒温(727℃)下发生共析转变 $r_{0.77} \xrightarrow{727℃} \alpha_{0.0218} + Fe_3C$ 形成珠光体，通常将在共析转变前由同素异构转变形成的 α 相称为先共析铁素体 $F_先$，在 5 点以下，$F_先$ 和 $F_{共析}$ 的成分都沿 PQ 线变，发生脱溶转变析出三次渗碳体，$F_先 → Fe_3C_{III}$，$F_{共析} → Fe_3C_{III}$，而共析渗碳体的成分不变，只是降温冷却，由于析出的 Fe_3C_{III} 量很少，一般可以忽略不计，所以含 C 0.4% 的亚共析钢在室温时的组织为 α+P(铁素体+珠光体)，图 2-31 为它的结晶过程意图，图 2-32 为亚共析钢的显微组织。

该钢在室温时的组织组成物和相组成物的相对量也可用杠杆定律计算，相组成物为 α+Fe_3C，其中：

$$w(\alpha) = \frac{6.69-0.40}{6.69-0} \times 100\% = \frac{6.29}{6.69} \times 100\% = 94\%$$

$$w(\mathrm{Fe_3C})=100\%-94\%=6\%$$

组织组成物：$\alpha_先+P$，如果要算 $\mathrm{Fe_3C_{III}}$ 的量需先算共析温度时 $\alpha_先$ 和 P 的相对量。

$$w(\alpha_先)=\frac{0.77-0.40}{0.77-0.0218}\times100\%=49.45\%$$

$$w(\mathrm{P})=100\%-49.45\%=50.55\%$$

从 $\alpha_先$ 中析出的 $w(\mathrm{Fe_3C_{III}})=w(\mathrm{Fe_3C_{III最大}})\times w(\alpha_先)=0.33\%\times49.45\%=0.16\%$，则含 C 0.4% 的亚共析钢室温时组织组成物的相对量为

$$w(\mathrm{P})=50.55\%$$

$$w(\alpha_先)=49.45\%-0.16\%=49.29\%$$

$$w(\mathrm{Fe_3C_{III}})=0.16\%$$

如果忽略 $w(\mathrm{Fe_3C_{III}})$，可直接在室温计算：

$$w(\alpha)=\frac{0.77-0.40}{0.77}\times100\%=48.05\%$$

$$w(\mathrm{P})=100\%-48.05\%=51.95\%（\mathrm{Fe_3C_{III}}\text{混在 P 一起}）$$

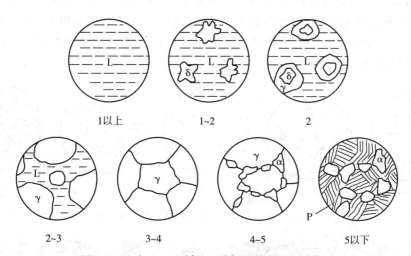

图 2-31　含 C 0.40% 的亚共析钢结晶过程示意图

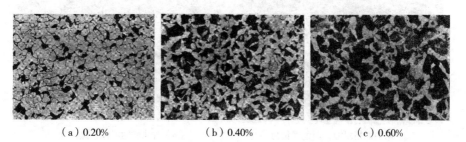

（a）0.20%　　　　（b）0.40%　　　　（c）0.60%

图 2-32　亚共析钢光学显微组织照片

　　根据上述讨论结合相图可以看出,含C量为0.17%~0.53%的亚共析钢的平衡结晶过程都与该合金相似,而含C量为0.53%~0.77%的亚共析钢在平衡结晶时不发生包晶转变,但它们的组织组成物都是由α+P组成,所不同的是亚共析钢随着含C量增加,组织中含P量增加,含α先量减少,并且两相的分布状态也有所改变,见图2-32。

　　4)含C1.2%的过共析钢结晶

　　含C1.2%的过共析钢在相图中的位置见图2-25,由图可以看出当它从液相冷却到与液相线BC相交的1点时,发生匀晶转变从液相中结晶出γ相,在1~2点之间随温度的降低,液相的成分沿液相线BC变,含C量不断增加但相对量不断减少;而γ相的成分沿固相线JE变,含C量和相对量都不断增加。当冷到2点时,匀晶转变结束液相消失,得到含C量为1.2%的单相奥氏体,在2~3点之间随温度的降低,γ相的成分和结构都不变,只是进行降温冷却;当冷却到3点时与固溶线ES相交,奥氏体的含碳量达到过饱和,开始发生脱溶转变,沿晶界析出二次渗碳体(γ→Fe₃C_II);随温度的降低Fe₃C_II的成分不变,但相对量不断增加并呈网状分布在γ相的晶界上,而γ相的成分沿固溶线ES变化,含C量和相对量都不断减少;当冷却到4点时,γ相的成分达到共析成分S点,这部分γ相在恒温(727℃)发生共析转变 $r_{0.77} \xrightarrow{727℃} P$,而Fe₃C_II不变,在4点以下,P中的α共析成分沿PQ线变发生脱溶转变析出Fe₃C_III,由于析出量少并与共析Fe₃C混合在一起,所以在显微镜下观察不到,可不考虑。含C1.2%的过共析钢的结晶过程示意图见图2-33,可以看出该钢在室温时的组织为P+网状Fe₃C_II,见图2-34,用不同的侵蚀剂侵蚀后P和Fe₃C_II的颜色不同,用硝酸酒精时Fe₃C_II呈白色网状,P为黑色;用苦味酸钠时,Fe₃C_II呈黑色网状,P为浅灰色。

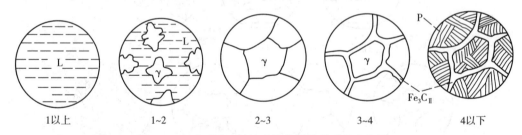

| 1以上 | 1~2 | 2~3 | 3~4 | 4以下 |

图2-33　含C1.2%的过共析钢结晶过程示意图

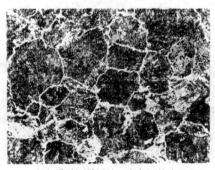

（a）硝酸酒精浸蚀,白色网状为　　　　　（b）苦味酸钠浸蚀,黑色为
　二次渗碳体,暗黑色为珠光体　　　　　网状二次渗碳体,浅白色为珠光体

图2-34　过共析钢光学显微组织照片

该钢在室温时的组织组成物和相组成物的相对量也可用杠杆定律计算,组织组成物为 P+Fe₃C_Ⅱ,其中,

$$w(P)=\frac{6.69-1.2}{6.69-0.77}\times100\%=92.74\%$$

$$w(Fe_3C_{Ⅱ})=100\%-92.74\%=7.26\%$$

相组成物为 α+Fe₃C,其中,

$$w(α)=\frac{6.69-1.2}{6.69}\times100\%=\frac{5.49}{6.69}\times100\%=82\%$$

$$w(Fe_3C)=100\%-82\%=18\%$$

Fe₃C 中包括共析 Fe₃C、Fe₃C_Ⅱ 和 Fe₃C_Ⅲ.

由相图可以看出所有的过共析钢的结晶过程都与该钢相似,不同的是含 C 量接近 0.77％ 时,析出的 Fe₃C_Ⅱ 少呈断续网状分布,并且网很薄。而含 C 量接近 2.11％ 时析出的 Fe₃C_Ⅱ 多呈连续网状分布,并且网的厚度增加,过共析钢含 C 量在 2.11％ 时析出 Fe₃C_Ⅱ 的量最大,可用杠杆定律计算:

$$w(Fe_3C_{Ⅱ最大})=\frac{2.11-0.77}{6.69-0.77}\times100\%=22.6\%$$

5)含 C 4.3％ 的共晶白口铸铁结晶

含 C 4.3％ 的共晶白口铸铁在相图中的位置见图 2-25,由图可以看出合金从液相冷却到 1 点时,在恒温(1148℃)发生共晶转变 $L_{4.3}\xrightarrow{1148℃}r_{2.11}+Fe_3C$,该共晶体称为莱氏体($L_d$),莱氏体中的 γ 称为共晶 γ,Fe₃C 称为共晶 Fe₃C,在 1~2 点之间随温度的降低,共晶 γ 发生脱溶转变析出 Fe₃C_Ⅱ,其成分沿固溶线 ES 线变,相对量和含 C 量不断减少,Fe₃C_Ⅱ 的成分不变,相对量不断增加,但共晶 Fe₃C 的成分和相对量都不变,只是进行降温冷却,当冷却到 2 点时,共晶 γ 的成分达到共析点(S 点,含 C 0.77％),这部分 γ 在恒温下(727℃)发生共析转变 $r_{0.77}\xrightarrow{727℃}P$,而共晶 Fe₃C 和 Fe₃C_Ⅱ 不发生变化。当冷却到 2 点以下,P 中的 α 成分沿 PQ 线变,发生脱溶转变析出 Fe₃C_Ⅲ,而各 Fe₃C 不发生变化,只是进行降温冷却,由于 Fe₃C_Ⅱ 和 Fe₃C_Ⅲ 都依附在共晶 Fe₃C 基体上,在显微镜下无法分辩,所以在室温时得到的组织组成物为完全的变态莱氏体(L'_d)=(P+Fe₃C_Ⅱ+Fe₃C),见图 2-35,结晶过程示意图见图 2-36。

共晶转变后莱氏体中的共晶 γ 和共晶 Fe₃C 的相对量可用杠杆定律计算:

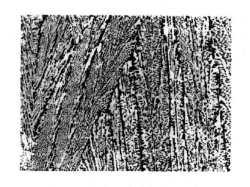

图 2-35　共晶白口铸铁的显微组织

$$w(\gamma_{共晶}) = \frac{6.69 - 4.3}{6.69 - 2.11} \times 100\% = \frac{2.39}{4.58} \times 100\% = 52.2\%$$

$$w(Fe_3C_{共晶}) = 100\% - 52.2\% = 47.8\%$$

共析转变后为$P + Fe_3C(Fe_3C_{II} + Fe_3C_{共晶})$,它们的相对量也可用杠杆定律计算

$$w(P) = \frac{6.69 - 4.3}{6.69 - 0.77} \times 100\% = \frac{2.39}{5.92} \times 100\% = 40.37\%$$

$$w(Fe_3C) = 100\% - 40.37\% = 59.63\%$$

因此,$w(Fe_3C_{II}) = w(Fe_3C) - w(Fe_3C_{共晶}) = 59.63\% - 47.8\% = 11.83\%$ 或 $w(Fe_3C_{II}) = w(\gamma_{共晶}) \times w(Fe_3C_{II最大}) = 52.2\% \times 22.6\% = 11.80\%$。

该合金在室温时的相组成物为$\alpha + Fe_3C$,它们的相对量也可用杠杆定律计算:

$$w(\alpha) = \frac{6.69 - 4.3}{6.69} \times 100\% = \frac{2.39}{6.69} \times 100\% = 35.73\%$$

$$w(Fe_3C,即\ Fe_3C_{III} + Fe_3C_{共析} + Fe_3C_{II} + Fe_3C_{共晶}) = 100\% - 35.73\% = 64.27\%$$

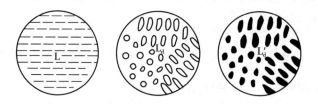

图 2-36　共晶白口铸铁结晶过程示意图

6)含C 3%的亚共晶白口铸铁结晶

含C 3.0%的亚共晶白口铸铁在相图中的位置见图2-25,由图可以看出该合金从液相冷却到与液相线 BC 相交的1点时,开始发生匀晶转变从 $L \rightarrow \gamma$ 相,在1~2点之间随温度的降低,液相的成分沿液相线 BC 变,含C量不断增加,但相对量不断减少,而 γ 相的成分沿固相线 JE 变,含C量和相对量都不断增加。当冷却到2点时 γ 相的成分达到 E 点(含C 2.11%)而液相的成分达到共晶成分 C 点(含C 4.3%),在恒温(1148℃)下发生共晶转变,$L_{4.3} \xrightarrow{1148℃} \gamma_{2.11} + Fe_3C$,形成莱氏体,在共晶转变前从液相中结晶出的 γ 相称为初晶($\gamma_{初}$)或先共晶($\gamma_{先}$),它在共晶转变时不发生变化,在2~3点之间随温度的降低,共晶 Fe_3C 不发生变化只是进行降温冷却,但 $\gamma_{初}$ 和 $\gamma_{共晶}$ 的成分沿固溶线 ES 变,发生脱溶转变析出 Fe_3C_{II},它们的含C量和相对量都不断减少,而 Fe_3C_{II} 的成分不变,相对量不断增加,当冷却到3点时,$\gamma_{初}$ 和 $\gamma_{共晶}$ 的成分都达到共析成分 S 点(含C 0.77%),都在恒温(727℃)发生共析转变,$\gamma_{0.77} \rightarrow P(\alpha + Fe_3C)$,转变成珠光体。在3点以下P中的 α 成分沿固溶线 PQ 变化,发生脱溶转变析出 Fe_3C_{III},而各 Fe_3C 的成分不变只是进行降温冷却,因此最后的室温组织为 $P(\alpha + Fe_3C) + Fe_3C_{II} + L_d'[P(\alpha + Fe_3C) + Fe_3C_{II} + Fe_3C_{共晶}]$,见图2-37。由图可以看出 $\gamma_{初}$ 转变的P在室温时仍保留着 $\gamma_{初}$ 的树枝状形态,在其周围包围着的白色薄层为从它中析出的 Fe_3C_{II},而从 $\gamma_{共晶} \rightarrow Fe_3C_{II}$ 与共晶 Fe_3C 混合在一起无

法分辩。该合金在室温时的组织组成物
和相组成物的相对量也可用杠杆定律计
算:组织组成物为:$P + Fe_3C_{II} + L'_d$。由于
共晶转变后的组织为 $\gamma_{初} + L_d$,其中

$$w(\gamma_{初}) = \frac{4.3 - 3.0}{4.3 - 2.11} \times 100\%$$

$$= \frac{1.3}{2.19} \times 100\%$$

$$= 59.36\%, Ld\%$$

$$= 100\% - 59.36\%$$

$$= 40.64\%$$

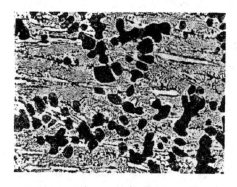

图 2-37　亚共晶白口铸铁的光学显微组织照片
(黑色树枝状组织为珠光体,其余为莱氏体)

则 $w(L'_d) = w(L_d) = 40.64\%$,因为 $w(Fe_3C_{II 最大}) = 22.6\%$,所以 $w(Fe_3C_{II}$,由 $\gamma_{初}$ 中
析出$) = w(\gamma_{初}) \times 22.6\% = 59.36\% \times 22.6\% = 13.41\%$,因此 $w(P) = w(\gamma_{初}) - w(Fe_3C_{II}) = 59.36\% - 13.41\% = 45.95\%$

相组成物为 $\alpha + Fe_3C$,$w(\alpha) = \frac{6.69 - 3.0}{6.69} \times 100\% = \frac{3.69}{6.69} \times 100\% = 55.17\%$,
$w(Fe_3C) = 100\% - 55.17\% = 44.83\%$。

由相图可以看出所有亚共晶白口铸铁的结晶过程都与该合金相似,所不同的是含 C
量接近 2.11% 时,P 和 Fe_3C_{II} 的量增加,L'_d 量减少,而含 C 量接近 4.3% 时,P 和 Fe_3C_{II} 的
量减少,L'_d 量增加。亚共晶白口铸铁与共晶白口铸铁相比只是多了 $\gamma_{初}$,其他的与共晶白
口铸铁相同,该合金的结晶过程示意图见图 2-38。

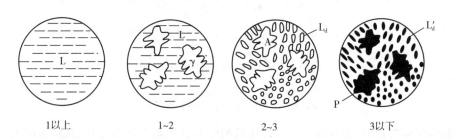

| 1以上 | 1~2 | 2~3 | 3以下 |

图 2-38　含碳 3.0% 亚共晶白口铸铁结晶过程示意图

7)含 C 5% 的过共晶白口铸铁结晶

含 C 5% 的过共晶白口铸铁在相图中的位置见图 2-25,由图可以看出,该合金从液
相冷却到与液相线 CD 相交的 1 点时,开始发生匀晶转变从液相中结晶出条状的一次渗
碳体,在 1~2 点之间随温度的降低,液相的成分沿液相线 CD 变化,含 C 量和相对量不
断减少,而 Fe_3C_I 的成分不变,但相对量不断增加,当冷却到 2 点时液相的成分达到共晶
成分 C 点(含 C 4.3%),在恒温(1148℃)下发生共晶转变 $Fe_3C_I + L_{4.3} \xrightarrow{1148℃} Fe_3C_I + L_d(\gamma_{2.11} + Fe_3C)$,形成莱氏体,在 2~3 点之间随温度的降低,共晶 γ 的成分沿固溶液线

ES 变，发生脱溶转变析出 Fe_3C_{II}，它的含 C 量和相对量都不断减少，析出的 Fe_3C_{II} 成分不变，但相对量不断增加，当冷却到 3 点时共晶 γ 成分达到共析成分 S 点(含 C 0.77%)，在恒温(727℃)下发生共析转变形成 P，冷却到 3 点以下 P 中的 α 成分沿 PQ 线变析出 Fe_3C_{III}，最后得到的室温组织为 $Fe_3C_I + L'_d[Fe_3C + Fe_3C_{II} + P(α+Fe_3C)]$。它的显微组织照片见图 2-39，$Fe_3C_I$ 呈白色条状，具有规则的外形。它的结晶过程示意图见图 2-40。

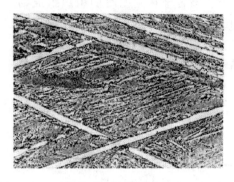

图 2-39 过共晶白口铸铁的光学显微组织照片
(白色条状为一次渗碳体，其余为莱氏体)

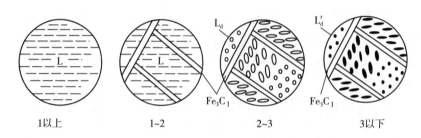

| 1以上 | 1~2 | 2~3 | 3以下 |

图 2-40 含 C 5.0%的过共晶白口铸铁结晶过程示意图

该合金在室温时的组织组成物和相组成物的相对量也可用杠杆定律计算，组织组成物为 $Fe_3C_I + L'_d$，相组成物为 $α+Fe_3C$。

$$w(L'_d) = w(L_d) = \frac{6.69-5}{6.69-4.3} \times 100\% = \frac{1.69}{2.39} \times 100\% = 70.71\%$$

$$w(Fe_3C_I) = 100\% - 70.71\% = 29.29\%$$

$$w(α) = \frac{6.69-5}{6.69} \times 100\% = 25.26\%$$

$$w(Fe_3C) = 100\% - 25.26\% = 74.7\%$$

由相图可以看出，所有过共晶白口铸铁的结晶过程都与该合金相似，所不同的是含 C 量接近 4.3% 时，L'_d 量增加，Fe_3C_I 量减少，而含 C 量接近 6.69% 时，L'_d 量减少，Fe_3C_I 量增加。由上述典型成分铁碳合金的平衡结晶过程分析，可以得出铁碳合金的成分与组织的关系图，即 Fe-Fe_3C 相图的组织分区图(或称组织组成物图)，见图 2-41。这对了解各不同成分的铁碳合金在平衡结晶后的组织变化有很大帮助。

2.3.5 铁碳合金成分、组织与性能的关系

1. 含碳量对碳钢组织与性能的影响

1)含碳量对组织的影响

由上述分析可知，铁碳合金随含碳量的增加，其组织的变化规律为

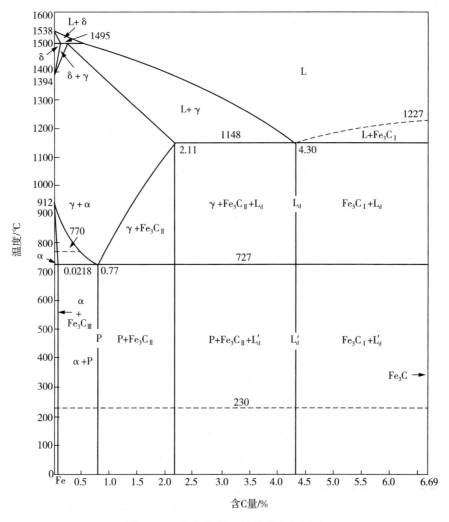

图 2-41　按组织分区的铁碳合金相图

$$\alpha+Fe_3C_{\mathrm{III}}\rightarrow\alpha+P\rightarrow P\rightarrow P+Fe_3C_{\mathrm{II}}\rightarrow P+Fe_3C_{\mathrm{II}}+L_d'\rightarrow L_d'\rightarrow L_d'+Fe_3C_{\mathrm{I}}$$

由于平衡结晶后铁碳合金的各种组织都是由铁素体和渗碳体两个基本相组成,而铁碳合金随含碳量的增加,这两个基本相的变化规律是铁素体的量不断减少,渗碳体的量不断增加。

2)含碳量对性能的影响

因铁素体是塑性相,渗碳体是硬脆相,所以铁碳合金的机械性能主要取决于这两个相的基本性能、相对量和它们的形貌相互分布。由图 2-42 可以看出,含碳量对碳钢机械性能的影响是,在含 C 量小于 1% 时,随含 C 量的增加钢的强度、硬度增加,但塑性、韧性降低,这说明渗碳体起到了较好的强化相作用;当含 C 量大于 1% 后,随含 C 量的增加,钢的硬度增加,但强度、塑性、韧性降低,这是因为 Fe_3C_{II} 含量增加并成连续网状分布,进一步破坏了铁素体基体之间的连接作用,脆性增加。

对于白口铸铁,由于其组织中的莱氏体是以渗碳体为基体的硬脆组织,所以它们具有很高的硬度和耐磨性,但脆性很大,因此它们只能应用于要求高硬度、高耐磨性,且受冲击较小的零件,如犁铧、球磨机磨球等。

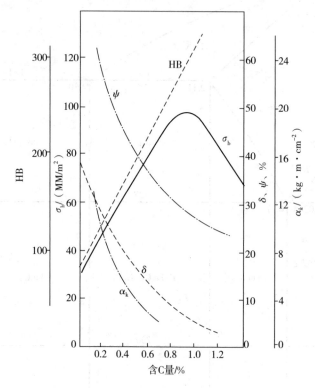

图 2-42　含碳量对平衡状态下碳钢机械性能的影响

2. 杂质元素对碳钢组织与性能的影响

通常使用的碳钢并不只是由铁和碳两个组元组成,而是或多或少地存在着一些杂质元素。炼钢过程中由于矿石和炼钢过程的需要而进入钢中又不能完全去除的元素,称为杂质元素。钢中常存的杂质元素有硅、锰、硫、磷、氮、氢、氧等,它们对钢的组织、性能和质量都有不同程度的影响。

1)硅的影响

硅在钢中属于有益元素,由于它与氧有很大的亲合力,具有很好的脱氧能力。在炼钢时作为脱氧剂加入,$Si+2FeO=2Fe+SiO_2$,硅与氧化铁反应生成的 SiO_2 非金属夹杂物,大部分进入炉渣,消除了 FeO 的有害作用。但如果它以夹杂物形式存在于钢中,将影响钢的性能。碳钢中的含硅量一般要求低于 0.4%,大部分溶入铁素体,起固溶强化作用,提高铁素体的强度,而使钢具有较高的强度。

2)锰的影响

锰在钢中也属于有益元素,它与氧有较强的亲合力,具有较好的脱氧能力,在炼钢时作为脱氧剂加入,$Mn+FeO=Fe+MnO$。另外锰与硫的亲合力很强,在钢液中与硫形成 MnS,起到去硫作用,大大地消除了硫的有害影响。钢中的含锰量一般为

0.25%～0.80%,一部分锰溶入铁素体起到固溶强化作用,提高铁素体的强度,锰还可溶入渗碳体形成合金渗碳体(Fe,Mn)₃C,使钢具有较高的强度;另一部分锰与硫形成MnS,与氧形成MnO,这些非金属夹杂物大部分进入炉渣,如果残留在钢中对钢的性能有一定的影响。

　　3)硫的影响

　　硫在钢中属于有害元素,它主要是由矿石和炼钢原料所带入的,而且在炼钢过程中不能完全除尽。由图 2-43 可以看出,在液态时 Fe、S 能够互溶,固态时 Fe 几乎不溶解S,而与 S 形成熔点为 1190℃的化合物 FeS(含 S 38%)。含 S 31.6%的 Fe-S 溶液在989℃发生共晶转变,形成熔点为 989℃的(γ-Fe+FeS)共晶体。由于钢中的硫含量一般较低,形成的共晶体很少,(γ-Fe+FeS)以离异共晶形式分布在 γ-Fe 晶界处。若将含有硫化铁共晶体的钢加热到轧制、锻造温度(1150～1200℃)时,(γ-Fe+FeS)共晶体已

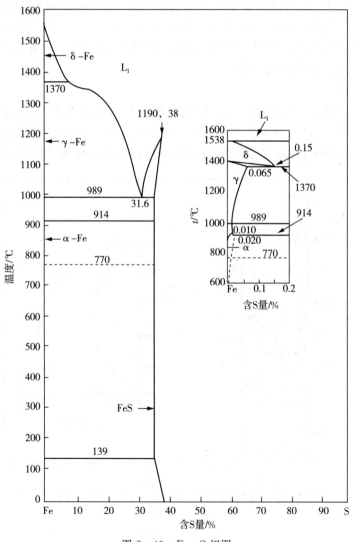

图 2-43　Fe-S 相图

熔化,进行轧制或锻造时,钢将沿晶界开裂,这种现象称为钢的"热脆"或"红脆"。对于脱氧不充分的钢液,硫与 Fe、FeO 形成熔点更低(940℃)的三元共晶(Fe＋FeO＋FeS),使钢的热脆性则更加明显。

由于锰和硫的亲合力大于铁和硫的亲合力,所以在钢中它优先与硫形成熔点为 1600℃的 MnS,MnS 在高温下具有一定的塑性,可沿轧制或锻造方向变形,所以可避免钢的"热脆"发生。但是 MnS 的存在割断了钢基体的连续性,会使钢的塑性、韧性和疲劳强度降低。另外钢中含硫量较高时,钢件在焊接时会形成 SO₂ 气体,使焊缝处产生气孔和疏松,降低钢的焊接性能。因此,钢中含硫量影响钢的品质,其限制是有标准的,一般限制普通钢含 S 量小于 0.065％;优质钢含 S 量小于 0.040％;高级优质钢含 S 量小于 0.030％。

硫虽说是有害元素,但它也有有利的一面,如钢中含有较多的硫、锰时,可改善低碳钢的切削加工性,使加工后的工件具有高的表面光洁度。易切削钢就是通过提高硫和锰的含量(一般 S 含量为 0.08％～0.25％,Mn 含量为 0.5％～1.2％),使它们主要以 MnS 的形式存在,通过降低钢的塑性,使切屑易断;另外 MnS 对刀具有一定的润滑作用,可减少刀具的磨损,延长它的使用寿命。

4)磷的影响

磷在钢中一般属于有害元素,它是炼钢原料中本身具有的,而在炼钢过程中又不能完全除尽。从图 2-44 可以看出,在 1049℃时,磷在 α-Fe 中的最大溶解度可达 2.55％,在室温时溶解度仍在 1％左右,因此磷具有较高的固溶强化作用,使钢的强度、硬度显著

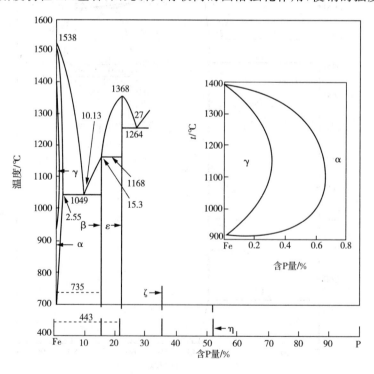

图 2-44 Fe-P 相图

提高,但也使钢的塑性、韧性剧烈降低。特别是使钢的脆性转折温度(冲击韧性与温度的关系)急剧升高,使钢的冷脆性提高(低温时的韧性降低)。钢在低温变脆的现象称为"冷脆",变脆的温度叫脆性转折温度。

　　另外从 Fe-P 相图中可以看出,铁磷合金的结晶温度间距很宽,而且 P 在 α-Fe 和 γ-Fe 中的扩散速度都很小,因此 P 在 Fe 中具有严重的偏析倾向,并且不易消除,这对钢的组织和性能都有很大的影响。所以对钢中的含磷量要严格控制,一般普通钢含 P 量 0.045%;优质钢含 P 量 0.04%;高级优质钢含 P 量 0.035%。

　　磷使钢的脆性升高的作用通常也可以加以利用,如在钢中加入 0.08%~0.15% 的磷可使钢脆化,提高钢的切削加工性和表面光洁度。另外在炮弹用钢(含碳量为 0.6%~0.9%,含锰量为 0.6%~1.0%)中加入较多的磷可增加钢的脆性,使炮弹爆炸时碎片增多,提高炮弹的杀伤力。此外在钢中同时含 Cu 和 P 时,P 还能提高钢在大气中的抗蚀性,如汽车、船舶等薄板用钢。

　　5)氮的影响

　　氮在钢中的存在一般认为是有害元素,它是由炼钢时的炉料和炉气进入钢中的,见图 2-45。由 Fe-N 相图可以看出,N 在 γ-Fe 中的最大溶解度在 650℃ 时为 2.8%,在 α-Fe 中的最大溶解度在 590℃ 时约为 0.1%,而在室温时的溶解度很小,低于 0.001%,因此将钢由高温快速冷却后,可得到溶氮过饱和的铁素体。这种氮过饱和的铁素体是不稳定的,在室温长时间放置时氮将以 Fe_4N 的形式析出,使钢的强度、硬度升高,塑性、韧性降低,这种现象称为时效硬化。氮过饱和铁素体进行冷变形后,在室温或稍微加热,可促使 Fe_4N 加速析出,这种现象称为机械时效或应变时效。利用第二相的沉淀析出,进行沉淀硬化,可以提高钢的强度、硬度,是一种强化钢的有效手段。但对于低碳钢一般不要求有高的强度、硬度,而要求有良好的塑性、韧性,以便于冲压成形,故氮在这里起有害作用。为了减轻氮的有害作用,就必须减少钢中的含氮量或加入 Al、V、Nb、Ti 等元素,使它们优先形成稳定的氮化物(AlN、VN、NbN、TiN 等),以减小氮所造成的时效敏感性;另外这些氮化物在钢中弥散分布,阻止奥氏体晶粒的长大,起到细化晶粒和强化基体的作用,使钢具有较好的强度和韧性。

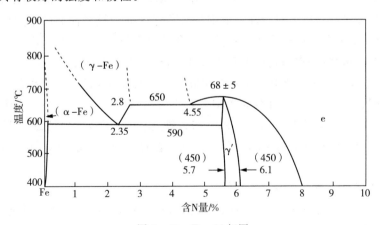

图 2-45　Fe-N 相图

6）氢的影响

氢在钢中也是有害元素，它是由潮湿的炼钢原料和炉气而进入钢中的。氢在钢中的溶解度甚微，但严重影响钢的性能。氢溶入铁中形成间隙固溶体，使钢的塑性大大降低，脆性大大升高，这种现象称为氢脆。含有较多氢的钢，氢在热轧时溶入 $\gamma\text{-Fe}$，冷却时溶解度降低，析出的氢结合成氢分子(H_2)，对周围钢产生很大压力，由于氢使钢的塑性大大降低，脆性大大升高，加上热轧时产生的内应力，当它们的综合作用力大于钢的 σ_b 时，在钢中就会产生许多微细裂纹如头发丝一样，也称发裂，这种组织缺陷称为"白点"。因为具有发裂的材料其纵断面上有许多银白色的亮点，白点的出现将使零件报废。合金钢对白点的敏感性较大，消除白点的有效方法是降低钢中含氢量。

7）氧的影响

氧在钢中也是有害元素。由于炼钢是一个氧化过程，氧在钢液中起到去除杂质的积极作用，但在随后的脱氧过程中不能完全将它除净。氧在钢中的溶解度很小，在 700℃ 时为 0.008%，500℃ 时在铁素体中的溶解度小于 0.001%。氧溶入铁素体一般会降低钢的强度、塑性和韧性。氧在钢中主要以氧化物方式存在，如 FeO、Fe_2O_3、Fe_3O_4、MnO、SiO_2、Al_2O_3 等，所以它对钢的性能的影响主要取决于这些氧化物的性能、数量、大小和分布等。高硬度的氧化物(如 Al_2O_3)对钢的切削加工性不利，另外从高温快冷得到过饱和氧的铁素体，在时效时将以 FeO 沉淀析出造成钢的冷脆性。总的来说，钢中含氧量越高，钢的塑性、韧性、疲劳强度降低，脆性转变温度升高。因此要想减少氧的有害作用，就必须降低钢中的含氧量。

2.3.6 铁碳合金相图的应用

1. 在钢铁材料选用方面的应用

由含碳量对钢的组织与性能的影响可知，含碳量小于 0.25% 的低碳钢具有一定的强度和较好的塑性、韧性，因此对于那些对强度要求不是很高，而要求具有较好塑性、韧性的车辆外壳等，多采用低碳钢板材经冷冲压成型制造，也可用于建筑结构和制造桥梁与船舶。含碳量大于 0.25% 且小于 0.65% 的中碳钢具有较好的综合机械性能(即强度、硬度、塑性、韧性都较好)，所以对于那些要求具有较好的综合机械性能的小型机器零件，如轴、齿轮、连杆、螺栓等，多采用中碳钢制造。含碳量大于 0.65% 且小于 1.3% 的高碳钢具有高的硬度和耐磨性，常用它们来制作刀具、园林和木工工具等。

若对上述低碳钢、中碳钢和高碳钢有更高性能指标要求，就应该选择合金钢，对应选用合金低碳钢、合金中碳钢和合金高碳钢。对于含碳量大于 1.3% 的钢，由于脆性太大，一般不使用。对于含碳量大于 2.11% 的白口铸铁，由于硬度高、耐磨性好但脆性大，只能用来制作犁地的犁铧和球磨机磨球等部件。有关选材的原则，在后面讨论各种材料时会详细介绍。

2. 在铸造工艺方面的应用

铁碳合金在采用铸造成型时，其铸造工艺的制定可根据铁碳合金相图进行。一般开始浇铸温度都控制在该合金熔点以上 100～200℃，铸钢和铸铁的开始浇铸温区为其液相线上打斜线区域，见图 2-46。但液固相线间距较大的合金，在制作零件时一般不采用铸造成型,因为这样的合金铸造性能差(流动性差、易形成分散缩孔),在铸造成型后产生的成分偏析严重。如含碳量 0.15%~0.60% 的铸钢,其铸造性能就不如纯铁和共晶成分的铁碳合金,因为它们是在恒温结晶,流动性好,主要形成集中缩孔。

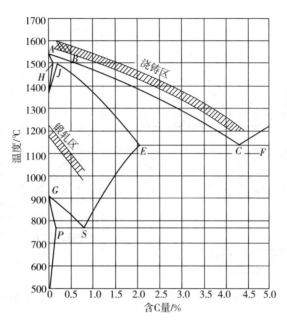

图 2-46　Fe-Fe₃C 相图与铸锻工艺的关系

3. 在热锻、热轧方面的应用

金属材料的可锻性是指金属材料在压力加工时,能改变其形状而不产生裂纹的能力。钢的可锻性好坏与其含碳量有关,一般是低碳钢的可锻性好,随着含碳量的增加,钢的可锻性逐渐变差。铁碳合金的热锻和热轧一般在单相奥氏体区域进行,因为奥氏体是塑性相,具有较好的压力加工性能。而含碳量小于 2.11% 的钢在加热时可得到单相奥氏体,所以它的始锻温度和终锻温度为图 2-46 中单相奥氏体区内的打斜线区,若始锻温度高,材料氧化、脱碳严重,奥氏体晶粒粗大;而终锻温度低,材料的塑性变差,锻打困难并易产生裂纹。对于含碳量大于 2.11% 的铁碳合金一般不采用热锻和热轧处理。

4. 在焊接工艺方面的应用

金属材料的焊接性能是指金属材料的可焊性和焊缝强度。对于铁碳合金,如钢和铸铁(灰口),可采用不同的焊接方法进行焊接。对于钢材来说,其可焊性和焊缝强度与钢的含碳量有关,一般是低碳钢的可焊性好,随着含碳量的增加,钢的可焊性逐渐变差。因为含碳量增加,钢在焊后冷却时焊缝易形成高碳马氏体组织,使焊缝脆性增大并易产生裂纹。所以含碳量小于 0.3% 的钢材常采用焊接工艺,而含碳量大于 0.3% 的钢材较少采用焊接工艺。

5. 在热处理工艺方面的应用

铁碳合金的热处理工艺常用的有退火、正火、淬火和回火。碳钢的热处理加热温度的确定可以铁碳合金相图为依据,其常用热处理加热温区见图 2-47、图 2-48 中斜线区。只有在正确的温区进行加热和保温后,采用合适的冷却方法才能获得所需要的组织和性能。

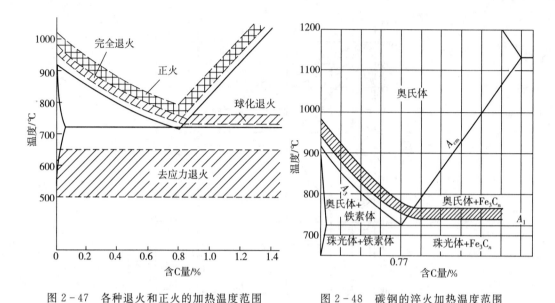

图 2-47 各种退火和正火的加热温度范围   图 2-48 碳钢的淬火加热温度范围

2.4 金属的塑性加工

由于金属材料具有塑性,使其除了可用铸造和切削加工成型外,还可以进行压力加工成型(即可进行少无切削加工)。金属材料经压力加工即塑性变形成型后,不仅可得到所需要的形状和尺寸,还可以改变金属材料的组织和性能。因此了解金属材料的塑性变形,对合理选择金属材料的加工工艺,充分发挥金属材料的性能潜力都是十分必要的。

2.4.1 塑性变形机理

1. 金属变形的一般过程

由材料力学中低碳钢的拉伸曲线(见图 2-49)可知,金属变形的一般过程为:①弹性变形;②塑性变形;③断裂。由图 2-49 可以看出,金属变形的三个阶段分别具有以下特点:

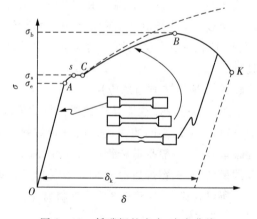

图 2-49 低碳钢的应力-应变曲线

1)弹性变形的特点

(1)在 $\sigma < \sigma_e$ 时发生弹性变形,具有可逆性,当外力去除后,变形完全消失。

(2)应力与应变成正比,满足胡克定律 $\sigma = E\varepsilon$,E 为材料弹性模量。一般弹性变形总量很小,小于 1%。

(3)弹性极限 σ_e 是弹性元件设计时的重要指标。

2)塑性变形的特点

(1)只能在切应力作用下主要以滑移方式进行;

(2)$\sigma > \sigma_s$ 屈服极限后,发生明显的塑性变形,并具有不可逆性;

(3)塑性变形量较大(对塑性材料),CB 段为均匀塑性变形($\sigma < \sigma_b$,σ_b 为抗拉强度),BK 段为不均匀塑性变形($\sigma > \sigma_b$),应力与应变成曲线关系。σ_s、σ_b 是工程设计时的重要指标。

3)断裂的特点

(1)需要大的外力;

(2)一般是通过裂纹的形成和扩展进行;

(3)断裂可分为脆性断裂和塑性断裂,它们的断口形貌不同。

另外塑性指标伸长率 δ 和断面收缩率 ψ 是材料压力加工成型时的重要指标,也是零件设计时的安全性指标。

2. 单晶体金属的塑性变形机理

单晶体金属的塑性变形主要是以滑移方式进行。

1)滑移的概念

晶体在切应力作用下,其一部分沿一定的晶面和一定的晶向相对另一部分发生的相对滑动现象,这种变形方式称为滑移,见图 2-50。

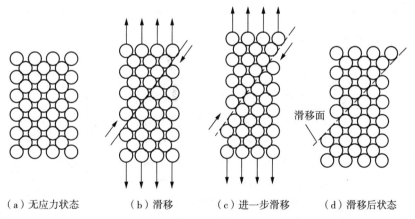

(a)无应力状态　　　(b)滑移　　　(c)进一步滑移　　　(d)滑移后状态

图 2-50　金属晶体变形时内部原子的移动情况

2)滑移的特点

(1)只能在切应力作用下进行,抛光后的试样经滑移变形后在其表面可观察到滑移带和滑移线,见图 2-51 和图 2-52。

(2)滑移沿滑移系进行(即沿原子密排面和密排方向进行),一个密排面和其上的一个密排方向组成一个滑移系,见表 2-3。

图 2-51 高锰钢中的滑移带

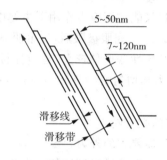

图 2-52 滑移线和滑移带示意图

表 2-3 三种常见金属结构的滑移系

晶体结构	体心立方结构		面心立方结构		密排六方结构	
滑移面	$\{110\}$		$\{111\}$		$\{0001\}$	
滑移方向	$\langle 111 \rangle$		$\langle 110 \rangle$		$\langle 1\bar{1}20 \rangle$	
滑移系数目	$6 \times 2 = 12$		$4 \times 3 = 12$		$1 \times 3 = 3$	

3)当滑移系上的切应力达到临界分切应力后才能开始滑移

临界分切应力 τ_k 的计算如图 2-53 所示,$\tau_k = F\cos\lambda\cos\Phi/A = \sigma\cos\lambda\cos\Phi$,其中 F 为加在圆柱形金属单晶体上的拉伸力,A 为圆柱形金属单晶体的横截面积,λ 为拉伸轴线与滑移方向的夹角,Φ 为拉伸轴线与滑移面法向的夹角。$F\cos\lambda$ 为 F 在滑移方向上的分力,$A/\cos\Phi$ 为滑移面的面积,$\cos\lambda\cos\Phi$ 称为取向因子,当 λ 和 Φ 为 45°时取向因子最大,这时滑移系处于最有利取向,晶体开始滑动时所需要的临界分切应力值最小。

4)滑移时伴随有晶体的转动

晶体发生滑移后正应力构成一个力偶,它使滑移面向外力方向转动。晶体受拉伸时该力偶使滑移面转动到与外力平行,见图 2-54(a);受压缩时该力偶使滑移面转动到与外力垂直,见图 2-54(b)。

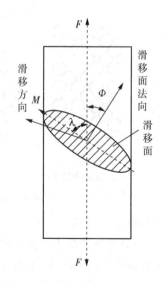

图 2-53 分切应力计算分析图

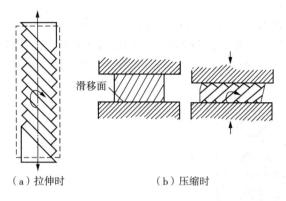

（a）拉伸时　　　　　（b）压缩时

图 2-54　滑移时晶体的转动

5)滑移变形的机理

由于晶体中存在位错,使晶体的滑移很容易进行,只需要破坏位错附近少数原子间的结合键就能进行,不需要整个原子面移动,其滑移过程如图 2-55 和图 2-56 所示。

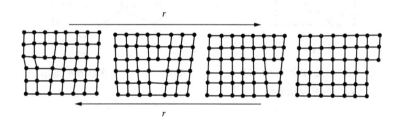

图 2-55　位错滑移造成晶体滑移示意图

3. 多晶体金属的塑性变形机理

由于实际使用的金属材料绝大多数都是多晶体金属,多晶体由许多形状和大小不同、结晶位向不同的晶粒组成,而每一个晶粒又相当于一个小单晶体,所以多晶体金属塑性变形时,每个晶粒的变形与单晶体金属基本相似,也是以滑移方式进行。但由于各晶粒的结晶位向不同和晶界的存在,使各晶粒在塑性变形时受到相互阻碍和制约。因此,多晶体金属的塑性变形比单晶体金属的塑性变形复杂得多。

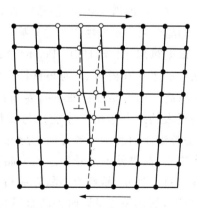

图 2-56　刃型位错移动时
所要求的原子位移

1)多晶体金属塑性变形的过程

由图 2-57 可以看出,在外力作用下取向因子最有利的晶粒中的滑移系,优先开始滑动进行塑性变形,同时发生晶粒转动和旋转,使位向逐渐变弱难以继续滑动,但原来位向不太有利的滑移系会逐步转到最有利取向开始滑动,所以多晶体金属的塑性变形是各个晶粒分批、逐步地进行滑移的过程。

2)多晶体金属塑性变形的特点

(1)晶界对变形有阻碍作用,使各晶粒变形具有不同时性。

由图2-58可以看出,相邻晶粒的滑移面不同,导致位错在晶界处塞积产生应力集中,晶粒越大,塞积的位错数目越多,在晶界处造成的应力集中越大。

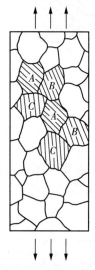

图2-57 多晶体金属不均匀
塑性变形过程示意图

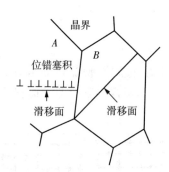

图2-58 位错在晶界处的塞积

(2)变形时相邻晶粒必须相互协调。

面心和体心立方金属的滑移系多,各晶粒之间的相互协调性好,故它们的塑性好;而密排六方金属的滑移系少,各晶粒的相互协调性差,故其塑性差。

3)晶粒大小对塑性变形的影响

根据霍尔-配奇(Hall-Petch)公式 $\sigma_s = \sigma_i + k_y d^{-1/2}$,式中:$\sigma_s$ 为材料的屈服强度,d 为晶粒的平均直径,σ_i、k_y 为与材料有关的常数,可知晶粒越细小(d 小),材料的屈服强度 σ_s 越高。因为晶粒越细小晶界面积越大,它们对位错运动的阻碍作用越大,晶体只有在更大的外力作用下才能进行塑性变形,故其强度高。而且在同样大的外力作用时,晶粒细小的晶体变形可同时分布在多个晶粒中进行,在各晶粒的晶界处产生的应力集中小,晶界处不易开裂。而大晶粒的情况相反,在其晶界处易开裂,则它的塑性变形能力差。另外,晶粒细小晶界曲折裂纹扩展慢,在晶体断裂前能承受的塑性变形量大,所以,细化晶粒可同时提高金属材料的强度和韧性,它是提高金属材料综合力学性能的有效手段。

4. 合金的塑性变形

由合金的相结构可知,合金的力学性能比纯金属好,其组织多为单相固溶体,或固溶体加金属间化合物两相组成。

1)单相固溶体的塑性变形

单相固溶体的塑性变形过程与纯金属多晶体相似,由于溶质原子的溶入使固溶体的

强度、硬度比纯金属高,但塑性、韧性有所降低,这种现象称为固溶强化。产生固溶强化的机理如下:

(1)溶质原子与位错发生交互作用形成溶质原子气团,也称"柯氏气团",对位错起钉扎作用,使位错难以运动。因为尺寸比溶剂原子小的溶质原子偏聚在刃型位错受压处,尺寸比溶剂原子大的溶质原子偏聚在刃型位错受拉处,见图 2-59。这样可使整个合金系统的能量降低,合金处于更稳定状态。当位错运动时必须挣脱柯氏气团的钉扎作用,这会引起合金系统的能量升高,所以只有在更大的外力作用下位错才能进行运动,从而出现固溶强化效果。

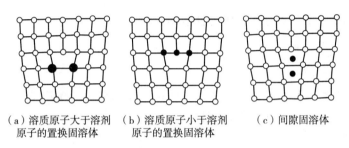

（a）溶质原子大于溶剂　（b）溶质原子小于溶剂　　（c）间隙固溶体
　　原子的置换固溶体　　　　原子的置换固溶体

图 2-59　溶质原子在位错附近的分布

(2)位错运动时通过溶质原子偏聚区和短程有序区(是低能区,见图 2-60),将打乱原子的分布状态,使合金系统的能量升高,使位错运动的阻力增大,产生合金的强化作用。

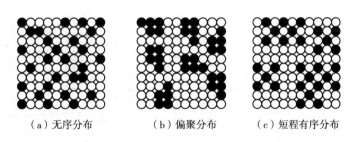

（a）无序分布　　　　（b）偏聚分布　　　　（c）短程有序分布

图 2-60　固溶体中溶质原子分布示意图

2)两相合金的塑性变形

两相合金可以是固溶体加固溶体,也可以是固溶体加金属间化合物组成。对于固溶体加固溶体的两相合金,它的塑性变形过程与单相固溶体合金相近,只需多考虑两相相界面的影响和两相的体积分数以及各个相的性能影响。对于固溶体加金属间化合物的两相合金,固溶体多为基体相塑性好,金属间化合物作为第二相是硬脆相,其塑性变形主要与第二相的数量、形态和分布情况有关。

(1)第二相沿晶界呈网状分布。因为硬脆的第二相把塑性的基体相完全分割开,使合金强度、塑性降低,脆性增大。如过共析钢的平衡组织就是如此,为珠光体加网状二次渗碳体,脆性相对较大。

(2)第二相呈层片状分布。珠光体是铁素体和渗碳体的层片状组织,渗碳体虽也分割塑性相铁素体,但分割作用不完全,基体相铁素体之间仍能相互连接,故这类合金有较高的强度和一定的塑性,因为片状渗碳体阻碍了位错运动,使强度提高,但又没有完全分割塑性相铁素体,故其仍有一定的塑性。

(3)第二相呈弥散质点分布。第二相呈细小的弥散质点分布在基体相组织上,既能对位错运动产生阻碍作用,使合金发生显著的强化,这种现象称为弥散强化。其强化效果与弥散相质点的性质、数量、大小、形态和分布有关,又对基体相的分割作用很小,故这类合金的强韧性好。如球状珠光体就是在铁素体基体上弥散分布着细小的渗碳体颗粒,故其综合性能好。

2.4.2 冷塑性变形对金属组织与性能的影响

1. 组织结构的变化

1)宏观组织的变化

金属经冷塑性变形后,其晶粒沿变形方向拉长或压扁,并且随变形量的增大,拉长或压扁的程度增大,形成纤维状组织,见图 2-61。

2)微观结构的变化

金属经冷塑性变形后,其内部的位错密度增大,随变形量的增大位错密度可从 $10^6 \sim 10^8/\mathrm{cm}^2$ 增大到 $10^{11} \sim 10^{12}/\mathrm{cm}^2$。不同滑移面上的位错之间发生交互作用,纷乱地缠结在一起,由缠结位错构成胞状亚结构,见图 2-62,胞状亚结构的尺寸随变形量的增大,直径可细化到 $10^{-4} \sim 10^{-6}\mathrm{cm}$。

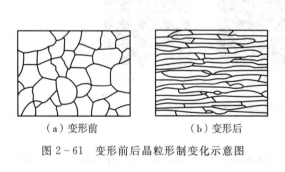

(a) 变形前　　　　　　　(b) 变形后

图 2-61　变形前后晶粒形制变化示意图

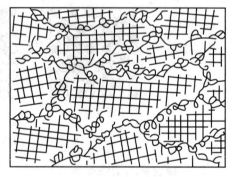

图 2-62　塑性变形产生的

胞状组织示意图

3)形成变形织构,使材料具有各向异性

当金属材料经很大的变形量变形后,各晶粒的某些位向通过晶粒的转动而大致趋于一致,形成丝织构(拉丝时)和板织构(轧制时),见图 2-63。这种具有择优取向的晶粒组织称为织构,它使材料具有各向异性,在冲压加工时易产生制耳(即裙状边缘),见图 2-64。一般认为织构组织是有害的,但用有织构的板材(硅钢片)制造变压器铁芯,并让织构方向与磁化方向一致,可大大减少铁磁损耗,提高磁导率。

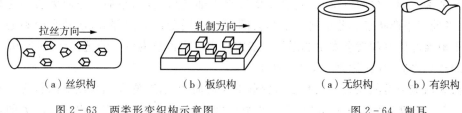

| （a）丝织构 | （b）板织构 | （a）无织构 | （b）有织构 |

图 2-63 两类形变织构示意图　　　　　图 2-64 制耳

2. 对性能的影响

由图 2-65 可知,金属经冷塑性变形后,其强度(σ_b 和 $\sigma_{0.2}$)、硬度(HB)升高、塑性(δ, ψ)和韧性下降,这种现象称为加工硬化,它是强化金属材料的重要手段之一,特别是对不能用热处理方法强化的金属(如 Cu-Ni 合金等)更为重要。另外加工硬化能使金属材料的形变加工顺利进行,见图 2-66,拉丝时模口处被拉材料产生加工硬化,使变形转移到没有产生加工硬化处进行,从而保证了拉丝的顺利进行。

对于形状复杂的零件,由于在成型加工过程中产生加工硬化,往往很难一次成型到所需要的形状和尺寸,因此必须在成型加工过程中安插再结晶退火工序来消除加工硬化,保证下一步的成型加工顺利进行,这使生产周期延长,生产成本增加。

此外,塑性变形也会使材料的电阻增大,导电性、导热性和耐腐蚀性降低,因此在机械制造过程中应全面考虑加工硬化的利与弊。

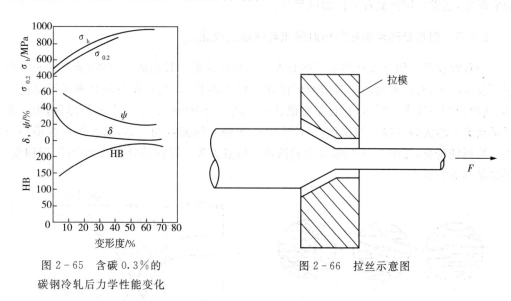

图 2-65 含碳 0.3% 的
碳钢冷轧后力学性能变化　　　　图 2-66 拉丝示意图

3. 产生(残余)内应力

使金属材料变形的功约有 90% 以热能形式散失掉,还有约 10% 以残余内应力(即弹性应变)和点阵畸变(即晶体缺陷)形式储存在变形金属材料中。它使金属材料的内能升高,这部分升高的内能称为储存能。变形金属材料中存在残余内应力,主要有以下 3 种形式。

1)宏观内应力(或称第一类内应力)

宏观内应力是金属表面和心部之间变形不均匀而产生的,它在金属的整个体积范围内相互平衡。如冷拉圆钢丝时,其表面变形小心部变形大,则心部受压应力表面受拉应力,两者处于平衡状态。若车削加工车去圆钢丝表层受拉应力部分,使其表面和心部的应力平衡破坏圆钢丝就会发生变形。一般宏观内应力占总内应力的量很小,约为 0.1%。

2)微观内应力(或称第二类内应力)

微观内应力是晶粒或亚晶粒之间变形不均匀而产生的,它在晶粒或亚晶粒之间相互平衡。若局部微观内应力过高时,会产生显微裂纹。一般微观内应力占总内应力的量也不大,为 1%~2%。

3)点阵畸变内应力(或称第三类内应力)

点阵畸变内应力是由晶格畸变原子偏离平衡位置而造成,它在原子之间相互平衡,平衡范围为几百至几千个原子范围。它是产生加工硬化的主要原因,占总储存能的90%~95%。

当残余内应力与外力叠加时,会使金属材料的承载能力降低,导致材料提前发生变形和开裂。若与外力相互抵消叠加,则会提高材料的承载能力。例如生产中常用滚压、喷丸和热处理使工件(如轴、齿轮、弹簧等)表层形成残余压应力,这样可有效提高它们的接触疲劳强度。

残余内应力的大小主要与金属材料的变形量、变形温度和变形速度等因素有关,它的存在不仅使零件的形状和组织变得不稳定,还降低了金属材料的耐蚀性,故一般不希望它存在,通常可用热处理方法加以消除。

2.4.3 塑性变形金属在加热时组织与性能的变化

冷塑性变形后的金属材料中存在着大量的晶体缺陷和较高的储存能,能量状态高处于不稳定状态,有自发地向变形前的低能状态转变的趋势,只是在室温时原子活动能力小,这种转变速度十分缓慢,并且需要很长的时间。当把冷塑性变形金属加热后,由于原子活动能力增大转变速度加快,冷塑性变形金属随加热温度的升高,其组织和性能将发生一系列的变化,见图 2-67,根据它们的转变特点大致可以将其分为三个阶段:即回复、再结晶和晶粒长大。

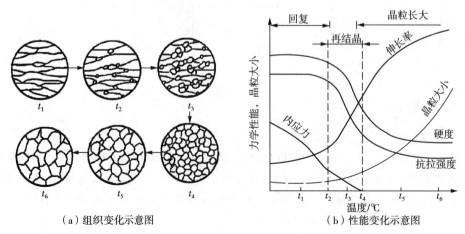

(a)组织变化示意图　　　　(b)性能变化示意图

图 2-67　冷塑性变形金属加热时组织和性能的变化示意图

1. 回复

1)回复的特点

加热温度较低,不改变材料的光学显微组织,位错数目减少量小,故对材料的机械性能影响不大,但点缺陷密度大大减少,故材料的残余内应力和电阻率明显降低。

2)回复的机理

低温回复(回复加热初期)主要是点缺陷运动,使点缺陷密度大大减少(如空位迁移到晶界、位错或晶体表面,与间隙原子合并等);中温回复(加热温度有所升高)有位错运动,同一滑移面上的异号位错相互抵消,使位错密度有所减少;高温回复(加热温度进一步升高)时位错可以通过滑移、攀移(见图 2-68),使不同滑移面上的异号位错相互抵消,使不同滑移面上的同号刃型位错垂直排列成位错墙(这一过程称为多边化,见图 2-69)形成亚晶界,生成回复亚晶;若进一步回复还会使亚晶粒长大。

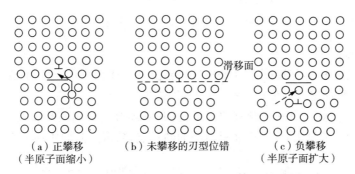

(a)正攀移　　　　　(b)未攀移的刃型位错　　　　(c)负攀移
（半原子面缩小）　　　　　　　　　　　　　　　　（半原子面扩大）

图 2-68　刃型位错攀移示意图

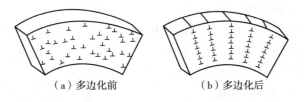

(a)多边化前　　　　　　　(b)多边化后

图 2-69　多边化前(a)后(b)刃型位错分布示意图

3)回复退火应用

为了保留金属材料冷塑性变形产生的加工硬化效果,而降低残余内应力,稳定工件形状和尺寸,改善其耐蚀性,可采用回复退火(或称去应力退火)。如冷冲压黄铜件,在190~260℃加热保温适当时间,可降低其内应力,但能保持其强度、硬度不变。

2. 再结晶

1)再结晶

再结晶是冷塑性变形金属材料在回复以后在一个较高温度范围内进行加热时发生的重新形核和长大过程,如图 2-70 所示。

再结晶过程中,加热温度较高,但不改变变形金属材料的晶格结构类型和化学成分,所以它不是相变过程,但使变形金属材料的显微组织变为无应变的新等轴晶粒,消除了加工硬化和残余内应力,使冷变形金属材料的性能恢复到变形前的水平。

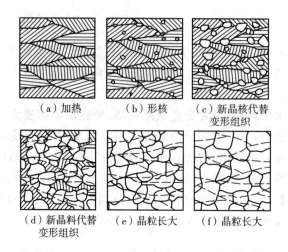

（a）加热　　（b）形核　　（c）新晶核代替
变形组织

（d）新晶料代替　（e）晶粒长大　（f）晶粒长大
变形组织

图 2-70　再结晶过程示意图

2）再结晶温度

一般以保温 1h 后,使冷变形金属材料的显微组织能完成 95% 以上转变量的最低加热温度,作为再结晶退火温度,$T_{再}=0.35\sim0.4T_{m}$。

再结晶温度实际上是一个较宽的温度范围,它随金属材料变形量的增大而降低,见图 2-71。因为变形量大,变形金属材料中的储存能多,再结晶的驱动力大。

3）再结晶退火

再结晶退火是用来消除冷变形金属材料产生的加工硬化的一种热处理工艺。它是将冷变形金属材料加热到再结晶温度以上,并保温一定时间后缓慢冷却到室温。在实际生产中为了缩短再结晶退火时间,一般采用的实际再结晶温度为 $T_{实}=T_{再}+100\sim200℃$。另外再结晶退火工艺参数控制适当,也是一种细化晶粒的重要方法,特别是对一些不发生同素异构转变的纯金属和单相固溶体合金尤其重要。

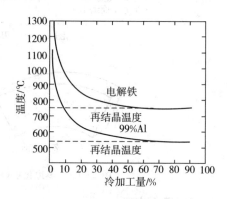

图 2-71　再结晶温度和变形量的关系

3. 晶粒长大

再结晶结束后的晶粒一般都比较细小,而细小的晶粒晶界面积大,总的晶界能高,故在再结晶结束后若继续升高加热温度或延长保温时间,晶粒都将自发长大。当许多晶粒同时均匀长大,称为晶粒的正常长大;而只有少数晶粒优先快速长大,则称为晶粒的异常长大(也叫二次再结晶)。二次再结晶后晶粒十分粗大(超过原始晶粒尺寸几十或上百倍),使材料的性能恶化(脆性增大),故应严格控制再结晶温度和保温时间,才能得到性能优良的细小晶粒组织。

再结晶退火后晶粒度的控制,可根据金属材料的再结晶图制定。图 2-72 是工业纯铁和工业纯铝的再结晶全图,它们反映的是再结晶晶粒大小与变形度和再结晶温度的关系。对于不同的变形度,采用不同的再结晶加热温度和保温时间,就能控制好再结晶退火后的晶粒度。

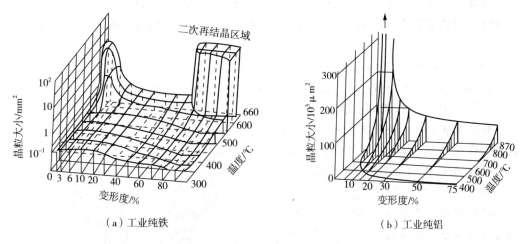

（a）工业纯铁 　　　　　　　　　（b）工业纯铝

图 2 - 72　再结晶全图

2.4.4　金属的热加工

金属的热加工是指金属材料的热形变加工,而这里讲的冷加工是指金属材料的冷形变加工。严格地讲,金属的冷、热加工不是以温度进行划分的,即并不是在室温进行的形变加工就是冷形变加工,而加热后的形变加工就是热形变加工。一般认为,在材料的再结晶温度以上进行的形变加工才为热加工,在材料的再结晶温度以下进行的形变加工则为冷加工。如金属钨的熔点超过 3000℃,它在 1000℃ 进行的形变加工仍然是冷加工;而金属铅的熔点超过 300℃,它在 20℃ 进行的形变加工就是热加工。因为再结晶温度本身不是一个恒定的温度,所以冷、热加工的严格界限明显,形变加工时产生加工硬化的为冷加工,而不产生加工硬化的为热加工。

1. 动态和静态回复与再结晶

1）动态回复与动态再结晶

与形变加工同时或交替进行的回复与再结晶称为动态回复和动态再结晶。

2）静态回复与静态再结晶

在形变加工停止后或重新加热时发生的回复与再结晶称为静态回复和静态再结晶。

2. 冷、热加工的主要区别

1）冷加工时产生加工硬化,并随变形量的增大金属不断被硬化直至断裂。而热加工是在再结晶温度以上进行的形变加工,变形产生加工硬化能不断地被再结晶软化所抵消,所以能一直进行形变加工。

2）冷加工由于产生加工硬化,使金属变形抗力增大,因此它只能加工截面尺寸较小、变形量小、形状比较简单的工件;优点是加工的零件表面光洁度较高,尺寸比较精确。热加工一般形变加工温度较高,工件表面易氧化,使零件表面光洁度降低,工件尺寸不够精确;但热加工过程中同时发生再结晶,使工件的塑性、韧性较好,因此它能加工截面尺寸较大、变形量大、形状比较复杂的零件。

3. 热加工对金属组织和性能的影响

热加工不仅可以改变金属材料的外形,也可以改变其内部的组织和性能,所以重要的零件一般都采用热加工成形,它对金属材料组织和性能的影响主要可以归纳为以下几点:

1)可提高原材料(铸件或铸锭)的致密度

热形变加工时可使铸件或铸锭中的气孔焊合,分散缩孔和疏松被压实。

2)可细化晶粒、改善偏析、提高机械性能

热形变加工时可使粗大的树枝晶、柱状晶和碳化物被打碎,并且加热温度高,原子扩散加快,使偏析得到部分消除。

3)可形成纤维组织、产生各向异性

热形变加工时使夹杂物、偏析、第二相等沿变形方向被拉长和分布呈"流线",见图 2－73 和表 2－4。具有"流线"的零件其顺流线方向比垂直流线方向具有更好的性能,因此在使用具有"流线"的零件时,应使流线方向与零件服役时所受到的最大拉应力方向一致,与切应力和冲击力的方向垂直。图 2－73(a)中的流线分布

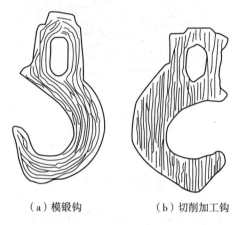

（a）模锻钩　　　　　（b）切削加工钩

图 2－73　拖钩流线分布示意图

合理,而图 2－73(b)中的流线分布不合理,在受力时易发生断裂。

表 2－4　流线方向对 45 号钢力学性能的影响

钢坯测定方向	σ_b/MPa	$\sigma_{0.2}$/MPa	δ/%	ψ/%	α_k/(J/cm²)
纵向	715	470	17.5	62.8	620
横向	675	440	10.0	31.0	300

4)可出现带状组织,使工件横向塑性、韧性明显降低,切削加工性能变差

热形变加工时特别是压延加工时,会使具有两相组织的材料在压延加工时两相组织沿变形方向交替呈带状分布,形成带状组织。另外对于单相组织的材料,在压延加工时若存在交替呈带状分布的溶质富集区和贫化区,则在冷却后也会形成带状组织。

4. 热加工金属晶粒组织控制

要想使材料经热加工后具有细小晶粒和良好的强韧性,一般应严格控制热加工温度、变形量和锻后冷却方法。

1)热加工温度范围

金属材料在进行热形变加工时,其开锻温度应控制在材料的固相线以下 100～200℃,而终锻温度应不小于 $0.6T_m$。温度过高,材料易发生熔化,温度过低,材料易产生硬化,残余应力高易开裂。

2)变形量

由材料的再结晶图可知,金属材料经太小或太大的变形量变形后,在高的加热温度再结晶后都易得到粗大晶粒,使材料的性能恶化。

3)锻后冷却

采用较低的终锻温度和较快的冷却速度可使锻件具有细小的晶粒和较好的强韧性。

2.5　钢的热处理

热处理是提高金属材料性能的一个重要手段,它是通过加热、保温和冷却的方法,以改变金属材料的组织结构,从而获得需要的性能。掌握钢在加热与冷却时的组织变化(奥氏体化以及珠光体、贝氏体和马氏体转变)及其与性能之间的关系,熟悉常见热处理工艺(退火、正火、淬火及回火)的操作方法、特点及应用,对于获得材料性能起到工艺保障作用。

热处理是将固态金属在一定介质中加热到某一温度,保温一段时间,然后以某种方式冷却到室温,以改变金属的组织结构,从而获得所需性能的热加工工艺。热处理之所以能获得这样的效果,是因为金属在外界条件(如温度、压力等)改变时,组织和结构会发生变化,即发生固态相变。热处理与铸造、焊接、压力加工和切削加工等不同,它几乎不改变工件的形状和尺寸,只改变工件内部的组织、结构和性能。生产中凡是重要的工件都必须经过适当的热处理,才能达到使用的要求。

根据在制造工艺路线中的位置,热处理通常分为预先热处理和最终热处理两种类型。预先热处理安排在锻造之后、机加工之前,主要目的是调整材料的硬度,改善组织,为机械加工做准备;最终热处理则安排在最后一道工序精加工之前,在零件加工与质量保证中起着关键作用。

本节着重阐述金属材料在加热和冷却时组织、结构及性能的变化,以及普通热处理工艺(退火、正火、淬火及回火)的操作方法及应用。

2.5.1　钢在加热时的转变

钢在加热时发生的奥氏体化过程是典型的高温转变,遵循着相变的一般规律,即通过形核和长大完成的。

1. 奥氏体的形成

对于钢的大部分热处理工艺来说,奥氏体的形成及其晶粒大小对随后冷却时的转变产物及性能有显著的影响。许多热处理工艺都要将钢加热到某一临界温度以上,获得全部的或部分的奥氏体组织。根据 $Fe-Fe_3C$ 相图,在极其缓慢的加热条件下珠光体向奥氏体转变的温度在 PSK 线,即 A_1,而先共析铁素体和先共析渗碳体向奥氏体转变的起始温度为 A_1,结束温度分别为 GS 线(A_3)和 ES 线(A_{cm})。将钢加热至 $A_1 \sim A_3$ 或 $A_1 \sim A_{cm}$ 之间时,得到奥氏体和铁素体或奥氏体和渗碳体的混合物,这种加热称为不完全奥氏体化;只有将钢加热至 A_3 或 A_{cm} 以上才能完全转变为奥氏体,这种加热称为完全奥氏体化。

  然而,实际热处理都是以一定的速度加热或冷却,此时 $Fe-Fe_3C$ 相图中的临界温度会随加热或冷却速度而变化。加热时,加热速度越快,临界温度向高温漂移得越多;冷却时刚好相反,冷却速度越快向低温滞后得越多。为了表明这一点,将加热时的临界温度标为 A_{c1}、A_{c3}、A_{ccm},冷却时标为 A_{r1}、A_{r3}、A_{rcm},这些参数都是钢在热加工时的重要依据,如图 2-74 所示。

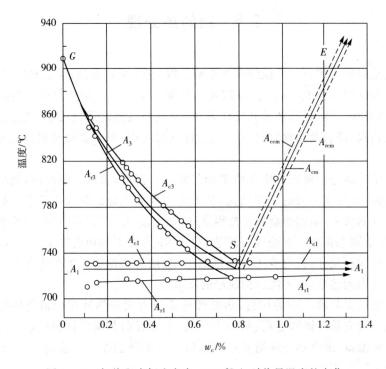

图 2-74 加热和冷却速度为 0.125℃/s 时临界温度的变化

  奥氏体是碳在 $\gamma-Fe$ 中的间隙固溶体,为面心立方结构。由于原子尺寸因素的制约,碳在 $\gamma-Fe$ 中最大的溶解度只有 2.11%(重量)。在钢的几种组织中,奥氏体具有最好的塑性、韧性和最小的比容,因此在奥氏体形成时,或奥氏体转变成其他组织时,会引起体积的变化,从而影响到组织转变。

  钢在加热时,奥氏体化的过程由奥氏体晶核形成、奥氏体晶核长大、剩余渗碳体溶解及奥氏体均匀化四个阶段组成,如图 2-75 所示。下面以退火态的共析钢为例进行分析。将共析钢加热到 A_{c1} 以上某一温度保温时,原始珠光体向奥氏体转变,反应式如下:

$$\alpha(0.0218\%C,bcc)+Fe_3C(6.69\%C,正交)\rightarrow\gamma(0.77\%C,fcc)$$

这一过程实质上是通过 $\alpha\rightarrow\gamma$ 的晶格重构和 Fe_3C 的溶解实现的。

1)奥氏体形核

  奥氏体化前后各相的晶体结构及其碳含量发生了变化,因此奥氏体形核除了需要大的能量起伏和结构起伏之外,还需要高的成分起伏。显然,在铁素体和渗碳体相界面处形核最为有利,因为相界面原子的能量高、扩散快、成分波动大,很容易满足形核的要求。

加热温度越高,过热度越大,则各种起伏的程度以及相变驱动力越大,形核越容易。若加热速度过快,过热度增加得过多,也可在珠光体边界甚至在铁素体内形核。

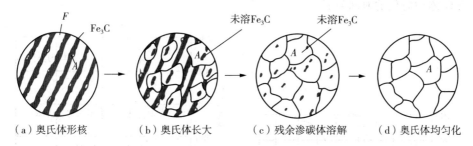

（a）奥氏体形核　　（b）奥氏体长大　　（c）残余渗碳体溶解　　（d）奥氏体均匀化

图 2 - 75　共析钢奥氏体形成示意图

2）奥氏体长大

奥氏体晶核形成之后,除了原有的 α/Fe₃C 界面之外,还出现了 γ/α 和 γ/Fe₃C 新界面。钢在 A_{c1} 之上保温时,因为 γ/Fe₃C 界面处奥氏体的碳浓度（见 ES 线）高于 γ/α 界面处奥氏体的碳浓度（见 GS 线）,所以在奥氏体内形成了碳浓度梯度,从而引起碳原子从 γ/Fe₃C 界面向 γ/α 界面扩散,使 Fe₃C 不断溶解,奥氏体不断长大。在铁素体内的碳浓度梯度很小,对奥氏体的生长影响甚弱。

3）残余渗碳体溶解

Fe₃C 的碳含量远高于铁素体的碳含量,说明 Fe₃C 的溶解速度要比铁素体缓慢得多,在铁素体全部转变成奥氏体之后,仍有部分渗碳体尚未溶解,需要进一步加热,才能使 Fe₃C 完全溶解于奥氏体之中。

4）奥氏体均匀化

当 α 和 Fe₃C 全部转变为奥氏体之后,碳原子在奥氏体中的分布是不均匀的。原来是 Fe₃C 的地方,碳浓度高,原来是铁素体的地方,碳浓度低,需要更长的保温时间才能实现奥氏体成分的均匀化。

奥氏体既可以在连续加热时形成,也可以在等温加热时形成,生产中经常采用等温加热的方法。奥氏体的等温转变量与时间的关系,即奥氏体等温动力学曲线,可通过实验测定,是将一组相同的试样快速加热到 A_{c1} 以上不同温度,并在各温度下保温不同时间后淬火,然后用金相法观察生成的奥氏体量（实际上是奥氏体转变马氏体的量）和时间的关系。图 2 - 76 为共析钢在 730℃ 和 751℃ 加热时奥氏体转变量和时间的关系,可以看出:①奥氏体形成需要一定的孕育期（孕育期为转变开始之前所经历的等温时间,它反映了转变阻力的大小）。加热温度越高,过热度越大,则孕育期越短,奥氏体的形成速度越快。②奥氏体等温动力学曲线具有"S"形特征,即奥氏体的转变速度开始慢,继而逐渐加快,至 50% 转变量时最快,之后又逐渐减慢。

习惯上,将奥氏体等温动力学曲线转化为转变温度与时间的关系,即等温时间-温度-奥氏体化图（Time Temperature Austenitization,简称 TTA）,如图 2 - 77 所示。自左至右的 4 条曲线分别代表奥氏体转变开始线、奥氏体转变终了线、碳化物完全溶解线和奥氏体成分均匀线。将共析钢加热至 A_{c1} 以上某一温度等温时,在第 1 条和第 2 条线之间发生奥氏体形核和长大,第2条和第3条线之间发生残余渗碳体溶解,而第3条和第4条线之间则是奥氏体均匀化过程,明显看出形核与长大所需的时间较短,残余渗碳体溶解与奥氏体均匀化的时间较长。

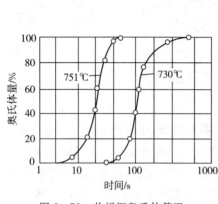

图2-76 共析钢奥氏体等温
转变量与时间的关系

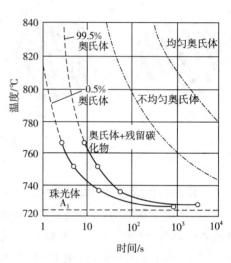

图2-77 共析钢的TTA图

2. 奥氏体晶粒大小及其影响因素

高温下的晶粒长大是一个自发进行的过程,这是因为晶粒越大,单位体积所包含的晶界面积越少,总的界面能越低。加热温度和时间对晶粒长大的影响较为明显。温度升高,晶粒长大速度明显加快。如果能有效地控制加热时的晶粒长大,冷却后组织就比较细小。

晶粒大小可用晶粒的平均直径或单位面积(或单位体积)中晶粒数表示。为了方便,生产中常使用晶粒度的概念,定义为 $n = 2^{N-1}$,式中,n 是放大100倍下每平方英寸面积上的晶粒数,N 为晶粒度级别。根据标准晶粒度等级图,钢的标准晶粒度分为8级,1级晶粒最粗,8级晶粒最细,见图2-78。常将1~4级钢称为本质粗晶粒钢,5~8级钢称为本质细晶粒钢,大于8级则为超细晶粒钢。奥氏体晶粒度包括以下3个概念:

1)起始晶粒度

钢在加热时奥氏体转变刚刚结束,晶粒边界恰好相互接触时的晶粒大小。

2)实际晶粒度

钢在实际热加工条件下的奥氏体晶粒大小,在同样加热温度下保温时间总要长些,故比起始晶粒度粗。

3)本质晶粒度

根据标准实验方法(930℃±10℃加热,保温3~8h)测定的奥氏体晶粒大小,它仅表示钢在加热时晶粒长大的倾向性。

奥氏体晶粒尺寸本质上取决于奥氏体的形核率 I 和长大速率 G。加热时,若能使 I 增大,G 减小,或者比值 I/G 增大,则可以细化晶粒。凡是影响 I 和 G 的因素,都影响晶

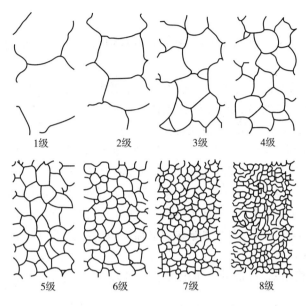

图 2-78　奥氏体标准晶粒度级别图

粒的大小。影响奥氏体晶粒尺寸的因素如下：

1)加热温度和保温时间

加热温度升高，原子扩散速度加快，晶粒长大越快；加热温度一定时，保温时间越长，原子扩散得越充分，晶粒越粗。其中，温度是主要的影响因素。

2)加热速度

加热速度越快，则过热度及相变驱动力越大，形核率增大；同时，原子扩散却受到部分的抑制，长大速度减小，比值 I/G 变大，使晶粒细化。

3)化学成分

奥氏体中碳含量越高，碳和铁原子的扩散能力越强，长大倾向越大。加热时未溶碳化物颗粒对晶粒长大起机械阻碍作用，使晶粒细化。

4)原始组织

原始组织越细，碳化物越弥散，在同样加热条件下奥氏体晶粒越细。因为高稳定性的碳化物或氮化物弥散分布在钢的基体上，能有效地防止晶粒长大，所以钢中常加入一些碳化物（或氮化物）形成元素。根据合金元素和碳的亲和力，将合金元素分为 4 种类型：强烈阻碍晶粒长大的元素 Nb、Zr、Ti、Ta、V、Al(形成 AlN)，中等阻碍晶粒长大的元素 W、Mo、Cr，不影响晶粒长大的元素 Si、Ni、Cu、Co，促进晶粒长大的元素 C、Mn、P。

2.5.2　钢在冷却时的转变

将钢加热到临界温度以上奥氏体化之后，以适当的方式冷却到 A_{r1} 以下，则奥氏体处于过冷的状态。过冷奥氏体在能量上是不稳定的，冷却时会随时转变为其他的组织。钢的冷却转变既可以在恒定温度下进行，也可以在连续冷却过程中进行，相应的冷却方式

也有两种:

1)等温冷却

钢奥氏体化后迅速冷却到 A_{r1} 以下某一温度保温,在该温度下完成组织转变。

2)连续冷却

钢奥氏体化后以某种速度从高温连续冷却,在冷却过程中完成组织转变。

当过冷奥氏体冷却到 A_{r1} 以下时,珠光体(Pearlite,简写 P)转变发生在高温区,它是通过原子扩散进行的,属于扩散型相变,退火或正火可得到这种组织;贝氏体(Bainite,简写 B)转变发生在中温区,此时碳原子还可以扩散,而铁原子不能扩散,属于过渡型(或称半扩散型)相变,等温淬火是获得贝氏体的常用方法;马氏体(Martensite,简写 M)转变出现在低温区,由于转变温度太低,原子基本上都不能扩散,是典型的非扩散型相变,淬火可以得到马氏体。可以看出,等温温度(或冷却速度)不同,所形成的组织就不同,钢的性能差异就很大,这也是为什么热处理能在制造加工中广泛应用的根本原因。

1. 珠光体转变产物及性能

由 Fe - Fe₃C 相图知,将钢奥氏体化后过冷到 A_{r1} 以下高温区将发生珠光体转变:

$$\gamma(0.77\%C,fcc) \rightarrow \alpha(0.0218\%C,bcc) + Fe_3C(6.69\%C,正交)$$

转变产物是铁素体和渗碳体的机械混合物。

珠光体分为层片状珠光体和球(粒)状珠光体两大类型。钢完全奥氏体化后在 A_{r1} 以下的高温范围等温处理,或者由高温缓慢冷却得到层片状珠光体,而球状珠光体一般是通过球化退火得到。

在层片状珠光体中,一个原奥氏体晶粒内可能出现几个层片位向不同的区域,每个相同位向的区域称为珠光体领域(或称珠光体团),它是由一个珠光体的结晶核心长大而成的。层片间距 λ 是层片状珠光体的组织特征,可定义为邻近的相同层片间的中心距离,即一片铁素体和一片渗碳体的厚度之和,见图 2-79。转变温度越低,层片间距越薄。习

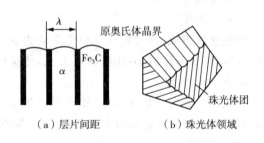

(a) 层片间距　　(b) 珠光体领域

图 2-79　层片状珠光体示意图

惯上按 λ 值大小,分为三种类型的珠光体:①普通珠光体(粗珠光体,P),$\lambda \approx 150 \sim 450nm$;②索氏体(细珠光体,S),$\lambda \approx 80 \sim 150nm$;③屈氏体(极细珠光体,T),$\lambda \approx 30 \sim 80nm$。普通珠光体的 λ 值较大,在光学显微镜下就能清晰观察到它的层片结构,而屈氏体的 λ 值太小,只有借助于电子显微镜才能分辨出层片的分布,如图 2-80。共碳钢的 P、S 和 T 的等温转变范围分别对应于 $A_{r1} \sim 650℃$、$650 \sim 600℃$ 和 $600 \sim 550℃$。

层片状珠光体形核时,假设在原奥氏体晶界上先形成一片 Fe₃C,在 Fe₃C 片两侧奥氏体中的碳浓度必然显著降低,从而在成分上有利于诱发 α 片。同样的道理,α 片形成后也会诱发 Fe₃C 片,如此反复便形成一个珠光体领域。珠光体可以同时沿两个方向生长,一是侧(横)向长大,这主要靠层片数目的增多,而不是每一片的增厚进行的;二是

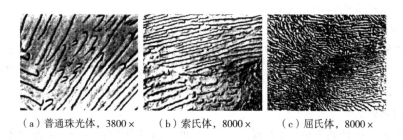

　　（a）普通珠光体，3800×　　（b）索氏体，8000×　　（c）屈氏体，8000×

图 2-80　层片状珠光体组织

纵向长大，即与片平行的方向纵向延伸，如图 2-81。按这种机制形成的珠光体需要反复的形核，由于总形核功太高，故可能性并不大。已经发现，一个珠光体领域中 α 片和 Fe_3C 片是分别属于两个彼此穿插的单个晶粒，无须反复形核，这样可有效地降低形核功。

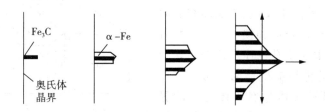

图 2-81　珠光体形核与长大过程示意图

　　球状珠光体是在铁素体基体上弥散分布球状或粒状碳化物的混合组织，图 2-82 是 T12 钢球化退火后的球状珠光体。碳化物的大小、数量、形态和分布是影响球状珠光体性能的主要因素。高碳钢和高碳合金钢为了改善组织，或为了降低硬度提高切削性能，有时需要球化退化。

　　珠光体组织具有适中的强度、硬度和塑性、韧性，即具有良好的综合机械性能。层片状珠光体的机械性能和层片间距 λ

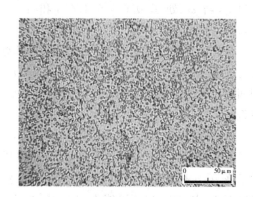

图 2-82　T12 钢的球化退火组织

关系甚密，λ 值越小，强度、硬度升高，塑性、韧性也有所改善。与层片状珠光体相比，球状珠光体的强度和硬度较低，塑性和韧性较高，故具有更好的综合机械性能。

　　2. 马氏体转变产物及性能

　　马氏体转变是强化金属材料的重要理论。它不是通过原子扩散，而是通过剪切变形（滑移或孪生）使奥氏体转变为马氏体。钢奥氏体化之后要以足够快的速度冷却，以避免高、中温区的非马氏体转变，才能在 M_s（马氏体转变开始温度）与 M_f（马氏体转变终了温度）之间转变为马氏体（或用 α' 表示）。

1)马氏体转变的特点

(1)无扩散性

马氏体转变发生在低温区,如共析钢的马氏体转变温度在 230～-50℃,有些高合金钢的转变温度则在室温以下,甚至还要低得多。在这样低的温度下,原子不可能发生扩散,淬火马氏体与母相奥氏体的碳含量相同就是无扩散的有力证据。

(2)共格切变性

实验发现马氏体转变时,会在抛光样品表面上出现晶面的倾动,这种现象称为表面浮凸。如果事先在抛光表面上画一条直线刻痕,该刻痕在马氏体转变后形成折线,说明马氏体与奥氏体沿相界面发生了剪切变形,但相界面上的原子始终为两相所共有,一般称这种界面为共格界面,如图 2-83。按此机制,马氏体的生长速度一般很快,如 Fe-C、Fe-Ni 合金在-20～-195℃范围,一片马氏体的形成时间仅约 0.05～0.5μs。

(3)惯习面和晶体学位向关系

马氏体总是在母相奥氏体中一定晶面上形成,并且沿一定晶向生长,这个晶面和晶向分别称为马氏体的惯习面和惯习方向。惯习面与惯习方向的本质是马氏体沿这个晶面和晶向形成、生长的弹性应变能阻力最小。惯习面实际上就是马氏体与奥氏体之间的界面。对于碳钢来说,马氏体的惯习面与奥氏体碳含量有关,当 ω_C < 0.6% 时,惯习面为 $\{111\}_\gamma$,当 ω_C 处于 0.6%～1.4% 和 ω_C > 1.4%时,惯习面分别为 $\{225\}_\gamma$ 和 $\{259\}_\gamma$。

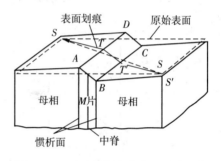

图 2-83 马氏体转变的表面浮凸现象

马氏体与奥氏体之间存在一定的晶体学位向关系,如在 Fe-1.4%C 钢中就存在常见的 K-S 关系:$\{111\}_\gamma$//$\{110\}_{\alpha'}$,<110>$_\gamma$//<111>$_{\alpha'}$。K-S 关系的实质是新、旧两相中的原子密排面相互平行,密排方向相互平行,所形成的相界面的界面能阻力最低。

(4)变温形成

大多数马氏体是变温形成的,即高温奥氏体快速过冷到 M_s 点时转变开始,随着温度的下降,马氏体量越来越多,奥氏体量越来越少,到 M_f 点时马氏体转变结束。但是,即使过冷至 M_f 点以下,也不可能生成 100% 的马氏体,这是因为马氏体的比容远比奥氏体大,淬火时会造成 3%～4% 的体积膨胀,从而阻碍了剩余奥氏体进一步转变为马氏体。这部分保留在淬火组织中的奥氏体叫作残余奥氏体(用 A' 或 γ' 表示)。

2)马氏体的组织形态与性能

钢在淬火时,奥氏体中碳原子被全部固溶在 α-Fe 中八面体间隙中心的位置,使 α-Fe 处于过饱和状态。碳含量越高,α-Fe 过饱和程度越大。但是,碳原子并不是均匀分布在 α-Fe 中,而是呈现出部分的有序性,即马氏体点阵常数 c 增大,a、b 减小,故马氏体是体心正方结构(bct),如图 2-84。钢中马氏体可定义为碳在 α-Fe 中的过饱和间隙固溶体。马氏体的组织形态与钢的化学成分及转变温度有关,常见的有以下两种类型。

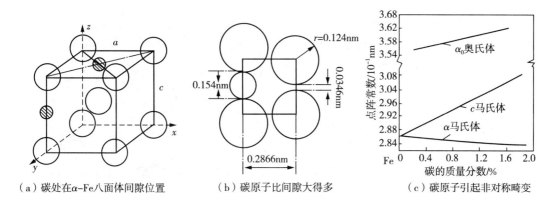

（a）碳处在α-Fe八面体间隙位置 （b）碳原子比间隙大得多 （c）碳原子引起非对称畸变

图 2-84 马氏体中过饱和碳原子引起的点阵畸变

（1）板条状马氏体

板条状马氏体是低碳钢和低碳合金钢淬火形成的典型组织,亚结构为高密度位错,故又称为低碳马氏体或位错马氏体。图 2-85 是板条状马氏体的显微组织,为成束平行排列的板条状。电子显微镜观察发现,每束马氏体由细长的板条组成。板条状马氏体的主要特征如下(见图 2-86)。

图 2-85 低碳钢淬火后的板条状马氏体

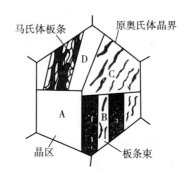

图 2-86 板条状马氏体组织示意图

显微组织:一个原奥氏体晶粒通常由 3～5 个马氏体板条群组成(图 2-86 中 A 区,相邻两个板条群有不同的惯习面),板条群的尺寸为 20～35 μm;马氏体板条群又可分成一个或几个平行的板条束(图 2-86 中 B 区,相邻两个板条束有相同的惯习面,但不同的惯习方向);一个板条群也可以只由一个板条束组成(图 2-86 中 C 区);每个板条束由平行的板条组成(图 2-86 中 D 区),板条的尺寸约为 $(0.5 \times 5.0 \times 20) \mu m^3$。板条状马氏体的尺寸由大到小依次为板条群、板条束和板条。

空间形态:为细长的板条状,每一个板条为单晶体,横界面近似为椭圆形,惯习面为 $\{111\}_\gamma$。

亚结构:板条内为高密度位错,密度约为 $(0.3～0.9) \times 10^{12} cm^{-2}$,相当于剧烈冷塑性变形金属的位错密度。

（2）片状马氏体

片状马氏体是高碳钢和高碳合金钢淬火形成的典型组织,亚结构是极细孪晶,故又称为高碳马氏体或孪晶马氏体,也经常按形态称为透镜片状、针状或竹叶状马氏体。图 2-87 是 T10 钢淬火后的片状马氏体显微组织,图 2-88 是组织示意图。片状马氏体的主要特征如下。

图 2-87　T10 钢淬火后的片状马氏体

显微组织:马氏体呈片状、针状或竹叶状,相互成一定的角度。在一个奥氏体晶粒内,先生成的马氏体片横贯整个晶粒,随后生成的尺寸依次减小。

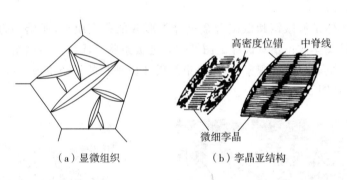

（a）显微组织　　　　（b）孪晶亚结构

图 2-88　片状马氏体组织示意图

空间形态:呈双凸透镜状,在马氏体片中间存在明显的中脊,按碳含量的不同,惯习面可能为$\{225\}_\gamma$,或$\{259\}_\gamma$。

亚结构:马氏体片内为极细孪晶,孪晶间距离约 5nm,边缘为复杂的位错组态,这些位错可以松弛掉一部分孪生变形产生的弹性应变能。

钢淬火后形成哪种马氏体,或者哪种马氏体居多,这主要取决于马氏体相变点 M_s 和 M_f,也就是取决于加热时奥氏体的化学成分。一般情况下,凡能使马氏体相变点降低的因素都会使淬火组织中板条状马氏体减少,片状马氏体增多。奥氏体碳含量越高,马氏体转变阻力增大,相变点下降,淬火组织中残余奥氏体增多,如图 2-89 和 2-90。有些高合金钢淬火后,马氏体组织中含有大量的残余奥氏体,导致钢性能变差。合金元素除了 Co 和 Al,以及 Si 影响不大以外,在钢中加入其他合金元素均使相变点下降。强碳化物形成元素 W、V、Ti 等在钢中一般以碳化物形式存在,加热时溶入奥氏体中的量很少,对相变点影响不大。对碳钢而言,$\omega_C < 0.2\%$ 时,淬火后几乎全部为板条状马氏体;ω_C 在 $0.2\% \sim 0.4\%$ 时,主要为板条状马氏体;在 $0.4\% \sim 0.8\%$ 时,为板条状和片状马氏体的混合组织;在 $0.8\% \sim 1.0\%$ 时,以片状马氏体为主;而 $\omega_C > 1.0\%$ 时,几乎全部为片状马氏体。

马氏体具有高的强度和硬度(过共析钢一般在 HRC60 以上),但塑性和韧性较差。

高的强硬性主要依赖于加热时固溶于奥氏体中 C、N 等间隙原子的含量,而置换原子的影响很小。钢的碳含量增加,马氏体的强度、硬度升高,但是对于过共析钢采用完全奥氏体化加热,由于碳化物全部溶入奥氏体之中,钢的相变点明显降低,淬火后存在较多的残余奥氏体,反而使钢的硬度下降。马氏体的高强度、硬度在于过饱和间隙原子与高密度位错之间的固溶强化作用,显著降低了位错的易动性,固溶强化是马氏体强化的重要因素。

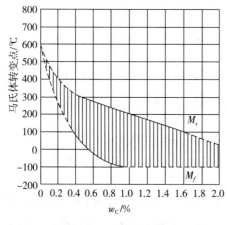

图 2-89　碳钢碳含量对
马氏体转变点的影响

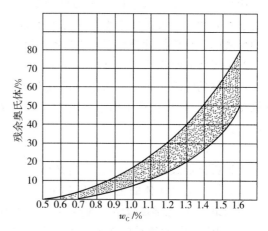

图 2-90　奥氏体碳含量对
残余奥氏体量的影响

尽管板条状马氏体的强度及硬度不及片状马氏体,但塑性和韧性优于片状马氏体,低碳钢淬火获得板条状马氏体是提高强韧性的重要手段。片状马氏体塑性、韧性低的原因在于:①高密度孪晶限制了滑移系的运动,使马氏体中有效滑移系减少,只有那些与孪晶面平行的滑移系才能开动;②马氏体生长速度极快,片之间又相交成一定的角度,当两片马氏体相遇时发生撞击容易产生显微裂纹;③高碳含量引起塑性、韧性的降低。

3. 贝氏体转变产物及性能

钢奥氏体化后过冷至珠光体转变和马氏体转变之间的中温区,发生贝氏体转变,反应式为 $\gamma \rightarrow \alpha + Fe_3C$,转变产物称为贝氏体。与珠光体中铁素体不同,贝氏体中铁素体是过饱和的,过饱和度随温度降低而升高。一般来说,贝氏体是过饱和铁素体和粒状或短棒状碳化物组成的混合组织。

1)贝氏体转变的特点

(1)中温转变

贝氏体转变属于中温转变,其转变开始和终了温度分别为 B_s 和 B_f。B_f 点可能与马氏体转变的 M_s 点相同,也可能略低一些。在 $B_s \sim B_f$,随着温度的降低,碳原子的扩散能力减弱,贝氏体形态也随之变化。粗略地说,在中温区的上部形成上贝氏体,下部形成下贝氏体。

(2)半扩散性

过冷奥氏体冷却到中温区,原子扩散在一定程度上受到了抑制,铁及较大尺寸的合金原子已经不能扩散,而尺寸较小的碳原子仍可以在较小的范围内扩散。上贝氏体的形成温度较高,碳原子有一定的扩散能力,可以由铁素体内扩散到铁素体条之间,当条之间的碳浓度富集到足够高时析出碳化物,形成上贝氏体。下贝氏体的形成温度较低,碳原子扩散比较困难,只能在铁素体片内进行短距离的扩散并析出碳化物,形成下贝氏体。

(3)惯习面和晶体学位向关系

贝氏体中铁素体也是在奥氏体特定的晶面上析出并长大的,即有确定的惯习面,上贝氏体与下贝氏体中铁素体的惯习面分别为$\{111\}_\gamma$、$\{225\}_\gamma$,和低碳马氏体与高碳马氏体的惯习面相同。贝氏体中铁素体与母相奥氏体同样存在着晶体学位向关系,如在共析钢中形成的下贝氏体就符合K-S关系:$\{111\}_\gamma//\{110\}_\alpha$,$<110>_\gamma//<111>_\alpha$。

2)贝氏体的组织形态与性能

贝氏体的组织形态也取决于钢的化学成分和形成温度。当过冷奥氏体在中温区不同温度下等温时,贝氏体中铁素体的形态以及碳化物的分布是不同的,从而形成不同类型的贝氏体。

(1)上贝氏体

上贝氏体形成于中温区的上部,又称为高温贝氏体。对于中、高碳钢,形成温度约为350~550℃。上贝氏体的主要特征如下。

显微组织:在光学显微镜下观察,上贝氏体中铁素体呈羽毛状特征,即平行排列的条状或针状。由于光学显微镜的放大倍数较低,看不清碳化物的形态。在电子显微镜下则可清楚地看到上贝氏体中成束平行排列的条状铁素体和条间沉淀出不连续的碳化物。条状铁素体自原奥氏体晶界上形核,向晶粒内部生长。显微组织与电镜组织分别如图2-91和图2-92所示。钢的碳含量增加时,铁素体条之间的碳化物增多,形态由颗粒状、短杆状逐渐变为断续状;铁素体条也增多、变薄。转变温度降低时,铁素体条越薄,碳化物越细。

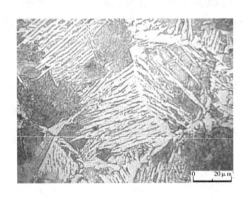 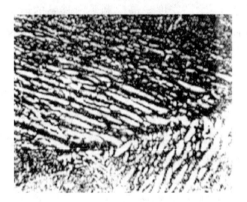

图2-91 低碳钢中上贝氏体显微组织　　图2-92 上贝氏体电镜组织(5000×)

空间形态:上贝氏体中铁素体为板条状,与板条状马氏体类似,条宽为$0.3\sim3.0\mu m$,过饱和度小于板条状马氏体。

亚结构:条状铁素体内是高密度位错,密度为$10^8\sim10^9cm^{-2}$,比相同碳含量的板条状马氏体低。转变温度越低,位错密度越高。

(2)下贝氏体

下贝氏体形成于中温区的下部,也称为低温贝氏体,对于中、高碳钢,形成温度为

350～230℃。下贝氏体的主要特征如下。

显微组织：光学显微镜观察下贝氏体呈黑色的针状、竹叶状或片状，这是因为铁素体片上弥散析出碳化物，发生自回火所至。铁素体片之间相交成一定的角度。电子显微镜发现铁素体片中沉淀出成行排列的细粒状或薄片状碳化物。下贝氏体的显微组织和电镜组织分别见图 2-93 和图 2-94。

图 2-93　高碳钢中下贝氏体显微组织　　　　图 2-94　下贝氏体电镜组织(12000×)

空间形态：下贝氏体中铁素体为双凸透镜状，类似于片状马氏体，铁素体过饱和度比马氏体小，但比上贝氏体高。

亚结构：铁素体片内是高密度位错，没有孪晶亚结构，这一点与片状马氏体不同。

（3）粒状贝氏体

某些低、中碳合金钢以一定的速度连续冷却，或者在上贝氏体形成区间的最高温度范围等温时会形成粒状贝氏体。在所有贝氏体中，粒状贝氏体的形成温度最高，碳原子地扩散能力最强，能够长距离地扩散。当这种贝氏体形成时，铁素体首先在奥氏体中贫碳区形核并长大，而剩余的奥氏体被孤立成一些"小岛"，它们是碳原子的富集区。"小岛状"奥氏体一般呈块状，有时形状很不规则，在随后的冷却

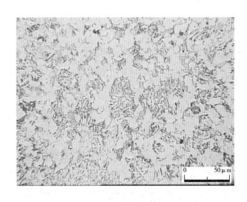

图 2-95　粒状贝氏体显微组织

过程中可能转变为珠光体或者马氏体，也可能保留为残余奥氏体，见图 2-95。钢中各种贝氏体的形成过程示意图见图 2-96。

贝氏体的机械性能主要与贝氏体中铁素体的尺寸、形态以及碳化物的数量、形态、大小及分布有关。铁素体尺寸越小，贝氏体的强度、硬度越高，塑性、韧性有所改善。加热时奥氏体化温度越低，奥氏体晶粒越小，贝氏体中铁素体尺寸也越小；转变温度越低，铁素体尺寸也越小。铁素体形态对贝氏体性能也有影响，条状或片状比块状强度及硬度要高。转变温度降低，铁素体逐渐由块状、条状向片状转化，过饱和度及位错密度均增大，这些因素均可提高贝氏体的强度和硬度。

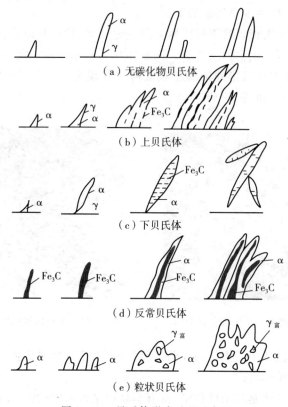

图2-96　贝氏体形成过程示意图

钢中碳含量越高,贝氏体中碳化物就越多,使强度、硬度升高,但塑性、韧性降低;碳含量一定时,降低转变温度能使碳化物趋于弥散,也能提高强度和硬度。碳化物为粒状时,贝氏体的塑性和韧性较好;为小片状时,塑性和韧性下降;为断续的杆状时,塑性、韧性及强度、硬度均较差。

由此可见,上贝氏体的形成温度较高,铁素体和碳化物较粗大,特别是碳化物呈不连续的短杆状分布于铁素体条中间,使铁素体和碳化物的分布呈明显的方向性,在外力作用下极易沿铁素体条之间产生显微裂纹,导致机械性能大幅度下降。下贝氏体的形成温度较低,铁素体呈细小片状,碳化物在铁素体片上弥散析出,铁素体的过饱和度以及位错密度都较大,这样的组织形态使得下贝氏体具有良好的强韧性,即具有较高的强度和硬度以及足够的塑性和韧性。

2.5.3　钢的过冷奥氏体转变图

Fe-Fe₃C相图只能用于钢在极其缓慢加热或冷却条件下的组织转变,而不能用于实际热处理条件下的组织变化,因为大部分的热处理都以一定的速度或者在一定的过热度、过冷度下加热和冷却,已经偏离了平衡状态。为了分析高温奥氏体在过冷状态下发生的转变,建立了常用钢种的过冷奥氏体转变图,它表示在不同冷却条件下过冷奥氏体转变过程的起止时间和各种组织转变所处的温度范围。如果转变在恒温下进行,对应有过冷奥氏体等温转变图(Temperature Time Transformation,简称TTT或C曲线);如果转变在连续冷却条件下进行,则有过冷奥氏体连续冷却转变图(Continuous Cooling Transformation,简称 CCT)。过冷奥氏体转变图是研究钢热处理后的组织及性能、制定热处理工艺以及合理选材的主要依据。

1. 过冷奥氏体等温转变图

1)共析钢过冷奥氏体等温转变图

过冷奥氏体等温转变图是研究钢过冷到 A_{r1} 以下等温过程中转变产物及其转变量与等温时间的关系。TTT 曲线大都采用金相-硬度法测量,兼用膨胀、磁性及电阻等物理方法。前者直观可靠,后者快速灵敏。金相-硬度法测量的共析钢的 TTT 曲线如图 2-97。图中左边为转变开始线,右边是转变终了线。转变开始线以左为过冷奥氏体区,转变终了线以右为转变结束区,两曲线中间是转变过渡。图中包括三个转变区,A_{r1}～550℃为珠光体转变区,P、S 和 T 的形成范围分别对应于 A_{r1}～650℃、650～600℃和 600～550℃;550℃～M_s 为贝氏体转变区,上、下贝氏体的形成范围分别在 550～350℃和 350℃～M_s;M_s(230℃)～M_f(−50℃)是马氏体转变区。例如,将共析钢奥氏体化后快速过冷至 620℃保温,当等温时间到达转变开始线时,开始形成索氏体。延长等温时间,索氏体逐渐增多,奥氏体逐渐减少,到转变终了线时全部转变为索氏体。要注意的是,已形成的索氏体不会在 M_s 点以下再次转变为马氏体,因为在珠光体、贝氏体和马氏体三种组

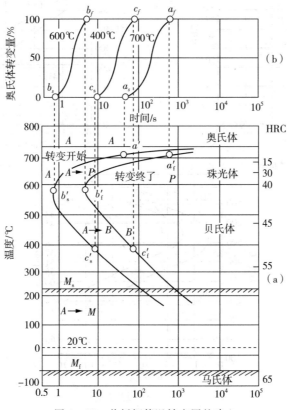

图 2-97　共析钢等温转变图的建立

(a)等温转变动力学曲线;(b)TTT 曲线

织中,珠光体的稳定性最高,贝氏体次之,马氏体最差。

共析钢的 TTT 曲线在 550℃出现一个"鼻尖"(或者说 TTT 曲线是 C 形),表明所发生的转变是形核与长大过程,这是由两个相互制约的因素所造成的结果。一方面,随着等温温度的降低,过冷度增大,相变驱动力随之增大,转变速度加快(即孕育期缩短);另一方面,温度降低使原子的扩散能力下降,转变速度减慢(即孕育期变长)。二者综合作用必然在某一温度孕育期最短。

2)亚、过共析钢过冷奥氏体等温转变图

亚、过共析钢的 TTT 曲线左上方都多出了一条转变线。对于前者,它是先共析铁素体的开始析出线,后者则是先共析渗碳体(Fe_3C_{II})的开始析出线。以亚共析钢为例,当过冷奥氏体在珠光体转变区等温时,先有一部分奥氏体转变为先共析铁素体,当达到珠光体转变开始线时,剩余的奥氏体开始转变为珠光体,至珠光体转变终了线时,珠光体转变结束,最后的组织是先共析铁素体和珠光体。同样的道理,过共析钢在这一区域等温时,先析出 Fe_3C_{II},然后发生珠光体转变,最后得到 Fe_3C_{II} 和珠光体,参考图 2-98。

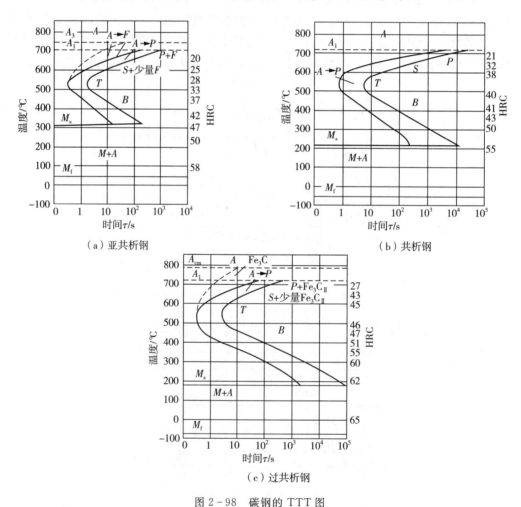

(a)亚共析钢   (b)共析钢

(c)过共析钢

图 2-98 碳钢的 TTT 图

当改变外界条件时,TTT 曲线的位置及形状可能变化。如果 TTT 曲线出现了右移,说明过冷奥氏体更加稳定,不利于珠光体转变。影响 TTT 曲线的主要因素如下。

(1)碳含量:亚共析钢在珠光体形核时,领先相为铁素体,增加碳含量不利于析出铁素体,亦即不利于珠光体形核,使 TTT 曲线右移;过共析钢的领先相为渗碳体,增加碳含量会促进珠光体形核,使 TTT 曲线左移,由此可见共析钢的过冷奥氏体最稳定。

(2)合金元素:除了 Co 之外,凡是加热时溶于奥氏体中的合金元素冷却均使 TTT 曲线右移,右移的程度与元素种类及其加入量有关。对于碳钢及含非碳化物或弱碳化物形成元素的低合金钢,珠光体与贝氏体转变曲线重叠,曲线仅出现一个"鼻尖";对于含强碳化物形成元素的合金钢,珠光体和贝氏体转变曲线分开,曲线出现两个"鼻尖",此时两个 TTT 曲线中间存在一个过冷奥氏体的稳定区。

(3)加热温度和保温时间:奥氏体化温度愈高,保温时间愈长,使奥氏体晶粒粗化,晶界面积减少,成分均匀,显然不利于珠光体转变,使 TTT 曲线右移。

2. 过冷奥氏体连续冷却转变图

在热处理生产中,通常采用连续冷却的方式,如炉冷、空冷、水冷等。因为 CCT 曲线测定较难,如果所用钢种没有相应的 CCT 曲线,则常用 TTT 曲线定性地估计连续冷却转变。

图 2-99 为共析钢的 CCT 曲线。与 TTT 曲线不同,CCT 曲线除了珠光体转变开始线和终了线之外,下方还有一条转变终止线。珠光体转变终止线的含义是,当钢冷却到该线时,还有剩余的奥氏体需要继续冷却到 M_s 点以下转变成马氏体。CCT 曲线的外形类似于 TTT 曲线的上半部,并且处于它的右下方。某些钢在连续冷却时不发生贝氏体转变,说明这些钢的贝氏体转变的孕育期太长,已经被完全抑制了。例如,共析钢和过共析钢在连续冷却过程中就没有贝氏体转变,这是因为较高的碳含量导致贝氏体转变温度下降,同时冷却速度又快,碳原子来不及扩散所致。

由图 2-99 中不同的冷却速度曲线,能够分析钢在连续冷却过程中组织的变化规律以及室温组织,这对制定热处理工艺有重要意义。

v_1——炉冷,对应于退火,室温组织为普通珠光体;

v_2——空冷,对应于正火,它与 CCT 曲线相交于 $650\sim600\,℃$,转变产物为索氏体,或有少量的屈氏体(空气的冷却能力和静止还是流动以及地理位置、季节等因素有关);

v_3——油冷,对应于淬火,冷却时先生成屈氏体,剩余的奥氏体在 M_s 点之下转变为马氏体,室温组织为屈氏体、马氏体和少量残余奥氏体;

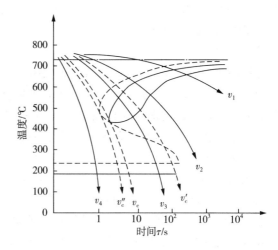

图 2-99 共析钢的 CCT 曲线

v_4——水冷,对应于淬火,由于冷却速度快,不和 CCT 曲线相交,直接冷却到 M_s 点以下转变为马氏体及少量残余奥氏体。

过冷奥氏体的连续冷却转变是在一个温度范围内进行的,往往得到混合组织,如珠光体+索氏体,屈氏体+马氏体等,而等温转变只能形成单一组织。

制定热处理工艺时,有两个参数非常重要。一是与转变开始线相切的冷却速度,即临界淬火速度(上临界冷却速度)v_c,它是钢在淬火时获得全部马氏体组织(含少量残余奥氏体)的最小冷却速度;二是下临界冷却速度 v_c',定义为钢在正火时获得全部珠光体类型组织的最大冷却速度。淬火时,只有当冷却速度大于 v_c 才能转变为全部的马氏体组织,它代表钢淬成马氏体的能力。

2.5.4　钢的退火与正火

1. 退火工艺

退火是热处理工艺中应用最广、种类最多的一种。对大部分退火工艺而言(除去应力退火、再结晶退火、均匀化退火以外),退火可定义为将钢加热到 A_{c1} 以上某一温度保温一段时间,然后缓慢冷却(一般为炉冷)到室温,以获得普通珠光体组织的热处理工艺。退火工艺目的:①消除内应力及加工硬化;②软化钢件以利于切削加工(机加工最适合的硬度范围是 HB170～230);③细化晶粒,改善组织;④为最终热处理(淬火及回火)做好组织上的准备。

1)完全退火

将钢加热至 A_{c3}(亚共析钢)或 A_{ccm}(过共析钢)以上 20～30℃,保温一段时间,然后缓慢冷却到室温(通常炉冷至 500℃左右出炉空冷),以获得普通珠光体组织的热处理工艺称为完全退火。对于过共析钢而言,若采用 A_{ccm} 线以上完全奥氏体化加热,缓冷时会析出网状二次渗碳体,使零件脆化,因此过共析钢不易采用完全退火。完全退火以降低硬度为主要目的,炉冷速度要小于 30℃/h,退火时间较长。完全退火适用于 0.3%～0.6% C 的中碳钢及中碳合金钢。

2)等温退火

将钢加热至 A_{c3}(亚共析钢)或 A_{c1}(过共析钢)以上 20～30℃,保温一段时间,然后快速冷却到 A_{r1} 以下某一温度等温一段时间后出炉空冷,以获得普通珠光体组织的热处理工艺称为等温退火。由钢的 C 曲线知,等温退火可以缩短退火时间,使组织更加均匀(因在恒定温度下转变)。等温退火适合于过冷奥氏体稳定性高的合金钢。

3)球化退火

球化退火属于不完全退火,它是将钢中碳化物球化以获得球状(或粒状)珠光体组织的热处理工艺。球化退火的目的:①用于高碳钢或高碳合金钢降低硬度,以改善切削加工性能;②获得均匀的球化组织,为最终热处理做组织准备。

球状珠光体具有最佳塑性、韧性和较低硬度,良好的塑性和韧性是由于有一个连续的、塑性好的铁素体基体,这对于低、中碳钢的冷成型,以及工具钢、滚动轴承钢在最终热处理前的机加工非常重要。

常用的球化退火工艺有三种:

（1）加热到 A_{c1} 以上 20～30℃，保温 3～4h，然后以 3～5℃/h 的速度缓慢冷却到 A_{r1} 以下某一温度出炉空冷，即一般的球化退火；

（2）加热到 A_{c1} 以上 20～30℃，保温 3～4h，然后在 A_{r1} 以下 20℃等温 5～10h，又称等温球化退火；

（3）在 A_1 线上下各 20～30℃交替保温，又称为周期（往复）球化退火，该工艺较为复杂，适用于小件，但可以缩短退火时间。

球化退火时间太长，一般用于过共析钢及高碳合金钢，表 2-5 给出几种常用钢的球化退火规范。

表 2-5 常用钢球化退火规范

SAE 钢号	相应的中国钢号	奥氏体化温度/℃	冷 却 方 式				硬度 (HB)
			控制冷却		等温退火		
			由℃至℃	冷速/(℃·h⁻¹)	温度/℃	时间/h	
5140	40Cr	749	—	—	690	8	174
4140	40CrMo	749	749/666	5.5	677	9	179
4340	40CrNiMo	749	704/566	2.8	649	12	197
	T8	740～750	740/550		650～680		≤187
	T12	760～770	760/550		680～700		≤207
	CrWMn	770～790	770/500	<30	680～700	6～4	207～255
	GCr15	780～800	780/550		700～720		179～207
	Cr12MoV	850～870	850/550		730～750		207～255

4）高温扩散（均匀化）退火

将铸件（锭）加热至略低于固相线以下长时间保温，然后缓慢冷却以消除化学成分不均匀的热处理工艺称为高温扩散退火，或均匀化退火，该退火方式在高合金钢铸件中的应用尤为普遍。另外，成分偏析严重的铸锭热轧时出现明显的带状组织，即先共析铁素体和珠光体相间平行排列，这种组织热处理后性能会不均匀，也常采用扩散退火加以消除。

扩散退火的加热温度很高，钢件在 A_{c3} 或 A_{ccm} 以上 150～300℃，即碳钢在 1100～1200℃，合金钢在 1200～1300℃。铜合金和铝合金加热温度分别选择 700～950℃ 和 400～500℃。扩散退火时间相当长，一般不超过 15h，是一种成本和能耗都很高的热处理工艺，只用于重要的、偏析严重的碳钢、合金钢及有色合金。

5）去应力退火及再结晶退火

去应力退火（又称低温退火）的目的是消除因冷、热加工后快冷而引起的残余内应力，避免零件在使用时产生变形及开裂。去应力退火的加热温度随不同材料及技术要求有所不同。碳钢和低合金钢的去应力退火是将钢件以 100～150℃/h 随炉缓慢加热至 500～650℃，保温 1～2h，然后以 50～100℃/h 随炉缓慢冷却至 200～300℃出炉空冷。高合金钢的加热温度要高些，一般在 600～750℃。

再结晶退火是将冷变形金属加热至再结晶温度以上，保温一段时间，使变形晶粒转变为等轴无畸变的晶粒,从而消除加工硬化的热处理工艺。钢的再结晶退火温度为650℃或稍高,时间为0.5~1h。

2. 正火工艺

将钢加热到A_{c3}(亚共析钢)或A_{ccm}(过共析钢)以上30~50℃,保温一段时间然后空冷,以获得珠光体类型组织的热处理工艺称为正火。正火组织一般为索氏体,当冷却速度较快时,可能出现少量的屈氏体。具体来说,亚共析、共析和过共析钢的正火组织分别为F+S、S及S+Fe_3C_{II}。退火和正火都可获得珠光体类型组织,但是因为正火的冷却速度快,组织较细,所以亚、过共析钢正火后的强度、硬度及塑性、韧性一般均高于退火。

正火的目的:①硬化钢件以利于切削加工,低、中碳结构钢由于硬度偏低,在切削加工时易产生"粘刀"现象,增大表面粗糙度,正火可以提高硬度;②消除热加工缺陷(如魏氏组织、过热组织、带状组织等),钢在调质处理(淬火加高温回火的复合热处理)前存在这些缺陷应进行正火;③消除过共析钢中网状Fe_3C_{II},为球化退火做组织准备;④对于要求不高的工件,可以代替调质处理作为最终热处理。

如果仅从机加工对钢的硬度要求考虑,应根据碳含量的不同正确选择退火或正火:

① $\omega_C<0.25\%$的低碳钢采用正火,若$\omega_C<0.2\%$,普通正火后硬度太低,应采用高温正火,同时增大冷却速度;

② 0.25%~0.5%的中碳钢采用正火,但应根据工件的成分及尺寸确定冷却方式,碳含量较高或含有合金元素,应该缓冷,反之应该快冷;

③ 0.5%~0.75%的亚共析钢采用完全退火;

④ $\omega_C>0.75\%$的高碳钢及高碳合金钢采用球化退火,若有网状Fe_3C_{II},需先正火并快冷,以抑制网状Fe_3C_{II}的析出。

现将主要的退火以及正火的加热温度加以归纳,如图2-100。对于众多的钢种来说,为了达到一定的组织和性能要求,究竟选择哪一种退火或者正火最适合,仍需综合考量。

2.5.5 钢的淬火

淬火及回火是应用最为广泛的强韧化方法,在零件的加工工艺路线中起关键作用。淬火与不同温度的回火配合,可以得到不同的强度、硬度和塑性、韧性的组合,满足不同零件对使用性能的要求。

1. 淬火工艺

将钢加热至A_{c3}(亚共析钢)或A_{c1}(过共析钢)以上,保温一段时间,然后以大于临界淬火速度冷却,获得马氏体组织(马氏体淬火)或贝氏体组织(贝氏体淬火)的热处理工艺称为淬火。淬火的目的:①提高钢的强度、硬度及耐磨

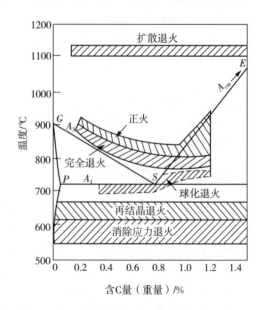

图2-100 退火和正火的加热温度范围

性;②淬火与回火配合可以获得高的强度、硬度和耐磨性(高温回火)、良好的弹性极限(中温回火)和综合机械性能(高温回火)。

淬火工艺规范包括加热方式、加热温度、保温时间以及冷却介质和冷却方式等,它是依据材料及其相变特性、零件形状及尺寸、技术要求等制定的。

1)淬火加热方式及加热温度

淬火作为最终热处理,一般采用无氧化或微氧化加热,如保护气氛、盐浴和真空加热等,以保证零件的表面质量。热炉装料(即炉温达到加热温度后将零件入炉)是常用的加热方式,高合金钢在达到加热温度之前要进行一到二次的预热,以防止零件温度不均匀引起的变形。

加热温度是淬火工艺中的主要参数,它的选择应以得到均匀细小的奥氏体晶粒为原则,以使淬火后获得细小的马氏体组织。为防止奥氏体晶粒粗化,碳钢的加热温度一般限制在临界温度以上 30～50℃范围。亚共析钢的加热温度为 $A_{c3}+30～50℃$,淬火可获得均匀细小的马氏体组织。若加热温度过高,淬火不仅会出现粗大的马氏体组织,还会导致淬火钢的严重变形;若加热温度过低,则会在淬火组织中出现未溶解铁素体,造成淬火钢硬度不足,甚至出现"软点"。共析钢和过共析钢的加热温度为 $A_{c1}+30～50℃$,淬火后,共析钢为均匀细小的马氏体和少量残余奥氏体,过共析钢为均匀细小的马氏体加粒状二次渗碳体和少量残余奥氏体的混合组织。若过共析钢的加热温度过高,则会得到较粗大的马氏体和较多的残余奥氏体,这不仅降低了淬火钢的硬度和耐磨性,而且会增大淬火变形和开裂的倾向。

对于合金钢,由于合金元素的扩散速度较慢,特别是碳化物形成元素有阻碍奥氏体晶粒长大的作用,所以加热温度可以适当提高一些,以利于合金元素在奥氏体中溶解和均匀化,从而获得较好的淬火效果。

综上所述,淬火加热温度的选择原则可概括为亚共析钢及亚共析合金钢采用完全奥氏体化加热,分别在 $A_{c3}+30～50℃$ 和 $A_{c3}+50～80℃$;过共析钢及过共析合金钢采用不完全奥氏体化加热,分别在 $A_{c1}+30～50℃$ 和 $A_{c1}+50～80℃$。

影响淬火加热温度的因素有多个方面,如工件截面尺寸越大,加热速度越快,淬火介质的冷却能力越弱,加热温度可以取上限;相反,对于形状复杂的工件,加热温度可以取下限。某些高合金钢的淬火加热温度可能要比如上原则高得多。

2)淬火介质

钢在淬火时,理想的冷却方法是高温区要慢冷,以减小因热胀冷缩不同产生的热应力;中温区应快冷,以避免非马氏体组织转变;低于 M_s 点的低温区再进行缓慢冷却,以减小马氏体转变引起的组织应力,见图 2-101。事实上,满足这种冷却特性的理想淬火介质是不存在的,但它是热处理工作者选择、改革淬火介质的依据和方向。淬火介质的冷却能力可以用冷却强度 H 表示,规定常温下水的强度值为1,见表2-6。

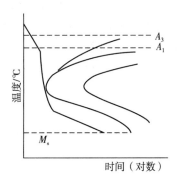

图 2-101　理想淬火介质的冷却曲线

表 2-6   常见淬火介质的冷却强度

淬火介质	冷却强度 H	
	650~550℃	300~200℃
0℃水	1.06	1.02
18℃水	1.00	1.00
50℃水	0.17	1.00
100℃水	0.044	0.71
18℃ 10% NaOH 水溶液	2.00	1.10
18℃ 10% NaCl 水溶液	1.83	1.10
50℃菜籽油	0.33	0.13
50℃矿物油	0.25	0.11
50℃变压器油	0.20	0.09
10%油在水中乳浊液	0.12	0.74
肥皂水	0.05	0.74
空气(静止)	0.028	0.007
真空	0.011	0.004

水应用广泛,价廉易得,有较强的冷却能力,适用于形状简单的碳钢工件淬火。它的缺点是低温区冷速太大,工件淬火时易变形、开裂;冷却能力对水温变化很敏感,水温升高时冷却能力显著降低,使用温度一般小于40℃。在水中添加10%~15%的盐或碱,可以明显提高水在高温区的冷却能力。目前,普遍使用食盐水溶液,而碱水不如食盐水应用广泛,原因在于碱水对工件及设备腐蚀较为严重,淬火时有刺激性气体产生,对皮肤有腐蚀。盐水适用于截面尺寸较大的碳钢工件淬火。

油作为主要的淬火介质,有机械油和锭子油,油的牌号越低,黏度及闪点越低,使用温度也越低。油的缺点是冷却能力较弱,高温区的冷却能力仅为水的1/5~1/6,低温区的冷却能力更弱。但是,油的冷却特性比水理想,油温对冷却能力几乎无影响,适用于合金钢或小尺寸碳钢工件的淬火。

熔盐(碱)的传热方式主要是依靠对流将工件的热量带走,它的冷却能力与工件和介质间的温差有关。当工件温度较高时,介质的冷却能力强;当工件温度和介质相近时,冷却能力迅速降低。经常使用的熔盐有硝盐和氯盐,表2-7列举了一些常用介质的成分及使用温度范围,详细配方可参考热处理手册。在高温区,熔碱的冷速大于油,熔盐的冷速小于油;低温区冷速都小于油。它们多用于截面不大、形状复杂的碳素及合金工具钢的分级淬火与等温淬火。

表 2-7   常见的硝盐浴和碱浴

序号	成分	熔化温度/℃	使用温度/℃
1	50%KNO₃+50%NaNO₃	220	245~500
2	55%KNO₃+45%NaNO₃	137	150~500

（续表）

序号	成分	熔化温度/℃	使用温度/℃
3	72%KOH+19%NaOH+2%NaNO₂+2%KNO₃+5% H₂O	~140	160~300
4	100% NaOH	328	350~550

　　生产中,淬火介质的选择要从工件的材料性质、淬透层深度的要求及淬火应力三个方面考虑,即在满足淬透层深度的前提下,尽可能选择冷却强度低的介质。一般原则是碳素钢淬水,合金钢淬油,但应具体问题具体分析。

　　3)淬火方法

　　冷却是淬火工艺的关键步骤,为了获得马氏体需要快冷,但同时在工件内产生淬火应力,甚至导致工件的变形和开裂,因此应根据实际情况选择适合的淬火方法,如图2-102。

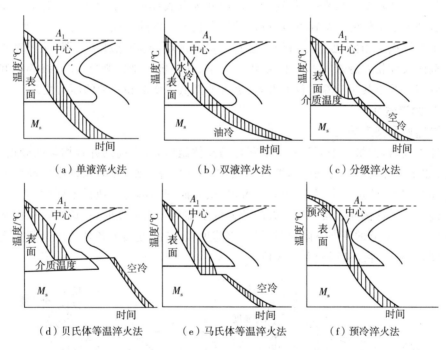

（a）单液淬火法　　　　（b）双液淬火法　　　　（c）分级淬火法

（d）贝氏体等温淬火法　　（e）马氏体等温淬火法　　（f）预冷淬火法

图2-102　各种淬火冷却方法示意图

　　(1)单液淬火法

　　将工件奥氏体化后放入一种淬火介质(如水、油)中连续冷却的操作方法,如图2-102(a)。在整个冷却过程中,工件表面与中心的温差较大,会造成较大的淬火应力,特别是复杂件容易产生变形及开裂。此方法操作方便,适合简单工件的淬火。

　　(2)双液淬火法

　　将工件奥氏体化后先在冷却能力强的介质中冷却至接近 M_s 点,再立即转入冷却能力弱的介质中冷却的操作方法,常用水淬油冷法,如图2-102(b)。先快冷可避免过冷奥氏体的高温分解,后慢冷可降低马氏体转变引起的组织应力。此方法关键在于控制工件在水中的停留时间,需要熟练地操作技术,但是对碳钢淬火特别有效。

(3)分级淬火法

将工件奥氏体化后放入略高于 M_s 点的热态介质(如盐)中保温一段时间,待工件内外温度均匀后取出空冷(或油冷),以获得马氏体组织的操作方法,如图 2-102(c)。分级温度常选在 150~260℃,等温时间以工件温度均匀、不发生贝氏体转变为准。

(4)等温淬火法

等温淬火法分为贝氏体等温淬火和马氏体等温淬火两种方法,分别如图 2-102(d)和(e)所示。贝氏体等温淬火法(即等温淬火法)是将加热后的工件放入高于 M_s 点的盐浴中保温一段时间,待完全转变为下贝氏体之后,再空冷到室温的操作方法。由下贝氏体具有高的强韧性及淬火变形小的特点,该方法特别适合尺寸不大、形状复杂的工模具淬火。马氏体等温淬火是将奥氏体化后的工件放入稍低于 M_s 点的盐浴中保持一段时间,让其转变一部分马氏体,然后取出空冷的操作方法。剩余的奥氏体在空冷时继续转变为马氏体。从转变产物来讲,把这种方法归并为分级淬火更加合理。因为分级温度低于 M_s 点,增大了工件的冷却速度,所以比较适合稍大工件的淬火。

与单液淬火法相比,虽然双液淬火法有一定的优点,但毕竟难于掌握,尤其对于形状复杂及截面尺寸相差悬殊的工件来说,淬火变形、开裂仍然难以避免,而分级淬火和等温淬火可以明显缩小甚至消除工件的温差,极大地降低了变形和开裂的倾向性。

2. 钢的淬透性

1)淬透性及其影响因素

工件淬火时,如果从表面到心部都获得马氏体组织,具有高的并且均匀的硬度,称之为淬透;如果工件表层获得马氏体组织,心部是非马氏体组织,则表面硬度较高而心部硬度偏低,称之为未淬透。由图 2-103 可看出,从表面到心部的冷速是不同的,表面最快,心部最慢。当工件截面上某一半径处的冷速低于临界淬火速度时,在该半径以内部分得不到马氏体,此部分的硬度下降;当临界淬火速度较小时,截面上各处的冷速都大于临界冷却速度,这时工件能获得全部马氏体。

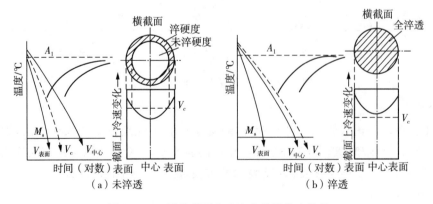

图 2-103　零件截面上冷速变化及淬火效果

　　钢奥氏体化后淬火时获得马氏体的能力,称为淬透性(也叫可淬性),它仅取决于临界淬火速度的大小,经常用淬透(硬)层深度表示。理论上讲,淬透层深度应当是全部马氏体组织的深度,但是这样的规定实验上很难实现,因为当工件中某一部分得到马氏体及少量屈氏体时,在硬度上几乎没有变化,而只有当马氏体含量下降到50%时,硬度才会发生剧烈的变化,测量非常方便,如图 2-104。淬透层深度定义为由工件表面到半马氏体组织区(50%马氏体,50%非马氏体)的距离。

　　淬硬性(也叫可硬性)与淬透性不同,它是钢在正常淬火条件下获得马氏体的最高硬度,主要取决于加热时奥氏体中的碳含量,碳含量越高,淬火马氏体的固溶强化效果就越强,如图 2-105 所示。

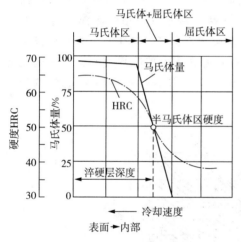

图 2-104　冷却速度对淬火组织
及硬度的影响

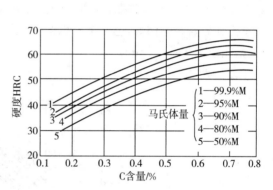

图 2-105　钢的淬火硬度
与碳含量的关系

　　淬透性随临界淬火速度的降低而升高,故凡是影响临界淬火速度的因素都影响钢的淬透性。

　　(1)化学成分

　　碳含量对淬透性的影响可由 C 曲线的变化看出,在正常淬火条件下,共析钢过冷奥氏体最稳定,临界淬火速度最小,淬透性最好;亚、过共析钢的临界淬火速度较大,淬透性降低。除了 Co 以外,其余的合金元素加热时溶于奥氏体均会降低临界淬火速度,提高淬透性。因此,合金钢的淬透性比碳钢的要好。

　　(2)奥氏体化温度

　　升高奥氏体化温度将使晶粒粗大,成分均匀,不利于冷却时珠光体形核,从而降低临界淬火速度,增加淬透性。

　　(3)未溶第二相粒子

　　加热时未溶碳化物、氮化物及其他非金属夹杂物,可成为过冷奥氏体分解的非自发核心,使临界淬火速度增大,降低淬透性。另外,未溶第二相粒子减少了奥氏体中合金元素的含量,也降低了淬透性。

2)淬透性的测定方法

(1)临界淬火直径法

这种方法测量繁杂,但结果较为精确并且实用。测量过程是先将某种钢做成一组不同直径的圆柱形试样,按照相同的热处理规范加热淬火,可以从中找出截面中心恰好是50%马氏体的一根试样,以该试样直径为标准,小于此直径的试样可以被淬透,大于此直径的则不能被淬透。钢在某种淬火介质中能完全被淬透(以心部组织是50%马氏体为标准)的最大直径称为临界淬火直径(D_0)。对于同一种钢,D_0值越高,淬透性越大。

但是,D_0随淬火介质的冷却能力而变化,如同一种钢 $D_{0oil}<D_{0wat}$。为排除介质冷却能力的影响,使同一种钢在不同介质中的 D_0 能相互转换,引入了理想临界淬火直径的概念。钢在冷却能力为无限大($H=\infty$)的假想介质中淬火,当试样投入这种介质中的瞬间,试样表面的温度即达到介质的温度,此时的临界直径称为理想临界淬火直径 D_I。D_I 仅与钢种有关,与介质无关。图2-106是理想临界直径 D_I 与在一定介质中淬火时临界直径 D_0 之间的换算图,利用此图能方便地将某种介质中的临界直径换算成任何介质中的临界直径。例如,已知某种钢的 D_I 为60mm,若换算成油淬($H=0.4$)的临界直径,由图求出 $D_0=27$mm。

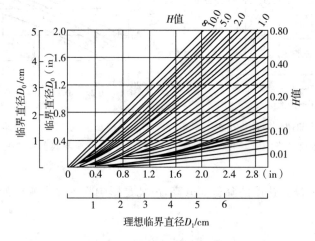

图2-106 临界直径 D_0 与理想临界直径 D_I 的关系

(2)末端淬火法(端淬法)

末端淬火法测量方便,是世界上应用最广泛的淬透性实验法,所采用的试样尺寸、淬火装置及原理见图2-107。

端淬法根据GB 225—2006规范要求,将标准试样(ø25×100mm)奥氏体化后从炉中取出,迅速放入淬火机的冷却孔中,立即喷水冷却试样的下端,如图2-107(a)。规定喷水管内径12.5mm,水柱自由高度65±5mm,水温20~30℃。淬火时,水冷端的冷速最快,而远离水冷端的冷速越慢。试样冷却后取下,磨平两侧(深度为0.2~0.5mm),再沿长度方向,从水冷端1.5mm处开始每隔一段距离测量一个硬度值,最后绘出硬度与水冷端距离的关系,即淬透性曲线,见图2-107(b)。水冷端完全淬成马氏体且硬度最高,远离水冷端马氏体越少,非马氏体越多,硬度随之下降。距水冷端1.5mm处的硬度可以代

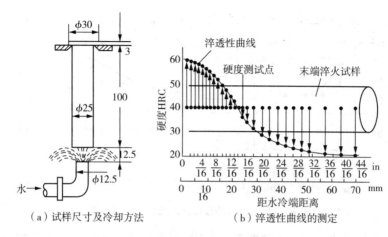

（a）试样尺寸及冷却方法　　　（b）淬透性曲线的测定

图 2-107　末端淬火法试样、装置及原理

表钢的淬硬性,从水冷端至曲线拐点(半马氏体组织处)的距离即淬透层深度。

已经测出的各种钢的淬透性曲线
均收集在有关热处理手册中。同一牌
号的钢,由于化学成分和晶粒度的差
异,淬透性曲线实际上为有一定波动范
围的淬透性带,并非一条曲线,图
2-108 为 40CrNiMoA 钢的淬透性曲
线。钢的淬透性值常用 $J\dfrac{HRC}{d}$ 表示,

其中 J 表示端淬法测量的淬透性,d 表
示距水冷端的距离,HRC 为该处的硬
度值。例如,$J\dfrac{42}{5}$ 表示距水冷端 5mm

处的硬度值为 HRC42。

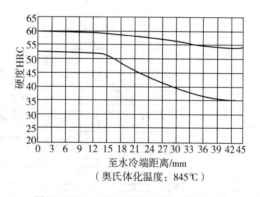

图 2-108　40CrNiMoA 钢淬透性曲线

3)淬透性曲线的应用

淬透性曲线在合理选材,预测钢的组织与性能,制定热处理工艺等方面都有重要的
实用价值。

(1)利用淬透性曲线比较不同钢的淬透性

利用钢的淬透性曲线和半马氏体(50%马氏体)硬度曲线,找出钢的半马氏体硬度值
所对应的距水冷端距离,即淬透层深度。图 2-109 是 45 和 40Cr 钢的有关曲线,由此确
定 45 和 40Cr 钢的淬透层深度分别约为 3.3mm 和 10.5mm,可知 40Cr 钢的淬透性比 45
钢要好。

(2)利用淬透性曲线确定临界淬火直径

获得钢的临界淬火直径最简单的办法就是利用端淬实验数据。图 2-110 测出端淬
试样轴向各点和钢棒横截面上距表面不同深度处的冷却速度,由该图可以得到钢棒直径
与冷却速度或至水冷端距离之间的关系。例如,40Cr 钢的半马氏体硬度至水冷端的距离

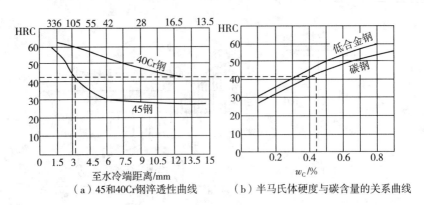

（a）45和40Cr钢淬透性曲线　　（b）半马氏体硬度与碳含量的关系曲线

图 2-109　利用淬透性曲线比较钢的淬透性

为 10.5mm，由该位置垂直向上分别于水淬"中心"线[图 2-110(a)]和油淬"中心"线[图 2-110(b)]相交，然后水平向左与纵轴相交即可求出水淬时临界直径为 45mm，油淬时临界直径为 30mm。

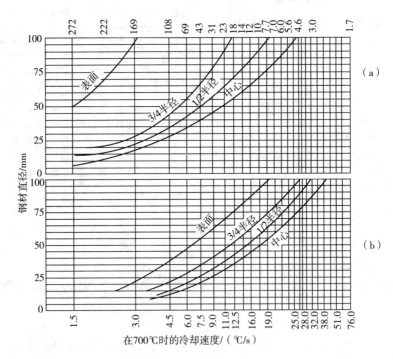

图 2-110　端淬距离与钢棒横截面各处冷却速度的关系曲线

（a）水淬；（b）油淬

（3）利用淬透性曲线求出钢棒横截面上的硬度分布

例如，要求出 45Mn2 钢制造的 ø50 轴经水淬后横截面上的硬度分布，先在图 2-110(a)50mm 直径处引一条水平线与表面、$\frac{3}{4}R$、$\frac{1}{2}R$ 及中心的曲线相交，得到距水冷端的距离，分别为 1.5mm、6mm、9mm、12mm，再由图 2-111 中 45Mn2 钢淬透性曲线分别查得对应于上述距离的硬度值,分别为 HRC55.5、52、40、32,最后由这些硬度值便可做出截面上的硬度分布曲线。

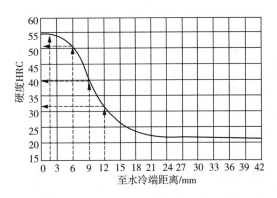

图 2-111　45Mn2 钢淬透性曲线

3. 淬火缺陷

在零件的生产路线中,淬火及回火通常安排在各种工序的后期。工件淬火时最容易产生的缺陷是变形和开裂。虽然有些变形可以设法校正,或者通过预留加工余量,在随后机加工中使之达到技术要求,但这样工艺复杂,提高了成本。甚至有些带型腔的模具、成型刀具等往往不便于或不可能校正或机加工,一旦变形超差就无法挽救。如果工件淬火开裂,则更无法挽救,给生产带来损失。除了变形和开裂之外,淬火加热时还经常发生氧化、脱碳以及淬火后硬度不足、软点等缺陷。

1)淬火应力

工件淬火时冷却速度必须大于临界淬火速度,当产生的淬火应力超过了钢的屈服强度时将引起变形,超过断裂强度时将造成开裂。根据淬火应力产生的原因,淬火应力可以分为热应力和组织应力。

(1)热应力

工件在加热或冷却时内外温度不同导致的热胀冷缩不同时产生的内应力称为热应力。为研究热应力随温度的变化规律,如图 2-112,将钢件加热至 A_{c1} 以下某一温度(不发生奥氏体化),待内外温度均匀后冷却。冷却初期时,表层温度下降得多,收缩快,心部温度下降得少,收缩慢。由于收缩不同,表层的收缩受到心部的抵抗而产生拉应力;相反,心部产生压应力,见图 2-112(a)。在任意时刻,拉应力和压应力总是处于平衡状态。继续冷却时,拉应力与压应力不断增大。一旦心部的压应力超过了钢的屈服强度时,心部将发生收缩性塑性变形(心部温度较高,屈服强度较低)。冷却中期时,表层的收缩逐渐减慢,心部的收缩逐渐加快,从而使应力趋于减小,直至为零,见图 2-112(b)和(c)。冷却后期时,表层温度已经很低不再收缩,而心部温度仍然较高继续收缩,但受到已硬化表层的制约,结果心部变为拉应力,表层变为压应力,如图 2-112(d)。当试样冷到室温时,热应力达到最大。在室温下,由热应力引起的残余内应力表层为压应力,心部为拉应力。

(2)组织应力

工件在加热或冷却时内外温度不同导致的组织转变不同时产生的内应力称为组织

应力。为研究组织应力随温度的变化规律,将钢件奥氏体化后冷却。冷却初期时,表层的冷速快,先于心部到达 M_s 点以下发生马氏体转变而膨胀。但是,表层的膨胀受到处于高温并且尚未发生转变的心部抑制,从而使表层呈现压应力;相反,心部呈现拉应力。如果拉应力大于钢的屈服强度,心部将发生膨胀性塑性变形。冷却后期时,心部也将发生马氏体转变而膨胀,但已硬化的表层阻碍它的膨胀,结果使心部变为压应力,表层变为拉应力。可见,组织应力的变化与热应力刚好相反,在室温下由组织应力引起的残余内应力表层为拉应力,心部为压应力。

工件淬火时,在 M_s 点之上只有热应力,低于 M_s 点之下热应力和组织应力并存。生产中,应力求减小淬火应力,凡能缩小截面温差的因素都降低淬火应力,但有时也利用热应力与组织应力的相反特性进行有效的控制,同样能达到较好的效果。

2)淬火变形与开裂

淬火变形包括体积变形与形状变形。体积变形表现为工件按比例地膨胀或收缩,不改变工件的形状;形状变形表现为工件几何形状的变化。

体积变形起因于组织转变前后的比容变化。如共析钢淬火时,若原始组织为珠光体,加热淬火后转变为马氏体和少量残余奥氏体,由于马氏体的比容比珠光体大得多,因此工件产生膨胀。如果淬火时能控制马

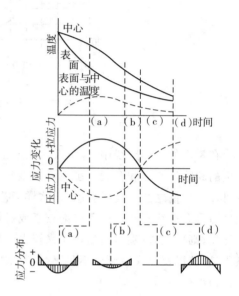

图 2-112　圆柱形试样冷却时热应力的变化

氏体和残余奥氏体的比例,就能控制体积变化的程度,甚至达到既不胀大,也不缩小。

形状变化起因于淬火初期工件心部的应力状态,因为心部尚处于高温状态,屈服强度较低,在应力作用下很容易产生塑性变形。但是,热应力与组织应力引起的变形方式不同。在工件的心部,热应力呈多向压应力,变形趋势是使立方体向球体变化,导致工件尺寸长的地方缩短,短的地方伸长,如圆柱形工件变成腰鼓状;组织应力是多向拉应力,它使工件尺寸长的地方伸长,短的地方缩短,圆柱形工件最终变成朝鲜腰鼓状。

比容差、热应力及组织应力对淬火变形的影响概括于图 2-113,它是分析淬火变形规律的依据,但实际的淬火变形大都是各种变形的综合作用。

研究淬火裂纹形成的原因及其扩展规律,找出防止措施,对淬火具有重要的意义。淬火裂纹形成的根本原因在于淬火时拉应力过大,超过了钢的断裂强度。钢中存在的夹杂物、偏析区、粗大第二相等应力集中区极易诱发裂纹的形成及工件的开裂。常见淬火裂纹有以下几种,见图 2-114。纵向裂纹(又称轴向裂纹)是沿工件的轴向由外向内形成的裂纹,它起因于表层的切向组织应力过大,多半出现在淬透的工件。横向裂纹(包括弧形裂纹)是垂直于工件的轴向由内向外形成的裂纹,它与心部的轴向热应力过大有关,大都出现在未淬透的工件。表面裂纹(又称网状裂纹)分布在深度较浅的表层,无固定的

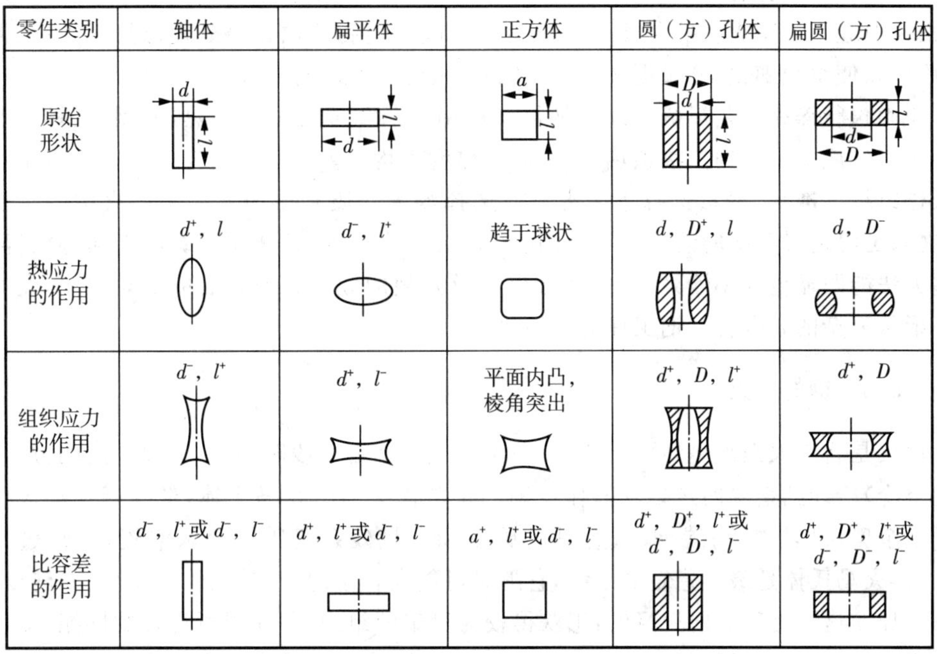

零件类别	轴体	扁平体	正方体	圆（方）孔体	扁圆（方）孔体
原始形状	d	l, d	a, l	D, d, l	d, D
热应力的作用	d^+, l	d^-, l^+	趋于球状	d, D^+, l	d, D^-
组织应力的作用	d^-, l^+	d^+, l^-	平面内凸，棱角突出	d^+, D, l^+	d^+, D
比容差的作用	d^+, l^+ 或 d^-, l^-	d^+, l^+ 或 d^-, l^-	a^+, l^+ 或 d^-, l^-	d^+, D^+, l^+ 或 d^-, D^-, l^-	d^+, D^+, l^+ 或 d^-, D^-, l^-

图 2-113　简单工件的淬火变形趋向

形状。

3）预防淬火变形和开裂的措施

（1）合理选择钢的淬透性

淬透性决定了钢的机械性能，这就要求工程技术人员在根据工件的服役条件和性能要求选材时要充分考虑淬透性因素，以避免因淬透性不足淬火时增大冷却速度产生的变形，或因淬透性过高引起的不必要浪费。

对于截面尺寸较大、形状复杂以及受力较苛刻的螺栓、拉杆、锻模、锤杆等工件，要求机械性能均匀，应选用淬透性好的钢。对于承受弯曲或扭转载荷的轴类零件，外层受力较大，心部受力较小，可选用淬透性较低的钢。

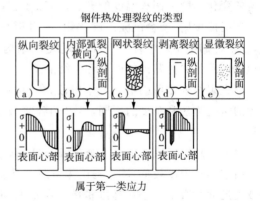

图 2-114　钢件淬火裂纹的类型

（2）合理设计工件的形状

从热处理角度讲，设计工件时应尽量减少截面尺寸突然变化、厚薄悬殊、薄边及尖角，在截面尺寸突变处采取平滑过渡，尽量减小轴类零件长度与直径的比值，大型模具宜采用镶拼结构。

（3）正确选择锻造与热处理工艺

钢在冶炼过程中由于原料、设备及工艺等原因，或多或少地要形成一些冶金缺陷，如疏松、气泡、非金属夹杂物、偏析区、带状组织以及粗大碳化物等,它们是应力集中的地方,极易引起工件淬火变形和开裂。正确的锻造和随后的预先热处理(退火、正火、调质处理)可以使组织细化,分布更加均匀,以满足最终热处理的要求。

正确执行淬火工艺规范。淬火加热一般用微氧化或无氧化加热,大型工、模具及高合金钢工件应采用一到二次预热,防止加热温度不均匀。加热温度应以淬火获得细小的马氏体组织为准则,尽量选择下限温度。选择淬火介质和冷却方法是淬火中的关键环节,在满足淬透层深度的前提下,应选用较为温和的介质,或选用分级淬火和等温淬火。这些方法能明显地减小淬火应力,降低变形及开裂的倾向。淬火后应及时回火,尤其是对于形状复杂的高碳合金钢工件更应如此。

2.5.6 钢的回火

回火是将淬火钢加热到低于 A_{c1} 以下某一温度保温一段时间,然后以一定的方式(一般为空冷)冷却到室温的热处理操作。钢的正常淬火组织是马氏体(低碳钢)、马氏体加少量残余奥氏体(中、高碳钢)或者是马氏体和少量残余奥氏体及未溶碳化物(过共析钢)。淬火马氏体是最不稳定的组织,它随时可能向稳态组织(铁素体加碳化物)转变,回火可以加速这一过程。回火目的:①获得较为稳定的组织;②获得所需要的性能,即在保证钢强度及硬度的前提下,尽可能提高塑性及韧性;③减少或消除淬火应力。

1. 回火时的组织变化

借助于金相、电镜观察以及物理性能等测量方法,能揭示淬火钢在回火过程中组织结构的变化。随着回火温度的升高,碳原子在马氏体中不断聚集,当聚集区中碳原子达到一定的浓度时,便会沉淀出碳化物,同时使马氏体的过饱和度下降。回火温度继续升高,碳化物的类型发生转换,形成更稳定的结构。当回火温度较高时,碳化物将发生球化和粗化以及铁素体基体的回复和再结晶。

回火组织变化可归纳为五个阶段,各阶段的温度区间可能有部分的重叠。另外,所采用的实验方法和精度的不同,给出的各阶段温度范围会有一些差异,下面以碳钢为例进行讨论。

(1)碳原子偏聚(回火时效阶段,20～100℃)

由于回火温度较低,淬火马氏体组织没有明显的变化,仅出现微量的碳原子偏聚,而铁及大尺寸的合金原子却难以扩散。在这期间,低碳马氏体中碳原子向位错附近扩散,形成碳原子偏聚区,而高碳马氏体由于碳含量较高,在孪晶面上形成厚度和直径约为 1nm 的偏聚区。当碳原子扩散到这些缺陷附近时,可以松弛掉一部分弹性应变能,降低了马氏体的能量。

(2)马氏体分解(回火第一阶段,100～250℃)

淬火钢在这一阶段回火时,碳原子的扩散能力有所增强,在偏聚区内出现了有序化,继而析出少量的小片状 ε 碳化物,它属于亚稳态密排六方结构,分子式近似为 $Fe_{2.4}C$。但是,低碳马氏体的碳含量较低,只有当回火温度超过 200℃时,才会析出这种碳化物。淬火马氏体经过分解形成了回火马氏体,即淬火马氏体在低温回火时获得了马氏体加小片状 ε 碳化物的混合组织,如图 2-115。

（3）残余奥氏体分解（回火第二阶段，200～300℃）

淬火钢回火时，残余奥氏体分解 C 曲线与过冷奥氏体等温转变曲线非常类似，二者的转变温度范围也大致相同，即残余奥氏体在高温区发生 $A' \rightarrow P$，中温区发生 $A' \rightarrow B$，而低温区则是 $A' \rightarrow M$。碳钢在 200～300℃之间回火，残余奥氏体分解为下贝氏体。

（4）碳化物类型转变（回火第三阶段，250～400℃）

图 2-115　T12 钢淬火低温回火后的显微组织
（回火马氏体加残余奥氏体）

随着回火温度的升高，亚稳态 ε 碳化物将向稳定态 θ 碳化物（即 Fe_3C）转化。低碳马氏体在这一阶段回火，原先的 ε 碳化物逐渐溶解，取而代之在马氏体板条内或者板条界析出薄片状 θ 碳化物。高碳马氏体由于碳含量较高，碳化物的析出过程稍显复杂，ε 碳化物先转化成较稳定的薄片状 χ 碳化物（复杂正交结构，分子式为 Fe_5C_2），继续升温时 χ 碳化物才转变为薄片状 θ 碳化物，即 ε→χ→θ。碳化物类型及其析出量主要取决于回火温度，但也与回火时间有一定的关系。在此阶段回火，马氏体的组织形态没有变化，仍然保持板条状或者针片状，其回火组织称为回火屈氏体，可定义为淬火马氏体在中温回火时获得的过饱和 α 相加薄片状 θ 碳化物的混合组织，如图 2-116。

（5）α 相回复与再结晶和碳化物球化与粗化（回火第四阶段，400～700℃）

淬火钢高温回火时，将同时发生两个过程，即马氏体的回复与再结晶，以及碳化物的球化与粗化。

在这一阶段回火时，在淬火应力被消除的同时，马氏体开始回复（400～600℃），位错密度显著降低，孪晶消失，碳浓度降至平衡浓度，但马氏体形态仍未发生变化。继续升高回火温度，开始再结晶（600～700℃），α 相通过形核及长大最终

图 2-116　45 钢淬火中温回火后的显微组织

成为等轴状的铁素体。上述过程进行的同时，片状碳化物逐渐发生球化（400～600℃）与粗化（600～700℃）。回火索氏体是淬火马氏体在高温回火时获得的等轴状铁素体加粗粒状碳化物的混合组织，如图 2-117。

合金钢的回火转变与碳钢类似，但各阶段的温度范围可能有明显差异。回火稳定性（也称回火抗力）是淬火钢回火的重要性质，它是指淬火钢在回火时抵抗强度及硬度下降的能力。碳钢及低合金结构钢在回火温度超过 250℃时，碳化物的析出使强度及硬度迅速降低而软化，回火稳定性较差，它们只能在较低温度下使用。

与之相比,合金钢由于添加了合金元素,回火转变移向更高的温度,提高了回火稳定性。合金元素的种类及其添加量不同,所产生的效果千差万别。碳化物形成元素是改善回火稳定性的主要元素,而非碳化物形成元素的影响则要弱得多。含有强碳化物形成元素(如 Ti、V、W、Mo 等)的合金钢淬火后在 500~600℃回火时,由于在 α 相基体上弥散析出特殊的碳化物而使钢的强度和硬度再次升高,这种现象称为弥散型二次硬化,如图 2-118。二次硬化在工模具的热处理中有着十分重要的意义,如高速钢刀具就是靠它保持高的红硬性(或称热硬性),从而可以进行高速切削而不软化。

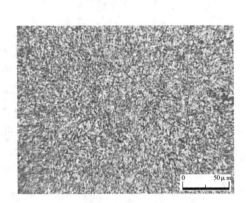

图 2-117 45 钢淬火高温回火后的显微组织

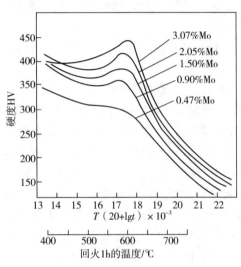

图 2-118 含 0.1%C 钼钢回火时的二次硬化现象

2. 回火时的性能变化

淬火钢回火时性能变化的总趋势是随着回火温度的升高,碳化物析出得越来越多,马氏体中碳含量越来越少,使钢的强度及硬度逐渐降低,而塑性及韧性逐渐升高。回火温度对淬火碳钢机械性能的影响如图 2-119。

碳钢低于 250℃回火时,硬度变化不大或稍有降低;高于 250℃回火时,由于碳化物析出较多,硬度开始下降;当超过 400℃回火时,碳化物的球化和粗化以及 α 相的回复和再结晶,致使硬度快速下降。屈服强度、抗拉强度及断裂强度的变化基本上与硬度相同。但是,弹性极限的变化却值得注意,碳钢及低合金钢在 300~450℃之间回火时,弹性极限都出现峰值。

淬火钢的塑性和韧性随回火温度的变化与强度和硬度的情况相反,即随着回火温度的升高,塑性和韧性逐渐升高。但是,有些淬火钢在一定温度范围内回火韧性反而降低,这种现象称为回火脆性。它分为第一类回火脆性(低温回火脆性)和第二类回火脆性(高温回火脆性),分别出现在 250~400℃和 450~650℃回火温度范围,如图 2-120。前者与回火时沿马氏体内相界面(板条界、束界、群界或孪晶界)析出脆性碳化物有关,一旦形成无法消除;后者与回火时杂质元素(如 Sb、P、Sn、As 等)向原奥氏体晶界偏聚引起脆化有关,回火后只要快冷(油冷)便可抑制。

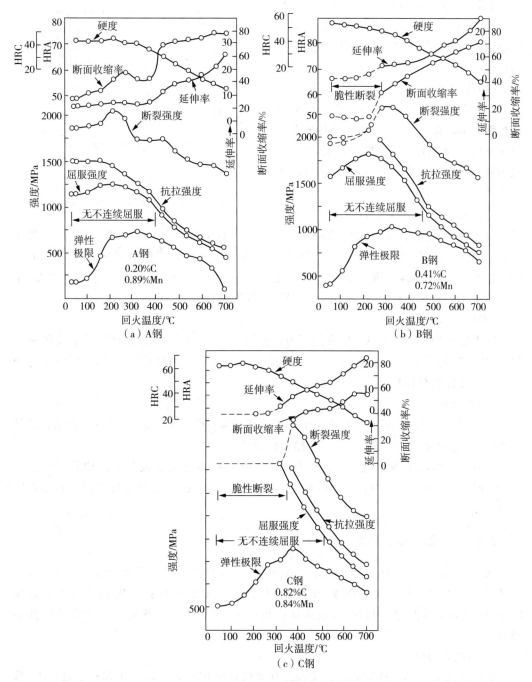

图 2-119　回火温度对淬火碳钢机械性能的影响

3. 回火的种类及应用

　　淬火钢在不同温度回火，转变的产物不同，因而性能也就不同，能够满足不同应用条件下的性能要求。实际现场硬度测量非常方便，常用来作为衡量淬火钢回火的标准，制定回火工艺，即先根据硬度要求确定回火温度，然后再确定回火时间。回火时间不超过

3h(或每次回火 1h,回火数次),回火后一般
为空冷,对有第二类回火脆性的钢高温回
火后采用油冷。回火类型、组织、性能及应
用概述如下。

(1)低温回火

回火温度为 150～250℃。亚共析钢和
共析钢淬火后低温回火组织为回火马氏体
和少量残余奥氏体;过共析钢低温回火组
织为回火马氏体加碳化物及一定量的残余
奥氏体。

低温回火是为了降低淬火应力,提高

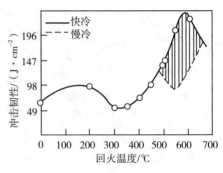

图 2 - 120　回火温度对 0.3C -
1.47Cr - 3.4Ni 淬火钢韧性的影响

工件的塑性及韧性,保证淬火后的高强度、硬度(一般为 HRC58～64)及耐磨性,主要用
于处理各种工模具、滚动轴承以及渗碳和表面淬火的零件。工模具的回火温度一般为
180～200℃;滚动轴承需要更低的回火温度,一般为 160℃±5℃,以保证它的高硬度;精
密量具为了提高尺寸稳定性,常用 100～150℃低温时效。

(2)中温回火

回火温度为 350～500℃,回火组织为回火屈氏体(回火 T)。回火屈氏体有高的弹性
极限、热强性及屈服强度,同时也有一定的韧性,硬度一般为 HRC35～45,主要用于处理
各类弹簧元件和热作模具。

(3)高温回火

回火温度为 500～650℃,回火组织是回火索氏体(回火 S)。回火索氏体的综合机械
性能最好,即强度、硬度、塑性及韧性都比较适中,硬度一般为 HB200～350(HRC14～
38)。调质处理(淬火加高温回火)广泛用于各种重要的受交变载荷的结构件,如连杆、
轴、齿轮等,也可作为某些精密工件,如刀具、模具、量具等的预先热处理以及高合金钢的
二次硬化。

2.5.7　钢的表面热处理

很多承受弯曲、扭转、摩擦和交变负荷的工件,表面要比心部承受更高的应力,因
此要求工件表面应具有高的强度、硬度和耐磨性,而心部在保持一定强度及硬度的条
件下,应具有足够的塑性和韧性,表面淬火和渗碳、渗氮等化学热处理能达到这种性能
要求。

1. 钢的表面淬火

表面淬火是采用快速加热的方法使工件表层在很短的时间内加热到相变点以上,然
后快速冷却使表层转变为马氏体组织,心部仍为未淬火组织的热处理工艺。为了使工件
心部有较高的塑性及韧性,表面淬火采用含碳 0.4%～0.5%的中碳或中碳低合金调质
钢,如 45、40Cr、40MnB。

根据加热方法的不同,表面淬火可分为感应加热、火焰加热、电接触加热、电解液加
热及激光加热表面淬火等,其中应用最广泛的是感应加热与火焰加热表面淬火。

（1）感应加热表面淬火

① 感应加热的基本原理

感应加热表面淬火是使工件表层产生一定频率的、密度很高的感应电流（涡流），将工件表层迅速加热至奥氏体状态，然后冷却淬火的热处理工艺。由于该方法工艺简单、生产率高、热处理缺陷少，因而在生产中获得广泛的应用。

感应加热时，将工件放入空心铜管绕成的有流动冷水的感应加热器中，当通以交流电时，即在工件周围产生与电流频率相同的交变磁场，并且在工件表层产生感应电流，利用电阻的作用将表层加热。根据集肤效应原理，工件表层电流密度最大，并且快速加热到相变点以上，心部仍处于相变点以下的较低温度。图 2-121 为感应加热表面淬火设备及原理示意图。

薄工件（如齿轮）采用同时加热，而长工件（如轴）一般用连续加热。用连续加热时要控制好工件的旋转及轴向速度，保证表层加热均匀。感应加热结束后，采用水、乳化液或聚乙烯醇水溶液喷射淬火，或者浸油淬火，随后在 180～200℃低温回火，回火方式可以是炉中回火、自回火（控制喷水时间）及感应加热回火。

（a）加热设备

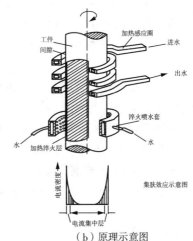
（b）原理示意图

图 2-121　感应加热表面淬火

③ 感应加热的种类

感应电流透入工件表层的深度取决于电流频率，频率越高，电流透入深度越浅，则工件被加热的厚度越薄，淬透层深度越小。根据电流频率的不同，感应加热分为三类：高频感应加热的电流频率为 100～500kHz，常用频率为 200～300kHz，可获淬硬层深度为 0.5～2.0mm，适用于中、小模数的齿轮及中、小尺寸的轴类等零件；中频感应加热的电流频率为 500～10000Hz，常用频率为 2500～8000Hz，可获淬硬层深度为 3～5mm，用于要求淬硬层较深、较大尺寸的轴类零件及大、中模数齿轮等；工频感应加热的电流频率为 50Hz，不需要变频设备，可获得 10～15mm 淬硬层深度，适用于轧辊、火车车轮等大直径零件。

④ 感应加热的特点

感应加热时，钢的奥氏体化是在较大的过热度（A_{c3} 以上 80～150℃）下进行的，形核率高,晶粒不易长大,淬火后表层获得细小的隐晶马氏体,强度、硬度较普通淬火高,塑性、韧性也较好。表层淬得马氏体后,由于体积膨胀在表层造成较大的残余压应力,显著提高工件的疲劳强度。因加热速度快,一般不进行保温,工件的氧化、脱碳倾向小,由于工件内部未加热,淬火变形也小。加热温度和淬硬层厚度容易控制,便于实现机械化和自动化。

（2）火焰加热表面淬火

火焰加热表面淬火是用温度极高的可燃气体火焰直接加热工件表层然后淬火的方法,适用于单件、小批量生产的大型或特大型零件(如大型齿轮、轴、轧辊)的表面淬火,淬硬层深度为 2~6mm。可燃气体常用乙炔-氧或煤气-氧等混合气体。火焰加热和感应加热相比,具有设备简单、成本低等优点,但生产率低,工件加热时表面存在不同程度的过热,质量控制比较困难。

2. 钢的化学热处理

化学热处理是将工件置于一定的化学介质中加热保温,使介质中的一种或几种活性原子渗入工件表层,以改变表层的化学成分、组织结构及性能的热处理工艺,其目的是使工件表层具有高的强度、硬度、耐磨性及疲劳极限,心部有足够的塑性及韧性,有些还可以达到其他的特殊性能要求。化学热处理种类众多,常以渗入元素来命名,如渗碳、渗氮(氮化)、渗硫(硫化)、渗硼和渗铝、渗铬等渗金属以及碳氮共渗、硼碳氮共渗等多元化学热处理。

化学热处理能否进行需满足两个条件:一是渗入原子必须具有化学活性,即由化合物分解出来或由离子转变而来的初生态原子;二是钢要有吸收活性原子的能力,即具有一定的溶解度或者能形成化合物。它一般是由分解、吸附及扩散三个过程组成。分解是指由化合物分解出活性原子的过程,介质中加入活化剂可加快活性原子的产生;吸收是指分解出来的活性原子被吸附到工件表面,并溶入表层,在表层形成固溶体或化合物的过程;扩散则是在一定温度下活性原子由表层不断向内部扩散形成要求的渗层深度的过程。

（1）渗碳

渗碳是应用最为广泛的一种化学热处理,它是将工件置于渗碳介质中加热保温,使其获得一定的表面碳含量、一定的碳浓度梯度及渗碳层深度的热处理工艺。

① 渗碳的特点

渗碳使工件表面获得高的强度、硬度及耐磨性,心部具有一定的强度及足够的塑性及韧性。按照介质的状态,渗碳可以分为固体、液体及气体渗碳。气体渗碳是目前生产上最为常用的方法,其优点是加热温度均匀,渗碳过程可控,渗后能直接淬火。根据渗碳设备的不同,气体渗碳分为滴注式气体渗碳和连续式气体渗碳。由于连续式气体渗碳需要大型的连续式气体渗碳炉,设备投资大,仅适合于大批量生产,所以大部分中小企业仍采用滴注式气体渗碳。

② 气体渗碳工艺

滴注式可控气氛渗碳用碳氢化合物有机液体(如煤油、丙酮、甲醇)作为渗碳剂直接滴入井式气体渗碳炉内,见图 2-122,在渗碳温度下热分解出活性碳原子吸附到工件表面,渗入工件表层。渗碳介质不同,分解出活性碳原子的化学反应也不同,例如 $CH_4 \longrightarrow 2H_2 + [C]$,$2CO \longrightarrow CO_2 + [C]$,$CO + H_2 \longrightarrow H_2O + [C]$。

在渗碳炉上安装一个滴量计,便可自动控制炉内的碳浓度(气氛的碳浓度一般用碳势表征)。渗碳剂的选择应以产气量大为原则,便于渗碳时快速排除炉内空气;碳氧原子比要大,这样分解出活性碳原子越多,碳势越高,渗碳能力越强,但要避免因碳势过高在零件表面沉积炭黑或焦油。碳势随炉气中 CO_2 的增加而减小,用红外仪或露点仪测定碳势时,要保证气氛中 CO_2、H_2 等成分稳定。

图 2-122　井式气体渗碳炉

渗碳选用含碳 $0.1\% \sim 0.25\%$ 的低碳钢或低碳合金钢,保证心部有良好的塑性和韧性。渗碳后表面碳浓度达到 $0.85\% \sim 1.05\%$,保证表面有高的硬度和耐磨性,也不使渗碳层的塑性和韧性降低得过多。

渗碳工艺参数主要包括渗碳温度、时间及渗碳层深度等。渗碳温度的选择要综合考虑原子的扩散能力、介质的分解温度和钢的溶解能力。温度越高,渗碳速度越快,渗碳层越深,一般在 $900 \sim 950℃(A_{c3} + 50 \sim 80℃)$,常用 $900 \sim 930℃$。温度过高可能引起奥氏体晶粒粗化、表面氧化及淬火变形等问题。渗碳时间取决于渗碳层深度的要求,通常在 $7 \sim 10h$ 最佳。渗碳层厚度随时间呈抛物线增加,时间过长,渗碳速度趋于平缓。渗碳层深度由材料、工件截面尺寸及其服役条件来确定。工件尺寸越粗,承受载荷越大,渗碳层就要深些,反之就要浅些,在 $0.5 \sim 2.0mm$ 为宜。

③ 渗碳后热处理

渗碳后采用淬火及 $180 \sim 200℃$ 低温回火,图 2-123 给出三种淬火方法及回火工艺。

直接淬火:由于渗碳温度高,直接从高温淬火,组织中残余奥氏体较多,所以硬度及耐磨性较低,变形较大。为了减少淬火变形,渗碳后常将工件预冷到稍高于 $A_{r3}(830 \sim 850℃)$,目的是保证心部组织不出现自由铁素体,然后进行淬火。直接淬火适用于本质细晶粒钢,如 20CrMnTi、20CrMnMo,优点是减少了加热、冷却次数以及淬火变形和氧化脱碳的倾向。

一次淬火:将渗碳件缓冷至室温,重新加热到临界温度以上保温后淬火。淬火加热温度有两种选择:一是确保心部组织不出现自由铁素体,加热温度略高于 A_{c3},而对过共析的表层来说,加热温度偏高;二是对于受载不大但表面性能要求较高的零件,淬火温度应选在 A_{c1} 以上 $30 \sim 50℃$,使表层晶粒细化,但对心部组织来说,加热温度偏低,性能略差一些。一次淬火适用于本质粗晶粒钢,如 15、20 钢,它的缺点是增加了加热、冷却次数以及淬火变形和氧化脱碳的倾向。

二次淬火:对于机械性能要求很高并且是本质粗晶粒钢,应进行二次淬火。第一次淬火是为了改善心部组织,加热温度为 A_{c3} 以上 $30 \sim 50℃$;第二次淬火是为了细化表层组织,淬火后获得细马氏体和均匀分布的粒状二次渗碳体,加热温度为 A_{c1} 以上 $30\sim50℃$。由于二次淬火周期长、成本高,目前较少采用。

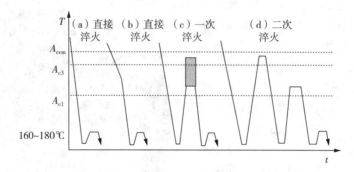

图 2-123　渗碳后淬火及回火工艺

④ 渗碳后组织及性能

钢在奥氏体状态渗碳时,表面碳浓度一般达到过共析成分,往心部逐渐降低。碳钢渗碳后缓冷到室温由表及里的组织分布是:$P+Fe_3C_{II}$(过共析层)→P(共析层)→P+F(过渡层)→P+F(心部组织),如图 2-124。渗碳后淬火的组织分布是:$M+A'+Fe_3C_{II}$→$M+A'$→M→心部组织(完全淬透为板条状 M,未完全淬透为板条状 M 和 T)。

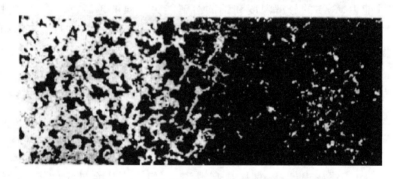

图 2-124　低碳钢渗碳后缓冷的显微组织

渗碳件的表面含碳量、渗层碳浓度分布、渗碳层深度及渗层组织(碳化物形态、数量、分布及心部组织等)是影响性能的主要因素。渗碳层中碳浓度梯度尽可能平缓,残余奥氏体量不宜过多,否则会降低硬度,碳化物以球状均匀分布,数量适中为宜。心部组织最好是低碳马氏体,不允许出现较多的自由铁素体。渗碳件经淬火及低温回火后,表面硬度可达 HRC58~64,耐磨性较好;心部组织塑性和韧性较好,硬度较低,在 HRC30~45。

(2)氮化

钢的渗氮也称氮化,是常见的化学热处理之一。目前生产中广泛应用的是气体氮化。

① 氮化的特点

与渗碳相比,氮化具有更高的表面硬度(HV950~1200)、耐磨性及疲劳强度,较高的红硬性及耐蚀性;由于氮化温度低,工件变形小,氧化脱碳甚微;大部分情况下,氮化后无须淬火及回火。缺点是普通氮化时间较渗碳长得多，氮化层薄，一般不超过 0.6mm，常用于承受较小载荷的工件。

② 气体氮化工艺

由图 2-125 看出，Fe-N 合金中有五个与渗氮有关的合金相。α：氮在 α-Fe 中的间隙固溶体（含氮铁素体），最大溶解度为 0.1%（重量）。γ：氮在 γ-Fe 中的间隙固溶体（含氮奥氏体）。γ′：Fe_4N。ε：Fe_3N，氮含量可在相当宽的范围内变化。ζ：Fe_2N。该合金有两个共析转变，其中，发生在 590℃ 的共析转变 γ——→α+γ′ 对氮化有指导作用。

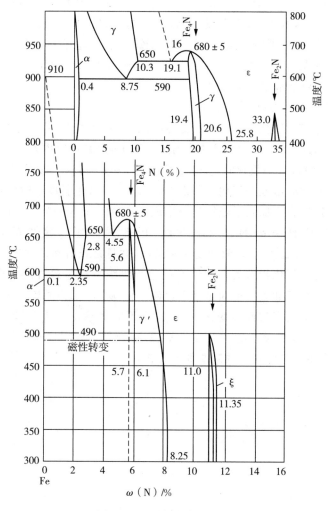

图 2-125　铁-氮合金相图

氨气或氨-氢混合气体常用作渗氮介质，氮化是在渗氮箱（罐）中在钢件表面自催化的作用下分解出活性氮原子：$2NH_3$——→$3H_2+2[N]$。渗氮时，将工件入罐密封后，向炉内送入大气量的氨气以尽快排除空气。升温至渗氮温度，在该温度下长时间保温，渗氮结束后降温至 200℃ 以下停氮，工件出炉空冷。从渗氮反应知道，氨气分压越大，氢气分压越小，反应向右进行得越快，介质中氮浓度越高，渗氮能力越强（介质的渗氮能力以氮势表之)。典型的氮化用钢有 38CrMoAlA、18Cr2Ni4WA、38CrNi3MoA 等,其中 38CrMoAlA 最为常用。

工件在氮化前进行调质处理,以获得回火索氏体。氮化大都是生产中的最后一道工序,安排在研磨之前、精加工之后,因此工件装炉前要去油脱脂。形状复杂或精度要求高的工件在氮化前精加工后还要进行去应力退火,以减少氮化时的变形。

氮化方法有两种:一是以提高工件的表面硬度、耐磨性及疲劳强度为主要目的的强化氮化,二是以提高耐蚀性为主要目的的抗腐蚀(防腐)氮化。强化氮化应用得更加广泛,氮化温度选在 480~600℃,常用 500~570℃,这是因为氮在钢中的溶解度在 590℃时达到最大值。温度过低,氮化层薄;温度过高,氮化物易聚集长大,使表面硬度降低。渗氮时间一般为 30~70h。抗腐蚀氮化的氮化温度较高,通常超过共析温度(590℃),时间仅需 1h 左右,氮化后在工件表面形成一层厚 0.015~0.06mm 的化学稳定性高的 ε 致密层,能提高在水、弱碱溶液中的耐蚀性。

④ 氮化后的组织及性能

纯铁氮化时,随着氮化介质中氮浓度的提高,表层形成的氮化物类型将随之变化。若氮浓度足够高的话,在 520℃(低于共析温度)氮化时,氮化层由表及里分别为 $\varepsilon \to \gamma' \to \alpha$;在 600℃(高于共析温度)氮化时,氮化层依次为 $\varepsilon \to \gamma' \to \gamma \to \alpha$,参考图 2-125。

纯铁或碳钢氮化时形成的氮化铁稳定性均较差,在氮化温度长时间保温极易出现晶粒粗化。专用渗氮钢由于加入了强氮化物形成元素(如 Cr、Mo、W、V、Ti、Al 等),在氮化温度下能形成稳定性更高的合金氮化物,因此提高了渗氮件的硬度及耐磨性。38CrMoAlA 钢在 550℃氮化,表面硬度达到最高,并且延长时间硬度也不降低,就与氮化层中弥散分布的合金氮化物有关。钢件氮化后的组织特点是最外层为白色 ε 或 γ' 氮化物薄层(很脆,常用精磨磨去);中间是暗黑色 $(\alpha + \gamma')$ 层;心部为原始回火索氏体组织。

了解金属材料的组织与性能变化,以及实施不同的热加工工艺,能够满足在不同场合的性能和应用需求。掌握其基本理论和知识,指导如何根据机械零件服役条件来选材(后面在第三篇介绍),制定相应的制造加工工艺。

第二篇 工程材料

第3章 金属材料

本章主要介绍了工业用钢的分类和编码原则,并按用途不同,分类讨论了结构钢和工具钢的工作条件、性能要求、合金元素的作用、热处理工艺方法,以及常用钢种的类型、性能和用途等。在特殊性能钢中,介绍了金属的腐蚀、防腐蚀原理、常用的保护方法和不锈钢类型,以及耐热钢的成分特点、工作原理和用途。

3.1 工业用钢

工业用钢主要包括碳钢和合金钢,是应用最为广泛的金属材料,在工业生产中占有极其重要的地位。其中,碳钢价格低廉,便于冶炼,容易加工,并可通过控制碳含量和热处理工艺,使其性能得到改善,能满足许多工业生产上的需求,因而获得广泛应用。但是碳素钢的淬透性比较差,强度、屈强比、高温强度、耐磨性、耐腐蚀性、导电性和磁性等也都较低,使它的应用受到了限制。因此,为了提高钢的某些性能,满足现代工业和科学技术迅猛发展的需要,人们在碳素钢的基础上,有目的地加入了锰、硅、镍、钒、钨、钼、铬、钴、硼、铝、铜、氮和稀土等合金元素,获得合金钢。合金钢具有比碳钢更加优良的特性,如淬透性好、回火稳定性好、强韧性好等,因而其用量比例逐年增大。但是,合金钢中加入了合金元素,使其冶炼、浇铸、锻造、切削加工、焊接与热处理等工艺复杂化,加工成本增高,价格较贵。因此,在满足机械零件使用性能要求的前提下,选择与使用工业用钢时应考虑性价比的要求。

3.1.1 钢的分类与编号

1. 钢的分类

钢的种类很多,为了便于管理、熟悉、选用和比较,根据某些特性,从不同角度出发,可以把它们分成若干具有共同特点的类别。

1)按用途分类

(1)工程构件用钢:其应用范围广,建筑、车辆、造船、桥梁、石油、化工、电站和国防等国民经济部门都广泛使用这类钢种制备工程构件。属于工程构件用钢的有普通碳素钢、低合金高强度钢和微合金化低合金高强度钢。

(2)机器零件用钢:其用作各种机器零件,不仅包括轴类零件、弹簧、齿轮和轴承等,还包括调质钢、弹簧钢、滚动轴承钢、易切削钢和渗碳钢等。

(3)工模具用钢:其可分为工具刃具钢、冷作模具钢和热作模具钢等。

(4)特殊性能钢:可分为不锈钢、耐热钢和耐磨钢等。

2)按金相组织分类

(1)按平衡状态或退火状态的组织分类,可以分为亚共析钢、共析钢、过共析钢和莱氏体钢。

(2)按正火组织分类,可以分为珠光体钢、贝氏体钢、马氏体钢和奥氏体钢。

(3)按加热冷却时有无相变和室温时的金相组织分类,可分为铁素体钢、马氏体钢、奥氏体钢和双相钢。

3)按化学成分分类

(1)按钢中含碳量分类,可分为低碳钢[$\omega(C)\leqslant 0.25\%$]、中碳钢[$\omega(C)=0.25\%\sim 0.60\%$]、高碳钢[$\omega(C)>0.60\%$]。

(2)按钢中合金元素含量分类,可分为低合金钢[$\omega(C)\leqslant 5\%$]、中合金钢[$\omega(C)=5\%\sim 10\%$]、高合金钢[$\omega(Me)>10\%$];按钢中合金元素分类,又可分为锰钢、铬钢、硼钢、硅锰钢和铬镍钢等。

除以上的分类方法外,还可根据钢的质量、工艺特征等进行分类。

2. 钢的编码

1)碳钢的牌号表示方法

我国的钢材编码时,采用化学元素符号、汉语拼音字母和阿拉伯数字并用原则。

(1)普通碳素结构钢和低合金高强度结构钢:其牌号由代表屈服点的汉语拼音、屈服点数值、质量等级符号、脱氧方式符号等部分按顺序组成。牌号中 Q 表示屈服强度;A、B、C、D 表示质量等级,它反映了碳素结构钢中有害杂质(S、P)含量的多少,其中 C、D 级 S、P 含量最低,质量好;脱氧方法用 F(沸腾钢)、b(半镇静钢)、Z(镇静钢)、TZ(特殊镇静钢)表示,钢号中"Z"和"TZ"可以省略。例如,Q235AF 代表屈服强度 $\sigma_s=235MPa$、质量为 A 级的沸腾碳素结构钢;Q390A 表示 $\sigma_s=390MPa$、质量为 A 级的低合金高强度结构钢。

(2)优质碳素结构钢:其牌号由两位数字表示,这两位数字表示钢中平均碳的质量分数为万分之几,如 45 钢表示平均 $\omega(C)=0.45\%$ 的优质碳素结构钢。需要注意的是,含 Mn 量较高的钢,需要将 Mn 元素标出,如 60Mn 钢表示平均 $\omega(C)=0.60\%$,$\omega(Mn)=0.70\%\sim 1.00\%$ 的优质碳素结构钢;沸腾钢、半镇静钢及专门用途的优质碳素结构钢,应在钢号后特别标出,如 20g 钢表示平均 $\omega(C)=0.20\%$ 的锅炉专用钢。

(3)易切削结构钢:其牌号是在同类结构钢牌号前加 Y,以区别其他结构钢,如 Y12 钢表示平均 $\omega(C)=0.12\%$ 的易切削结构钢。

(4)碳素工具钢:其牌号是在 T(碳的汉语拼音字首)的后面加数字表示,数字表示钢的平均碳的质量分数为千分之几,如 T8 钢表示平均 $\omega(C)=0.80\%$ 的碳素工具钢。需要注意的是,含 Mn 量较高者,在钢号后标以 Mn,如 T9Mn;若为高级优质碳素工具钢,则在其钢号后加 A,如 T10A。

2)合金钢的牌号表示方法

我国合金钢的编码是按照合金钢中含碳量、合金元素的种类和含量及质量等级来编制的。首先,牌号首部是表示碳的平均质量分数的数字,表示方法与优质碳素钢的编号一致。结构钢以万分数计,工具钢以千分数计,而且工具钢的 $\omega(C)\geqslant 1\%$ 时,含碳量不予标出。其次,在表明含碳量的数字后,用化学元素符号表明钢中主要元素,含量由其后的数字表明。当钢中某合金元素的平均质量分数 $\omega(Me)$ 小于 1.5% 时,牌号中只标出元素符号,不表明含量;当 $\omega(Me)$ = 1.5%~2.5%、2.5%~3.5%……时,在该元素后面相应地用整数 2、3、……注出其近似含量。

(1)合金结构钢:60Si2Mn 表示平均 $\omega(C)$ = 0.60%、$\omega(Si)$ > 1.5%、$\omega(Mn)$ < 1.5% 的合金结构钢;09Mn2 表示平均 $\omega(C)$ = 0.09%、$\omega(Mn)$ = 1.5%~2.5% 的合金结构钢。钢中钒、钛、铝、硼、稀土(以 RE 表示)等合金元素,虽然含量很低,仍应在钢号中标出,如 40MnVB、25MnTiBRE 等。

(2)合金工具钢:当平均 $\omega(C)$ < 1.0% 时,如前所述,牌号前以千分之几(1 位数字)表示;当 $\omega(C)$ ≥ 1% 时,为了避免与结构钢相混淆,牌号前不标数字。例如,9Mn2V 表示平均 $\omega(C)$ = 0.9%、$\omega(Mn)$ = 1.5%~2.5%、含少量 V 的合金工具钢;CrWMn 牌号前面没有数字,表示钢中 $\omega(C)$ ≥ 1%、$\omega(Cr)$ < 1.5%、$\omega(W)$ < 1.5%、$\omega(Mn)$ < 1.5%。需要注意的是,高速工具钢牌号中不标出含碳量。

(3)滚动轴承钢:有其独特的牌号。牌号前面以 G(滚)为标志,之后为铬元素符号 Cr,其质量分数以千分之几表示,其余与合金结构钢牌号规定相同,如 GCr15SiMn 表示平均 $\omega(Cr)$ = 1.5%、$\omega(Si)$ < 1.5%、$\omega(Mn)$ < 1.5% 的滚动轴承钢。

(4)特殊性能钢:牌号表示法与合金工具钢基本相同,只是当 $\omega(C)$ ≤ 0.08% 及 $\omega(C)$ ≤ 0.03% 时,在牌号前分别冠以"0"及"00",如 0Cr19Ni9 表示 $\omega(C)$ ≤ 0.08%、$\omega(Cr)$ = 18.5%~19.5%、$\omega(Ni)$ = 8.5%~9.5% 的特殊性能钢;00Cr30Mo2 钢表示 $\omega(C)$ ≤ 0.03%、$\omega(Cr)$ = 29.5%~30.5%、$\omega(Mo)$ = 1.5%~2.5% 的特殊性能钢。

3)铸钢的牌号

工程用铸造碳钢牌号前面是 ZG("铸钢"二字的汉语拼音字首),后面第一组数字表示屈服点,第二组数字表示抗拉强度。若牌号末位标字母 H(焊),表示该钢是焊接结构用碳素铸钢。例如,ZG230-450H 表示屈服点为 230MPa、抗拉强度为 450MPa 的焊接结构用的铸造碳钢。若牌号末尾无 H,即为一般铸造碳钢。合金钢铸件牌号表示方法与铸造碳钢不同,如 ZG15Cr1Mo1V 中,ZG 表示铸钢,钢中碳及其他合金元素的含量分别为 $\omega(C)$ = 0.15%、$\omega(Cr)$ = 0.9%~1.40%、$\omega(Mo)$ = 0.9%~1.4%、$\omega(V)$ = 0.9%。

3.1.2 工程结构用钢

工程结构用钢是指工程和建筑结构用的各种金属构件,如船舶、桥梁、建筑材料、压力容器等工程结构件,通常也称为工程用钢,是用途最广、用量最大的工业用钢。

工程结构用钢大多应采用低碳钢(0.25% 以下)并含有少量合金元素(Mn、Si、V、Ti、Nb、Cu、P 等),合金元素总质量分数小于 5%(多数情况下小于 3%)的低合金钢。合金元素 Mn 和 Si 等细化晶粒,不仅会使珠光体量增多且变得更细小,还会提高低合金钢的强度和韧性。在保持低碳、以 Mn 为主加元素基础上,加入 Nb、V、Ti 等合金元素可在钢中形成稳定性高的碳、氮化合物,它们既可阻止热轧时奥氏体晶粒长大、保证室温下获得细铁素体晶粒,又可以起到第二相强化作用,进一步提高钢的强度;加入 Cu、P 等合金元素可提高钢的抗大气腐蚀性能;加入稀土(Re)元素,不仅可以消除部分有害杂质元素、净化钢材,改善韧性与工艺性能,还可以改变夹杂物的分布形态,使钢材在纵、横方向上的性能一致。利用微合金化技术,对钢进行控制轧制,降低终轧温度,可使钢的屈服强度为450～500MPa,韧脆转变温度降至－80℃。一般构件尺寸大、形状复杂,不能进行整体淬火与回火处理,因为大部分工程构件是在热轧空冷状态下使用的,不再进行热处理,有时也在正火、回火状态下使用。其基本组织为铁素体加少量珠光体(或索氏体)。

1. 工作条件、常见失效形式与性能要求

工程结构件的工作特点是承受长期静载荷,一般不做相对运动,有一定使用温度要求,通常在大气(如桥梁)或海水(如船舶)条件下使用,承受大气或海水的腐蚀作用。工程结构件常见的失效形式主要有变形、断裂及遭受腐蚀等。对工程结构件的要求是在静载荷长期作用下具有稳定结构和较高刚度,不允许产生塑性变形和断裂。

因此,工程结构用钢应具有较高的屈服强度和抗拉强度和较好的塑、韧性。另外,由于长期处于低温及环境介质中工作,用钢必须要有较低的韧脆转变温度和较好的耐蚀性。

同时,工程结构用钢必须保证良好的加工工艺性能。为了制成各种工程构件,需将钢厂供应的棒材、板材、型材、管材和带材等先进行必要的冷变形加工,然后制成各种部件,之后用焊接或铆接方法连接起来,因而要求钢材必须具备良好的冷变形性和可焊性,工程结构用钢的化学成分的设计和选择,必须满足这两个方面的要求。

2. 普通碳素结构钢

普通碳素结构钢大部分用作工程结构件,少量用作机器零件。普通碳素结构钢易于冶炼,工艺性能好,价格低廉,在力学性能上一般能满足普通工程构件及机器零件的要求,因此工程上用量很大,占钢总产量的 70%～80%。普通碳素结构钢通常被轧制成钢板或各种型材,一般不经热处理强化。根据《碳素结构钢》(GB/T 700—2006),将普通碳素结构钢分为 Q195、Q215、Q235、Q255、Q275 五类,其牌号、质量等级、化学成分、脱氧方法、力学性能和主要用途举例见表 3-1 所列。

表 3-1 碳素结构钢的质量等级、化学成分、脱氧方法、力学性能和主要用途

牌号	质量等级	质量分数/%,不大于			脱氧方法	力学性能			主要用途
		C	S	P		σ_m/MPa	σ_b/MPa	σ_s/%	
Q195	—	0.12	0.04	0.035	F、Z	195	315～390	≥33	用于载荷不大的结构件、铆钉、垫圈、地脚螺栓、开口销、拉杆、螺纹钢筋、冲压件和焊接件等
Q215	A	0.15	0.050	0.045	F、Z	215	335～410	≥31	
	B		0.045						
Q235	A	0.22	0.050	0.045	F、Z	235	375～460	≥26	用于结构件、钢板、螺纹钢筋、型钢、螺栓、螺母、铆钉、拉杆、齿轮、轴、连杆等;Q235C、D 可用作重要的焊接结构件等
	B	0.20	0.045						
	C	0.17	0.040	0.040	Z				
	D	0.17	0.035	0.035	TZ				

（续表）

牌号	质量等级	质量分数/%，不大于			脱氧方法	力学性能			主要用途
		C	S	P		σ_m/MPa	σ_b/MPa	σ_s/%	
Q275	A	0.24	0.05	0.048	FZ	275	—	≥20	强度较高、可用于承受中等载荷的零件,如键、链、拉杆、转轴、链轮、链环片、螺栓及螺纹钢筋等
	B	0.21	0.045	0.045	Z				
	C	0.20	0.040	0.040	Z				
	D	0.20	0.035	0.035	TZ				

3. 低合金高强度结构钢

低合金高强度结构钢是在碳素结构钢基础上,加入少量合金元素(一般合金元素＜3％)后发展起来的具有较高强度的工程结构用钢。低合金高强度结构钢比碳素结构钢的强度提高 30％以上,节约钢材 26％以上,从而可减轻构件质量,提高使用可靠性等,目前已广泛用于建筑、石油、化工、铁道和造船等许多部门。低合金高强度结构钢的牌号、质量等级和化学成分见表 3-2 所列,常用钢牌号和主要用途见表 3-3 所列。

表 3-2　低合金高强度结构钢的牌号、质量等级和化学成分

牌号	质量等级	质量分数/%										
		C ≤	Mn	Si ≤	P ≤	S ≤	V	Nb	Ti	Al ≥	Cr ≤	Ni ≤
Q325	B	0.20	0.9～1.65	0.5	0.035	0.035	0.01～0.12	0.005～0.05	0.006～0.12	0.015		
	C	0.20	0.9～1.65	0.5	0.030	0.030	0.01～0.12	0.005～0.05	0.006～0.12	0.015		
	D	0.20	0.9～1.65	0.5	0.030	0.025	0.01～0.12	0.005～0.05	0.006～0.12	0.015	0.30	0.50
	E	0.18	0.9～1.65	0.5	0.025	0.020	0.01～0.12	0.005～0.05	0.006～0.12	0.015		
	F	0.16	0.9～1.65	0.5	0.020	0.015	0.01～0.12	0.005～0.05	0.006～0.12	0.015		
Q390	B	0.20	0.90～1.70	0.50	0.035	0.035	0.01～0.2	0.01～0.05	0.006～0.05	0.015	0.30	0.70
	C	0.20	0.90～1.70	0.50	0.030	0.030	0.01～0.2	0.01～0.05	0.006～0.05	0.015	0.30	0.70
	D	0.20	0.90～1.70	0.50	0.030	0.025	0.01～0.2	0.01～0.05	0.006～0.05	0.015	0.30	0.70
	E	0.20	0.90～1.70	0.50	0.025	0.020	0.01～0.2	0.01～0.05	0.006～0.05	0.015	0.30	0.70
Q460	A	0.20	1.00～1.70	0.55	0.045	0.045	0.02～0.20	0.015～0.060	0.02～0.20	—	0.40	0.70
	B	0.20	1.00～1.70	0.55	0.040	0.040	0.02～0.20	0.015～0.060	0.02～0.20	—	0.40	0.70
	C	0.20	1.00～1.70	0.55	0.035	0.035	0.02～0.20	0.015～0.060	0.02～0.20	0.015	0.40	0.70
	D	0.20	1.00～1.70	0.55	0.030	0.030	0.02～0.20	0.015～0.060	0.02～0.20	0.015	0.40	0.70
	E	0.20	1.00～1.70	0.55	0.025	0.025	0.02～0.20	0.015～0.060	0.02～0.20	0.015	0.40	0.70
Q460	C	0.20	1.00～1.70	0.55	0.035	0.035	0.02～0.20	0.015～0.060	0.02～0.20	0.015	0.70	0.70
	D	0.20	1.00～1.70	0.55	0.030	0.030	0.02～0.20	0.015～0.060	0.02～0.20	0.015	0.70	0.70
	E	0.20	1.00～1.70	0.55	0.025	0.025	0.02～0.20	0.015～0.060	0.02～0.20	0.015	0.70	0.70

注:表中的 Al 为全铝含量,如化验胶溶铝时,其含量应不小于 0.010％。

表 3-3 低合金高强度结构钢的常用牌号和主要用途

新标准 (GB/T1591—1994)	主要用途
Q355(B、C、D)	桥梁、车辆、压力容器、化工容器、船舶、管道
Q390(B、C、D)	桥梁、船舶、压力容器、电站设备、起重设备、管道
Q420(B、C)	大型桥梁、高压容器、大型船舶
Q460(C)	大型重要桥梁、大型船舶

根据屈服点(σ_s)的高低,低合金高强度结构钢分为 6 个级别,即 300MPa、350MPa、400MPa、450MPa、500MPa、550~600MPa。Q345、Q420 分别属于 350MPa 和 450MPa 级别,多用于制作船舶、车辆、桥梁等大型钢结构。

300~450MPa 的低合金高强度均在热轧状态(或正火状态)下使用,相应组织为铁素体加少量珠光体(或索氏体)。当强度级别超过 500MPa 时,铁素体加珠光体组织很难达到要求,这时需在低碳钢中加入适量能延续珠光体转变,而对贝氏体转变速度影响很小的元素,如 Mo 和微量的 B、Cr 等,以保证在空冷(正火)条件下得到大量下贝氏体组织,使屈服强度显著提高,使其仍具有良好韧性和加工工艺性能。例如,14CrMnMoVB 适用于制造受热 400~500℃的锅炉、高压容器等,我国发展的几种贝氏体钢见表 3-4 所列。

表 3-4 我国发展的几种贝氏体钢

牌号	质量分数/%					
	C	Mn	Si	V	Mo	Cr
14MnMoV	0.10~0.18	1.20~1.50	0.20~0.40	0.08~0.16	0.45~0.65	—
14MnVBRE	0.10~0.16	1.10~1.60	0.17~0.37	0.04~0.10	0.30~0.60	—
14CrMnMoV	0.10~0.15	1.1.~1.60	0.17~0.40	0.03~0.06	0.32~0.42	0.90~1.30

钢号	质量分数/%		板厚	力学性能		
	B	RE(加入量)		σ_m/MPa	σ_b/MPa	σ_s/MPa
14MnMoV	—	—	30~115(正火回火)	≥620	≥500	≥15
14MnMoVBRe	0.0015~0.006	0.15~0.20	6~10(热轧火)	≥650	≥500	≥16
14CrMnMoVB	0.002~0.006	—	6~20(正火回火)	≥750	≥650	≥15

4. 优质碳素结构钢

优质碳素结构钢(又称为碳结钢)是与普通碳素结构钢相对应的一类钢,其主要是镇静钢,与普通碳素结构钢相比,质量较优,化学成分规定严格,硫、磷等有害杂质的含量较少,并且可以控制微量的镍、铬、铜等元素,从而保证低倍组织合格,还可以根据需要保证非金属夹杂物达到合格级别,进而提高钢的机械性能。优质碳素结构钢除可以保证化学成分外,还可以保证机械性能等有关指标。

按含锰量多少,优质碳素结构钢可分为普通含锰量钢和较高含锰量钢两类,其类别、牌号、化学成分、试样尺寸、热处理和力学性能见表 3-5 和表 3-6 所列。

表 3-5　优质碳素结构钢的类别、牌号和化学成分

类别	牌号	质量分数/%							
		C	Si	Mn	P	S	Cr	Ni	Cu
					（≤）				
普通含锰量钢	08F	0.05～0.11	≤0.03	0.25～0.50	0.035	0.035	0.10	0.25	0.25
	08	0.05～0.12	0.17～0.37	0.35～0.65	0.035	0.035	0.10	0.25	0.25
	10F	0.07～0.14	≤0.07	0.25～0.50	0.035	0.035	0.15	0.25	0.25
	10	0.07～0.14	0.17～0.37	0.35～0.65	0.035	0.035	0.15	0.25	0.25
	15F	0.12～0.19	≤0.07	0.25～0.50	0.035	0.035	0.25	0.25	0.25
	15	0.12～0.19	0.17～0.37	0.35～0.65	0.035	0.035	0.25	0.25	0.25
	20	0.17～0.24	0.17～0.37	0.35～0.65	0.035	0.035	0.25	0.25	0.25
	25	0.22～0.30	0.17～0.37	0.50～0.80	0.035	0.035	0.25	0.25	0.25
	30	0.27～0.35	0.17～0.37	0.50～0.80	0.035	0.035	0.25	0.25	0.25
	35	0.32～0.40	0.17～0.37	0.50～0.80	0.035	0.035	0.25	0.25	0.25
	40	0.37～0.45	0.17～0.37	0.50～0.80	0.035	0.035	0.25	0.25	0.25
	45	0.42～0.50	0.17～0.37	0.50～0.80	0.035	0.035	0.25	0.25	0.25
	50	0.47～0.55	0.17～0.37	0.50～0.80	0.035	0.035	0.25	0.25	0.25
	55	0.52～0.60	0.17～0.37	0.50～0.80	0.035	0.035	0.25	0.25	0.25
	60	0.57～0.65	0.17～0.37	0.50～0.80	0.035	0.035	0.25	0.25	0.25
	65	0.62～0.70	0.17～0.37	0.50～0.80	0.035	0.035	0.25	0.25	0.25
	70	0.67～0.75	0.17～0.37	0.50～0.80	0.035	0.035	0.25	0.25	0.25
	75	0.72～0.80	0.17～0.37	0.50～0.80	0.035	0.035	0.25	0.25	0.25
	80	0.77～0.85	0.17～0.37	0.50～0.80	0.035	0.035	0.25	0.25	0.25
	85	0.82～0.90	0.17～0.37	0.50～0.80	0.035	0.035	0.25	0.25	0.25
较高含锰量钢	15Mn	0.12～0.19	0.17～0.37	0.70～1.00	0.035	0.035	0.25	0.25	0.25
	20Mn	0.17～0.24	0.17～0.37	0.70～1.00	0.035	0.035	0.25	0.25	0.25
	25Mn	0.22～0.30	0.17～0.37	0.70～1.00	0.035	0.035	0.25	0.25	0.25
	30Mn	0.27～0.35	0.17～0.37	0.70～1.00	0.035	0.035	0.25	0.25	0.25
	35Mn	0.32～0.40	0.17～0.37	0.70～1.00	0.035	0.035	0.25	0.25	0.25
	40Mn	0.37～0.45	0.17～0.37	0.70～1.00	0.035	0.035	0.25	0.25	0.25
	45Mn	0.42～0.50	0.17～0.37	0.70～1.00	0.035	0.035	0.25	0.25	0.25
	20Mn	0.48～0.56	0.17～0.37	0.70～1.00	0.035	0.035	0.25	0.25	0.25
	60Mn	0.57～0.65	0.17～0.37	0.70～1.00	0.035	0.035	0.25	0.25	0.25
	65Mn	0.62～0.70	0.17～0.37	0.90～1.20	0.035	0.035	0.25	0.25	0.25
	70Mn	0.67～0.75	0.17～0.37	0.90～1.20	0.035	0.035	0.25	0.25	0.25

表 3－6　优质碳素结构钢的试样尺寸、热处理工艺和力学性能

牌号	试样尺寸/mm	热处理工艺/℃			力学性能				冲击功	交货状态硬度 HB 不大于	
					屈服点 σ_s/MPa	抗拉强度 σ_b/MPa	伸长率/%	收缩率/%			
		正火	淬火	回火	不小于					未热处理	退火
08F	25	930	—	—	175	295	35	60	—	131	—
08	25	930	—	—	195	325	33	60	—	131	—
10F	25	930	—	—	185	315	33	65	—	137	—
10	25	930	—	—	205	335	31	55	—	137	—
15F	25	920	—	—	205	355	29	55	—	143	—
15	25	920	—	—	225	375	27	55	—	143	—
20	25	910	—	—	245	410	25	55	—	156	—
25	25	900	870	600	275	450	23	50	71	170	—
30	25	880	860	600	295	490	21	50	63	179	—
35	25	870	850	600	315	530	20	45	55	197	—
40	25	860	840	600	335	570	19	45	47	217	187
45	25	850	840	600	355	600	16	40	39	229	197
50	25	830	830	600	375	630	14	40	31	241	207
55	25	820	820	600	380	645	13	35	—	255	217
60	25	810	810	600	100	675	12	35	—	255	229
65	25	810	810	600	410	695	10	30	—	255	229
70	25	790	790	600	420	719	9	30	—	269	229
75	—	—	820	480	880	1080	7	30	—	285	241
80	—	—	820	480	930	1080	6	30	—	285	241
85	—	—	820	480	980	1130	6	30	—	302	255
15Mn	25	920	—	—	245	410	26	55	—	163	—
20Mn	25	910	—	—	275	450	24	50	—	197	—
25Mn	25	900	—	—	295	490	22	50	71	207	—
30Mn	25	880	870	600	315	540	20	45	63	217	187

（续表）

牌号	试样尺寸/mm	热处理工艺/℃			力学性能					交货状态硬度 HB 不大于	
					屈服点 σ_s/MPa	抗拉强度 σ_b/MPa	伸长率/%	收缩率/%	冲击功		
		正火	淬火	回火	不小于					未热处理	退火
35Mn	25	870	860	600	335	560	18	45	55	229	197
40Mn	25	860	860	600	355	590	17	45	47	229	207
45Mn	25	850	850	600	375	620	15	40	39	241	217
50Mn	25	830	830	600	390	645	13	40	31	255	217
60Mn	25	810	810	600	410	695	11	35		269	229
65Mn	25	810	810	600	430	735	9	30		285	229
70Mn	25	790	—	—	450	785	8	30		285	229

普通含锰量的优质碳素结构钢,含锰量一般在 0.80% 以下,牌号用两位数字表示,如 10、15、……、80、85。两位数字代表钢中平均含碳量的万分数,如 20 钢的平均含碳量约 0.20%;数字后的"F"或"沸"代表沸腾钢,如 08F。

较高含锰量的优质碳素结构钢,含锰量为 0.70%～1.20%,牌号后加 Mn 或"锰"字,如 15Mn(15 锰)、……、65Mn(65 锰)、70Mn(70 锰)等。两位数字也是代表含碳量,如 65Mn 钢为含碳量约 0.65% 的含锰量较高的优质碳素结构钢。

优质碳素结构钢主要适用于热处理后使用的机械零件,但也可以不经过热处理而直接使用。下面简要介绍常用的一些优质碳素结构钢的性能及其适用范围[可参阅《优质碳素结构钢》(GB/T 699—2015)]。

(1)08F、10 钢:属于含碳量很低(约 0.08%)的沸腾钢,含硅量极少,其强度低、塑性好、焊接性能好,主要用于制作薄板、冷冲压零件、容器和焊接件,属于冷冲压钢。

(2)15～25 钢:属于渗碳钢,它的强度不高,但塑性、韧性好,具有良好的冲压、拉延及焊接性能,可用于制造各种受力不大但要求高韧性的构件和零件,如焊接容器、螺钉、杆件、轴套、钢带、钢丝等,还可用作冷冲压件和焊接件。这类钢经渗碳淬火后,表面硬度可为 60HRC 以上,耐磨性好,而心部具有一定的强度和韧性,可用于制造要求表面硬度高、耐磨且可以承受冲击载荷的零件。

(3)30～55 钢:属于调质钢,经热处理后可获得良好的综合力学性能,主要用于制作要求强度、塑性、韧性都较高的零件,如齿轮、套筒、轴类、连杆、键等。这类钢在机械制造中应用非常广泛,特别是 40、45 号钢在机械零件中应用更广泛。

(4)60～85 钢:属于弹簧钢,经一定热处理后可获得较高的弹性极限,主要用于制造尺寸较小的弹簧、弹性零件及耐磨零件,如机车车辆及汽车上的螺旋弹簧、板弹簧、弹簧垫圈、轧辊等。常用牌号是 65Mn 钢,但是它的塑性和焊接性差。

优质碳素结构钢的主要缺点是淬透性差,当零件尺寸较大或对零件心部性能要求高时,其性能要求不达标,因此实际应用中必须采用各种合金结构钢。

3.1.3 合金钢

碳素钢品种齐全,冶炼、加工成型比较简单,价格低廉,并且经过一定的热处理后,其力学性能得到不同程度的改善和提高,可满足工农业生产中许多场合的需求。但是,碳素钢的淬透性比较差,强度、屈强比、高温强度、耐磨性、耐腐蚀性、导电性和磁性等也比较低,使其应用受到限制。因此,为了提高钢的某些性能,满足现代工业和科学技术迅猛发展的需要,人们在碳素钢的基础上添加部分合金元素,发展了合金钢。

1. 合金钢的分类

合金钢的种类繁多,根据选材、生产、研究和管理等不同的要求,可采用不同的分类方法,较常用的是以下两种分类方法。

1)按合金元素总含量分类

(1)低合金钢:合金元素总含量为 5%。

(2)中合金钢:合金元素总含量为 5%~10%。

(3)高合金钢:合金元素总含量为 10%。

2)按用途分类

(1)合金结构钢:用于制造工程结构和机械零件的钢。

(2)合金工具钢:用于制造各种量具、刃具、模具等的钢。

(3)特殊性能钢:具有某些特殊物理、化学性能的钢,如不锈钢、耐热钢、耐磨钢等。

2. 合金结构钢

合金结构钢是在碳素结构钢的基础上添加一些合金元素后形成的一类钢。与碳素结构钢相比,合金结构钢具有较高的淬透性、强度和韧性,即采用合金结构钢制造的各类机械零部件具有优良的综合机械性能,从而可以保证零部件安全使用。合金结构钢主要包括普通低合金钢、易切削钢、渗碳钢、调质钢、弹簧钢、滚动轴承钢等。

1)渗碳钢

(1)工作条件、失效方式和性能要求:渗碳钢主要用于承受较强烈的摩擦磨损和在较大冲击载荷条件下工作的机械零件,如汽车、拖拉机上的变速齿轮,内燃机上的凸轮、活塞销等。这类零件工作时,要求其表面具有较高的硬度和耐磨性,心部具有良好的塑性和韧性,以达到"外硬内韧"的效果,即"外硬内韧"是其主要性能要求。

(2)化学成分:渗碳钢的含碳量较低,碳的质量分数 $\omega(C)$ 为 0.10%~0.25%,可保证心部具有良好的塑性和韧性。加入 Cr、Mn、B 等合金元素的主要作用是提高淬透性,强化铁素体,改善表面和心部的组织与性能;加入微量的 Mo、W、Ti 等合金元素主要是为了形成稳定的合金碳化物,防止渗碳时晶粒长大,提高渗碳层的硬度和耐磨性。

(3)热处理工艺:为了改善切削加工性,含碳量较低的渗碳钢预先热处理一般为正火,其作用是提高硬度,改善切削加工性能,同时均匀组织,消除组织缺陷,细化晶粒。最终热处理一般为渗碳后淬火及低温回火,以获得高硬度、高耐磨性的表层及强而韧的心部。根据钢化学成分的差异,常用的热处理方式有以下 3 种。

① 渗碳后经预冷、直接淬火并低温回火(称直接淬火法),适用于合金元素含量较低又不易过热的钢,如 20CrMnTi 钢等。

② 渗碳后缓冷至室温,然后重新加热淬火并低温回火(也称为一次淬火法),适用于渗碳时易过热的碳钢及低合金钢工件,或固体渗碳后的零件等,如 20、20Cr 钢等。

③ 渗碳后缓冷至室温,然后重新加热两次淬火并低温回火(称二次淬火法),适用于本质粗晶粒钢及对性能要求很高的重要合金钢工件,但因生产周期长、成本高、工件易氧化脱碳和变形,目前生产上已很少采用。

渗碳后工件表面碳的质量分数为 0.80%～1.05%,热处理后表面渗碳层的组织是回火马氏体、合金碳化物和残余奥氏体,硬度为 60～62HRC。心部组织与钢的淬透性和零件的截面尺寸有关,全部淬透时为低碳回火马氏体和铁素体,硬度为 40～48HRC;未淬透时为索氏体和铁素体,硬度为 25～40HRC。

(4)牌号和主要用途:常用合金渗碳钢可按淬透性大小分为高、中、低 3 类淬透性合金渗碳钢[参阅 GB/T 3203—2016],其牌号、化学成分、试样尺寸、热处理工艺、力学性能和主要用途见表 3-7 所列。

现以合金渗碳钢 20CrMnTi 制造汽车变速齿轮为例,说明其工艺路线的安排和热处理工艺的选用。

根据技术要求,确定利用 20CrMnTi 钢制造汽车变速箱齿轮的生产过程和工艺路线如下:锻造→正火→加工齿形→非渗碳部位镀铜保护→渗碳→预冷淬火→低温回火→喷丸处理→磨齿→装配。其技术要求如下:渗碳层厚度为 1.2～1.6mm,表层含碳量为 1.0%左右,齿面硬度为 58～60HRC,心部硬度为 30～45HRC。

根据热处理技术要求,制定热处理工艺,如图 3-1 所示。

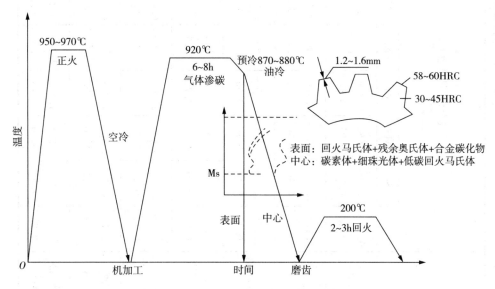

图 3-1　材料为 20CrMnTi 钢的汽车变速齿轮热处理工艺曲线

表3-7 常用渗碳轴承钢的牌号、成分、热处理工艺及力学性能

牌号	化学成分(质量分数)/%							毛坯直径/mm	淬火			回火		力学性能			
	C	Si	Mn	Cr	Ni	Mo	Cu		温度/℃		冷却剂	温度/℃	冷却剂	抗拉强度 R_m/MPa	断后伸长率 A/%	断面收缩率 Z/%	冲击吸收能量 KU_2/J
									一次	二次					不小于		
G20CrMo	0.17~0.23	0.20~0.35	0.65~0.95	0.35~0.65	≤0.30	0.08~0.15	≤0.25	15	860~900	770~810	油	150~200	空气	880	12	45	63
G20CrNiMo	0.17~0.23	0.15~0.40	0.60~0.90	0.35~0.65	0.40~0.70	0.15~0.30	≤0.25	15	860~900	770~810	油	150~200	空气	1180	9	45	63
G20CrNi2Mo	0.19~0.23	0.25~0.40	0.55~0.70	0.45~0.65	1.60~2.00	0.20~0.30	≤0.25	25	860~900	780~820	油	150~200	空气	980	13	45	63
G20Cr2Ni4	0.17~0.23	0.15~0.40	0.30~0.60	1.25~1.75	3.25~3.75	≤0.08	≤0.25	15	850~890	770~810	油	150~200	空气	1180	10	45	63
G10CrNi3Mo	0.08~0.13	0.15~0.40	0.40~0.70	1.00~1.40	3.00~3.50	0.08~0.15	≤0.25	15	860~900	770~810	油	180~200	空气	1080	9	45	63
G20Cr2Mn2Mo	0.17~0.23	0.15~0.40	1.30~1.60	1.70~2.00	≤0.30	0.20~0.30	≤0.25	15	860~900	790~830	油	180~200	空气	1280	9	40	55
G23Cr2Ni2Si1Mo	0.20~0.25	1.20~1.50	0.20~0.40	1.35~1.75	2.20~2.60	0.25~0.35	≤0.25	15	860~900	790~830	油	150~200	空气	1180	10	40	55

预先热处理正火的目的是改善锻造后的不良组织,同时消除硬化状态,降低硬度,提高切削加工性能,正火的组织为铁素体＋索氏体,其硬度为170～210HBS,适合于切削加工。渗碳后预冷,直接油淬和低温回火,为的是保证表面获得高硬度和耐磨性,心部具有良好配合的强度和韧性。喷丸处理时,采用直径为0.5mm的钢粒,以50～60m/s的速度打在零件的表面上,造成形变强化,使其产生表面残余压应力,以提高材料的抗疲劳能力,同时消除氧化铁皮。一般情况下,20CrMnTi钢喷丸处理后可直接装配使用。有时还要进行研磨,磨去表层0.02～0.05mm的厚度,可以提高齿面光洁度,但对强化效果影响不大。

2)调质钢

调质钢是指经调质处理(淬火加高温回火)后使用的钢,根据是否含合金元素可分为碳素调质钢和合金调质钢。

(1)工作条件、失效方式和性能要求:许多机械上的重要零件,如汽车底盘半轴、高强度螺栓、连杆等都是在各种应力负荷下工作的,受力较复杂,有时还受到冲击载荷的作用,在轴颈或花键等部位还存在较剧烈摩擦。因此,要求零件具有良好的综合力学性能(既要有高强度,又要求良好塑、韧性)。只有具备良好综合力学性能,零件工作时才可以承受较大的工作应力,以防止突然过载等偶然原因造成的破坏。

(2)化学成分:调质钢一般是中碳钢,碳的质量分数$\omega(C)$为0.30％～0.50％,碳含量过低时,强度和硬度得不到保证;碳含量过高时,塑性和韧性不够,而且使用时会出现脆断现象。一般,碳素调质钢的碳含量偏上限;而对于合金调质钢,随合金元素增加,碳含量趋于下降。

合金调质钢中主加元素是Zr、Ni、Si、Mn等,其主要作用是提高淬透性,强化铁素体,使韧性保持在较理想的水平;辅加元素是V、Ti、Mo、W等,其主要作用是细化晶粒,进一步提高钢的淬透性,其中Mo、W还可以减轻和防止钢的第二类回火脆性;微量B对C曲线有较大的影响,能明显提高淬透性;Al则可以加速钢的氮化过程。

(3)热处理工艺:调质钢经热变形加工后需要预先热处理,其目的是改善锻造组织,细化晶粒,为最终热处理做组织上的准备。对于合金元素含量较低的钢,可进行正火或退火处理;对于合金元素含量较高的钢,正火处理后可得到马氏体组织,尚需再进行高温回火,使其组织转变为粒状珠光体。最终热处理一般采用调质处理,即淬火加高温回火。淬火和回火的具体温度取决于钢种及技术条件要求,通常淬火加热温度为850℃左右,油淬后进行500～650℃回火。对第二类回火脆性敏感的钢,回火后必须快冷(水或油冷)。

合金调质钢的一般热处理组织是回火索氏体,某些零件除了要求良好的综合力学性能外,对表面耐磨性还有较高的要求,因此在调质处理后还应进行表面淬火或氮化处理。

根据零件的实际要求,调质钢也可以在中、低温回火状态下使用,这时得到的热处理组织为回火托氏体或回火马氏体,它们的强度高于调质状态下的回火索氏体,但冲击韧性低。

(4)钢种、牌号和主要用途:合金调质钢在机械制造中应用十分广泛,种类很多,根据淬透性高低可分为以下3类。

① 低淬透性合金调质钢:多为锰钢、硅锰钢、铬钢、硼钢,如40Cr、40MnB、40MnVB等。这类钢合金元素总的质量分数$[\omega(Me)<2.5\%]$较低,淬透性不高,油淬临界直径为20～40mm,主要用来制造一般尺寸的重要零件。

② 中淬透性合金调质钢:多为铬锰钢、铬钼钢、镍铬钢,如35CrMo、38CrMoAl、

38CrSi、40CrNi 等。这类钢的合金元素的质量分数较高,淬透性较高,油淬临界直径为 40~60mm,主要用于制造截面较大、重负荷的重要零件,如内燃机曲轴、连杆等。

③ 高淬透性合金调质钢:多为铬镍钼钢、铬锰钼钢、铬镍钨钢,如 40CrNiMoA、40CrMnMo、25Cr2Ni4WA 等。这类钢的合金元素质量分数最高,淬透性能也很高,油淬临界直径为 60~100mm。铬和镍的质量分数适当时,可以使此类钢的力学性能更加优异,主要用于制造大截面、重载荷的重要零件,如汽轮机主轴、叶轮、航空发动机等。

一般的选择原则是大截面和重载荷的零件选择高淬透性钢,否则选择低淬透性钢。

常用合金调质钢的类别、牌号、化学成分、试样尺寸、热处理工艺、力学性能和主要用途见表 3-8 所列(参见 GB/T 24595—2020)。

现以 40Cr 钢制作拖拉机发动机连杆螺栓[图 3-2(a)]为例,说明生产工艺路线的安排和热处理工艺方法的选定。连杆螺栓的生产路线常做如下安排:下料→锻造→退火(或正火)→粗加工→调质→精加工→装配。其技术要求如下:调质处理后组织为回火索氏体,硬度为 30~38HRC。

根据热处理技术要求,制定热处理工艺,如图 3-2(b)所示。

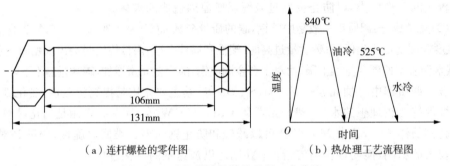

（a）连杆螺栓的零件图   （b）热处理工艺流程图

图 3-2　连杆螺栓及其热处理工艺曲线

预先热处理采用退火或正火,目的是改善锻造的不均匀组织,细化晶粒,降低硬度,提高切削加工性能,为调质处理做组织上的准备,所得的组织为细小铁素体和索氏体。调质处理是在 840℃±10℃加热、油淬,然后在 525℃±25℃回火,水冷(防止第二类回火脆性),最后得到强度、冲击韧性、疲劳强度良好配合的回火索氏体组织。

3)弹簧钢

用来制造各种弹性零件如板簧、螺旋弹簧、钟表发条等的钢称为弹簧钢。

(1)工作条件、失效方式和性能要求:弹簧是广泛应用于交通、机械、国防、仪表等行业及日常生活中的重要零件,主要作用是吸收冲击能量,缓和机械振动和冲击作用。例如,汽车、拖拉机和机车上的板弹簧,除承受静重载荷外,还承受因地面不平所引起的冲击载荷和振动。此外,弹簧还可储存能量使其他机件完成事先规定的动作,如气阀弹簧等可保证机器和仪表的正常工作。因此,弹簧应具备以下性能:①较高的弹性极限和强度,防止工作时产生塑性变形;②较高的疲劳强度和屈强比,避免疲劳破坏;③较高的塑性和韧性,保证在承受冲击载荷条件下正常工作;④较好的耐热性和耐腐蚀性,以便适应高温及腐蚀的工作环境。为了进一步提高弹簧的力学性能,弹簧钢还应该具有较高的淬透性和较低的脱碳敏感性。

表3-8 常用合金调质钢的牌号、成分、热处理工艺和力学性能

牌号	化学成分（质量分数）/%									推荐热处理制度			力学性能				
	C	Si	Mn	P	S	Cr	Mo	Cu	Ni	正火	淬火	回火	下屈服强度 R_{eL}/MPa	抗拉强度 R_m/MPa	断后伸长率 A/%	断面收缩率 Z/%	冲击吸收能量 K/J
													不小于				
45	0.42~0.50	0.17~0.37	0.50~0.85	≤0.025	≤0.025	≤0.25	≤0.10	≤0.20	≤0.30	850±30℃ 空气	840±20℃ 油	600±50℃ 油	355	600	16	40	39
45S	0.42~0.50	0.17~0.37	0.50~0.85	≤0.025	0.015~0.035	≤0.25	≤0.10	≤0.20	≤0.30								
40Cr	0.37~0.44	0.17~0.37	0.50~0.85	≤0.025	≤0.025	0.80~1.10	≤0.10	≤0.20	≤0.30	—	850±15℃ 油	520±50℃ 水,油	785	980	9	45	47
40CrS	0.37~0.44	0.17~0.37	0.50~0.85	≤0.025	0.015~0.035	0.80~1.10	≤0.10	≤0.20	≤0.30								
42CrMo	0.38~0.45	0.17~0.37	0.55~0.90	≤0.025	≤0.025	0.85~1.25	0.15~0.25	≤0.20	≤0.30	—	850±15℃ 油	560±50℃ 水,油	930	1080	12	45	63
42CrMoS	0.38~0.45	0.17~0.37	0.55~0.90	≤0.025	0.015~0.035	0.85~1.25	0.15~0.25	≤0.20	≤0.30								

(2)化学成分:弹簧钢的碳质量分数 $\omega(C)$ 为 $0.40\%\sim0.70\%$,目的是保证其具有较高的弹性极限和屈服强度,碳含量过低,强度不够,易产生塑性变形;碳含量过高,塑性和韧性会降低。耐冲击载荷能力下降,碳素钢制成的弹簧件性能较差,只能做一些工作在不太重要场合的小弹簧。

合金弹簧钢的主加元素是 Si、Mn 等,主要目的是提高淬透性和屈强比,亦可提高回火稳定性,其中 Si 的作用比较明显,但是 Si 会使弹簧钢热处理表面脱碳倾向增大,Mn 会使钢易于过热;辅加元素是 Cr、V、W 等较强碳化物形成元素,其作用是减少弹簧钢脱碳、过热倾向的同时,细化晶粒,进一步提高淬透性,保证钢在较高使用温度下仍具有较高的高温强度和韧性,以及高的回火稳定性。此外,这些元素可以提高过冷奥氏体的稳定性,使大截面弹簧得以在油中淬火,降低其内应力。

(3)热处理工艺:根据尺寸和加工方法不同,弹簧可分为热成型弹簧和冷成型弹簧两大类,它们的热处理工艺也不相同。

① 热成型弹簧的热处理工艺:直径或板厚为不小于 8mm 的大型弹簧,多用热轧钢丝或钢板制成。首先把弹簧加热到高于正常淬火温度 $50\sim80℃$ 的条件下热卷成型的工艺,然后进行淬火及中温回火($350\sim500℃$),经回火后的组织是回火托氏体,硬度为 $40\sim48HRC$,具有较高的弹性极限和疲劳强度,同时又具有一定的塑性和韧性。

弹簧钢淬火加热应选用少、无氧化的设备,如盐浴炉、保护气氛炉等,防止氧化脱碳。弹簧热处理后,一般还要进行喷丸处理,目的是强化表面,使表面产生残余压应力,提高疲劳强度,延长使用寿命。例如,60Si2Mn 钢制汽车板簧的加工工艺路线如下:扁钢剪断→机械加工(倒角钻孔等)→加热压弯→淬火+中温回火→喷丸→装配。

② 冷成型弹簧的热处理工艺:对于直径或截面单边尺寸<8mm 的弹簧,常采用冷拔(轧)钢丝(板)冷卷成型或先热处理强化后冷卷成型的工艺,这类弹簧钢丝按强化工艺可分为 3 种,即铅浴等温冷拉钢丝、冷拔钢丝和油淬回火钢丝,最后进行去应力退火和稳定化处理(加热温度为 $250\sim300℃$,保温时间 1h)以消除应力,稳定尺寸。其常见的加工工艺路线如下:缠绕弹簧→去应力退火→磨端面→喷丸→第二次去应力退火→发蓝。

弹簧的表面质量对使用寿命影响很大,若弹簧表面有缺陷,易造成应力集中,从而降低疲劳强度,可常采用喷丸强化表面,使表面产生压应力,消除或减轻弹簧的表面缺陷,以便提高其强度及疲劳强度。

(4)钢种、牌号和主要用途:合金弹簧钢根据合金元素不同主要分为以下两大类。

① Si-Mn 类型弹簧钢:如 65Mn、60Si2Mn 等,65Mn 钢价格低廉,淬透性优于碳素弹簧钢,可用以制造直径 $8\sim15mm$ 的小型弹簧,如各种尺寸的扁簧和坐垫弹簧、弹簧发条等。60Si2Mn 钢中同时加入 Si 和 Mn 元素,可用以制造厚度为 $10\sim12mm$ 的板簧和 $\phi25\sim30mm$ 的螺旋弹簧,油冷即可淬透,常用于制造汽车、拖拉机和机车上的减震板簧和螺旋弹簧,还可用于制造温度低于 230℃ 时使用的弹簧。

② Cr-V 类型弹簧钢:如 50CrVA、60Si2CrVA 等,碳化物形成元素 Cr、V、W、Mo 的加入能细化晶粒,提高淬透性、塑性和韧性,降低过热敏感性,主要用于制造在较高温度下使用的承受重载荷的弹簧。常用弹簧钢的牌号、化学成分、热处理工艺、力学性能和主要用途见表 3-9 所列。

表 3 - 9　常用弹簧钢的牌号、化学成分、热处理工艺及力学性能

牌号	化学成分（质量分数）/%								热处理制度			力学性能，不小于				
	C	Si	Mn	Cr	V	W	Mo	B	淬火温度/℃	淬火介质	回火温度/℃	抗拉强度 R_m/MPa	下屈服强度 R_{el}/MPa	断后伸长率 A/%	$A_{11.3}$/%	断面收缩率 Z/%
65	0.62~0.70	0.17~0.37	0.50~0.80	≤0.25	—	—	—	—	840	油	500	980	785	—	9.0	35
70	0.67~0.75	0.17~0.37	0.50~0.80	≤0.25	—	—	—	—	830	油	480	1030	835	—	8.0	30
80	0.77~0.85	0.17~0.37	0.50~0.80	≤0.25	—	—	—	—	820	油	480	1080	930	—	6.0	30
85	0.82~0.90	0.17~0.37	0.50~0.80	≤0.25	—	—	—	—	820	油	480	1130	980	—	6.0	30
65Mn	0.62~0.70	0.17~0.37	0.90~1.20	≤0.25	—	—	—	—	830	油	540	980	785	—	8.0	30
70Mn	0.67~0.75	0.17~0.37	0.90~1.20	≤0.25	—	—	—	—	—	—	—	785	450	8.0	—	30
28SiMnB	0.24~0.32	0.60~1.00	1.20~1.60	—	—	—	—	0.0008~0.0035	900	水或油	320	1275	1180	—	5.0	25
40SiMnVBE	0.39~0.42	0.90~1.35	1.20~1.55	—	0.09~0.12	—	—	0.0008~0.0025	880	油	320	1800	1680	9.0	—	40

（续表）

牌号	化学成分（质量分数）/%								热处理制度			力学性能，不小于				
	C	Si	Mn	Cr	V	W	Mo	B	淬火温度/℃	淬火介质	回火温度/℃	抗拉强度 R_m/MPa	下屈服强度 R_{el}/MPa	断后伸长率 A/%	$A_{11.3}$/%	断面收缩率 Z/%
55SiMnVB	0.52~0.60	0.70~1.00	1.00~1.30	≤0.35	0.08~0.16	—	—	0.0008~0.0035	860	油	460	1375	1225	—	5.0	30
38Si2	0.35~0.24	1.50~1.80	0.50~0.80	≤0.25	—	—	—	—	880	水	450	1300	1150	8.0	—	35
60Si2Mn	0.56~0.64	1.50~2.00	0.70~1.00	≤0.35	—	—	—	—	870	油	440	1570	1375	—	5.0	20
55CrMn	0.52~0.60	0.17~0.37	0.65~0.95	0.65~0.95	—	—	—	—	840	油	485	1225	1080	9.0	—	20
60CrMn	0.56~0.64	0.17~0.37	0.70~1.00	0.70~1.00	—	—	—	—	840	油	490	1225	1080	9.0	—	20
60CrMnB	0.56~0.64	0.17~0.37	0.70~1.00	0.70~1.00	—	—	—	0.0008~0.0035	840	油	490	1225	1080	9.0	—	20
60CrMnMo	0.56~0.64	0.17~0.37	0.70~1.00	0.70~1.00	—	—	0.25~0.35	—	860	油	450	1450	1300	6.0	—	30
55SiCr	0.51~0.59	1.20~1.60	0.50~0.80	0.50~0.80	—	—	—	—	860	油	450	1450	1300	6.0	—	25

（续表）

牌号	化学成分（质量分数）/%								热处理制度			力学性能,不小于				断面收缩率 Z/%
	C	Si	Mn	Cr	V	W	Mo	B	淬火温度/℃	淬火介质	回火温度/℃	抗拉强度 R_m/MPa	下屈服强度 R_{eL}/MPa	断后伸长率 A/%	$A_{11.3}$/%	
60Si2Cr	0.56~0.64	1.40~1.80	0.40~0.70	0.70~1.00	—	—	—	—	870	油	420	1765	1570	6.0	—	20
56Si2MnCr	0.52~0.60	1.60~2.00	0.70~1.00	0.20~0.45	—	—	—	—	860	油	450	1500	1350	6.0	—	25
52SiCrMnNi	0.49~0.56	1.20~1.50	0.70~1.00	0.70~1.00	—	—	—	—	860	油	450	1450	1300	6.0	—	35
55SiCrV	0.51~0.59	1.20~1.60	0.50~0.80	0.50~0.80	0.10~0.20	—	—	—	860	油	400	1650	1600	5.0	—	35
60Si2CrV	0.56~0.64	1.40~1.80	0.40~0.70	0.90~1.20	0.10~0.20	—	—	—	850	油	410	1860	1665	6.0	—	20
60Si2MnCrV	0.56~0.64	1.50~2.00	0.70~1.00	0.20~0.40	0.10~0.20	—	—	—	860	油	400	1700	1650	5.0	—	30
50CrV	0.46~0.54	0.17~0.37	0.50~0.80	0.80~1.10	0.10~0.20	—	—	—	850	油	500	1275	1130	10.0	—	40
51CrMnV	0.47~0.55	0.17~0.37	0.70~1.10	0.90~1.20	0.10~0.25	—	—	—	850	油	450	1350	1200	6.0	—	30
52CrMnMoV	0.48~0.56	0.17~0.37	0.70~1.10	0.90~1.20	0.10~0.20	—	0.15~0.30	—	860	油	450	1450	1300	6.0	—	35
30W4Cr2V	0.26~0.34	0.17~0.37	≤0.40	2.00~2.50	0.50~0.80	4.00~4.50	—	—	1075	油	600	1470	1325	7.0	—	40

4)滚动轴承钢

用来制作各种滚动轴承零件如轴承内外圈套,滚动体(滚珠、滚柱、滚针等)的专用钢称为滚动轴承钢。

(1)工作条件、失效方式和性能要求:滚动轴承在工作时,滚动体与套圈为点或线接触方式,接触应力为 1500~5000MPa。

以上周期性交变的载荷,每分钟的循环受力次数达上万次,经常会发生疲劳破坏使局部产生小块的剥落。除滚动摩擦外,滚动体和套圈还存在滑动摩擦,所以轴承的磨损失效也是十分常见的。根据工作条件和失效形式,滚动轴承钢应具有高的屈服强度和接触疲劳强度、高而均匀的硬度和耐磨性、足够的韧性和淬透性,在大气和润滑介质中还应有良好的耐蚀性和尺寸稳定性。

(2)化学成分:滚动轴承钢中碳质量分数 $\omega(C)$ 为 0.95%~1.10%,碳含量高,可以保证钢具有高的硬度及耐磨性。因为决定钢硬度的主要因素是马氏体中的碳含量,所有只有含碳量足够高时,才能保证马氏体的高硬度。此外,滚动轴承钢还要形成一部分高硬度的碳化物,进一步提高钢的硬度和耐磨性。

滚动轴承钢的主加元素为 Cr(0.4%~1.05%),其主要作用一方面是提高淬透性和回火稳定性,另一方面 Cr 能与碳作用形成细小弥散分布的合金渗碳体 $(Fe,Cr)_3C$,可以使奥氏体晶粒细化,减轻钢的过热敏感性,提高耐磨性,并能使钢在淬火时得到细针状或隐晶马氏体,以便钢在保持高强度的基础上增加韧性。但是,Cr 的含量不易过高,否则将增加残余奥氏体数量,降低硬度及尺寸稳定性,还会增加碳化物的不均匀性,降低钢的韧性和疲劳强度。辅加元素为 Si、Mn、Mo 等,可进一步提高钢的淬透性、强度、耐磨性和回火稳定性,主要用于制造大型轴承(如钢珠直径超过 30~50mm 的滚动轴承)。对于无 Cr 轴承钢,还应加入 V 元素,形成 VC 以保证耐磨性并细化钢基体的晶粒。

滚动轴承钢的接触疲劳强度等对杂质和非金属夹杂物的含量和分布比较敏感,因此,必须将 S、P 的质量分数均控制在 0.02%以内,氧化物、硫化物、硅酸盐等非金属夹杂物含量和分布控制在规定的级别之内。

(3)热处理工艺:滚动轴承钢的预先热处理采用正火加球化退火工艺。正火的主要作用是消除网状碳化物,以利于球化退火的进行,若无连续网状碳化物,可不进行正火。球化退火的目的是得到细粒状珠光体组织,降低锻造后钢的硬度,使其不高于 210HBS,提高切削加工性能,并为零件的最终热处理做组织上的准备。

滚动轴承钢的最终热处理一般是淬火加低温回火工艺,它直接决定了钢的强度、硬度、耐磨性和韧性等。首先将淬火加热温度严格控制为 820~840℃,温度过高时,晶粒粗大,淬火时残余奥氏体和针状马氏体的量增加,接触疲劳强度、韧性和尺寸稳定性会下降;温度过低时,硬度不足。为减轻淬火应力和变形开裂概率,滚动轴承钢采用油淬,并立即在 150~160℃回火。使用状态的组织应为回火马氏体、细小粒状碳化物和少量残余奥氏体,硬度为 61~65HRC。

对于尺寸性稳定要求很高的精密轴承,可在淬火后于 -80~-60℃进行冷处理,消除应力和减少残余奥氏体的量,然后再进行低温回火和磨削加工,为进一步稳定尺寸,最后再进行(保温 120～130℃、5～10h)低温时效处理。

一般滚动轴承的加工工艺路线如下:轧制或锻造→球化退火→机加工→淬火→低温回火→磨削→成品。精密轴承的加工工艺路线如下:轧制或锻造→球化退火→机加工→淬火→冷处理→低温回火→时效处理→磨削→时效处理→成品。

(4)钢种、牌号和主要用途:我国的滚动轴承钢大致可分为以下两类。

① Cr 轴承钢:目前我国的轴承钢多属此类钢,其中最常见的是 GCr15,除用作中、小轴承外,还可制成精密量具、冷冲模具和机床丝杠等。

② 其他轴承钢:a. 含 Si、Mn 等合金元素轴承钢。为了提高淬透性,在制造大型和特大型轴承时,常在 Cr 轴承钢的基础上添加 Si、Mn 等元素,如 GCr15SiMn。b. 无 Cr 轴承钢。为节约 Cr,我国生产只含 Mn、Si、Mo 和 V 等元素而不含 Cr 元素的轴承钢,如 GSiMnV、GSiMnMoV 等。与 Cr 轴承钢相比,其淬透性、耐磨性、接触疲劳强度、锻造性能较好,但是脱碳敏感性较大且耐蚀性较差。c. 渗碳轴承钢:为进一步提高耐磨性和耐冲击载荷可采用渗碳轴承钢,如用于中小齿轮、轴承套圈、滚动件的 G20CrMo、G20CrNiMo,以及用于冲击载荷的大型轴承的 G20Cr2Ni4A。

常用滚动轴承钢的牌号、化学成分、热处理工艺、力学性能和主要用途见表 3 - 10 所列。

现以 GCr15 钢制作油泵偶件针阀体为例,说明生产工艺路线的安排和热处理工艺的选用。针阀体与针阀是内燃机油泵中一对精密偶件,其中针阀体固定在汽缸头上,在不断喷油的情况下,针阀顶端与阀体端部有强烈的摩擦作用,而且针阀体端部工作温度为 260℃ 左右。针阀体与针阀要求尺寸精密而稳定,稍有变形就会引起漏油或出现卡死现象。因此,针阀体应有高的硬度与耐磨性,高的尺寸稳定性。针阀体结构示意图如图 3 - 3 所示。

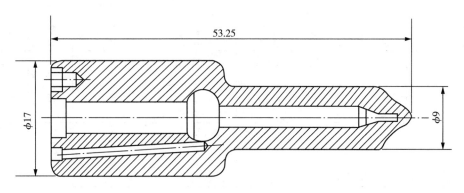

图 3 - 3 精密偶件针阀体结构示意图

针阀体的生产工艺路线如下:下料(冷拉圆钢)→机械加工→去应力→机械加工→淬火→冷处理→回火→时效→机械加工→时效→机械加工。其技术要求如下:62～64HRC,热处理变形度低于 0.04mm。

表 3-10 常用滚动轴承钢的牌号、化学成分、热处理工艺、力学性能和主要用途

牌号	质量分数/%							热处理工艺/℃		力学性能 回火后 HRC	主要用途
	C	Cr	Si	Mn	V	Mo	稀土	淬火	回火		
GCr6	1.05~1.15	0.40~0.70	0.15~0.35	0.20~0.40	—	—	—	800~820	150~170	62~66	<10mm 的滚珠、滚柱和滚针
GCr9	1.0~1.10	0.9~1.2	0.15~0.35	0.20~0.40	—	—	—	800~820	150~160	62~66	20mm 以内的各种滚动轴承
GCr9SiMn	1.0~1.10	0.9~1.2	0.40~0.70	0.90~1.20	—	—	—	810~830	150~200	61~65	壁厚<14mm、外径<250mm 的轴承套；25~50mm 的钢球、直径 25mm 左右滚柱等
GCr15	0.95~1.05	1.30~1.65	0.15~0.35	0.20~0.40	—	—	—	820~830	150~200	61~65	壁厚<14mm、外径<250mm 的轴承套；25~50mm 的钢球、直径 25mm 左右滚柱等
GCr15SiMn	0.95~1.05	1.30~1.65	0.40~0.65	0.90~1.20	—	—	—	820~840	150~160	62~65	壁厚≥14mm、外径 250mm 的套圈；直径 20~200mm 的钢球，其他同 GCr15
GMnMoVRE	0.95~1.05	—	0.15~0.40	1.10~1.40	0.15~0.25	0.4~0.6	0.01~0.05	770~810	170±5	≥62	<10mm 的滚珠、滚柱和滚针
GSiMoMnV	0.95~1.10	—	0.45~0.65	0.75~1.05	0.2~0.3	0.2~0.4	—	780~820	175~200	≥62	20mm 以内的各种滚动轴承

去应力处理在400℃下进行,以消除加工应力,减小变形。热处理工艺曲线如图3-4所示。采用硝盐分级淬火,以减小变形。冷处理在−60℃时进行,其目的是减少残余奥氏体量,起到稳定尺寸的作用。回火温度为170℃,以降低淬火及冷处理后产生的应力。第一次时效在回火后进行,加热温度为130℃,保温6h,利用较低温度、较长时间的保温使应力进一步降低,组织更加趋向稳定。第二次时效在精磨后进行,采用同上工艺,以便更进一步降低应力、稳定组织、尺寸。

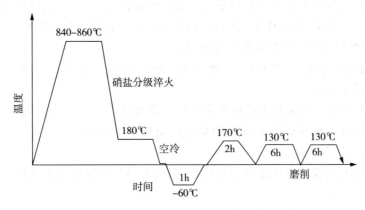

图3-4 GCr15钢制-针阀体的热处理工艺曲线

3. 合金工具钢

在碳素工具钢基础上加入一定种类和数量的合金元素,主要用于制造各种刀具、模具、量具等工具的合金钢称为合金工具钢。

与前面所讲述的合金结构钢相比,合金工具钢的用途不同,因此化学成分也不相同。合金结构钢主要要求具有高的强度和韧性,即具有高的综合机械性能,因此钢中含碳量不太高,一般是低碳钢或中碳钢,所加入的合金元素,如Cr、Ni、Si、Mn等主要是强化铁素体基体,并增加钢的淬透性;有些钢中也加入一些V、Ti等元素,其目的是细化晶粒。而合金工具钢主要要求高硬度和高的耐磨性,其中切削刀具还要求具有很好的红硬性。因此,合金工具钢一般是高碳钢,所加入的合金元素主要用来提高硬度和耐磨性,同时还能提高淬透性的一些碳化物形成元素,如Cr、W、Mo、V等,有些钢中也加入一些Mn和Si,其目的是增加钢的回火稳定性,使其硬度值随着回火温度的上升而下降得慢些。

与普通的碳素工具钢相比,合金工具钢的硬度和耐磨性更高,具有更好的淬透性、红硬性和回火稳定性,因此常被用于制作截面尺寸较大、几何形状较复杂、性能要求更高的工具。

1)刀具钢

用于制造车刀、铣刀、锉刀、丝锥、钻头、板牙等刀具的钢统称为刀具钢。

(1)性能要求:刀具在切削加工零件时,刀刃与工件表面金属相互作用使切屑产生变形与断裂并从整体上剥离下来。因为刀刃本身承受弯曲、扭转、剪切应力和冲击、振动负荷,同时还要受到工件和切屑的强烈摩擦作用,产生大量热使刀具温度升高(有时高达600℃左右),并且切削速度越快,吃刀量越大,刀刃局部升温越高。刀具的失效形式有卷刃、崩刃和折断等,但最普遍的失效形式是磨损。因此刃具钢必须具有以下性能才能得以正常工作。

① 高硬度:刃具是用于切削工件的,只有其硬度比被加工工件的硬度高得多才能进行切削。一般切削金属的刃具刃口处硬度应不小于 60HRC。

② 高耐磨性:耐磨性是影响刃具尤其是锉刀等使用寿命和工作效率的主要因素之一。刃具钢的耐磨性取决于钢的硬度、韧性和钢中碳化物的种类、数量、尺寸、分布等。

③ 高红硬性:红硬性是钢在高温下保持高硬度的能力。刃具工作时,刃部的温度大多超过了碳素工具钢的软化温度。所以红硬性的高低是衡量刃具钢的重要指标之一,与钢的回火稳定性和合金碳化物弥散沉淀有关。

④ 良好配合的强度、塑性和韧性:使刃具在冲击或震动载荷等作用下正常工作,防止发生脆断、崩刃等破坏。

(2)碳素工具钢。碳素工具钢是含碳质量分数为 0.65%～1.30% 的碳钢,按其杂质含量的不同,可分为优质碳素刀具钢和高级优质碳素工具钢,如 T7、T8、T12 和 T7A、T8A、T10A、T12A 等。

① 化学成分:为保证高硬度和高耐磨性,其碳的质量分数通常在 0.65%～1.35% 范围内。

② 热处理工艺:因其生产成本低,冷、热加工工艺性能好,热处理工艺简单,多为淬火加低温回火。

③ 力学性能:热处理后的碳素工具钢具有相当高的硬度(58～64HRC),切削热不大(<200℃)时具有较好的耐磨性。

④ 钢种、牌号和主要用途:在碳素工具钢中,随着含碳量的增加,其硬度和耐磨性渐增,而韧性逐渐下降,应用场合也因之不同。T7、T8 一般用于要求韧性稍高的工具,如冲头、錾子、简单模具、木工工具等;T9、T10、T11 主要用于要求中等韧性、高硬度的工具,如手用锯条、丝锥、板牙等,也可用作要求不高的模具;T12、T13 具有高的硬度及耐磨性,但韧性低,用于制造量具、锉刀、钻头、刮刀等。

常用碳素工具钢的牌号、化学成分、力学性能主要用途见表 3-11 所列。

表 3-11 常用碳素工具钢的牌号、化学成分、力学性能主要用途

牌号	质量分数/%			力学性能		主要用途
	C	Si	Mn	退火状态/HBS(≥)	试样淬火硬度/HRC(≥)	
T7 T7A	0.65～0.74	≤0.35	≤0.40	187	62(800～820℃水)	承受冲击、韧性较好、硬度适当的工具,如扁铲、手钳、大锤、改锥、木工工具
T8 T8A	0.75～0.84	≤0.35	≤0.40	187	62(780～800℃水)	承受冲击、要求较高硬度的工具,如冲头、压缩空气工具、木工工具

（续表）

牌号	质量分数/%			力学性能		主要用途
	C	Si	Mn	退火状态/HBS（≥）	试样淬火硬度/HRC(≥)	
T8Mn T8MnA	0.80～0.90	≤0.35	0.40—0.60	187	65(780～800℃水)	同上,但淬透性较大,可制造截面较大的工具
T9 T9A	0.85～0.94	≤0.35	≤0.40	192	62(760～780℃水)62	韧性中等、硬度高的工具,如冲头、木工工具、凿岩工具
T10 T10A	0.95～1.04	≤0.35	≤0.40	197	62(760～780℃水)	不受剧烈冲击、高硬度耐磨的工具,如车刀、刨刀、冲头丝锥、钻头、手锯条
T11 T11A	1.05～1.14	≤0.35	≤0.40	207	62(760～780℃水)	不受剧烈冲击、高硬度耐磨的工具,如车刀、刨刀、冲头、丝锥、钻头
T12 T12A	1.15～1.24	≤0.35	≤0.40	207	62(760～780℃水)	不受冲击、要求高硬度耐磨的工具,如锉刀、割刀、精车刀、丝锥、量具
T13 T13A	1.25～1.35	≤0.35	≤0.40	217	62(760～780℃水)	同 T12,要求更耐磨的工具,如刮刀、剃刀

　　由于碳素工具钢的淬透性低,截面大于 $10～12mm$ 的刃具只能表面淬硬。当工作温度大于 $200℃$ 时,碳素工具钢硬度明显下降而使刃具丧失切削能力。碳素工具钢淬火时需用水冷,形状复杂的工具具有易于淬火变形、开裂危险性大等特点。当刃具性能要求较高时,必须采用合金刃具钢。

　　(3)低合金刃具钢。对于某些低速而且走刀量较小的机用工具,以及要求不太高的刃具,可用碳素工具钢 T7、T8、T10、T12 等制作。碳素工具钢价格低廉,加工性能好,经适当热处理后可获得较高的硬度和良好的耐磨性。但是其淬透性差,回火稳定性和红硬性不高,不能用作对性能有较高要求的刀具。

　　为了克服碳素工具钢的不足之处,在其基础上加入适量的合金元素 $[\omega(\mathrm{Me})<5\%]$,如 Cr、Mn、Si、W、V 等,形成的合金工具钢称为低合金刃具钢。

　　① 化学成分:低合金刃具钢碳的质量分数 $\omega(\mathrm{C})$ 为 $0.75\%～1.5\%$,形成适量碳化物,以保证获得较高的硬度和耐磨性。加入 Mn、Si、Cr、V、W 等合金元素改善钢的合金性能,其中 Mn、Si、Cr 的主要作用是提高淬透性,强化铁素体,Si 还能提高回火稳定性;W、V 等与碳形成细小弥散的合金碳化物,提高硬度和耐磨性,细化晶粒,进一步增加回火稳定性。

　　② 热处理工艺:低合金刃具钢的预先热处理是球化退火,目的是改善锻造组织和切削加工性能,并为淬火做组织准备,所得组织为球化体即粒状珠光体。最终热处理是淬火加低温回火,加热温度为 $A_{\mathrm{cl}}＋(30～50)℃$,其热处理组织为回火马氏体、碳化物和少

量残余奥氏体,低合金刃具钢的热处理过程基本与碳素工具钢相同,所不同的是低合金刃具钢大部分是用油淬,工件淬火变形小,淬裂倾向低。

现以 9SiCr 钢(M_s=160℃)制造的圆板牙为例(图 3-5),说明其热处理特点和工艺路线安排。圆板牙是切削加工外螺纹的刀具,要求钢种碳化物均匀分布,热处理后硬度和耐磨性较高,而且齿形变形小。其制造工艺路线安排如下:下料→球化退火→机械加工→淬火+低温回火→磨平面→抛槽→开口。

球化退火采用的是图 3-6 所示的球化退火工艺。淬火加低温回火的热处理工艺如图 3-7 所示。淬火加热过程中,要在 600~650℃ 环境中保温预热一段时间,以减少高温停留时间,降低板牙的氧化脱碳倾向;加热到 850~870℃ 后,在 180℃ 左右的硝盐浴中进行等温淬火,以减小变形;淬火后,在 190~200℃ 环境中进行低温回火,使其达到所要求的硬度(60~62HRC),并降低残余应力。

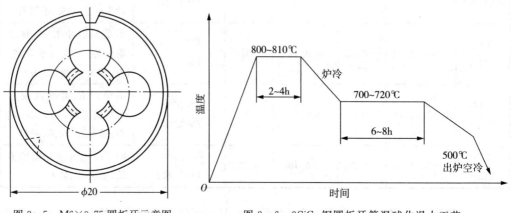

图 3-5　M6×0.75 圆板牙示意图　　　　图 3-6　9SiCr 钢圆板牙等温球化退火工艺

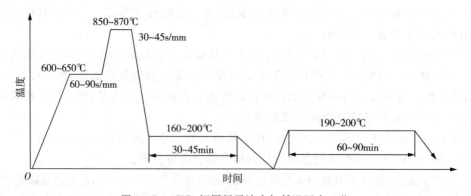

图 3-7　9SiCr 钢圆板牙淬火加低温回火工艺

③ 力学性能:具有较高的硬度和耐磨性。

④ 牌号和主要用途:常用的低合金刃具钢有 9SiCr、9Mn2V、CrWMn 等,其中以 9SiCr 钢应用为多。这类钢的淬透性、耐磨性等明显高于碳素工具钢,而且变形量小,主要用于制造截面尺寸较大、几何形状较复杂、加工精度要求较高、切割速度不太高的板牙、丝锥、铰刀、搓丝板等。其牌号、化学成分、热处理工艺、力学性能和主要用途见表 3-12 所列。

表 3-12　常用合金刀具钢的牌号、化学成分、热处理、力学性能和主要用途

类别	牌号	质量分数/%							热处理工艺					主要用途
									淬火			回火		
		C	Si	Mn	Cr	W	V	Mo	淬火加热温度/℃	冷却介质	硬度/HRC	回火温度/℃	硬度/HRC	
低合金刀具钢	9Mn2V	0.85~0.95	≤0.35	1.70~2.00	—	—	0.10~0.25	—	780~810	油	≥62	150~200	60~62	小冲模、冲模及剪刀、冷压模、雕刻模、料板、各种变形小的量规、样板、丝锥、板牙、纹刀
	9SiCr	0.85~0.95	1.20~1.60	0.30~0.60	0.9~1.25	—	—	—	860~880	油	≥62	180~200	60~62	板牙、丝锥、钻头、铰刀、铣刀冷冲模、冷轧辊等
	Cr	0.95~1.10	≤0.35	≤0.40	0.7~1.05	—	—	—	830~860	油	≥62	150~170	61~63	切削工具、车刀、刀、摇刀等、测量工具、样板工具、偏心轮、冷轧辊销等
	CrW5	1.25~1.50	≤0.30	≤0.30	0.40~0.70	4.5~5.50	—	—	800~820	水	≥65	150~160	64~65	慢速度切削金属用的刀具如铣刀、刨刀等；高压力工作用的刻刀等
	CrMn	1.30~1.50	≤0.35	0.45~0.75	1.30~1.60	—	—	—	840~860	油	≥62	130~140	62~65	各种量规与块规等
	CrWMn	0.90~1.50	0.15~0.35	0.80~1.10	0.90~1.20	1.20~1.60	—	—	820~840	油	≥62	140~160	62~65	板牙、拉刀、量规、形状复杂的冲模等、高精度刀具等
高速钢	W18Cr4V (18-4-1)	0.70~0.80	≤0.40	≤0.40	3.80~4.40	17.50~19.00	1.00~1.40		1260~1280	油	≥63	550~570(3次)	63~65	制造一般高速切削用车刀、刨刀、钻头、铣刀等
	9W18Cr14V	0.90~1.00	≤0.40	≤0.40	3.80~4.40	17.5~19.00	1.00~1.40		1260~1280	油	≥63	570~580(4次)	67.5	在切削不锈钢及其他硬或韧的材料时，可显著提高刀具寿命与被加工零件的光洁度
	W6Mo5Cr4V2 (6-5-4-2)	0.80~0.90	≤0.30	≤0.35	3.80~4.40	5.75~6.75	1.80~2.20	4.75~5.75	1220~1240	油	≥63	550~570(3次)	63~65	制造要求耐磨性和热硬性很好配合的刀具，如丝锥、钻头等；并适于采用轧制、扭制热变形成形工艺来制造钻头等刀具
	W6Mo5Cr4v3 (6-5-4-3)	1.10~1.25	≤0.30	≤0.35	3.80~4.40	5.75~6.75	2.80~3.30	4.75~5.75	1220~1240	油	≥63	550~570(三次)	>65	制造要求耐磨性和热硬性较高的、耐磨性和韧性较好配合和的、形状精为复杂的刀具，如拉刀、铣刀等

(4)高速钢。高速钢是一种用于制造高速切削刀具的高合金(合金元素总量>10%)工具钢。高速钢优于其他工具钢的主要之处是其具有良好的红硬性,在切削零件刃部温度高达 600℃时,硬度仍不会明显降低,切削时明显比一般低合金刃具钢制的刀具更加锋利,因此又称锋钢。高速钢具有高淬透性,淬火时在空气中冷却即可得到马氏体组织,因此又称为风钢。高速钢广泛用于制造各种不同用途、不同类型的高速切削刃具,如车刀、铣刀、刨刀、拉刀及钻头等。

① 化学成分:高速钢的碳平均质量分数较高 $w(C)$ 为 $0.70\%\sim1.50\%$,含碳量高,一方面保证 C 与 W、Mo、Cr、V 等合金元素形成大量的合金碳化物,阻碍奥氏体晶粒长大,提高回火稳定性。另一方面有一定数量的 C 溶于奥氏体中,淬火得到的马氏体具有较高的硬度和耐磨性。

高速钢中还含有大量的碳化物形成元素,如 W、Mo、V 和 Cr,这些元素的质量分数分别为 $6.0\%\sim19.0\%$、$4.0\%\sim1.0\%\sim5.0\%$、$0\sim6.0\%$。W 是使高速钢具有较高红硬性的主要元素,在钢中主要以 Fe_4W_2C 形式存在,加热时,部分 Fe_4W_2C 溶于奥氏体中,淬火时存在于马氏体中,使钢的回火稳定性得以提高。当于 560℃回火时,W 会以弥散的特殊碳化物 W_2C 的形式出现,形成了二次硬化现象,对钢在高温下保持高硬度有较大的贡献。加热时,部分未溶的 Fe_4W_2C 则会阻碍奥氏体晶粒长大,降低过热敏感性和提高耐磨性。合金元素 Mo 的作用与 W 相似,一份 Mo 可代替两份 W,而且 Mo 还能提高韧性和消除第二类回火脆性。但是含 Mo 较高的高速钢脱碳和过热敏感性较大。Cr 在高速钢中的主要作用是提高淬透性、硬度和耐磨性,Cr 主要以 $Cr_{23}C_6$ 形式存在,并且在高速钢的正常淬火加热温度下几乎全部溶解,对阻碍奥氏体晶粒长大不起作用,但是溶入奥氏体中会明显提高淬透性和回火稳定性,含 Cr 量过高会增加残余奥氏体量,含 Cr 量过低则会使淬透性达不到要求。V 的主要作用是细化晶粒,提高硬度和耐磨性,V 碳化物为 V_4C_3 或 VC,比 W、Mo、Cr 碳化物都稳定,而且是细小弥散分布,加热时很难溶解,对奥氏体晶粒长大有很大的阻碍作用,并且能有效地提高硬度和耐磨性,其高温回火时,也会产生二次硬化现象,但是提高红硬性的作用不如 W、Mo 明显。

② 锻造及热处理工艺:现以 W18Cr4V 钢制造盘形齿轮铣刀(图 3-8)为例,说明其热处理工艺选用和生产路线的制定。

盘形齿轮铣刀(模数 $m=3$)热处理后刃部硬度要求大于 63HRC,其生产过程工艺路线如下:下料→锻造→球化退火→机械加工→淬火+多次回火→喷砂→磨加工→成品。

a. 高速钢的锻造。高速钢属于莱氏体钢,铸态组织中有粗大的、鱼骨状共晶碳化物(M_6C)(图

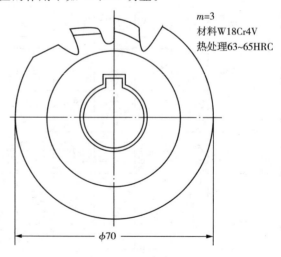

$m=3$
材料W18Cr4V
热处理63~65HRC

$\phi70$

图 3-8　盘形齿轮铣刀示意图

3－9)。这些粗大的碳化物无法用热处理的方法消除,只有通过锻造的方法将其击碎,并使它们分布均匀。如果碳化物分布不均匀,刃具的强度、硬度、耐磨性、韧性和热硬性都很差,在使用过程中容易发生崩刃或加速磨损,导致刃具早期失效。

　　高速钢的热处理。①预先热处理(球化退火)。高速钢锻造后的硬度很高,只有经过退火降低硬度才能进行切削加工。一般采用球化退火降低硬度,消除锻造应力,为淬火做组织上的准备。球化退火后组织由索氏体和均匀分布的合金碳化物所组成(图 3－10)。退火工艺一般采用等温球化退火,如图 3－11 所示。②最终热处理(淬火＋回火)。高速钢中含大量合金元素,导热性比较差,淬火温度较高,为避免加热过程产生变形开裂,一般在 800～840℃ 时预热,截面尺寸较大的零件可在 500～650℃ 时多进行一次预热。

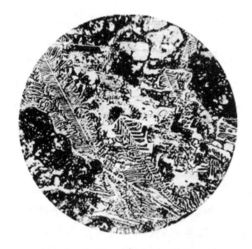

图 3－9　W18Cr4V 钢铸态组织

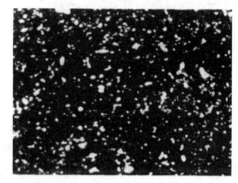

图 3－10　W18Cr4V 钢球化退火组织

　　合金元素只有溶入高速钢中才能有效地提高其红硬性,且在 1200℃ 以上才能大量溶于奥氏体中。因此,为了保证足够的红硬性,高速钢淬火温度都比较高,但是温度也不可过高,否则奥氏体晶粒长大明显,残余奥氏体量也会增加,一般温度控制在 1220～1280℃,W18Cr4V 钢淬火后的组织为马氏体、残余奥氏体和粒状碳化物(图 3－12)。为了减少残余奥氏体,稳定组

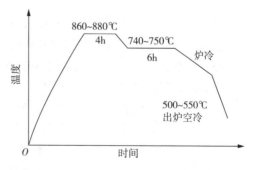

图 3－11　W18Cr4V 钢球化退火工艺

织,消除应力,提高红硬性,高速钢要进行多次回火,主要是由于一次回火不能完全消除残余奥氏体。

　　③ 力学性能:W18Cr4V 钢硬度与回火温度的关系如图 3－13 所示。随着回火温度升高,钢的硬度开始呈下降趋势,大于 300℃ 后,硬度反而随温度升高而提高,在 570℃ 左

右达到最高值。这是因为温度升高,马氏体中析出了细小弥散的特殊碳化物 W_2C、VC 等,第二相产生弥散强化效应。此外,部分碳及合金元素从残余奥氏体中析出,M 点升高,钢在回火冷却时,部分残余奥氏体转变为马氏体,发生了"二次淬火",使硬度升高。以上两个因素是高速钢回火出现"二次硬化"的根本原因,当回火温度大于 560℃时,碳化物发生聚集长大,硬度下降。

图 3-12　W18Cr4V 钢淬火后组织

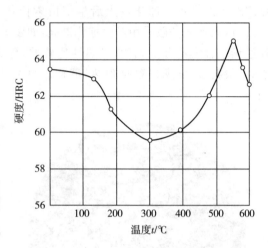

图 3-13　W18Cr4V 钢硬度与回火温度关系

④ 钢种、牌号和主要用途:我国常用高速钢有 W 系钢和 W-Mo 系钢。W 系钢,如 W18Cr4V 红硬性和加工性能好;W-Mo 系钢,如 W5Mo5Cr4V2 耐磨性、热塑性和韧性较好,但脱碳敏感性较大且磨削性能不如 W 系钢。近年来,我国又开发出含 Co、Al 等超硬高速钢,这类钢能极大限度地溶解合金元素,提高红硬性,但是脆性较大,有脱碳倾向。

常用高速钢的牌号、化学成分、热处理工艺、力学性能和主要用途见表 3-13 所列。

2)模具钢

用作冷冲压模、热锻压模、挤压模、压铸模等模具的钢称为模具钢。根据性质和使用条件不同,模具钢可分为冷作模具钢和热作模具钢两大类。

(1)冷作模具钢:冷作模具钢是用来制造在冷态下使金属变形的模具钢种,包括冷冲模、冷镦模、冷挤压模、拉丝模、落料模等。

① 工作条件、失效方式和性能要求:冷作模具在常温下使坯料变形,由于坯料的变形抗力较大且存在加工硬化效应,模具的工作部分受到了强烈的冲击载荷和摩擦、很大的压力和弯曲力的作用。模具类型不同,其工作条件也有差异。例如,冲裁模的刃口承受很强的冲压和摩擦;冷镦模和冷挤压模工作时,冲头承受巨大的挤压力;凹模则受到巨大的张力;冲头和凹模都受到剧烈的摩擦,拉伸模工作时,也承受很大的压应力和摩擦。冷作模具工作时的实际温度一般不超过 300℃。模具的失效形式为脆断、堆塌、磨损、啃伤和软化等,因此冷作模具钢要求具有较高的硬度和耐磨性,良好的韧性和疲劳强度。截面尺寸较大的模具还要求具有较高的淬透性,高精度模具则要求热处理变形小。

表 3-13 常用高速钢的牌号、化学成分、热处理工艺、力学性能和主要用途

牌号	质量分数/%									
	C	Mn	Si	P	S	Cr	V	W	Mo	Al
W18Cr4V	0.70~0.80	0.10~0.40	0.20~0.40	≤0.03	≤0.03	3.80~4.40	1.00~1.40	17.50~19.00	≤0.30	—
W6Mo5Cr4V2	0.80~0.90	0.15~0.40	0.20~0.45	≤0.03	≤0.03	3.80~4.40	1.75~2.20	5.50~6.75	4.50~5.50	—
W6Mo5Cr4V2Al	1.05~1.20	0.15~0.40	0.20~0.60	≤0.03	≤0.03	3.80~4.40	1.75~2.20	5.50~2.20	4.50~5.50	0.80~1.20

牌号	交货状态 HBS不大于		热处理工艺				力学性能	主要用途
	退火	其他加工方法	预热温度/℃	淬火温度/℃ 盐浴炉	淬火温度/℃ 箱式炉	回火温度/℃	硬度/HRC(≥)	
W18Cr4V	255	269	820~870	1270~1285 油	1270~1285 油	550~570	63	制造一般高速切削用车刀、刨刀、钻头、铣刀等
W6Mo5Cr4V2	255	262	730~840	1210~1230 油	1210~1230 油	540~550	63(箱式炉)、64(盐浴炉)	制造要求耐磨性和韧性好的高速切削刀具，如丝锥、钻头等
W6Mo5Cr4V2Al	269	285	820~870	1230~1240 油	1230~1240 油	540~560	65	加工一般材料时，刀具使用寿命为 W18Cr4V 的1~2倍，也可制造冷热模具零件

② 化学成分:冷作模具钢碳的质量分数较高,多在 1.0% 以上,有的甚至高达 2.0%,其目的是保证获得高硬度和高耐磨性。

冷作模具钢中主加合金元素是 Cr,它能够提高淬透性,形成 Cr_7C_3 或 $(Cr,Fe)_7C_3$ 等化合物,明显提高钢的耐磨性;辅加合金元素是 Mn、W、Mo、V 等,其中 Mn 的作用是提高淬透性和强度,W、Mo、V 等与碳形成细小弥散的碳化物,除了进一步提高淬透性、细化晶粒外,还能提高回火稳定性、强度和韧性。

③ 锻造及热处理工艺:冷作模具钢热处理的目的是最大限度地满足其性能要求,以便能正常工作,现以 $Cr_{12}MoV$ 冷作模具钢专用钢制造冲孔落料模为例,分析热处理工艺方法及制定生产工艺路线。

冲孔落料模示意图如图 3 – 14 所示。凸、凹模均要求硬度在 58~60HRC,要求具有较高的耐磨性、强度和韧性,较小的淬火变形。为此,设计其生产工艺路线如下:锻造→退火→机加工→淬火+回火→精模或电火花加工→成品。

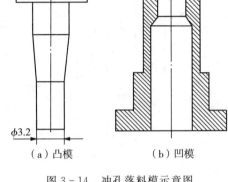

图 3 – 14   冲孔落料模示意图

a. 冷作模具钢的锻造。Cr12MoV 钢的组织与性能与高速钢类似,其中有莱氏体组织,可以通过锻造使其破碎且分布均匀。

b. 冷作模具钢的热处理。预先热处理一般为球化退火(包括等温退火),目的是消除锻造应力、降低硬度(197~241HBS),便于切削加工。

最终热处理方案有两种。①一次硬化法。在较高温度(950~1000℃)时淬火,然后低温(150~180℃)回火,使其硬度为 61~64HRC,得到的冷作模具钢具有较好的耐磨性和韧性,适用于重载模具。图 3 – 15 所示为 Cr12MoV 钢制冲孔落料模淬火回火工艺,其热处理后组织为回火马氏体、残余奥氏体和合金碳化物。②二次硬化法。在较高温度

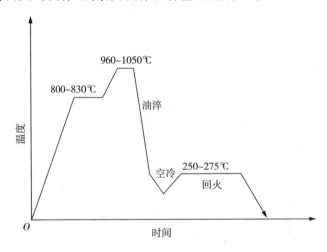

图 3 – 15   Cr12MoV 钢制冲孔落料模淬火回火工艺

(1100～1150℃)时淬火,然后于510～520℃时多次(一般为三次)回火,产生二次硬化,使冷作模具钢硬度为60～62HRC,红硬性和耐磨性都较高,但韧性较差,适用于在400～450℃温度下工作的模具。

④ 牌号和主要用途:冷作模具钢按化学成分可分为碳素工具钢、低合金工具钢、高合金工具钢、高速钢,按工艺性能和承载能力又可分为低淬透性、低变形、微变形、高强度、高韧性和抗冲击冷作模具钢。

对于几何形状比较简单、截面尺寸和工作负荷不太大的冷作模具(如小冲头、剪薄钢板的剪刀)可用高级优质碳素工具钢 T8A、T10A、T12A 和低合金刃具钢 9SiCr、9Mn2V、CrWMn 等,这类钢耐磨性较好,淬火变形不太大;对于形状复杂、尺寸和负荷较大、变形要求严格的冷作模具,可采用中或高合金模具钢,如 Cr12、Cr12MoV 或 W18Cr4V 等,这类钢淬透性高、强度高、耐磨性好,属微变形钢。

常用冷作模具钢的化学成分、热处理力学性能和主要用途见表3-14所列。

(2)热作模具钢:热作模具钢是用来制造在受热状态下使金属变形的模具钢种,包括热锻模、热挤压模、热镦模、压铸模、高速锻模等。

① 工作条件、失效方式和性能要求:热作模具钢工作条件的主要特点是与热态(温度为1100～1200℃)金属相接触,由此产生两方面问题。一方面是使模腔表层金属受热,温度可升至300～400℃(锤锻模)、500～800℃(热挤压模)、甚至近千度(黑色金属压铸模),另一方面是使模腔表层金属产生热疲劳(是指模具型腔表面在工作中反复受到炽热金属的加热和冷却剂的冷却交替作用而引起的龟裂现象)。此外,还存在使工件变形的机械应力和工件间的强烈摩擦作用。热作模具常见的失效形式是变形、磨损、开裂和热疲劳等。因此,为使热作模具正常工作,模具用钢在较高的工作温度下应具有良好的强韧性,较高的硬度、耐磨性、导热性、抗热疲劳能力,以及淬透性和尺寸稳定性。

② 化学成分:热作模具钢中碳的质量分数一般为0.3%～0.6%,含碳量适中,以获得所需的强度、硬度、耐磨性和韧性,含碳量过高,会导致韧性和导热性下降;含碳量过低,强度、硬度、耐磨性难以保证。

热作模具钢中加入的合金元素是 Cr、W、Mo、V、Ni、Mn 等,其中 Cr 能够提高淬透性和回火稳定性;Ni 除与 Cr 共存时可提高淬透性外,还能提高综合力学性能;Mn 能够提高淬透性和强度,但是有使韧性下降的趋势;Mo、W、V 等能产生二次硬化,提高红硬性、回火稳定性、抗热疲劳性、细化晶粒,Mo 和 W 还能防止第二类回火脆性。

③ 锻造及热处理工艺:热作模具钢热处理的目的主要是提高红硬性、抗热疲劳性和综合力学性能。现以 5CrMnMo 钢制造板牙热锻模为例来分析热处理工艺方法及制定生产工艺路线。板牙热锻模的示意图如图3-16所示,要求其硬度为351～387HBS,抗拉强度为1200～1400MPa,冲击值为32～56J,同时还要满足对热作模具淬透性、抗热疲劳性等的要求。其生产工艺路线如下:锻造→退火→粗加工→成型加工→淬火＋回火→精加工(修型、抛光)。

a. 热作模具钢的锻造。钢在轧制时会出现纤维组织,产生各向异性,因此要给予锻造以消除以上现象。

表3-14 常用冷作模具钢的化学成分、热处理力学性能和主要用途

牌号	质量分数/%									热处理		交货状态(正火)/HBS	主要用途
	C	Si	Mn	Cr	W	Mo	V	P(≤)	S(≤)	淬火温度/℃	硬度/HRC		
Cr12	2.00~2.30	≤0.40	≤0.40	11.50~13.00	—	—	—	0.03	0.03	950~1000 油	60	217~269	用于耐磨性高而冲击较小的模具，如冲模、冲头、钻套、量套、螺纹滚丝模、拉丝模等
Cr12MoV	1.45~1.70	≤0.40	≤0.40	11.00~12.50	—	0.40~0.60	0.15~0.30	0.03	0.03	950~1000 油	58	207~255	用于制作截面较大、形状复杂、工作条件繁重的各种冷作模具及螺纹搓丝板
9Mn2V	0.85~0.95	≤0.40	1.70~2.00	—	—	—	0.10~0.25	0.03	0.03	780~810 油	62	≤229	用于制作小型冷作模具及要求形小、耐磨性高的量规、块规、磨床主轴等
CrVMn	0.90~1.05	≤0.40	0.80~1.10	0.90~1.20	—	—	—	0.03	0.03	800~830 油	62	207~255	用于制作淬火要求变形小、长而形状复杂的切削刀具，如拉刀、长形锥及形状复杂、高精度的冷冲模
9CrVMn	0.85~0.95	≤0.40	0.90~1.20	0.50~0.80	—	—	—	0.03	0.03	800~830 油	62	197~241	用于制作淬火要求变形很小、长而形状复杂的切削刀具，如拉刀、长形锥及形状复杂、高精度的冷冲模
Cr4W2MoV	1.12~1.25	0.40~0.70	≤0.40	3.50~4.00	—	—	—	0.03	0.03	960~980 1020~1040 油	60	≤269	可代替Cr12MoV、Cr12 用作电机、电器硅钢片冲裁模，还可做冷镦模、冷挤压模、拉拔模、搓丝模等

　　b. 热作模具钢的热处理。锻造后预先热处理为退火,780～800℃时保温 4～5h 退火,消除锻造应力,改善切削加工性能,为最终热处理做组织上的准备。最终热处理一般为淬火后高温(或中温)回火,以获得均匀的回火索氏体组织,硬度在 40HRC 左右,以保证有较高的韧性。在热作模具钢中,典型的 5CrMnMo 钢制造时为热锻模淬火加回火工艺,如图 3-17 所示。为降低热应力,大型模具需在 500℃左右预热,为防止模具淬火开裂,一般先由炉内取出空冷至 750～780℃预冷,然后再淬入油中,油冷至 150～200℃(大致为油只冒青烟而不着火的温度)取出立即回火,避免冷至室温再回火导致开裂。回火消除了内应力,获得回火索氏体(或回火托氏体)组织,以得到所需的性能。

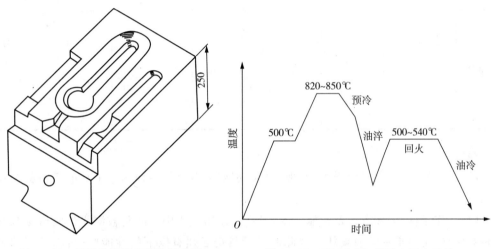

图 3-16　板牙热锻模(下模)示意图　　　　图 3-17　5CrMnMo 钢淬火回火工艺

(3)牌号和用途

常用热作模具钢的化学成分、热处理力学性能和主要用途见表 3-15 所列。

表 3-15　常用热作模具钢的化学成分、热处理力学性能和主要用途

牌号	质量分数/%									交货状态(正火)/HBS	热处理淬火/℃	硬度/HRC	主要用途
	C	Si	Mn	Cr	W	Mo	V	P(≤)	S(≤)				
3CrMnMo	0.50～0.60	0.25～0.50	1.20～1.60	0.60～0.90	—	0.15～0.30	—	0.03	0.03	197～241	820～850 油淬	52～58	制作中型锤锻模(边长为300～400mm)
5CrNiMo	0.50～0.60	≤0.40	0.50～0.80	0.50～0.80	—	0.15～0.30	—	0.03	0.03	197～241	830～860 油淬	58～60	制作形状复杂、冲击载荷大的各种大、中型锤锻模(边长＞400mm)

(续表)

牌号	质量分数/%									交货状态（正火）/HBS	热处理 淬火/℃	硬度/HRC	主要用途
	C	Si	Mn	Cr	W	Mo	V	P (≤)	S (≤)				
3Cr2W8V	0.30~0.40	≤0.10	≤0.40	2.20~2.70	7.50~9.00	—	0.20~0.50	0.03	0.03	207~255	1075~1125 油淬	50~52	制作压铸模、平锻机上的凸模和凹模、镶块、铜合金挤压模等
4Cr5W2VSi	0.32~0.42	0.80~1.20	≤0.40	4.50~5.50	1.60~2.40	—	0.60~1.00	0.03	0.03	≤229	1030~1050 油、空冷	52~56	可用于高速锤用模具与冲头、热挤压用模及心棒、有色金属压铸模等

3)量具钢

用于制造卡尺、千分尺、样板、塞规、块规、螺旋测微仪等各种测量工具的钢被称为量具钢。

(1)工作条件、失效方式及性能要求:量具在使用过程中始终与被测零件紧密接触并做相对移动,主要承受磨损破坏。因此对于量具钢必须有以下的性能要求:①较高的硬度(>56HRC)和高耐磨性,以保证测量精度;②高的组织和尺寸稳定性,以保证量具在长期使用过程中或保存期间不产生形状、尺寸变化而丧失精度;③热处理变形小和较好的加工工艺性。此外,量具钢还应有耐轻微冲击、碰撞的能力。

(2)化学成分:量具钢碳的质量分数较高,一般为 0.90%~1.50%,以保证高硬度和耐磨性。加入的合金元素为 Cr、W、Mn 等,其作用是提高淬透性,降低 M_s 点,使热应力和组织应力减小,减轻淬火变形影响,其还能形成合金碳化物,提高硬度和耐磨性。

(3)热处理工艺:量具钢热处理的主要目的是得到高硬度和高耐磨性,并且保持高的尺寸稳定性。因此,量具钢应尽量在缓冷介质中淬火,并进行深冷处理以减少残余奥氏体量。然后低温回火消除应力,保证高硬度和高耐磨性。现以 CrWMn 钢制造的测量标定线性尺寸的块规(图 3-18)为例,说明其热处理工艺方法的选定和生产工艺路线的安排。

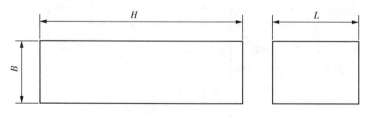

图 3-18 块规示意图

块规是机械制造行业常用的标准量块,硬度值应满 62~65HRC 的要求,淬火不直度小于 0.05mm,长期使用时尺寸应保持高稳定性,其生产工艺路线如下:锻造→球化退火→机加工→淬火→冷处理→回火→粗磨→低温人工时效→精磨→低温去应力回火→研磨。

CrWMn 钢的预先热处理采用球化退火,消除锻造应力,得到粒状珠光体和合金渗碳体组织,提高了切削加工性,为最终热处理做组织上准备。其工艺为 780~800℃ 加热,在 A_{r1} 以下 690~710℃ 长时间等温,硬度为 217~255HBS。

机械加工后的热处理工艺如图 3-19 所示。CrWMn 钢的热处理特点主要是增加了冷处理和时效处理,其目的是保证块规具有高的硬度、耐磨性和长期的尺寸稳定性。

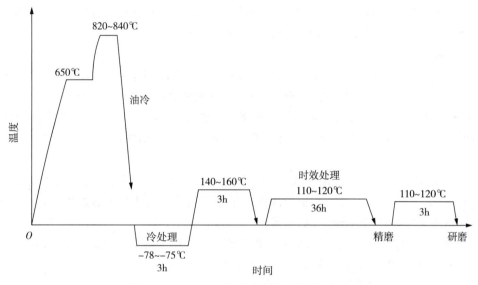

图 3-19　CrWMn 钢块规退火后热处理工艺

淬火冷却后,采用-78~-75℃保温 3h 的冷处理方式,能极大限度地减少残余奥氏体的量,避免残余奥氏体转变为马氏体,引起尺寸的胀大。进行长时间低温人工时效处理(110~120℃,36h),可以松弛残余应力,并且防止因马氏体分解引起的尺寸收缩效应,保证块规高的硬度和尺寸稳定性。

冷处理后的低温回火(140~160℃,3h),是为了减小淬火、冷处理产生的应力。精磨后又进行的低温回火处理(110~120℃,3h),是为了消除新生的磨削应力,使量具的残余应力保持在最小的程度。

(4)牌号和主要用途

我国目前没有专用的量具钢。一般高精度、高耐磨性、尺寸稳定、淬火变形小、硬度均匀及尺寸较大的量具常选用含 Cr、W、Mn 等元素的低合金工具钢或 Cr 轴承钢;高硬度、高表面光洁度及尺寸不大的量具或量具零件可选用碳素工具钢;中等硬度及有一定强度和韧性的量具结构件可选用优质中碳结构钢;尺寸小、形状简单、精度较低的量具可选用高碳钢或渗碳钢;弹性零件可选用弹簧钢。常用量具钢的主要用途见表 3-16 所列。

表 3 - 16　常用量具钢的主要用途

牌号	主要用途
10、20 或 50、55、60、60Mn、65Mn	平样板或卡板
T10A、T12A、9SiCr	一般量规与块板
Cr 钢、CrMn 钢、GCr15	高精度量规与块规
CrWMn	高精度且形状复杂的量规与块规
4Cr13、9Cr18	抗蚀量具

4. 特殊性能钢

特殊性能钢是指具有特殊物理、化学性能的钢,此类钢种类较多且发展迅速,本节只介绍几种常用的特殊性能钢,即不锈钢、耐热钢及耐磨钢等。

1)不锈钢

不锈钢是指在腐蚀介质中具有抗腐蚀性能的钢,广泛用于化工、石油、航空等工业中。实际上并没有绝对不受腐蚀的钢种,只是不锈钢的腐蚀速度较为缓慢。

(1)金属腐蚀的基本概念:腐蚀是金属制件经常发生的一种现象。腐蚀是指金属表面与周围介质相互作用,使金属基体逐渐遭受破坏的现象。腐蚀可分为化学腐蚀与电化学腐蚀两大类。

① 化学腐蚀。化学腐蚀是金属与周围介质发生纯粹的化学作用,整个腐蚀过程中不产生电流,不发生电化学反应,如钢的高温氧化、脱碳、石油生产和输送过程中钢的腐蚀,以及氢和含氢气氛对钢的腐蚀(氢蚀)等。

② 电化学腐蚀。电化学腐蚀是金属在电解质溶液中产生了原电池,腐蚀过程中有微电流产生,如金属在海水、酸、碱、盐等中产生的腐蚀。

通常,金属材料的腐蚀以电化学腐蚀为主。例如,珠光体组织在硝酸酒精溶液中的腐蚀就是一种微电池电化学腐蚀作用的结果。珠光体中,铁素体和渗碳体有不同的电极电位,铁素体的电极电位比渗碳体的电极电位低。若将珠光体置于硝酸酒精溶液中,铁素体成为阳极被腐蚀,而作为阴极的渗碳体不被腐蚀,这样就使原来已经被抛光的平面变得凹凸不平。片状珠光体电化学腐蚀示意图如图 3 - 20 所示。

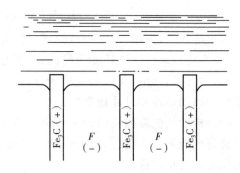

图 3 - 20　片状珠光体电化学腐蚀示意图

腐蚀是金属零件在服役中经常发生的一种失效破坏形式,会对国民经济建设造成巨大的损失。据不完全统计,全世界每年因腐蚀而破坏的金属制件约占其产量的 10%,因此采取必要的措施提高金属耐蚀性能具有非常重要的现实意义。

从电化学腐蚀基本原理可知,若要提高金属的耐蚀性,可以采取以下措施。

a. 尽可能使金属具有均匀的单相组织,并且具有较高的电极电位。合金元素加入钢中后,使钢在室温下呈单相组织,无电极电位差,不发生电化学腐蚀。

b. 减小两极之间的电极电位差,尽可能提高基体(阳极)的电极电位。在钢中加入某些合金元素后可显著提高基体相的电极电位,从而延缓基体的腐蚀。如在钢中加入质量分数大于13%的Cr,铁素体的电极电位会由$-0.56V$提高到$0.2V$(图3-21),钢的抗腐蚀性大大增加。

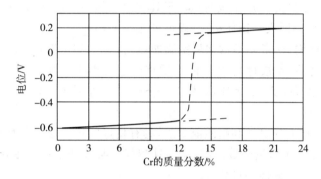

图3-21 铬含量与铁铬合金电极电位的关系

c. 在金属表面形成致密、稳定的保护膜。合金元素加入钢中后,可在其表面形成一层致密的、结合牢固的氧化膜(或钝化膜),使钢与周围介质隔绝,提高抗腐蚀能力。

(2)工作条件、失效方式及性能要求:不锈钢除应具有良好的耐蚀性外,还应具有良好的工艺性能,如冷变形性、可焊性,以便加工、焊接成型。制作工具、结构件的不锈钢还应有好的力学性能(强度、硬度等)。

(3)化学成分:不锈钢中碳的质量分数一般很低,大多数不锈钢碳的质量分数为$0.1\%\sim0.2\%$,耐蚀性要求越高,碳含量越低。随着含碳量的增加,阴极相增加,特别是C与Cr形成$(Cr、Fe)23C6$型阴极相沿晶界析出,使晶界周围严重贫Cr,当Cr贫化到耐蚀所必需的最低质量分数12.5%以下时,贫Cr区迅速被腐蚀,造成晶间腐蚀。

不锈钢中主加的合金元素是Cr和Ni,Cr的作用是可以显著提高钢在氧化性介质中的耐蚀性(但在非氧化性介质如盐酸、硫酸、醋酸等中,Cr不能提高其耐蚀性),Cr钢中加入Ni,可同时提高钢在氧化性与非氧化性介质中的耐蚀性。辅加元素是Mo、Cu、Mn、N、Ti、Nb等,Mo能够提高钢在氧化性及非氧化性介质(尤其是含Cl介质)中的耐蚀性;Cu可显著提高奥氏体不锈钢在稀硫酸中的抗蚀性;Mn、N可提高钢在有机酸(如醋酸、甲酸等)中的耐蚀性,且可代替部分Ni获单相奥氏体组织;Ti、Nb能形成稳定的KTiC、NbC,防止晶间腐蚀倾向和提高钢的强度。

(4)常用不锈钢:常用不锈钢根据室温组织状态大致可分为马氏体不锈钢、铁素体不锈钢和奥氏体不锈钢、双相不锈钢和奥氏体-马氏体沉淀硬化不锈钢等。

① 马氏体不锈钢:马氏体不锈钢在加热和冷却时发生转变,可以通过淬火得到马氏体组织,因此被称为马氏体不锈钢。

马氏体不锈钢碳的质量分数一般为$0.10\%\sim0.45\%$,Cr的质量分数为$12\%\sim14\%$,属于Cr不锈钢,统称为Cr13型钢,牌号有1Cr13、2Cr13、3Cr13、4Cr13等。随着钢中碳含量的增加,钢的强度、硬度、耐磨性提高,但耐蚀性下降。

马氏体不锈钢多用于力学性能要求较高,而耐蚀性要求较低的零件。1Cr13、2Cr13等钢中碳的质量分数较低,塑性、韧性和耐蚀性较好,可在大气、蒸汽等介质腐蚀条件下工作,常用作受冲击载荷的汽轮机叶片、锅炉管附件、水压机阀等,为获得良好的综合力学性能,常采用调质处理以得到回火索氏体组织;3Cr13、4Cr13等钢中碳的质量分数较高,形成的碳化物较多,强度、硬度、耐磨性较高,但是耐蚀性较差,常用于在弱腐蚀条件下工作而且要求高硬度的医疗器械、弹簧、刀具、轴承、热油泵轴等,常用的热处理方法是淬火加低温回火,得到回火马氏体组织,硬度可达 50HRC。

② 铁素体不锈钢:铁素体不锈钢从室温加热到 960～1100℃时,不发生相变,始终都是单相铁素体组织,因此被称为铁素体不锈钢。这类钢碳的质量分数较低,通常小于0.15%,含 Cr 量较高,其质量分数为 12%～32%,牌号有 0Cr13、1Cr17、1Cr17Ti、1Cr28 等。

铁素体不锈钢抗大气腐蚀和耐酸能力强,具有良好的抗高温氧化性,塑性、焊接性均优于马氏体不锈钢。Cr 质量分数越高,耐蚀性越好。某些铁素体钢中含钛,目的是细化晶粒,稳定碳和氮,改善韧性和可焊性。

因为铁素体不锈钢在加热和冷却时不发生相变,不能应用热处理方法强化,所以强度比马氏体不锈钢低,一般在退火或正火态下使用。常用于耐蚀性要求很高而强度要求不高的构件,如硝酸、氮肥、磷肥等化学工业中在氧化性腐蚀介质中工作的构件。

③ 奥氏体不锈钢:奥氏体不锈钢中含有较高质量分数的 Ni,扩大了奥氏体区域,室温下能够保持单相奥氏体组织,因此被称为奥氏体不锈钢,奥氏体不锈钢含碳量很低,大多低于 0.10%。这类钢中主要含有 Cr、Ni 合金元素,因而又称为铬镍不锈钢,一般 Cr 的质量分数为 17%～19%,Ni 的质量分数为 8%～11%,也称为 18-8 型不锈钢。牌号有0Cr18Ni9、1CrNi9、0CrNi9Ti、1Cr18Ni9Ti 等。

奥氏体不锈钢在常温下通常为单相奥氏体组织,强度、硬度比较低(135HBS 左右),无磁性,塑性、韧性及耐腐蚀性能均比马氏体型不锈钢好,焊接性和冷热加工性能也很好,可进行各种冷塑性变形加工,是目前应用最广泛的不锈钢。但是,如果奥氏体不锈钢中存在较大的内应力,同时在氯化物等介质中使用时,会产生应力腐蚀,而且介质工作温度越高,越易破坏。

18-8 型不锈钢对加工硬化很敏感,且唯一的强化方法是加工硬化。因为 18-8 型不锈钢的塑性高,易加工硬化,导热性差,所以切削加工性能比较差。

为提高奥氏体不锈钢的性能,常用的热处理工艺方法大致有以下 3 种。

a. 固溶处理:在退火状态下,奥氏体不锈钢组织为奥氏体和碳化物,碳化物的存在会导致耐蚀性下降。因此常将钢加热至 1050～1150℃,让钢中的碳化物充分溶解,随后通过快速水冷,获得单相奥氏体组织,提高钢的耐蚀性。

b. 稳定化处理:含 Ti、Nb 的不锈钢在固溶处理后再加热到 850～880℃,使钢中 Cr 的碳化物$(Cr,Fe)_{23}C_6$全部溶解,而优先形成的 TiC 和 NbC 等稳定性较高,不会溶解,然后缓慢冷却(空冷或炉冷),使加热时溶于奥氏体的碳与钛以 TiC 形式充分析出,于是,碳几乎全部"稳定"于 TiC 中,不再与 Cr 形成碳化物,有效地消除了晶间贫 Cr 的可能,从而避免了晶间腐蚀产生。

　　c. 去应力处理:一般加热至 300～350℃,然后冷却,可以消除冷热加工应力;加热至
850℃以上可以消除焊接应力,有效地防止应力腐蚀破裂。

　　④ 双相不锈钢:主要指奥氏体-铁素体双相不锈钢,它是在 Cr18Ni8 的基础上调整
Cr、Ni 含量,并加入适量的 Mn、Mo、W、Cu、N 等合金元素,通过合适的热处理而形成的。
双相不锈钢兼有奥氏体不锈钢和铁素体不锈钢的优点,如良好的韧性、焊接性能、较高的
屈服强度和优良的耐蚀性,是近十年来发展较快的钢种。常用典型双相不锈钢有
1Cr21Ni5Ti、1Crl8Mnl0Ni5Mo3N 等。

　　⑤ 奥氏体-马氏体沉淀硬化不锈钢:奥氏体不锈钢虽然可通过冷变形予以强化,但是
大截面的零件,特别是形状复杂的零件各处变形程度不同,因此各处强化程度不相同,为
解决这个难题,人们研究发展了沉淀硬化型不锈钢。这类钢在 18-8 型不锈钢的基础上
降低了 Ni 的含量,并加入适量 Al、Cu、Nb、P 等元素,在热处理过程中析出金属间化合
物,实现沉淀硬化。例如,0Cr17Ni7Al 钢经 1060℃加热后空冷(即固溶处理)获得单相奥
氏体,其硬度低(85HBS),易于冷轧、冲压成形和焊接,然后再加热至 750～760℃空冷获
得奥氏体-马氏体双相组织,最后在 560～570℃进行时效(或称沉淀)硬化处理,析出
Ni3Al 等金属化合物,使其硬度增至 43HRC。这类钢主要用作高强度、高硬度而又耐腐
蚀的化工机械设备、零件及航天用设备、零件等。

　　0Cr17Ni7Al(17-7PH)是典型的奥氏体-马氏体沉淀硬化不锈钢,此类钢的合金元
素总含量为 22%～25%,其 M_s 点较低,在室温下仍保持奥氏体组织,因而有良好的塑性
和冷变形加工能力。经调质处理和冷处理,或经冷变形加工,可转变为马氏体组织,获得
较高的强度和良好的耐蚀性。

　　常用不锈钢的类别、牌号、化学成分、热处理工艺、力学性能和主要用途见表 3-17
所列。

　　2)耐热钢
　　耐热钢是指在高温下具有抗氧化性和热强性的钢。
　　(1)工作条件和性能要求:钢的耐热性是包含热稳定性和热强性的一个综合概念。
热稳定性是指钢在高温下能够保持化学稳定性(耐腐蚀,不起皮)的能力(也称为抗氧
化性),而热强性则指钢在高温下承受机械负荷的能力。耐热钢主要用于制造工业加
热炉、高压锅炉、汽轮机、内燃机、航空发动机、热交换器等在高温下工作的构件和
零件。

　　(2)提高钢的抗氧化性和热强性的途径:提高钢的抗氧化性主要途径是合金化,在钢
中加入 Cr、Si、Al 等合金元素,使钢在高温与氧接触时,优先形成致密的高熔点氧化膜
Cr_2O_3、SiO_2、Al_2O_3 等,严密地覆盖住钢的表面,阻碍氧化的继续进行。

　　金属在高温下承受载荷时,即使负荷远低于该温度下的屈服强度值,但随着时间的
延长,零件将缓慢地发生塑性变形,直到断裂,这种现象称为蠕变。金属材料在高温下抵
抗蠕变的能力称为热强性。为了提高钢的热强性,通常采取以下措施。

　　① 固溶强化:面心立方结构原子排列较为紧密,不易发生蠕变,因此奥氏体钢有更高
的热强性。在钢中加入 W、Mo、Cr 等合金元素,可增大原子间结合力,减慢固溶体中的
扩散过程,提高热强性。

表 3-17 常用不锈钢的类别、牌号、化学成分、热处理工艺、力学性能和主要用途

类别	牌号	质量分数/%								热处理/℃				力学性能						主要用途
		C	Si	Mn	P	S	Ni	Cr	其他	固溶处理	退火	淬火	回火	$\sigma_{0.2}$/MPa	σ_b/MPa	δ/%	ψ/%	硬度/HBS	α_k/(J/cm²)	
马氏体不锈钢	1Cr13	≤0.15	≤1.00	≤1.00	≤0.035	≤0.030	—	11.50~13.50	—	—	800~900缓冷,约750快冷	950~1000油冷	700~750快冷	≥343	≥539	δ×100≥25	≥55	≥159	≥98	一般用作刀具一类
	2Cr13	0.16~0.25	≤1.00	≤1.00	≤0.035	≤0.030	—	12.00~14.00	—	—	800~900缓冷,约750快冷	920~980油冷	600~750快冷	≥441	≥637	δ×100≥20	≥50	≥192	≥78	汽轮机叶片
	3Cr13	0.26~0.40	≤1.00	≤1.00	≤0.035	≤0.030	—	12.00~14.00	—	—	800~900缓冷,约750快冷	920~980油冷	600~750快冷	≥539	≥735	δ×100≥12	≥40	≥217	≥29	刀具、喷嘴、阀位、阀门等
	7Cr17	0.60~0.75	≤1.00	≤1.00	≤0.035	≤0.030	—	16.00~18.00	—	—	800~920缓冷	1010~1070油冷	100~180快冷					HRC≥54		刃具、量具、轴承等
铁素体不锈钢	1Cr17	≤0.12	≤0.75	≤1.00	≤0.035	≤0.030	—	16.00~18.00	—	—	780~850空冷、缓冷	—	—	≥206	≥451	δ×100≥22	≥50	≤183		重油燃烧器部件、家用电器部件
	1Cr17Mo	≤0.12	≤1.00	≤1.00	≤0.035	≤0.030	—	16.00~18.00	Mo:0.75~1.25	—	780~850空冷(或缓冷)	—	—	≥206	≥451	δ×100≥22	≥60	≤183		比1Cr17抗盐溶液性强,作汽车外装材料使用
奥氏体不锈钢	0Cr19Ni9	≤0.08	≤1.00	≤2.00	≤0.035	≤0.030	8.00~10.50	18.00~20.00	—	1010~1150快冷	—	—	—	≥206	≥520	≥40	≥60	≤187		食品用设备,一般化工设备及原子能工业
	1Cr18Ni9	≤0.15	≤1.00	≤2.00	≤0.035	≤0.030	8.00~10.00	17.00~19.00	—	1010~1150快冷	—	—	—	≥206	≥520	≥40	≥60	≤187		建筑用装饰部件
	0Cr18Ni11Ti	≤0.08	≤1.00	≤2.00	≤0.035	≤0.030	9.00~13.00	17.00~19.00	Ti≥5×C	920~1150快冷	—	—	—	≥206	≥520	≥40	≥50	≤187		医疗器械,耐配容器及设备衬里、输送管道等
	00Cr17Ni14Mo2	≤0.03	≤1.00	≤2.00	≤0.035	≤0.030	12.00~15.00	16.00~18.00	Mo:2.00~3.00	1010~1150快冷	—	—	—	≥177	≥481	≥40	≥60	≤187		耐晶间腐蚀性好

② 沉淀强化：从过饱和固溶体中沉淀析出第二相也是提高耐热钢热强性的重要途径之一。如加入 Nb、V、Ti，在晶内析出弥散的 NbC、VC、TiC 等，可提高塑变抗力，从而提高热强性。

③ 晶界强化：高温下晶界的强度比较低，有利于蠕变。为了提高钢的热强性，应适当减少晶界，采用粗晶粒钢。通过加入 Zr、B、Mo、RE 等晶界吸附元素，降低晶界表面能，使晶界强化，从而提高钢的热强性。但晶粒不宜过分粗化，否则会损害钢的高温塑性和韧性。

(3) 常用耐热钢：根据成分、性能和用途的不同，耐热钢可分为抗氧化钢和热强钢两大类。

① 抗氧化钢：在高温下有较好的抗氧化性并具有一定强度的钢称为抗氧化钢（也可称为不起皮钢）。在高温下，抗氧化钢表面能迅速氧化形成一层致密的氧化膜覆盖在金属表面，使其不再继续氧化。而碳钢在高温下表面生成的 FeO 疏松多孔，氧原子容易通过 FeO 进行扩散，使内部继续氧化。FeO 与基体的结合强度比较弱，容易剥落，使钢的表面不断发生锈蚀，最终导致零件被破坏。这类钢主要用于制作在高温下长期工作且承受载荷不大的零件，如热交换器和炉用构件等，主要包括以下两类。

a. 铁素体型抗氧化钢。这类钢是在铁素体不锈钢的基础上加入了适量的 Si、Al 而发展起来的，其特点是抗氧化性强，但高温强度低、焊接性能差、脆性大。按抗氧化性或使用温度不同，分为以下四小类的低中 Cr 型，如 1Cr3Si 和 1Cr6Si2Ti 的工作温度为 800℃ 以下；Cr13 型，如 1Cr13SiAl 的工作温度为 800～1000℃；Cr18 型，如 1Cr18Si2 的工作温度为 1000℃ 左右；Cr25 型，如 1Cr25Si2 的工作温度为 1050～1100℃。

b. 奥氏体型抗氧化钢。这类钢是在奥氏体不锈钢的基础上加入适量的 Si、Al 等元素而发展起来的，其特点是比铁素体钢的热强性高，工艺性能得到改善，因而可在高温下承受一定的载荷。典型钢号有 Cr-Ni 型（如 3Cr18Ni25Si2 的工作温度为 1100℃）、Cr-Mn-Ni 型（如 2Cr20Mn9Ni2Si2N 的工作温度为 850～1050℃）及无 Cr-Ni 型（如 6Mn18Al5Si2Ti 的工作温度低于 950℃）。奥氏体型抗氧化钢多在铸态下使用（此时为铸钢，如 ZG3Cr18Ni25Si2），但也可制作锻件。

② 热强钢：高温下有一定抗氧化能力和较高强度及良好组织稳定性的钢称为热强钢。按空冷状态组织，热强钢可分为珠光体热强钢、马氏体热强钢和奥氏体热强钢。

a. 珠光体热强钢。珠光体热强钢的化学成分特点是碳的质量分数较低，合金元素总量也较少（＜3%），常用牌号有 15CrMo、12CrMoV 等。这类钢一般在正火（A_{c3} + 50℃）及随后高于使用温度 100℃ 下回火后使用，正火组织为珠光体或铁素体和索氏体，随后的高温回火是为了增加组织稳定性，并提高蠕变抗力。它们的耐热性不高，大多用于工作温度小于 600℃ 且承受较小载荷的耐热零件，如高、中压蒸汽锅炉的锅炉管和过热器等。

b. 马氏体热强钢。马氏体热强钢的 Cr 质量分数较高，有 Cr12 型和 Cr13 型的 1Cr11MoV 钢、1Cr12MoV 钢和 1Cr13、2Cr13 钢等。这类钢一般在调质状态下使用，组织为均匀的回火索氏体，它们的耐热性和淬透性皆比较好，工作温度与珠光体接近，但是热强性却高得多。常被用作工作温度不超过 600℃ 且承受较大载荷的零件，如汽轮机叶片、增压器叶片、内燃机排气阀等。

c. 奥氏体热强钢。奥氏体热强钢含较多的 Cr 和 Ni,总量超过 10%,常用牌号有 1Cr18Ni9Ti、4Cr14Ni14W2Mo 等。一般经高温固溶处理或固溶时效处理,稳定组织或析出第二相进一步提高强度后使用,它们的热稳定性和热强性都优于珠光体热强钢和马氏体热强钢,工作温度为 750~800℃,常被用作内燃机排气阀、燃汽轮轮盘和叶片等。

常用耐热钢的牌号、化学成分、热处理工艺、力学性能和主要用途见表 3-18 所列。

3)耐磨钢

耐磨钢主要是指在强烈冲击载荷作用下发生硬化的高锰钢。

(1)条件、失效方式和性能要求:耐磨钢主要用于运转过程中承受严重磨损和强烈冲击的零件。对耐磨钢性能的主要要求是具有很高的耐磨性和韧性。高锰钢能很好地满足这些要求,它是目前最重要的耐磨钢。

(2)化学成分:①高碳,质量分数为 1.0%~1.3%,以保证钢的耐磨性和强度,但碳含量过高时韧性下降,且易在高温下析出碳化物;②高锰,质量分数为 11%~14%(Mn/C 为 10~12),目的是与碳配合保证完全获得奥氏体组织,提高钢的加工硬化率;③一定量的硅,Si 的质量分数为 0.3%~0.8%,其作用是改善钢的流动性,起固溶强化作用,并提高钢的加工硬化能力。钢号表示为 Mn13,因为它机械加工困难,基本为铸造生产,所以钢号又可写成 ZGMn13。

(3)热处理工艺:高锰钢铸态下的组织是由奥氏体和残余碳化物(Fe,Mn)$_3$C 组成的。碳化物沿晶界析出,钢的强度和韧性降低,耐磨性也不好,因此不能直接使用。实践证明,高锰钢只有在全部获得奥氏体组织时,才能呈现出最好的韧性和耐磨性。

为了使高锰钢全部获得奥氏体组织,需要对其进行水韧处理。水韧处理类似于淬火处理,它是把高锰钢加热至临界点温度以上(1000~1100℃),保温一段时间后,使钢中的碳化物全部溶解到奥氏体中,然后于水中急冷。由于冷却速度非常快,钢中的碳化物来不及从奥氏体晶粒中析出,可以保持单一的奥氏体状态。水韧处理后的高锰钢塑性和韧性很高,但是硬度却较低,只有 180~220HBS,但是当它在受到剧烈冲击载荷作用或较大压力时,表面的奥氏体迅速产生加工硬化现象,并有马氏体及碳化物沿滑移面形成,表面层的硬度迅速提高到 500~550HBS,耐磨性也大幅度增加,其心部则仍维持原来的状态。水韧处理后的高锰钢不能再加热,因为当加热温度超过 300℃时,即使很短的时间也能析出碳化物,钢的性能变坏,所以高锰钢铸件水韧处理后一般不进行回火处理。

(4)力学性能:高锰钢只有在强烈的冲击和摩擦的条件下工作才能显示出高的韧性和耐磨性。如果工作时受到的冲击载荷和压力较小,不能引起充分的加工硬化,高锰钢的耐磨性甚至不及碳钢。

高锰钢不仅具有良好的耐磨性,而且它材质坚韧,即使有裂纹开始发生,在加工硬化作用下也会抵抗裂纹的继续扩展。因此,高锰钢可应用于一些需要耐磨且耐冲击、工作条件比较恶劣的场合,如车辆履带,铁道上的辙岔、辙尖、转辙器,挖掘机的铲斗,碎石机的颚板、衬板等。高锰钢在受力变形时能吸收大量的能源,因此可用于制造防弹板及保险箱钢板等。另外,高锰钢在寒冷气候条件下还有良好的力学性能,不会发生冷脆现象。

表 3-18 常用耐热钢的牌号、化学成分、热处理工艺、力学性能和主要用途

牌号	质量分数/%									热处理工艺/℃				力学性能						主要用途
	C	Si	Mn	P	S	Ni	Cr	Mo	其他	固溶	退火	淬火	回火	$\sigma_{0.2}$/MPa	σ_b/MPa	δ/%	ψ/%	硬度/HBS	α_k/(J/cm²)	
OG19N:9	≤0.08	≤1.00	≤2.00	≤0.035	≤0.030	8.00~10.50	18.00~20.00	—	—	1010~1150 快冷	—	—	—	206	520	40	60	≤187	—	可在 870℃以下反复加热
4Gr14Ni14W2Mo	0.40~0.50	≤0.08	≤0.70	≤0.035	≤0.030	13.00~15.00	13.00~15.00	0.25~0.40	W2.00~2.75	820~850 快冷	—	—	—	314	706	20	35	≤248	—	内燃机重载荷排气阀
3Cr18Mn12Si2N	0.22~0.30	1.40~2.20	10.50~12.50	≤0.060	≤0.030		17.00~19.00	—	N0.22~0.33	1100~1150 快冷	—	—	—	392	686	35	45	≤248	—	渗碳炉结构,加热炉传送带,料盘,炉爪
0Cr18Ni13Si4	≤0.08	3.00~5.00	≤2.00	≤0.035	≤0.030	11.50~15.00	15.00~20.00	—	—	1010~1150 快冷	—	—	—	206	520	40	60	≤207	—	汽车排气净化装置材料
0Cr13AL	≤0.08	≤1.00	≤1.00	≤0.040	≤0.030	—	11.50~14.00	—	Al0.10~0.30		780~830 空冷、缓冷	—	—	177	412	20	60	≥183	—	燃气透平压缩机叶片,退火箱,淬火台架
1Cr17	≤0.12	≤0.75	≤1.00	≤0.040	≤0.030	—	16.00~18.00	—	—		780~850 空冷、缓冷	—	—	206	451	22	50	≥183	—	900℃以下耐氧化部件,散热器,炉用部件,油喷嘴
1Cr5Mo	≤0.15	≤0.50	≤0.60	≤0.035	≤0.030	≤0.60	4.00~6.00	0.45~0.60	—			900~950 油冷	600~700 空冷	392	588	18	—			锅炉吊架、蒸汽轮机汽缸衬套,泵的零件,阀,活塞管、高压加氢设备部件
4Cr9Si2	0.35~0.50	2.00~3.00	≤0.70	≤0.035	≤0.030	≤0.60	8.00~10.00	—	—			1020~1040 油冷	700~780 油冷	588	883	19	50			内燃机进气阀,轻载荷发动机的排气阀
1Cr11MoV	0.11~0.18	≤0.50	≤0.60	≤0.035	≤0.030	≤0.60	10.00~11.50	0.50~0.70	V0.25~0.40			1050~1100 空冷	720~740 空冷	490	686	16	55	—	≥58.8	透平叶片及导叶片
1Cr13	≤0.15	≤1.00	≤1.00	≤0.035	≤0.030	—	12.50~13.50	—	—		800~900 缓冷 约750 快冷	950~1000 油冷	700~750 快冷	343	539	25	55	≥159	≥98.1	耐氧化用部件(800℃以下)

常用高锰钢的牌号、化学成分、热处理工艺、力学性能和主要用途见表3-19所列。

表3-19 常用高锰钢的牌号、化学成分、热处理工艺、力学性能和主要用途

牌号	质量分数/%					热处理工艺/℃		力学性能				主要用途
	C	Si	Mn	S	P	淬火	冷却介质	δ/%	σ_b/MPa	α_k/(J/cm²)	硬度/HRS	
								(≥)		(≤)		
ZGMn13-1	1.00~1.50	0.30~1.00	11.00~14.00	≤0.050	≤0.090	1060~1100 水冷	水	20	637		229	用于结构简单、要求以耐磨为主的低冲击铸件,如衬板、齿板、辊套、铲齿等
ZGMn13-2	1.00~1.40	0.30~1.00	11.00~14.00	≤0.050	≤0.090	1060~1100 水冷	水	20	637	147	229	
ZGMn13-3	0.90~1.30	0.30~0.80	11.00~14.00	≤0.050	≤0.080	1060~1100 水冷	水	35	735	147	229	用于结构复杂、要求以韧性为主的高冲击铸件,如履带板等
ZGMn13-4	0.90~1.30	0.30~0.80	11.00~14.00	≤0.050	≤0.070	1060~1100 水冷	水	35	735	147	229	

3.2　铸铁

铸铁是一种以Fe、C为主要元素的铁基材料,其含碳量较大(高于2.11%),含亚共晶、共晶或过共晶成分,一般含有较多的Si、Mn和一定量的S、P等合金元素。与钢相比,铸铁的强度、塑性和韧性较低,但其熔炼过程简单、成本较低,具有优良的铸造性能、很好的减磨和耐磨性、良好的减震性和切削加工性及缺口敏感性。

铸铁作为工程材料历史悠久,我国劳动人民在春秋时期就已发明了生铁的冶炼技术,并用其制造各种生产用具和生活用具。现在,铸铁仍然是工程上应用较多、价格低廉的金属材料之一,在机械制造、矿山、冶金、石油化工、交通、建筑和国防工业各部门应用广泛。

3.2.1　铸铁的分类及性能

1. 铸铁的分类

实际使用的铸铁并非如Fe-C平衡相图中所表示的只含有Fe-C合金,其内部存在多种合金元素(如硅、锰等)和杂质元素(如硫、磷等),这些元素的存在对铸铁的性能具有十分重要的影响。尽管存在以上这些元素,习惯上仍称铸铁,而合金铸铁则专指含有一

定量铬、镍等金属元素的铸铁。

根据碳在铸铁中存在的形式,铸铁可分为白口铸铁(碳全部或大部分以渗碳体形式存在,其断口呈亮白色)、灰口铸铁(碳大部分或全部以游离石墨形式存在,其断口呈暗灰色)与麻口铸铁(碳部分以渗碳体形式存在,部分以石墨形式存在,其断口呈灰白相间分布特征)。

根据石墨形态,铸铁又可分为普通灰铸铁(片状石墨)、可锻铸铁(团絮状石墨)、蠕墨铸铁(蠕虫状石墨)和球墨铸铁(球状石墨)。

2. 铸铁的性能

铸铁与钢的区别主要在于铸铁组织中存在不同形态的游离态石墨,其组织特征为钢基体上分布有不同形态的石墨的组织。虽然铸铁的力学性能不如钢,但石墨的存在却赋予了铸铁许多特别的性能。

(1)良好的铸造性能

铸件凝固时形成石墨,产生膨胀,减少了铸件体积的收缩,并降低了铸件中的内应力。

(2)切削加工性能优异

铸件中存在石墨,在切削加工时容易产生脆性切屑,并能够对刀具有润滑、减摩作用。

(3)减震性能良好

铸铁中石墨的存在对振动的传递起到削弱作用,进而具有良好的减震性能。

(4)减摩性良好

因为石墨作为自生润滑剂,能吸附和保存润滑剂,保证油膜的连续性,而有利于润滑,并且石墨空穴还可储存润滑剂,因而减摩、耐磨性良好。

(5)缺口敏感性小

大量的石墨对基体的割裂作用造成铸铁具有较小的缺口敏感性。

3.2.2 铸铁的石墨化及其影响因素

1. $Fe-Fe_3C$ 和 $Fe-C$(石墨)双重相图

铁碳合金中碳的存在形式有 3 种,即溶入铁素体晶格中形成固溶体、化合态的渗碳体和游离态的石墨(G)。生产实践和科学实验均表明,渗碳体只是一个亚稳定相,石墨才是稳定相。因此描述铁碳合金组织转变的相图实际上有两个,一个是 $Fe-Fe_3C$ 系相图,另一个是 $Fe-C$(石墨)系相图。将两者迭合,得到一个双重相图,如图 3-21 所示。

在图 3-21 中,实线表示 $Fe-Fe_3C$ 系相图,部分实线再加上虚线表示 $Fe-C$(石墨)系相图。铸铁自液态冷却到固态时,若按 $Fe-Fe_3C$ 相图结晶,可得到白口铸铁;若按 $Fe-C$(石墨)相图结晶,可析出和形成石墨,即发生石墨化过程。若是铸铁自液态冷却到室温,既按 $Fe-Fe_3C$ 相图,同时又按 $Fe-C$(石墨)相图进行,则得到的固态由铁素体、渗碳体及石墨三相组成。

2. 铸铁的石墨化过程

石墨化是指铸铁组织中石墨的形成过程。按 $Fe-C$(石墨)相图,铸铁液冷却过程中,

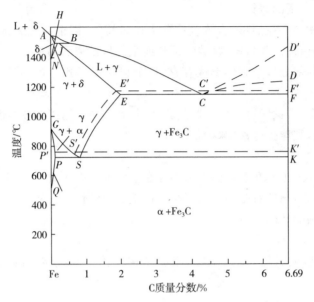

图 3-21　铁碳合金双重相图

碳溶解于铁素体外均以石墨形式析出。石墨化过程可分为如下 3 个阶段。

第一阶段:液相-共晶反应阶段,包括从共晶成分的液相直接结晶出"一次石墨"和在共晶线($E'C'F'$)通过共晶反应而形成的石墨,以及由一次渗碳体和共晶渗碳体在高温退火时分解析出的石墨。

第二阶段:共晶-共析反应阶段,包括从奥氏体中直接析出"二次石墨"和由二次渗碳体在这一温度范围内分解而析出的石墨。

第三阶段:共析反应阶段,包括在共析线($P'S'K'$)通过共析反应形成的石墨和由共析渗碳体退火时分解而形成的石墨。

按照上述 3 个阶段,铸铁成型后由铁素体与石墨(包括一次、共晶、二次、共析石墨)两相组成。在实际生产中,由于化学成分、冷却速度等各种工艺制度不同,各阶段石墨化过程进行的程度也不同,可获得各种不同金属基体的铸态组织。表 3-20 所列为铸铁经不同程度石墨化后所得到的组织。

表 3-20　铸铁经不同程度石墨化后所得到的组织

名称	石墨化程度			显微组织
	第一阶段	第二阶段	第三阶段	
灰口铸铁	完全石墨化	完全石墨化	完全石墨化	铁素体＋石墨
	完全石墨化	完全石墨化	部分石墨化	铁素体＋珠光体＋石墨
	完全石墨化	完全石墨化	未石墨化	珠光体＋石墨
麻口铸铁	部分石墨化	部分石墨化	未石墨化	变态莱氏体＋珠光体＋石墨

（续表）

名称	石墨化程度			显微组织
	第一阶段	第二阶段	第三阶段	
白口铸铁	未石墨化	未石墨化	未石墨化	变态莱氏体＋珠光体＋渗碳体

3. 影响铸铁石墨化程度的主要因素

铁的晶体结构与石墨的晶体结构差异很大，而铁与渗碳体的晶体结构要接近一些，因此普通铸铁在一般铸造条件下只能得到白口铸铁，而不易获得灰口铸铁。由此可知，必须通过添加合金元素和改善铸造工艺等手段来促进铸铁石墨化，才能形成灰口铸铁。

（1）化学成分的影响

C、Si、P 是强烈促进石墨化的元素，铸铁中 C 和 Si 质量分数越高，石墨化程度越充分。碳、硅含量过低，易出现白口，机械性能与铸造性能都较差。但如果 C、Si 质量分数过高，易导致石墨数量多且粗大，基体内铁素体量多，机械性能下降。因此，一般灰口铸铁的 C、Si 质量分数分别控制为 2.8%～3.5%、1.4%～2.7%。

Mn、S、Cr、W、Mo 及 V 等是阻碍石墨化的元素。其中，S 元素不仅强烈阻碍石墨化，还会降低力学性能和流动性，故其质量分数应严格控制，$\omega(S)\leqslant 0.1\%$。Mn 虽然是阻碍石墨化的元素，但与 S 可形成 MnS，从而减弱 S 的有害作用，所以允许 $\omega(Mn)$ 为 0.5%～1.4%。

（2）温度及冷却速度的影响

铸铁中碳石墨化过程除受化学成分的影响外，还受铸造过程中铸件冷却速度影响。在高温条件下，当缓慢冷却时，由于原子具有较高的扩散能力，通常按 Fe-C（石墨）相图进行，铸铁中的碳以游离态（石墨相）析出；当冷却速度较快时，由液态析出的是渗碳体而不是石墨。这是因为渗碳体的含碳量（6.69%）比石墨（100%）更接近合金的含碳量（2.5%～4.0%），所以，一般铸件冷却速度越慢，石墨化进行得越充分。反之，冷却速度快，碳原子很难扩散，石墨化进行困难。

在实际生产中，经常发现同一铸件厚壁处为灰口，薄壁处出现白口现象，这就是其结晶过程中冷却速度不同产生的石墨化过程不同所引起的。厚壁处冷却速度慢，有利于石墨化的进行；薄壁处冷却速度快，不利于石墨化的进行，从而形成白口铁。

3.2.3　常用普通铸铁

从铸铁的石墨化过程和所得组织可知，铸铁主要由基体和石墨组成，它们的结构和组织对铸铁的性能起着决定性作用。工业上使用的铸铁很多，按石墨的形态和组织性能，可分为普通灰口铸铁、蠕墨铸铁、球墨铸铁、可锻铸铁和特殊性能铸铁等。

1. 灰口铸铁

灰口铸铁中的石墨形态呈片状结晶，这种铸铁性能虽不太高，但因生产工艺简单、成本低，故其是价格较低廉、应用较广泛的一种铸铁，在各类铸铁的总产量中，灰口铸铁占80%以上。

(1)灰口铸铁的化学成分和组织特征

灰口铸铁中各成分的质量分数为2.5%～4.0%(C)、1.0%～3.0%(Si)、0.25%～1.0%(Mn)、0.02%～0.20%(S)、0.05%～0.50%(P)。液体铁水在进行缓慢冷却凝固时,将发生石墨化,析出片状石墨,其断口的外貌呈浅烟灰色,所以称为灰口铸铁。

普通灰口铸铁的组织是由钢的基体和片状石墨两部分组成的,如图3-22所示。钢的基体,依共析阶段石墨化程度不同可获得F、F+P和P共3种基体;片状石墨,呈现出各种不同类型、大小和分布,一般为不连续的片状、或直或弯。

(2)灰口铸铁的牌号、铸件壁厚、抗拉强度、显微组织和主要用途

灰口铸铁的牌号、铸件壁厚、抗拉强度、显微组织和主要用途见表3-21所列。牌号中HT表示灰铁二字汉语拼音的首

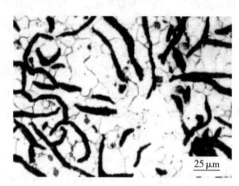

图3-22 由片状石墨和钢基体构成的普通灰口铸铁

字母,HT后的数字表示最低抗拉强度值,该数值根据浇铸 ⌀30mm 试样的最低抗拉强度表示。

由表3-21可以看出,同一牌号的灰口铸铁,随铸件壁厚的增加,其抗拉强度降低。因此,根据零件的性能要求选择铸铁牌号时,必须同时注意到零件的壁厚尺寸。

表3-21 灰口铸铁的牌号、铸件壁厚、抗拉强度、显微组织和主要用途

牌号	铸件壁厚/mm >	<	抗拉强度/MPa ≥	显微组织 基体	石墨	主要用途
HT100	2.5	10	130	F	粗片状	下水管、底座、外罩、端盖、手轮、手把、支架等形状简单不甚重要的零件
	10	20	100			
	20	30	90			
	30	50	80			
HT150	2.5	10	175	F+P	较粗片状	机械制造业中一般铸件,如底座、手轮、刀架等;冶金工业中的流渣槽、渣缸、轧钢机托辊等;机车用一般铸件,如水泵壳、阀体、阀盖等;动力机械中的拉钩、框架、阀门、油泵壳等
	10	20	145			
	20	30	130			
	30	50	120			
HT200	2.5	10	220	P	中等片状	一般运输机械中的汽缸体,缸盖,飞轮等;一般机床中的床身,箱体等;通用机械承受中等压力的泵体、阀体等;动力机械中的外壳、轴承座、水套筒等
	10	20	195			
	20	30	170			
	30	50	160			

（续表）

牌号	铸件壁厚/mm		抗拉强度/MPa	显微组织		主要用途
	>	<	≥	基体	石墨	
HT250	4	10	270	细 P	较细片状	运输机械中薄壁缸体、缸盖、进排气歧管等；机床中立柱、横梁、床身、滑板、箱体等；冶金矿山机械中的轨道板、齿轮等；动力机械中的缸体、缸盖、活塞等
	10	20	240			
	20	30	220			
	30	50	200			
HT300	10	20	290	细 P	细小片状	机床导轨、受力较大的机床床身、立柱机座等；通用机械的水泵出口管、吸入盖等；动力机械中的液压阀体、蜗轮、汽轮机隔板、泵壳，大型发动机缸体、缸盖等
	20	30	250			
	30	50	230			
HT350	10	20	340	细 P	细小片状	大型发动机缸体、缸盖、衬套等；水泵缸体、阀体、凸轮等；机床导轨、工作台等摩擦件；需经表面淬火的铸件
	20	30	290			
	30	50	260			

灰口铸铁的性能与普通碳钢相比，具有如下特点。

① 机械性能低，其抗拉强度和塑性韧性都远远低于钢。这是由于灰口铸铁中片状石墨（相当于微裂纹）的存在，不仅在其尖端处引起应力集中，还破坏了基体的连续性，这是灰口铸铁抗拉强度较差、塑性和韧性几乎为零的根本原因。但是，灰口铸铁在受压时石墨片破坏基体连续性的影响大幅减轻，其抗压强度是抗拉强度的 2.5～4 倍。所以，灰口铸铁常用于制造机床床身、底座等耐压零部件。

② 耐磨性与消震性好。因为铸铁中石墨有利于润滑及储油，所以耐磨性好。同样，由于石墨的存在，灰口铸铁的消震性优于钢。

③ 工艺性能好。由于灰口铸铁含碳量高，接近于共晶成分，其熔点较低，流动性良好，收缩率小，适宜于铸造结构复杂或薄壁铸件。另外，因为石墨在切削加工时易于形成断屑，所以灰口铸铁的可切削加工性优于钢。

（3）灰口铸铁的孕育处理

普通灰口铸铁的主要缺点是石墨片较粗大，其力学性能低，$\sigma_b \leqslant 250MPa$。为改善和提高灰口铸铁的性能，可在铸造前向铁液中加入孕育剂（或称变质剂），结晶时石墨晶核数目增多，石墨片尺寸变小，更为均匀地分布在基体中，所以其显微组织是在细珠光体基体上分布着细小片状石墨。铸铁变质剂或孕育剂一般为硅铁合金或硅钙合金小颗粒或粉，当加入铸铁液内后，立即形成 SiO_2 的固体小质点，铸铁中的碳以这些小质点为核心形成细小的片状石墨。表 3-21 中 HT250、HT300、HT350 属于较高强度的孕育铸铁（也称变质铸铁），由普通铸铁通过孕育处理得到。

铸铁经孕育处理后不仅强度有较大提高，而且塑性和韧性也有所改善。同时，因为孕育剂的加入，铸铁对冷却速度的敏感性显著减少，各部位得到均匀一致的组织，所以孕育铸铁常用来制造机械性能要求较高、截面尺寸变化较大的铸件。

2. 球墨铸铁

灰口铸铁经孕育处理后虽然细化了石墨片,但是未能改变石墨的形态。球墨铸铁中的石墨呈球状,对基体的割裂和应力集中大幅度减小,因而球墨铸铁具有较高的强度和良好的塑性和韧性,力学性能较高,其在一定条件下可部分替代碳钢和合金钢的铸件,如齿轮、曲轴等。

(1)球墨铸铁的成分和组织特征

球墨铸铁常用的球化剂有 Mg 和稀土金属,Mg 的球化作用很强,球化率很高,容易得到完整的球状石墨,但 Mg 和稀土元素都是强烈阻碍石墨化的元素,易形成白口铸铁,为了消除该倾向,必须立即对其进行孕育处理。孕育剂常用的是硅铁、硅钙和 Al 等。球化剂的加入将阻碍石墨化,并且共晶点右移造成流动性下降,所以必须严格控制其含量。与灰口铸铁相比较,球墨铸铁的成分的主要特点是 C、Si 含量较高,Mn 含量较低,S、P 的含量控制严格(S 是球铁的有害元素,强烈破坏石墨的球化)。球墨铸铁的各成分质量分数为 3.6%~3.9%(C)、2.0%~3.2%(Si)、0.3%~0.8%(Mn)、<0.1%(P)、<0.07%(S)、0.03%~0.08%(Mg)。

球墨铸铁的显微组织由球形石墨和金属基体两部分组成。随着成分和冷却速度的不同,球铁在铸态下的金属基体可分为 P、F+P、P 这 3 种形式,石墨的形态接近于球,如图 3-23 所示。

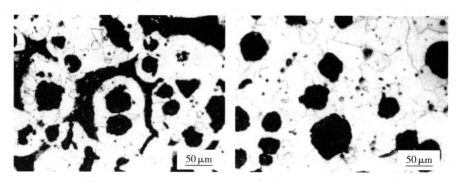

图 3-23   球墨铸铁的显微组织

(2)球墨铸铁的牌号、基体、力学性能和主要用途

球墨铸铁的牌号、基体、力学性能和主要用途见表 3-22 所列。牌号中的 QT 表示球铁二字汉语拼音的首字母,QT 后的两组数字分别表示最低抗拉强度(MPa)和最低延伸率(%)。

表 3-22   球墨铸铁的牌号、基体、力学性能和主要用途

牌号	基体	机械性能(不小于)					主要用途
		σ_b/ MPa	$\sigma_{0.2}$/ MPa	δ/ %	a_k/ (J/cm²)	硬度 HB	
QT400-17	F	400	250	17	60	≤179	阀门的阀体和阀盖,汽车、内燃机车、拖拉机底盘零件,机床零件等
QT420-10	F	420	270	10	30	≤207	
QT500-05	F+P	500	350	5	—	147~241	机油泵齿轮、机车、车辆轴瓦等

（续表）

| 牌号 | 基体 | 机械性能（不小于） | | | | | 主要用途 |
		σ_b/ MPa	$\sigma_{0.2}$/ MPa	δ/ %	a_k/ (J/cm^2)	硬度 HB	
QT600 - 02	P	600	420	2	—	229～302	柴油机、汽油机的曲轴、凸轮轴等，磨床、铣床、车床的主轴等，空压机、冷冻机的缸体、缸套等
QT700 - 02	P	700	490	2	—	229～304	
QT800 - 02	S_B	800	560	2	—	241～321	
QT1200 - 01	B_F	1200	840	1	30	≥HRC38	汽车的螺旋伞轴、拖拉机减速齿轮、柴油机凸轮轴等

　　与灰口铸铁相比，球墨铸铁具有较高的抗拉强度和弯曲疲劳极限，也具有相当良好的塑性及韧性。球形石墨对金属基体截面削弱作用较小，使基体比较连续，且在拉伸时引起应力集中的效应明显减弱，从而使基体的作用可以从灰口铸铁的 30%～50% 提高到 70～90%。另外，球墨铸铁的刚性也比灰口铸铁要好，但是球墨铸铁的消震能力比灰口铸铁低得多。

　　因为球墨铸铁中金属基体是决定球墨铸铁力学性能的主要因素，所以球墨铸铁可通过合金化和热处理强化的方法进一步提高力学性能。因此，球墨铸铁可以在一定条件下代替铸钢、锻钢等，用于制造受力复杂、负荷较大和要求耐磨的铸件。例如，具有高强度与耐磨性的珠光体球墨铸铁常用于制造内燃机曲轴、凸轮轴、轧钢机轧辊等，具有高韧性和塑性的铁素体球墨铸铁常用于制造阀门、汽车后桥壳、犁铧、收割机导架等。

3. 蠕墨铸铁

　　蠕墨铸铁是近年来发展起来的新型工程材料，它是由液体铁水经变质处理和孕育处理随之冷却凝固后所获得的一种铸铁。通常采用的变质元素（又称蠕化剂）有稀土硅铁镁合金、稀土硅铁合金、稀土硅铁钙合金或混合稀土等。

　　（1）蠕墨铸铁的化学成分和组织特征

　　蠕墨铸铁的石墨形态介于片状和球状石墨之间。灰口铸铁中石墨片的特征是片长、较薄、端部较尖。球墨铸铁中的大部分石墨呈球状，即使有少量团状石墨，基本上也是互相分离的。而蠕墨铸铁的石墨形态在光学显微镜下看起来像片状，但不同于灰口铸铁，其片较短而厚、头部较圆（形似蠕虫）。所以，可以认为蠕墨铸铁的蠕虫状石墨是一种过渡型石墨。

　　蠕墨铸铁各成分的质量分数一般为 3.4%～3.6%（C）、2.4%～3.0%（Si）、0.4%～0.6%（Mn）、≤0.06%（S）、≤0.07%（P）。珠光体蠕墨铸铁中加入珠光体稳定元素，可以使铸态珠光体量提高。

　　（2）蠕墨铸铁的牌号、基体、力学性能和主要用途

　　蠕墨铸铁的牌号、基体、力学性能和主要用途见表 3-23 所列。牌号中 RuT 表示蠕铁二字汉语拼音的首字母，RuT 后的数字表示最低抗拉强度。表 3-23 中的蠕化率为在

有代表性的显微视野内,蠕虫状石墨数目与全部石墨数目的百分比。

表 3-23　蠕墨铸铁的牌号、基体、力学性能和主要用途

牌号	机械性能					基体	主要用途
	$\sigma_b/$ MPa	$\sigma_{0.2}/$ MPa	$\delta/$ %	硬度/HBS	蠕化率/ %		
	(≥)						
RuT420	420	335	0.75	200~280	≥50	珠光体	活塞环、制动盘、钢球研磨盘、泵体等
RuT380	380	300	0.75	193~274	≥50	珠光体	
RuT340	340	270	1.0	170~249	≥50	珠光体+铁素体	机床工作台、大型齿轮箱体、飞轮等
RuT300	300	240	1.5	140~217	≥50	珠光体+铁素体	变速器箱体、汽缸盖、排气管等
RuT260	260	195	3.0	121~197	≥50	铁素体	汽车底盘零件、增压器零件等

因为蠕墨铸铁的组织是介于灰口铸铁与球墨铸铁之间的中间状态,所以蠕墨铸铁的性能也介于两者之间,即强度和韧性高于灰口铸铁,但不如球墨铸铁。蠕墨铸铁的耐磨性较好,适用于制造重型机床床身、机座、活塞环、液压件等。

蠕墨铸铁的导热性比球墨铸铁要高得多,几乎接近于灰口铸铁,它的高温强度、热疲劳性能大大优于灰口铸铁,适用于制造承受交变热负荷的零件,如钢锭模、结晶器、排气管和汽缸盖等。蠕墨铸铁的减震能力优于球墨铸铁,铸造性能接近于灰口铸铁,铸造工艺简单,成品率高。

4. 可锻铸铁

可锻铸铁是由白口铸铁经长时间石墨化退火而获得的一种高强度铸铁(也称为玛钢)。白口铸铁中的渗碳体在退火过程中分解出团絮状石墨,可以显著减轻石墨对基体的割裂。与灰口铸铁相比,可锻铸铁的强度和韧性有明显提高。

(1)可锻铸铁的化学成分和组织特征

可锻铸铁的制作过程如下:先铸造成白口铸铁,再进行"可锻化"退火将渗碳体分解为团絮状石墨,得到铁素体基体加团絮状石墨或珠光体(亦或珠光体及少量铁素体)基体加团絮状石墨。铁素体基体和团絮状石墨形成的可锻铸铁断口呈黑灰色(也称为黑心可锻铸铁),强度与延性均较灰口铸铁的高,非常适用于铸造薄壁零件,是最为常用的一种可锻铸铁。珠光体基体或珠光体与少量铁素体共存的基体加团絮状石墨的可锻铸铁件断口呈白色(也称为白心可锻铸铁),这种可锻铸铁应用较少。

生产可锻铸铁的先决条件是浇注出白口铸铁,若铸铁没有完全白口化而出现了片状石墨,在随后的退火过程中,会因为从渗碳体中分解出的渗碳体沿片状石墨析出而得不到团絮状石墨。可锻铸铁的碳、硅质量分数不能太高,以使铸铁完全白口化;但是碳、硅质量分数也不能太低,否则会使石墨化退火困难,退火周期增长。可锻铸铁各成

分的质量分数大致为 2.5％～3.2％（C）、0.6％～1.3％（Si）、0.4％～0.6％（Mn）、0.1％～0.26％（P）、0.05％～1.0％（S）。

（2）可锻铸铁的牌号、基体、力学性能、试样直径及主要用途

可锻铸铁的牌号、基体、力学性能、试样直径及主要用途见表 3-24 所列。牌号中的 KT 表示可铁二字汉语拼音的首字母，H 表示黑心，Z 表示珠光体基体。牌号后的两组数字分别表示最低抗拉强度和最低延伸率。

表 3-24　可锻铸铁的牌号、基体、力学性能、试样直径和主要用途

牌号	基体	力学性能				试样直径/mm	主要用途
		σ_b/MPa	$\sigma_{0.2}$/MPa	δ/%	硬度/HB		
KTH300-06	F	300	186	6	120～150	12 或 15	管道、弯头、接头、三通、中压阀门
KTH330-08	F	330	—	8	120～150	12 或 15	扳手、犁刀、纺机和印花机盘头
KTH350-10	F	350	200	10	120～150	12 或 15	汽车前后轮壳、差速器壳、制动器支架、铁道扣板、电机壳、犁刀等
KTH370-12	F	370	226	12	120～150	12 或 15	
KTZ450-06	P	450	270	6	150～200	12 或 15	曲轴、凸轮轴、连杆、齿轮、摇臂、活塞环、轴套、犁刀、耙片、万向节头、棘轮、扳手、传动链条、矿车轮等
KTZ550-04	P	550	340	4	180～250	12 或 15	
KTZ650-02	P	650	430	2	210～260	12 或 15	
KTZ700-02	P	700	530	2	240～290	12 或 15	

可锻铸铁不能用锻造的方法制造零件，原因是石墨的形态改造为团絮状后，不如灰口铸铁的石墨片分割基体严重，但是强度与韧性比灰口铸铁高。

可锻铸铁的机械性能介于灰口铸铁与球墨铸铁之间，有较好的耐蚀性，但是其退火时间长，生产效率极低，使用受到限制，因此一般用于制造形状复杂、承受冲击且壁厚小于 25mm 的铸件（如汽车、拖拉机的后桥壳、轮壳等）。可锻铸铁也适用于制造在潮湿空气、炉气和水等介质中工作的零件，如管接头、阀门等。

（3）可锻铸铁的石墨化退火

可锻铸铁的石墨是通过白口铸件退火形成的。通常是将先形成的白口铸件加热到 900～980℃，保温 60～80h，炉冷使其中渗碳体分解让"第一阶段石墨化"充分进行形成团絮状石墨。待炉冷至 770～650℃后，再长时间保温，让"第二阶段石墨化"充分进行，处理后获得黑心可锻铸铁。若取消第二阶段的 770～650℃ 的长时间保温，只让第一阶段石墨化充分进行炉冷后，获得珠光体基体或珠光体与少量铁素体共存的基体加团絮状石墨的白心可锻铸铁。

可锻铸件退火时遇到的问题：可锻化退火时间长，生产效率低，退火后在 600～400℃

缓冷后铸铁件脆性大。解决问题的办法是避免退火后在 600～400℃ 缓冷,向铸铁液中引入少量 Bi、B 元素,并可适当提高硅的含量,有效缩短退火时间。目前,我国有部分厂家已将可锻铸件的退火时间缩短到 20h。

5. 特殊性能铸铁

工业上除了要求铸铁有一定的机械性能外,有时还要求它具有较高的耐磨性、耐热性及耐蚀性。为此,在普通铸铁的基础上加入一定量的合金元素,可以制成特殊性能铸铁(合金铸铁)。与特殊性能钢相比,特殊性能铸铁铸造工艺简单,成本较低,但是脆性较大,综合力学性能不如钢。

(1)耐磨铸铁

有些零件,如机床的导轨、托板,发动机的缸套,球磨机的衬板、磨球等,要求高耐磨性,一般铸铁满足不了工作条件的要求,应当选用耐磨铸铁,耐磨铸铁根据组织可分为以下两类。

① 耐磨灰口铸铁:在灰口铸铁中加入少量合金元素(如磷、钒、铬、钼、锑、稀土等)可以增加金属基体中的珠光体数量,且细化珠光体和石墨。由于铸铁的强度和硬度升高,显微组织得到改善,耐磨灰口铸铁具有良好的润滑性和抗咬合抗擦伤的能力,广泛用于制造机床导轨、汽缸套、活塞环、凸轮轴等零件。

② 中锰球墨铸铁:在稀土-镁球铁中加入质量分数为 5.0%～9.5% 的 Mn,控制 Si 的质量分数为 3.3%～5.0%,得到的组织为马氏体、奥氏体、渗碳体、贝氏体和球状石墨,具有较高的冲击韧性和强度,可以同时承受冲击和磨损,因此中锰球墨铸铁可代替部分高锰钢和锻钢,常用于制造农机具耙片、犁铧、球磨机磨球等零件。

(2)耐热铸铁

普通灰口铸铁的耐热性较差,只能在小于 400℃ 左右的温度下工作。耐热铸铁是指在高温下具有良好的抗氧化和抗生长能力的铸铁。其中,热生长是指氧化性气氛沿石墨片边界和裂纹渗入铸铁内部,形成内氧化,同时渗碳体分解成石墨,从而引起体积的不可逆膨胀,使铸件失去精度和产生显微裂纹。

在铸铁中加入 Si、Al、Cr 等合金元素,使其在高温下形成一层致密的氧化膜,如 SiO、AlO、CrO 等,内部不再继续氧化。此外,这些元素还会提高铸铁的临界点,使其在所使用的温度范围内不发生固态相变,以减少体积变化,防止产生显微裂纹。

耐热铸铁按其成分可分为硅系、铝系、硅铝系及铬系等。其中铝系耐热铸铁脆性较大,而铬系耐热铸铁的价格较贵,因此我国多采用硅系和硅铝系耐热铸铁。

(3)耐蚀铸铁

提高铸铁耐蚀性的主要途径是合金化,得到耐蚀铸铁。在铸铁中加入 Si、Al、Cr 等合金元素,能在铸铁表面形成一层连续致密的保护膜,可有效地提高铸铁的抗蚀性。加入 Cr、Si、Mo、Co、Ni、P 等合金元素,可提高铁素体的电极电位,从而提高铸铁的抗蚀性。另外,通过合金化,还可获得单相金属基体组织,减少铸铁中的微电池,从而提高铸铁的抗蚀性。

目前,应用较多的耐蚀铸铁有高硅铸铁(STSi15)、高硅钼铸铁(STSi15Mo4)、铝铸铁(STAl5)、铬铸铁(STCr28)和抗碱球铁(STQNiCrR)等。

3.3　有色金属及合金

通常,铁及其合金称为黑色金属,铁合金以外的所有金属材料称为有色金属材料,包括轻金属(如铝、镁、钠、钙等)、重金属(如铜、镍、锡、铅、锌等)、贵金属(如金、银、铂、铑等)、稀有金属(如锆、铌、钽、铍、钛等)、稀土金属(镧、铈、铕等)及它们所组成的合金。按照有色金属的生产方法和用途对有色金属进行分类,见表 3-25 所列。

表 3-25　有色金属的分类

分类	说明
有色冶炼产品	以冶炼方法得到的各种纯金属或合金产品
有色加工产品	以压力加工方法生产出来的各种管、棒、线、板、箔、条、带等有色半成品材料,它包括纯金属加工产品和合金加工金属产品两类
铸造有色合金	以铸造方法,用有色金属材料直接浇注各种形状的机械零件
轴承合金	制作滑动轴承瓦的有色金属材料,实质上也是一种铸造有色合金,但因其属于专用合金,故通常单独列为一类
硬质合金	以难熔硬质金属化合物(如碳化钨、碳化钛)作基体,以钴、铁或镍作黏结剂,采用粉末冶金法制作而成的一种硬质工具材料
焊料	焊接金属制件时所用的有色合金,按照化学成分和用途分为 3 类。 (1)软焊料:铅基和锡基焊料,熔点为 220～280℃。 (2)硬焊料:铜基和锌基焊料,熔点为 825～880℃。 (3)银焊料:熔点为 725～850℃,用于电子仪器和仪表中
金属粉末	粉末状的有色金属材料

与铁合金相比,有色金属具有许多优良的特性,如铝、镁、钛等金属及其合金具有密度小、比强度高的特点,在航空、汽车和船舶制造等工业应用中十分广泛,近年来其在建筑材料用材方面的消耗也剧增;铜、银、铝等金属及其合金具有优良的导电性和导热性能,是电气、仪器仪表工业不可或缺的材料;各种高熔点金属及合金(钨、钼、钽、铌)是制造耐高温零件及电真空元件的理想材料。同时,许多有色金属还是制造各种具有特殊性能的优质合金钢所必需的合金元素,在金属材料中占有重要地位。

我国有色金属工业经过 50 多年的建设,特别是近 20 年的快速发展,10 种常用有色金属的产量已经由 2002 年的 1200 万 t,达到 2021 年的 6454.3 万 t,除铜外的铝、铅、锌、镁、钨、钼、锡、锑、铋、稀土,以及铜材和铝材均居世界第一。

目前,有色金属工业技术已取得重大进展,淘汰落后生产力,企业技术装备水平有了很大的提高,特别是大中型企业主要生产工序的技术、装备已经达到或接近国际先进水平。各种新工艺,如溶液净化、变质处理、连铸连轧及超塑性加工等也已有一定的基础,高密度钨基合金、铍制品、形状记忆合金等先进材料都已有一定的生产能力。

有色金属材料种类繁多,应用领域宽广,本节只对工程材料中常用的铝、钛、铜、镁及其合金和轴承合金进行简要介绍。

3.3.1　铝及铝合金

铝是地球上分布较为广泛的元素之一,其平均含量为 8.8%,仅次于氧和硅,居于第三位。在自然界中,铝多以氧化物、氢氧化物和含氧的铝酸盐存在,基本没有铝的自然金属。

自然界已知的含铝矿物有 258 种,其中常见的矿物为 43 种,其中重要的含铝矿物有铝土矿、明矾石和霞石等。用于提炼金属铝的主要是由一水硬铝石、一水软铝石或三水铝石组成的铝土矿。我国的铝土矿主要成分为一水硬铝石,其总体特征是高铝、高硅、低硫、低铁、中低铝硅比,矿石质量较差,加工难度大、耗能高。

1. 纯铝

(1)纯铝的特性

铝是目前工程材料中使用量最大的有色金属材料,纯铝具有银白色光泽,低熔点(660℃),密度小(2.72g/cm³),密度约为铁的 1/3。纯铝导电性好,仅次于银、铜,约为纯铜导电率的 62%。纯铝导热性好,约为铁的 3 倍。

纯铝化学性质活泼,在大气中极易与氧气作用,在表面形成一层牢固致密的氧化膜,阻止其进一步氧化,从而使它在大气和淡水中具有良好的抗蚀性,但在碱和盐的水溶液中,铝的氧化膜很快被破坏,抗腐蚀性能不好。铝也较易进行阳极氧化处理,表面形成一层坚固、各种色彩的、美观的氧化膜,以起到装饰与保护作用。

纯铝的物理性能参数见表 3 – 26 所列。

表 3 – 26　纯铝的物理性能参数

性能参数	高纯铝(99.996%)	工业纯铝(99.5%)
晶格常数(20℃)/($\times 10^{-10}$ m)	4.0494	4.04
密度(20℃)/(kg·m^{-3})	2.698	2.710
熔点/℃	660.24	650
比热容(100℃)/[J/(kg·K)]	934.92	964.74
热导率(25℃)/[W/(m·K)]	235.2	222.6
线膨胀系数(20~100℃)/[μm/(m·K)]	24.58	23.5
线膨胀系数(100~300℃)/[μm/(m·K)]	25.45	25.6
电导率/(S/m)	64.94	59
电阻率(20℃)/(μΩ·m)	0.0267	0.02922
电阻温度系数/[(μΩ·m)/K]	0.1	0.1
体积磁化率/($\times 10^{-7}$)	6.27	6.26
磁导率/($\times 10^{-5}$H·m)	1.0	1.0

纯铝具有面心立方晶格,结晶后没有同素异构转变,使其在低温下,甚至在超低温下

具有良好的塑性($\delta=35\%\sim40\%$，$\psi=80\%$)和韧性，$-253\sim0℃$时的塑性和冲击韧性不降低。纯铝的硬度、强度($25\sim30\mathrm{HB}$，$\sigma_b=80\sim100\mathrm{MPa}$)都很低，一般不宜直接作为结构材料，用于制造机械零件，但是可以通过加工硬化提高其强度。

纯铝具有一系列优良的工艺性能，易于铸造和切削，也易于通过压力加工制成各种规格的半成品。

工业用纯铝总会含有一定的杂质，如 Fe、Si、Cu、Zn 等，其中 Fe 和 Si 最为常见。铝中的 Fe 和 Si 如果单独存在于铝基体中时，会以 Fe_3Al 相和 Si 相形式存在。其中，Fe_3Al 呈针状，Si 呈条状或块状，质硬且脆。当 Fe 和 Si 同时存在时，铝组织中除了存在 Fe_3Al 相之外，还会出现其他复杂的化合物相，这些相不仅降低铝的塑、韧性，还会使其导电性、导热性及耐腐蚀性能有所下降。

工业纯铝不能经热处理进行强化，因此需要通过冷加工的方式提高强度。经冷加工后的工业纯铝，需进行退火处理，退火温度一般为 $350\sim500℃$。

(2)纯铝的分类及牌号

纯铝按照其铝含量的高低分为高纯铝($\omega_{Al}>99.93\%$)、工业高纯铝($99.850\%\sim99.900\%$)和工业纯铝($99.800\%\sim99.900\%$)。高纯铝一般用于科学研究、化工工业及一些特殊场合；工业纯铝一般用于制作铝箔、包铝及铝合金原料和制造导线、电缆和电容器。

根据是否经过压力加工，纯铝可分为铸造纯铝(未经压力加工)及变形铝(经过压力加工产品)两种。

根据《变形铝及铝合金牌号表示方法》(GB/T 16474—2011)，铝含量不低于 99.00% 为纯铝，其牌号用 $1\times\times\times$ 系列表示。牌号第二位的字母表示原始纯铝的改型情况，字母 A 表示原始纯铝，其他字母 B~Y(按国际规定用字母表的次序选用)则表示原始纯铝的改型，其元素含量略有改变。牌号的最后两位数字表示最低铝百分含量，当最低铝百分含量精确到 0.01% 时，牌号的最后两位数字就是最低铝百分含量中小数点后面的两位。3 种纯铝的新旧标准下的牌号及质量分数见表 3-27 所列(参见 GB/T 3190—1982 和 GB/T 3190—2020)。

表 3-27　纯铝的牌号

名称	牌号		$\omega_{Al}/\%$
	GB 3190—1982	GB/T 3190—2020	
高纯铝	LG5	1A99	99.99
	LG4	1A97	99.97
	LG3	1A93	99.93
工业高纯铝	LG2	1A90	99.90
	LG1	1A85	99.85
工业纯铝	L1	1070A	99.70
	L2	1060	99.60
	L3	1050A	99.50
	L4	1035	99.35
	L5	1200	99.00

2. 铝合金

纯铝的性能在大部分场合下不能满足使用要求,因此在纯铝中加入各种合金元素是提高纯铝强度及其他性能的有效途径,从而获得满足各种使用要求的铝合金材料。目前,工业上使用的某些铝合金强度已经为 600MPa 以上,并且仍然保持纯铝的密度小、耐腐蚀性能好的特点。

铝中通常加入的合金元素有 Cu、Mg、Zn、Si、Mn 及稀土元素。这些元素在固态铝中的溶解度是有限的,与铝所形成的相图具有二元共晶相图的特点,其示意图如图 3-24 所示,其中 D 点的位置随着合金元素的不同而有变化。

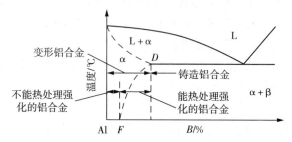

图 3-24 铝合金相图示意图

由图 3-24 可知,位于相图上 D 点成分以左的合金,在加热至高温时能形成单相固溶体组织,得到的合金塑性较高,适用于压力加工,所以称为变形铝合金;位于 D 点成分以右的合金,因含有共晶组织,液态流动性较高,适用于铸造,所以称为铸造铝合金。

对于变形铝合金而言,位于 F 点以左成分的合金,在固态始终是单相的,不能进行热处理强化,被称为热处理不可强化的铝合金。成分在 F 和 D 之间的铝合金,其合金元素在铝中有溶解度的变化会析出第二相,可通过热处理使合金强度提高,所以称为热处理强化铝合金。

根据铝合金的实际用途,可将其加工成板、带、条、箔、管、棒、型、线、自由锻件和模锻件等加工材,也可加工成铸件、压铸件等铸造材。

1)铝合金的强化

固态的铝在温度变化过程中没有同素异构转变,因此无法像钢一样借助热处理过程进行相变强化。添加合金元素是铝的主要强化方式,其强化作用主要表现为固溶强化、时效强化、过剩相强化和细化组织强化。

(1)固溶强化:纯铝中加入合金元素,形成铝基固溶体,造成晶格畸变,阻碍位错运动,起到固溶强化的作用,可使其强度提高。根据合金化的一般规律,无限固溶体或高浓度的固溶体型合金不仅能获得高的强度,还能获得优良的塑性与良好的压力加工性能。由 Al-Cu、Al-Mg、Al-Si、Al-Zn、Al-Mn 等二元合金相图可知,靠近 Al 端均形成有限固溶体,并且均有较大的极限溶解度,因此具有较大的固溶强化效果,是铝合金的主要加入元素。

(2)时效强化:合金元素对铝单纯的固溶强化效果是十分有限的,要想获得较高的强度,还需配合其他的强化手段。合金元素对铝的另一种强化效果是通过热处理来实现的,即采用固溶处理(淬火)加时效的方法。合金元素在铝合金中有较大的固溶度,且随温度的降低而急剧减小。当加热到固溶线温度以上时,铝合金形成单相固溶体,快速冷

却(淬火)后,固溶体中来不及析出第二相,可以得到过饱和的铝基固溶体。这种过饱和

铝基固溶体放置在室温或加热到某一温度时,其强度和硬度随时间的延长而增高,但塑性、韧性降低,这个过程称为时效。在室温下进行的时效称为自然时效,在加热条件下进行的时效称为人工时效。在时效过程中,铝合金的强度、硬度增高的现象称为时效强化或时效硬化。

图 3 - 25 所示为 Al - Cu 合金相图,在靠近 Al 端的部分,Cu 溶解于 Al 中,形成有限固溶体,Cu 在 Al 中的溶解度随温度降低而降低。Cu 的

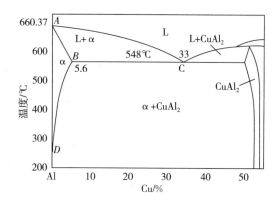

图 3 - 25 Al - Cu 合金相图

质量分数为 0.5%~5.7%的 Al - Cu 合金,在固溶线温度以上,形成 α 固溶体,在固溶线温度以下,形成 α+$CuAl_2$ 双相。现在,以含 4% Cu 的 Al - Cu 合金为例,说明铝的时效强化过程,铝铜合金的时效强化过程分为以下 4 个阶段。

第一阶段:在过饱和 α 固溶体的某一晶面上产生铜原子偏聚现象,形成铜原子富集区(GP[Ⅰ]区),从而使 α 固溶体产生严重的晶格畸变,位错运动受到阻碍,合金强度提高。

第二阶段:随着时间的延长,GP[Ⅰ]区进一步扩大,并发生有序化,形成有序的富 Cu 区,称为 GP[Ⅱ]区,其成分接近 $CuAl_2$(θ 相),成为中间状态,常用 θ'' 表示。θ'' 的析出,进一步加重了 α 相的晶格畸变,使合金强度进一步提高。

第三阶段:随着时效过程的进一步发展,铜原子在 GP[Ⅱ]区继续偏聚。当 Cu 与 Al 原子之比为 1:2 时,形成与母相保持共格关系的过渡相 θ'。θ' 相出现的初期,母相的晶格畸变达到最大,合金强度达到峰值。

第四阶段:时效后期,过渡相 θ' 从铝基固溶体中完全脱落,形成与基体有明显相界面的独立的稳定相 $CuAl_2$,称为 θ 相。此时,θ 相与基体的共格关系完全被破坏,共格畸变也随之消失,随着 θ 相质点的聚集长大,合金明显软化,强度、硬度降低。

铝合金的时效过程如下:$\alpha_{过}$→α+GP 区→α+θ''→α+θ'→α+θ。

铝合金的时效现象表现出如下特点。

① 有一段强化孕育期,室温下孕育期较长,需经历 3~5d,之后淬火,铝合金才能达到最高强度。

② 铝合金的时效强化过程及时效强化效果与时效的温度有很大关系。图 3 - 26 所示为硬铝合金在不同温度下的时效曲线,由图 3 - 26 可以看出,提高时效温度,可以使时效速度加快,但获得的强度值比较低。在自然时效条件下,时效进行得十分缓慢,需 4~5d 才能达到最高强度值。而在-50℃时效,时效过程基本停止,各种性能没有明显变化,所以降低温度是抑制时效的有效办法。

③ 自然时效条件下不易产生过时效,在自然时效条件下,原子扩散能力较弱,往往形成了 GP[Ⅰ]区及 θ'' 相后,时效过程便不能继续进行。

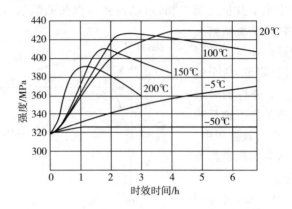

图 3 - 26 硬铝合金在不同温度下的时效曲线

④ 时效过程是典型的扩散型热处理强化。淬火后的铝合金中含 Cu 过饱和,α 固溶体的固溶度改变,即 Cu 原子扩散形成的两种 GP 区,从而导致强度、硬度的自然升高。

(3)过剩相强化:如果铝中加入合金元素的数量超过了极限溶解度,那么在固溶处理加热时,就会有一部分不能溶入固溶体的第二相出现,称为过剩相。在铝合金中,过剩相通常是硬而脆的金属间化合物,它们在合金中阻碍位错运动,使合金强化,称为过剩相强化,在生产中,常采用这种方式来强化铸造铝合金和耐热铝合金。过剩相数量越多,分布越弥散,强化效果越大。但是,过剩相太多会使强度和塑性都降低。过剩相成分结构越复杂,熔点越高,高温热稳定性越好。

(4)细化组织强化:多数铝合金是由铝的 α 固溶体和过剩相组成,若能细化铝的 α 固溶体和过剩相的组织,可使铝合金得到明显强化。在铝合金中,加入微量合金元素细化组织是提高铝合金力学性能的一种有效手段。对于不能时效强化或者时效强化效果不明显的铝合金,实际生产中常常利用变质处理的方法来细化合金组织。变质处理是在浇注前在熔融的铝合金中加入占合金重量 2%~3% 的变质剂(常用钠盐混合物:2/3NaF+1/3NaCl),以增加结晶核心,使组织细化。经过变质处理的铝合金可得到细小均匀的共晶体加初生 α 固溶体组织,从而显著地提高铝合金的强度及塑性。

(2)铝合金的热处理方法

铝合金常用的热处理方法见表 3 - 28 所列。

表 3 - 28   铝合金常用的热处理方法

热处理类型	热处理工艺	目的	适用合金
高温退火	在制作半成品板材时进行高温退火,如 3A21 铝合金的适宜温度为 350~400℃	降低硬度,提高塑性,达到充分软化,以便进行变形程度较大的深冲压加工	热处理不强化的铝合金
低温退火	在最终冷变形后进行,如 3A21 铝合金的加热温度为 250~280℃,保温 60~150min	为保持一定程度的加工硬化效果,提高塑性,消除应力,稳定尺寸	

（续表）

热处理类型	热处理工艺	目的	适用合金
完全退火	变形量不大,冷作硬化程度不超过 10% 的 2A11、2A12、7A04 等板材不宜使用,以免引起晶粒粗大,一般加热到强化相溶解温度(400～450℃),保温、慢冷(30～50℃/h)到一定温度(硬铝为 250～300℃)后空冷	用于消除原材料淬火、时效状态的硬度,或退火不良未达到完全软化而用它制造形状复杂的零件时,也可消除内应力和加工硬化,适用于变形量很大的冷压加工	热处理强化的铝合金
中间退火（再结晶退火）	对于 2A06、2A11、2A12 可在硝酸盐槽中加热,保温 1～2h,然后水冷;对于飞机制造中的形状复杂的零件,"冷变形—退火"要交替多次进行	为消除加工硬化,提高塑性,以便进行冷变形的下一工序;也用于无淬火、时效强化后的半成品及零件的软化,部分消除内应力	
淬火	淬火加热的温度,上下限一般只有 ±5℃,为此应采用硝盐槽或空气循环炉加热,以便准确地控制温度	为了将高温下的固溶体固定到室温,得到均匀的过饱和固溶体,以便在随后的时效过程中使合金强化。淬火后强度有提高,但塑性也相当高,可进行铆接、弯边、拉伸和校正等冷塑性变形工序;对于自然时效的零件,只能在短时间内保持良好的塑性,超过一定时间,强度、硬度急剧增加,故变形工序应在淬火后短时间内进行	热处理强化的铝合金
时效	一般硬铝采用自然时效,超硬铝及锻铝采用人工时效;但硬铝在高于 150℃ 的温度下使用时则进行人工时效,锻铝 6A02、2A50、2A14 也可采用自然时效	将淬火得到的过饱和固溶体在低温(人工时效)或室温(自然时效)保持一定时间,使强化相从固溶体中呈弥散质点析出,从而使合金进一步强化,获得较高力学性能	
稳定化处理（回火）	回火温度不高于人工时效的温度,时间为 5～10h;对自然时效的硬铝,可采用 90℃±10℃,时间为 2h	为消除切削加工应力与稳定尺寸,用于精密零件的切削工序间,有时需要进行多次	
回归处理	重新加热到 200～270℃,经短时间保温,然后在水中急冷,但每次处理后,强度有所下降	对自然时效的铝合金,恢复塑性,以便继续加工或适应修理时变形的需要	

3)变形铝合金的种类

变形铝合金的分类方法很多,主要有以下几种。

(1)按合金的状态及热处理特点可分为可热处理强化铝合金和不可热处理强化铝合金两大类。可热处理强化铝合金有纯铝、Al-Mn、Al-Mg、Al-Si 系合金,不可热处理强化铝合金包括 Al-Mg-Si、Al-Cu、Al-Zn-Mg 系合金。

(2)按铝合金的性能及使用特点可分为防锈铝合金、硬铝合金、超硬铝合金和锻铝合金等。

① 防锈铝合金:防锈铝合金中的主要合金元素是 Mn 和 Mg,其中 Mn 的主要作用是提高铝合金的抗蚀能力,并起到固溶强化作用;Mg 也可起到强化作用,并使合金的比重降低。防锈铝合金锻造退火后是单相固溶体,抗腐蚀能力高,塑性好。这类铝合金不能进行时效硬化,属于不能热处理强化的铝合金,但可冷变形加工,利用加工硬化提高合金的强度。

② 硬铝合金:硬铝合金为 Al-Cu-Mg 系合金,还含有少量的 Mn。各种硬铝合金都可以进行时效强化,属于可以热处理强化的铝合金,也可进行变形强化。合金中的 Cu、Mg 是为了形成强化相 θ 相及 S 相,其中 Mn 主要是提高合金的抗蚀性,并有一定的固溶强化作用,但 Mn 的析出倾向小,不参与时效过程;可少量的 Ti 或 B 可细化晶粒和提高合金强度。

硬铝合金主要分为以下 3 种。低合金硬铝,合金中 Mg、Cu 含量低,而且 Cu/Mg 比值较高,强度低,塑性高;采用淬火和自然时效可以强化,时效速度较慢,适用于制作铆钉。标准硬铝,合金元素含量中等,Cu/Mg 比值较高,强度和塑性在硬铝合金中属于中等水平,合金经淬火和退火后有较高的塑性,可进行压力加工,时效处理后能提高切削加工性能。高合金硬铝,合金元素含量较多,Cu/Mg 比值较低,强度硬度高,塑性低,变形加工能力差,有较好的耐热性,适于制作航空模锻件和重要的销轴等。

硬铝合金也存在许多不足之处,具体如下。

a. 抗蚀性差,特别是在海水等环境中。合金中 Cu 的质量分数较高,Cu 含量高的固溶体和化合物的电极电位比 Cu 含量较低的晶界附近高,容易发生晶间腐蚀;

b. 固溶处理的加热温度范围很窄,加热温度稍低时,固溶体中 Cu 和 Mg 等溶入量较少,淬火时效处理后,强化效果较差;加热温度稍高时,存在较多低熔点组成物的晶界会融化,因此实际操作时必须把淬火加热温度严格控制在工艺范围内,这对其生产工艺的实现带来了困难,在使用或加工硬铝时应加以注意。

③ 超硬铝合金:超硬铝合金为 Al-Mg-Zn-Cu 系合金,并含有少量的 Cr 和 Mn。Zn、Cu、Mg 与 Al 可以形成固溶体和多种复杂的第二相,如 $MgZn_2$、Al_2CuMg 和 AlMgZnCu 等,所以经过固溶处理和人工时效后,其可获得很高的强度和硬度,是强度最高的一种铝合金,但是其抗蚀性较差,高温下软化快,因此可以用包铝法提高其抗蚀性。超硬铝合金多用于制造受力大的重要构件,如飞机大梁、起落架等。

④ 锻铝合金:锻铝合金为 Al-Mg-Si-Cu 系和 Al-Cu-Mg-Ni-Fe 系合金。合金中的元素种类多但用量少,具有良好的热塑性、铸造性和锻造性,并有较高的力学性能,主要用于制造承受重载荷的锻件和模锻件。锻铝合金通常要进行固溶处理和人工时效。

（3）按所含主要合金元素成分变形铝合金可分为工业纯铝、Al-Cu 合金、Al-Mn 合金、Al-Si 合金、Al-Mg 合金、Al-Mg-Si 合金、Al-Zn-Mg-Cu 合金、Al-Li 合金和备用合金组。

以上 3 种分类方法各有特点，互相交叉，互相补充。在工业生产中，大多数国家按照第三类分类方法，即按照所含主要合金元素成分的分类，这种方法能反映合金的基本性能，也便于编码、记忆和计算机管理。

4）变形铝合金的牌号及状态表示方法

（1）我国变形铝及铝合金牌号和表示方法：根据《变形铝及铝合金牌号表示方法》（GB/T 16474—2011），凡是化学成分与变形铝及铝合金国际牌号注册协议组织命名的合金相同的所有合金，其牌号直接采用国际四位数字体系牌号，未与国际四位数字体系牌号的变形铝合金接轨的，采用四位字符牌号（试验铝合金在四位字符牌号前加 X）命名，并按要求注册化学成分。四位字符牌号命名方法应符合四位字符体系牌号命名方法的规定。

四位字符体系牌号的第一、三、四位为阿拉伯数字，第二位为英文大写字母（C、I、L、N、O、P、Q、Z 字母除外）。

① 牌号的第一位数字表示铝及铝合金的组别，其中 1××× 系为工业纯铝，2××× 系为 Al-Cu 合金，3××× 系为 Al-Mn 合金，4××× 系为 Al-Si 合金，5××× 系为 Al-Mg 合金，6××× 系为 Al-Mg-Si 合金，7××× 系为 Al-Zn-Mg-Cu 合金，8××× 系为 Al-Li 合金，9××× 系为备用合金组。铝合金组别按主要合金元素来确定，主要合金元素指极限含量算术平均值为最大的合金元素。当有一个以上的合金元素极限含量算术平均值同为最大时，应按 Cu、Mn、Si、Mg、Zn、其他元素的顺序确定合金组别。

② 牌号的第二位字母表示原是纯铝或铝合金的改型情况，如果第二位的字母为 A，则表示为原始合金，如果是 B~Y 的其他字母，则表示为原始铝合金的改型合金。

③ 牌号的最后两位数字用以标识同一组中不同的铝合金或表示铝的纯度。

2）变形铝及铝合金的状态代号和表示方法：根据《变形铝及铝合金牌号表示方法》（GB/T 16474—2011），基础状态代号用一个英文大写字母表示，基础状态代号分为 5 种，见表 3-29 所列。

表 3-29　变形铝及铝合金的基础状态代号

代号	名称	说明
F	自由加工状态	适用于在成型过程中，对于加工硬化和热处理条件无特殊要求的产品，对该状态产品的力学性能不做规定
O	退火状态	适用于经完全退火获得最低强度的加工产品
H	加工硬化状态	适用于通过加工硬化提高强度的产品，产品在加工硬化后可经过（也可不经过）使强度有所降低的附加热处理，H 代号后面必须跟有两位或三位阿拉伯数字
W	固溶热处理状态	一种不稳定状态，仅适用于经固溶热处理后，室温下自然时效的合金，该状态代号仅表示产品处于自然时效阶段

(续表)

代号	名称	说明
T	热处理状态 (不同于F、O、H状态)	适用于热处理后,经过(或不经过)加工硬化达到稳定状态的产品,T代号后面必须跟有一位或多位阿拉伯数字

细分状态代号以基础状态代号后跟一位或多位阿拉伯数字表示。以加工硬化状态H的细分状态为例,在字母H后面添加两位阿拉伯数字(称为H××状态),或三位阿拉伯数字(称为H×××状态)表示H的细分状态。

① H××状态

H后面的第一位数字表示获得该状态的基本处理程序:H1表示单纯的加工硬化状态,H2表示加工硬化及不完全退火的状态,H3表示加工硬化及稳定化处理的状态,H4为加工硬化及涂漆处理的状态。

H后面的第二位数字表示产品的加工硬化程度。数字8表示硬状态,通常采用O状态(退火状态)的最小抗拉强度与表3-30规定的强度差值之和,以此来规定H×8状态的最小抗拉强度值。对于O状态和H×8状态之间的状态,应在定H×代号后分别添加数字1~7来表示,在H×代号后添加数字9表示比H×8加工硬化程度更大的超硬状态。H××细分状态代号及对应的加工硬化程度见表3-31所列。

表3-30 O状态的最小抗拉强度及H×8状态与O状态的最小抗拉强度差值

(单位:MPa)

O状态的最小抗拉强度	H×8状态与O状态的最小抗拉强度差值
≤40	55
45~60	65
65~80	75
85~100	85
105~120	90
125~160	95
165~200	100
205~240	105
245~280	110
285~320	115
≥325	120

表3-31 H××细分状态代号及对应的加工硬化程度

细分状态代号	加工硬化程度
H×1	抗拉强度极限为O与H×2状态的中间值
H×2	抗拉强度极限为O与H×4状态的中间值

(续表)

细分状态代号	加工硬化程度
H×3	抗拉强度极限为 H×2 与 H×4 状态的中间值
H×4	抗拉强度极限为 O 与 H×8 状态的中间值
H×5	抗拉强度极限为 H×4 与 H×6 状态的中间值
H×6	抗拉强度极限为 H×4 与 H×8 状态的中间值
H×7	抗拉强度极限为 H×6 与 H×8 状态的中间值
H×8	硬状态
H×8	超硬状态 最小抗拉强度极限超过 H×8 状态至少 10MPa

② H×××状态

H×××状态代号表示：H111 适用于最终退火后又进行了适量的加工硬化,但加工硬化程度不如 H11 状态的产品；H112 适用于热加工成型的产品,该状态产品的力学性能有规定要求；H116 适用于镁含量≥4.0％的 5×××系合金制成的产品,这些产品有规定的力学性能和抗剥落腐蚀性能的要求。

5)铸造铝合金

常用的铸造铝合金中,合金元素主要有 Si、Cu、Mg、Mn、Ni、Cr、Zn 和稀土元素等。按照主要合金元素的不同,铸造铝合金可分为 Al‑Si 铸造铝合金、Al‑Cu 铸造铝合金、Al‑Mg 铸造铝合金、Al‑Zn 铸造铝合金。

根据《铸造有色金属及其合金牌号表示方法》(GB/T 8063—2017),铸造铝合金的牌号由"Z"和基体金属的化学元素符号、主要合金化学元素符号(其中混合稀土元素符号统一用 RE 表示)及表明合金元素名义百分含量(质量分数)的数字组成。当合金元素多于两个时,合金牌号中应列出足以表明合金主要特性的元素符号及其名义百分含量的数字。合金元素符号按名义百分含量递减的次序排列。当名义百分含量相等时,则按元素符号字母顺序排列。当需要表明决定合金类别的合金元素首先列出时,不论其含量多少,该元素均应紧置于基体元素符号之后。除基体元素的名义百分含量不标注外,其他合金元素的名义百分含量均标注于该元素的符号之后,合金元素含量小于1％时,一般不标注。对具有相同主成分、杂质限量有不同要求的合金,在牌号结尾加注"A、B、C……"等表示等级。

铸造铝合金也可用合金代号进行表示,合金代号由字母 Z 和 L(分别为铸和铝汉语拼音的首字母)及其后的三位数字表示组成。ZL 后面的第一个数字表示合金系列,其中1、2、3、4 分别表示铝硅、铝铜、铝镁、铝锌系列合金,ZL 后面的第二位、第三位两个数字表示顺序号。

常用铸造铝合金的类别、牌号、代号、热处理工艺、力学性能和主要用途见表 3‑32 所列。

表 3-32　常用铸造铝合金的类别、牌号、代号、热处理、力学性能和主要用途

类别	牌号	代号	热处理工艺	力学性能			主要用途
				$\sigma_b/$ MPa	$\delta/$ %	硬度/ HBS	
铝硅合金	ZAlSi7Mg	ZL101	淬火+自然时效	190	4	50	飞机仪器零部件
			淬火+人工时效	230	1	70	
	ZAlSi12	ZL102	—	143	4	50	仪表、抽水机壳体等外形复杂件
				153	2	50	
	ZAlSi9Mg	ZL104	人工时效	200	1.5	70	电动机壳体、汽缸体等
			淬火+人工时效	240	2	70	
	ZAlSi5Cu1Mg	ZL105	淬火+不完全时效	240	0.5	70	风冷发动机汽缸头、油泵壳体
			淬火+稳定回火	180	1	65	
	ZAlSi12 Cu1Mg1Ni1	ZL109	人工时效	200	0.5	90	活塞及高温下工作的零件
			淬火+人工时效	250		100	
铝铜合金	ZAlCu5Mn	ZL201	淬火+自然时效	300	8	70	内燃机汽缸头活塞等
			淬火+不完全时效	340	4	90	
	ZAlCu10	ZL202	淬火+人工时效	170	—	100	高温不受冲击的零件
铝镁合金	ZAlMg10	ZL301	淬火+自然时效	280	9	60	舰船配件
	ZAlMg5Si1	ZL303	—	150	1	55	氨用泵体
铝锌合金	ZAlZn11Si7	ZL401	人工时效	252	1.5	90	结构、形状复杂的汽车、飞机仪器零件
	ZAlZn6Mg	ZL402	人工时效	240	4	70	结构、形状复杂的汽车、飞机仪器零件

(1)Al-Si 铸造铝合金:Al-Si 铸造铝合金通常称为铝硅明,铝硅明包括简单铝硅明(Al-Si 二元合金)和复杂铝硅明(Al-Si-Mg-Cu 等多元合金)。含硅量 11%~13% 的简单铝硅明(ZL102)正好处于共晶点附近,铸造后几乎是共晶组织。因此,这种合金流动性好,铸件产生的热裂倾向小,适用于铸造复杂形状的零件;它的耐腐蚀性能高,有较低的膨胀系数,可焊性良好;该合金的不足之处是铸造时吸气性高,结晶时产生大量分散缩孔,使铸件的致密度下降。Al-Si 合金组织中的共晶硅呈粗大的针状,合金的机械性能降低,因此必须采用变质处理来细化组织,改善性能。

变质处理一般在合金的熔体中加入钠盐混合物(2/3NaF+1/3NaCl),使 ZL102 合金结晶后获得亚共晶组织,所得的亚共晶组织细小分散,其强度和塑性可得到一定的提高。但总体而言变质处理后的强度仍然不是很高,通常只用于制造形状复杂、强度要求不高

的铸件,如内燃机缸体、缸盖、仪表支架等。

在简单铝硅明的基础上加入 Cu、Mg、Mn 等合金元素,构成复杂铝硅明,这类合金组织中出现了更多的强化相,如 $CuAl_2$、Mg_2S 及 Al_2CuMg 等,在变质处理与时效强化的综合作用下,可使强度升高至 200~230MPa。

内燃机中的活塞在高速、高温、高压、变负荷下工作,不仅要求其制造材料必须比重小,耐磨性、耐蚀性、耐热性高,还要求材料的线膨胀系数接近汽缸体的线膨胀系数。复杂铝硅明基本上能满足这一要求,因此它是制造活塞的理想材料。

(2)Al-Cu 铸造铝合金:Al-Cu 合金的强度较高,耐热性好,组织中共晶体含量较少,铸造性能不好,有热裂和疏松倾向,耐蚀性较差。

ZL201 的室温强度高,塑性比较好,可用于制造在 300℃ 以下工作的零件,如内燃机汽缸头、活塞等零件。ZL202 塑性较低,多用于制造高温下不受冲击的零件。ZL203 经淬火时效后,强度较高,可用于制造结构材料铸造受中等载荷和形状较简单的零件。

(3)AL-Mg 铸造铝合金:Al-Mg 合金(ZL301、ZL302)强度高,密度小(约为 2.55),有良好的耐蚀性和机加工性能,但铸造性能不好,耐热性低。Al-Mg 合金可进行时效处理,通常采用自然时效方式,多用于制造可以承受冲击载荷、在腐蚀性介质中工作、外形不太复杂的零件,如舰船配件、氨用泵体等。

(4)Al-Zn 铸造铝合金:Al-Zn 合金(ZL401、ZL402)价格低廉,铸造性能优良。铸态下会出现自行淬火的现象,Zn 原子被固溶在过饱和固溶体中,经变质处理和时效处理后强度较高,但抗蚀性差,热裂倾向大,常用于制造汽车、拖拉机的发动机零件及形状复杂的仪器零件,也可用于制造日用品。

铸造铝合金的铸件的形状较复杂,组织粗糙,化合物粗大,并且有严重的偏析,因此它的热处理工艺与变形铝合金相比,淬火温度应高一些,加热保温时间要长一些,以使粗大析出物完全溶解,并使固溶体成分均匀化,其中淬火一般用水冷却,并多采用人工时效。

3.3.2　钛及钛合金

钛及钛合金是极其重要的轻质结构材料,具有许多优点:首先,其比强度高于其他有色金属合金;其次,具有较高的抗蚀性,特别是在海水和含氨介质中,其抗腐蚀性能尤其突出;最后,钛及钛合金的耐热性也比铝合金和镁合金高,目前实际应用的热强钛合金工作温度为 400~500℃。1948 年,杜邦公司首先开始工业化生产金属钛。在较短时间内,钛工业取得了迅猛的发展,尤其在航空航天工业中,钛及钛合金的应用范围及数量日益增长,并迅速取代某些铝合金、镁合金及钢等制造各种构件,如飞机上的隔热罩、整流罩、导风罩、蒙皮、框类、支臂构件,以及发动机中的压气机盘、叶片及机匣等。此外,钛及钛合金在机械工业、车辆工程、生物医学工程等领域具有非常重要的应用价值和广阔的应用前景。

在实际中,钛不是稀有金属,在地壳中含量最丰富的元素中排第 9 位,在含量最丰富的结构金属中排第 4 位,仅次于铝、铁和镁。但是,地壳中极少存在高含钛量的矿石,并且目前尚未发现自然纯钛金属的存在。制取金属钛的难度较大,使金属钛的价格较高,钛及钛合金的发展与应用受到一定限制。随着科学技术的不断进步,这些问题正在不断被解决,钛及钛合金由于其所具有的优异特性,必将发展成为能够得到普遍应用的重要结构材料。

1. 纯钛

(1)纯钛的物理性能

钛的原子序数为 22,密度为 $4.54g/cm^3$,熔点为 $1668℃$,线膨胀系数为 $8.5×10^{-6}$。与铁和镍相比较,钛的主要特点是熔点高,导热性差,密度较低,线膨胀系数小,弹性模量也较低。

钛的导热性能差,摩擦因数大,切削加工时易黏刀,刀具温升快,因而切削加工性能较差,应使用特定刀具切削。另外,钛的耐磨性也较差,具有较高的表面缺口敏感性,对加工及使用均不利。

(2)纯钛的化学性质

钛金属的化学活性极高,高温下可以同多种合金元素发生强烈反应,从而受到污染,因此钛金属的熔炼只能用真空电弧炉熔铸。

纯钛在较多介质中有很强的耐蚀性,尤其是在中性及氧化性介质中,其耐蚀性很强。纯钛在海水中的抗蚀性能优于不锈钢及铜合金,在碱溶液及大多数有机酸中也很耐蚀。纯钛一般只形成均匀腐蚀,不发生局部和晶界腐蚀现象,其抗腐蚀疲劳性能较好。

钛金属易吸氢产生氢脆现象,可以利用该特点,发展以钛为主要成分的储氢材料。

金属钛在 $550℃$ 以下空气中能形成致密的氧化膜,并具有较高的稳定性。但是,温度高于 $550℃$ 后,空气中的氧能迅速穿过氧化膜,向内扩散使基体氧化,这是目前钛及钛合金不能在更高温度下使用的主要原因之一。

(3)纯钛的晶体结构

低温下,纯钛和大多数钛合金结晶呈理想的密排六方结构,称为 $\alpha-Ti$,晶格常数为 $a=0.295nm$,$c=0.468nm$,轴比 $c/a=1.587$,小于理想态的 1.633;高温下,体心立方结构的 $\beta-Ti$ 为稳定状态,$900℃$ 时的晶格常数为 $a=0.331nm$。纯钛的 β 相转变温度为 $882.5℃$,该温度称为 Ti 的 β 相转变温度或 β 相变温度。

钛金属的两种不同晶体结构,以及相应的同素异构转变是其获得各种不同性能的基础,金属钛的塑性变形和扩散速率都与晶体结构密切相关。此外,密排六方晶体结构导致 $\alpha-Ti$ 的力学性能呈现显著的各向异性,其中弹性的各向异性尤为明显,钛金属垂直于基面方向的杨氏模量为 $145GPa$,而平行于基面方向的杨氏模量仅为 $100GPa$。

与理想的密排六方结构相比,$\alpha-Ti$ 轴比减小,增大了棱柱面的间距,使棱柱面的堆垛密度较基面有所增大,从而有利于棱柱面上的滑移,使 $\alpha-Ti$ 具有相当的塑性,可冷变形强化。

密排六方结构的 $\alpha-Ti$ 原子堆垛密度大,因此 $\alpha-Ti$ 中的扩散远比体心立方的 $\beta-Ti$ 中的缓慢得多,$\alpha-Ti$ 的扩散系数比 $\beta-Ti$ 的小几个数量级。两种结构的钛金属的扩散系数都受显微组织的影响,从而影响两相的力学性能,如抗蠕变性、热加工性能和超塑性。

(4)工业纯钛

高纯钛仅在科学研究中应用,工业中应用的纯钛均含有一定量的杂质,称为工业纯钛。

工业纯钛中的杂质主要为形成间隙固溶体的 O、N、H 及 C 等,以及形成置换固溶体的 Fe、Si 等杂质。形成间隙固溶体的杂质可造成严重的晶格畸变,强烈阻碍位错运动,提高硬度。另外,H 元素的扩散力强,应变时效现象比较明显,而且容易以 TiH 化合物形式析出,引起氢脆,严重损害钛的韧性。形成置换式固溶体的杂质对金属塑性及韧性的影响程度远远小于间隙式杂质的影响,甚至在有的合金中,这种元素也可作为加入的合金元素。

工业纯钛实际上就是钛与杂质元素形成的合金。其强度、硬度比纯钛稍高,力学性能及化学性能与不锈钢相近,抗氧化性优于奥氏体不锈钢,但耐热性稍差。与钛合金相比,工业纯钛的强度稍低、塑性好、焊接性能、可切削加工性以及耐蚀性稍好。

除杂质造成的固溶强化之外,工业纯钛还可采用冷变形强化,当冷变形度为 30% 以上时,其 σ_b 可达到 800MPa 以上,延伸率 δ 保持为 10%~15%,这些均已超过了硬铝合金的性能。

纯钛的牌号为 TA0、TA1、TA2 和 TA3,其中 TA0 为高纯钛,后 3 种为工业纯钛。牌号不同,杂质含量也不同,4 种牌号的纯钛的化学成分和力学性能如表 3-33 所示。

表 3-33　纯钛的化学成分和力学性能

牌号	材料类型	杂质含量/%(≤)						力学性能		
		Fe	Si	C	N	H	O	σ_b/MPa	δ/%	α_k/(MJ/m²)
TA0	板材	0.04	0.03	0.03	0.01	0.015	0.05	250~290	56~64	2.5
TA1	板材	0.15	0.10	0.05	0.03	0.015	0.15	350~500	30~40	—
	棒材							350	25	0.8
TA2	板材	0.30	0.15	0.10	0.05	0.015	0.20	450~600	25~30	—
	棒材							450	20	0.7
TA3	板材	0.40	0.15	0.10	0.05	0.015	0.30	550~700	20~25	—
	棒材							550	15	0.5

2. 钛合金

1)钛中合金元素的分类与作用

根据各种不同合金元素对 β 转变温度的影响,钛的合金元素可分为中性元素、α 相稳定元素和 β 相稳定元素。

(1)α 相稳定元素:提高金属钛 β 转变温度的合金元素称为 α 相稳定元素。这类元素在周期表中的位置离钛较远,与钛形成包析反应,且电子结构、化学性质与 Ti 相差较大,能显著提高钛合金的 β 转变温度,稳定 α 相,因此称为 α 相稳定元素。

在钛的 α 相稳定元素中,Al 是最重要的合金化元素。铝元素以置换固溶体的方式存在于钛的 α 相中,对钛的 α 相有固溶强化的效果,降低钛合金的密度。加入铝不仅扩展了 α 相的温度区间,还形成了(α+β)两相区。当加入 Al 的含量超过 α 相的溶解极限后,形成 Ti₃Al 为基体的有序 α₂ 相固溶体,使钛合金变脆,热稳定性降低。随着材料科学的发展,Ti - Al 系金属间化合物因其密度小、高温强度高、抗氧化性能强及刚性好的优点引起航天工业研究人员的极大关注,Ti - Al 系金属间化合物类合金迅速发展成为高技术领域的新材料之一。

除 Al 之外,间隙元素 O、N 和 C 等也是 α 相稳定元素,但其一般作为杂质元素存在,较少作为合金元素加入其中。

(2)中性元素:对金属钛的 β 转变温度影响不明显的合金元素称为中性元素。一般,中性元素在 α 相和 β 相中均具有较大的溶解度,甚至能够形成无限固溶体,这些合金元素加入后主要对 α 相起到固溶强化作用,对钛的 β 转变温度影响不大。

钛的中性合金化元素主要为 Zr 和 Sn,这些元素不仅可以提高 α 相强度,也可以提高其热强度,对塑性的不利作用也小于铝,有利于压力加工及焊接,但 Zr 和 Sn 的强化效果低于 Al。在钛合金中加入 Ce、La 等稀土元素,可细化晶粒,并能显著提高合金的高温抗拉强度及热稳定性,并且不影响 β 转变温度。

(3)β 稳定元素:能够降低 β 转变温度的合金元素称为 β 稳定元素。根据 β 稳定元素的晶格类型及与钛形成的二元合金相图的特点,可细分为 β 同晶稳定元素和 β 共析稳定元素两类。前者具有与 β 钛相同的晶格类型,如 V、Mo、Ta 和 Nb 等,这些元素在周期表上的位置靠近钛,能与 β 钛以置换方式无限互溶,所产生的晶格畸变小,在提高强度的同时,还能使固溶体保持较高塑性。另外,用 β 同晶稳定元素强化的 β 相,组织稳定性较好,温度变化时,β 相不会因 β 同晶元素的存在而发生共析或包析反应生成脆性相。β 共析稳定元素在 α 相和 β 相中均为有限固溶,但在 β 相中的溶解度比在 α 相中的溶解度大,与钛之间存在共析反应,常见元素有 Fe、Mn、Cr、Co 和 Ni 等。

在 β 稳定元素中,Mn、Fe 和 Cr 对 β 相的稳定效果最大,但它们是慢共析元素,在高温长时间工作条件下,β 相易发生共析反应,因而合金组织不稳定,蠕变抗力差。但如果同时加入 Mo、V、Ta、Nb 等同晶元素,则共析反应可受到进一步抑制。快共析元素硅易在位错处偏聚,阻碍位错运动,提高蠕变抗力,特别是 Si、Zr 共存时,能形成复杂的硅化物,对位错的阻碍作用更大,可进一步提高蠕变强度。

β 稳定元素除有固溶强化作用外,还可以使合金组织中具有一定量的 β 相或形成其他第二相,进一步强化合金。β 相冷却时,发生同素异构转变或马氏体转变,使合金能够进行热处理强化,当加入的合金元素量较多时,可以获得以 β 相为基体的具有高强度、高韧性、抗腐蚀性和易加工成型的 β 型钛合金。

2)钛合金的分类及特点

目前,已知的钛合金有 100 多种,但是只有 20～30 种达到了商业化应用水平,其中 Ti - 6Al - 4V 合金最为典型,其应用占钛合金总数的 50% 以上,钛合金中,β 相的数量及稳定程度与 β 稳定元素的含量有直接关系,为了衡量钛合金中 β 相的稳定程度或 β 稳定元素的作用,人们提出了 β 稳定系数的概念,β 稳定系数是钛合金中 β 稳定元素浓度与各自的临界浓度比值之和。

根据 β 稳定系数值及退火(空冷)后的组织,可粗略地将工业钛合金分为 α、近 α、(α+β)及 β 钛合金。

(1)α 钛合金:β 稳定系数值接近零的合金称为 α 钛合金。这类合金几乎不含 β 稳定元素,退火组织基本为等轴 α 相,铝当量为 5％～6％,主要合金元素为 α 稳定元素及中性元素。α 钛合金不能进行热处理强化,依靠固溶强化提高力学性能,室温强度低于 β 和(α＋β)钛合金,但在 500～600℃时,其高温强度是这 3 类钛合金中最好的。α 钛合金具有组织稳定、耐蚀、易焊接、切削加工性能好的优点,缺点是强度低、塑性低、压力加工性能差。

我国 α 钛合金合金牌号为 TA 后加代表合金序号的数字,包括工业纯钛 TA0～TA3 和含不同 α 稳定元素或中性元素的 TA4～TA8。工业纯钛 TA0～TA3 的杂质含量依次增高,机械强度、硬度依次增强,塑性韧性依次下降,主要用于工作温度在 350℃以下,受力不大,但要求高塑性的冲压件和耐蚀结构零件,如飞机骨架、蒙皮、船用阀门、管道等。其中 TA1 和 TA2 由于具有良好的低温韧性及低温强度,可用作－253℃以下的低温结构材料。TA4 可用作中等强度范围的结构材料。TA5 和 TA6 主要用于制造 400℃以下腐蚀性介质中工作的零件及焊接件,如飞机蒙皮、骨架零件、压气机叶片等。TA7 可用作 500℃以下长期工作的结构件及模锻件,也是一种优良的超低温材料。TA8 可以用于制造在 500℃以下长期工作的零件,如压气机盘及叶片,但是其组织稳定性较差,使用受到一定限制。

(2)近 α 钛合金:β 稳定系数小于 0.23％的合金一般属于近 α 钛合金,这类合金主要靠 α 稳定元素固溶强化,另加少量 β 稳定元素,使退火组织中有少量的 β 相析出,可改善压力加工性能,同时合金具有一定的热处理强化效果。近 α 钛合金具有 α 钛合金优异的蠕变性能和(α＋β)钛合金的高强度,是一种比较理想的高温合金,最高使用温度为500～550℃左右。

近 α 钛合金有低铝当量和高铝当量两类。

① 低铝当量的近 α 钛合金,铝当量小于 2％,α 稳定元素相对较少,固溶强化效果不显著,组织中含有约 2％～4％的 β 相,其主要优点是压力加工性能相对较好,具有与工业纯钛相似的焊接性及良好的热稳定性,使用温度可达 400℃,其缺点是强度较低,不能热处理强化。这类合金适用于制造形状复杂的板材冲压及焊接件。

② 高铝当量近 α 钛合金的铝当量为约 6％～9％,因其含有较多的、有益于热强性的 α 稳定元素,主要优点是具有比其他类型钛合金高的蠕变抗力,是最有可能用于 500℃以上长时间工作的合金。这类合金的热稳定性和焊接性良好,压力加工优于 α 钛合金,其主要缺点是塑性较差,并且高铝含量容易导致应力腐蚀问题,主要用于制造 500℃以上工作的构件,如航空发动机的压气机盘、叶片等。

(3)(α＋β)钛合金:β 稳定系数为 0.23～1.0 的钛合金一般属于(α＋β)钛合金,这类合金中的 Al 当量一般控制在 8％以下。β 稳定元素的添加量一般为 2％～10％,可获得足够的 β 相,进一步改善合金的压力加工性和热处理强化性能。

(α＋β)两相钛合金也可分为低铝当量和高铝当量钛合金两类。

① 低铝当量两相钛合金中的铝当量小于 6％,此类合金中一般含 β 稳定元素较多,退火状态下 β 相在组织中约占 10％～30％,淬火后 β 相数量可达到 55％。这类合金具有中等的强度、塑性、蠕变抗力和热稳定性,使用温度约为 300～400℃,可用于小型结构件和紧固件。

② 高铝当量两相钛合金的铝当量大于 6%,这类合金中除含有较多的铝、锡或锆外,还含有适当的 β 稳定元素,主要是钼和钒。少量合金中添加了金属硅,是目前在 400～500℃ 范围内实际应用最为广泛的钛合金。

我国(α+β)钛合金的牌号为 TC 后加表示序号的数字,其中 TC1、TC2 和 TC7 不能进行热处理强化,其他牌号的(α+β)钛合金可进行热处理强化。我国(α+β)钛合金的主要用途如表 3-34 所示。

表 3-34　我国(α+β)钛合金的主要用途

牌号	主要用途
TC1、TC2	主要用于 400℃ 以下工作的冲压件、焊接件及模锻件,也可作低温材料
TC3 和 TC4	用于 400℃ 以下长期工作零件、结构锻件、各种容器、泵、低温部件、坦克履带、舰船耐压壳体,并且 TC4 是(α+β)钛合金中产量最多、应用最广的一种
TC6	450℃ 以下使用,可作飞机发动机结构材料
TC7、YC9	500℃ 以下长期使用的零件,如飞机发动机叶片等
TC10	450℃ 以下长期实用的零件,如飞机结构件、起落支架、导弹发动机外壳、武器结构件

(4)β 钛合金:β 稳定系数大于 1 的钛合金一般称为 β 钛合金,可细分为近 β 钛合金、亚稳 β 钛合金和稳定 β 钛合金 3 种。

① β 稳定系数为 1～1.5 的 β 钛合金为近 β 钛合金,这种合金退火状态为 α+β 两相,所以有时也称为过渡型 α+β 钛合金。但在淬火时,β 相可由高温保留至室温,或发生 ω 相变,使组织中全部为淬火状态的亚稳 β 相或亚稳 β+ω 相,因此又将其归类在 β 钛合金中。

② β 稳定系数为 1.5～2.5 的 β 钛合金为亚稳 β 钛合金,这类合金平衡状态仍为 α+β 两相,β 相含量超过 50%,但在一般退火条件下,组织中全部为退火状态的亚稳 β 相,并且亚稳 β 合金中的 β 相稳定性高于近 β 钛合金的。

③ β 稳定系数大于 2.5 的 β 钛合金为稳定 β 钛合金,这类合金在平衡状态下,全部由稳定的 β 相组成,热处理不能改变其相组成。

β 钛合金的铝当量一般只有 2%～5%,其合金化的主要特点是加入较多 β 稳定元素,通过水冷或空冷得到近似全部的等轴亚稳 β 相组织,处于亚稳态的 β 相通过时效处理,可分解为弥散分布的 α 相、稳定 β 相或其他第二相,使钛合金的强度大幅度提高;室温下的体心立方 β 相组织,容易产生塑性变形,使 β 钛合金具有良好的冷变形性能;合金中 β 稳定元素含量高,淬火过程中 β 相不易发生分解,因此其淬透性较高,可进行热处理强化。

β 钛合金的缺点是合金中含有较多的 β 共析元素,使其在长时间加热条件下易析出脆性化合物,并且 β 相具有较高的自扩散系数,热稳定性较差。时效后,β 钛合金的拉伸塑性、高温强度及蠕变抗力较低,性能不稳定,熔炼过程较复杂。

β 钛合金目前主要用于制造 250℃ 以下长时间工作或 350℃ 以下短时间工作、要求成形性好的零件,如压气机片、轮盘及飞机结构件或紧固件等。

3.3.3　铜及铜合金

铜及铜合金是现代工业中广泛应用的结构材料之一,其主要性能特点如下:

(1)有优异的物理化学性能。纯铜导电性、导热性极佳,许多铜合金的导电、导热性也很好;铜及铜合金对大气和水的抗腐蚀能力也很高;铜是抗磁性物质。

(2)有良好的加工性能。铜及某些铜合金塑性很好,容易冷、热成型;铸造铜合金有很好的铸造性。

(3)有某些特殊的机械性能。具有优良的减摩性和耐磨性(如青铜及部分黄铜),高的弹性极限及疲劳极限(铍青铜等)。

由于有以上优良性能,铜及铜合金在电气工业、仪表工业、造船工业及机械制造工业部门中获得了广泛的应用。但铜的储藏量较小,价格较高,属于应节约使用的材料之一,只有在特殊需要的情况,如要求有特殊的磁性、耐蚀性、加工性能、机械性能及特殊的外观等条件下,才考虑使用。

1. 纯铜

纯铜外观呈玫瑰色,但是其在空气中易与氧结合形成氧化铜薄膜,表面呈紫红色,因此又可称为紫铜。

纯铜的密度为 $8.93g/cm^3$ (比钢的密度大 15%),熔点为 1083℃。纯铜的导电性和导热性优良,仅次于银。铜具有良好的化学稳定性,在大气、淡水及冷凝水中均具有良好的抗腐蚀性能,但在海水中的耐腐蚀性能比较差,容易被腐蚀,纯铜在有 CO_2 的潮湿空气中,表面容易产生碱性碳酸盐[$CuCO_3 \cdot Cu(OH)_2$ 或 $2CuO_3 \cdot C(OH)_2$]的绿色薄膜,称为铜绿。

纯铜具有面心立方晶体结构,无同素异构转变,表现出极好的塑性($\delta = 50\%$、$\psi = 70\%$),冷、热加工性能良好。纯铜的强度、硬度不高,在退火状态下,σ_b 为 200~250MPa,HBS 为 40~50。采用冷加工变形,可使纯铜强度提高到 400~500MPa,硬度提高到 100~200HBS,但塑性会相应有所降低。纯铜无法进行热处理强化,但能通过冷加工变形来提高强度。纯铜的热处理仅限于结晶软化退火,实际退火温度一般为 500~700℃,过高的温度会使其发生强烈的氧化,退火时应在水中快速冷却,目的是爆脱在退火加热时形成的氧化皮,得到光洁的表面。

工业纯铜中一般含有 0.1%~0.5% 的杂质,如 Pb、Bi、O、S 和 P 等,它们将降低铜的导电性能,Pb 和 Bi 能与 Cu 形成熔点很低的共晶体(Cu+Pb)和(Cu+Bi),共晶温度分别为 326℃ 和 270℃,分布在 Cu 的晶界上。进行热加工时(温度为 820~860℃),因共晶体熔化,破坏晶界的结合,使铜发生脆性断裂(热裂)。S、H 与 Cu 也易形成共晶体(Cu+Cu_2S)和(Cu+Cu_2O),共晶温度分别为 1067℃ 和 1065℃,因共晶温度高,它们不引起热脆性。但是,Cu_2S、Cu_2O 都是脆性化合物,在冷加工时易破裂(冷脆)。根据杂质的含量,工业纯铜可分为 T1、T2、T3、T4。T 为铜的汉语拼音的首字母,字母后的数字表示顺序号,编号越大,纯度越低。工业纯铜的类别、牌号、化学成分和主要用途如表 3-34 所示。

表 3 - 34　工业纯铜的类别、牌号、化学成分和主要用途

类别	牌号	杂质含量/%		杂质总含量/%	主要用途
		Sb	Pb		
一号铜	T1	0.002	0.003	0.005	导电材料、配置高纯度合金
二号铜	T2	0.002	0.005	0.01	导电材料,制作电线、电缆
三号铜	T3	0.005	0.01	0.3	一般用于铜材,电气开关、垫片、
四号铜	T4	0.003	0.05	0.5	铆钉油管等

除工业纯铜外,纯铜还有一类称为无氧铜,其含氧量极低(不大于 0.003%),这类铜纯度高,导电、导热性极好,并且不发生氢脆现象,加工性能、耐蚀、耐寒性能良好,牌号为 TU1、TU2,主要用于制作电真空器件及高导电性铜线。

2. 铜合金

纯铜的强度低,不宜直接用作结构材料。为满足作为结构件的要求,纯铜可以进行合金化,以提高其力学性能。铜的合金化原理类似与铝合金,主要通过合金化元素的作用,实现固溶强化、时效强化和过剩相强化。

铜合金中主要的固溶强化合金元素为 Zn、Al、Sn 和 Ni。这些元素在 Cu 中的固溶度均大于 9.4%,可产生显著的固溶强化效果,最大可使 Cu 的抗拉强度从 240MPa 提高到 650MPa。Be、Ti、Zr 和 Cr 等元素在固态铜中的溶解度随温度的变化急剧减小,有助于铜产生时效强化作用,使铜中长加入的沉淀强化元素。常用的铜合金主要为黄铜、青铜和白铜。

1)黄铜

以 Zn 为主加合金元素的铜合金称为黄铜。黄铜的结晶温度范围小,充型能力强,并且优于 Zn 的沸点低,有自发的除气作用,因而黄铜的铸造性能良好。黄铜的主要缺点是脱锌腐蚀,在海水或带有电解质的腐蚀介质中工作时,电极电位较低的富 Zn 的 β 相与富铜的 α 相之间形成原电池,产生电化学腐蚀。

黄铜按照所含其他合金元素种类可分为普通黄铜和特殊黄铜两类。

(1)普通黄铜:普通黄铜是指 Cu - Zn 二元合金。Cu - Zn 二元相图如图 3 - 27 所示。A 固溶体的相区很宽,平衡相图中 Zn 在 α 相中的最大溶解度可达 39%,常用普通黄铜中 Zn 的质量分数为 0%～50%,Zn 的质量分数大于 50% 时,合金性能很脆而不宜使用。普通黄铜不能进行热处理强化,其热处理仅限于对结构复杂的大、中型铸件进行低温退火,消除内应力。

普通黄铜的力学性能与 Zn 含量有关:当 Zn 含量低于 32% 时,合金组织为 α 相单相组织,α 相是以铜为基的固溶体,面心立方晶格,塑性好。随着 Zn 含量的增加,普通黄铜的强度和塑性均得到提高。当 Zn 含量为 32%～39% 时,合金组织中开始出现 β 相。β 相是以电子化合物 CuZn 为基体的固溶体,体心立方晶格,在 456～468℃ 时发生有序化转变,即 β→β′,高温无序的 β 相塑性好,可以承受压力加工,而室温下的有序 β′ 塑性差,不能承受压力加工,但强度硬度较高。当 Zn 含量超过 45% 后,合金组织完全进入 β′ 相区,强度、塑性都急剧下降,不适于用作结构材料。

普通黄铜又可分为单相黄铜和双相黄铜两种类型。从变形特征来看,单相黄铜适宜

于冷加工,而双相黄铜只能热加工。铸造黄铜基本上是(α+β)两相组织,可根据不同需要选择不同的 α/β 比例,确定最佳含 Zn 量,即需要高塑性时,增大 α 相的含量;需要高强度时,增大 β 相的含量。进一步,为提高黄铜的性能,可以下几个方面进行考虑。

① 合金化:加入 Al、Mn、Si、Pb 和 Ni 等合金元素,通过固溶强化 α 相和 β 相,提高普通黄铜的力学性能、抗蚀性能和切削加工性能。

② 细化晶粒:加入 Fe 或微量 B、Ti、Zr 等合金元素,细化晶粒,提高力学性能,改善铸造性能。

③ 提高合金纯度:严格控制杂质 Bi 和 S 等元素的含量,可适当添加 Ce、Ca、Li 等元素,使分布在晶界上的低熔点相转变为高熔点相,其中稀土元素的作用最为明显。

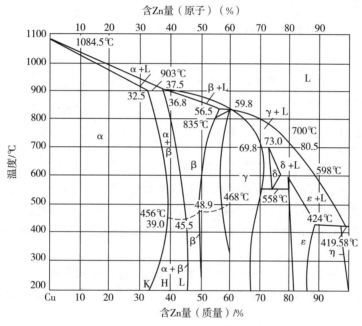

图 3-27　Cu-Zn 二元相图

普通黄铜的牌号表示方法如下:压力加工普通黄铜,用代号 H 和 Cu 的质量分数表示,如 H62 表示 Cu 的质量分数为 62% 的普通黄铜。铸造普通黄铜则是在前面加以 Z,如 ZH62 表示 Cu 的质量分数为 62% 的铸造普通黄铜。普通黄铜的牌号、性能和主要用途如表 3-35 所示。

表 3-35　普通黄铜的牌号、性能特点和主要用途

牌号	性能特点	主要用途
H96	强度低(高于紫铜),导热、导电性好,在大气及淡水中的耐蚀性好,塑性好,易于冷、热压力加工,易于焊接及锻造和镀锡,无应力腐蚀和破裂倾向	一般用途的导管、冷凝管、散热管(片)及导电片等
H90	和 H96 的性能类似,强度稍高,可镀金属及涂覆珐琅	各种给排水管,双金属片及奖章、艺术品等

(续表)

牌号	性能特点	主要用途
H85	强度较高,塑性良好,适合冷、热加工焊接性及耐蚀性良好	冷凝和散热用管、蛇形管、虹吸管、冷却设备制件
H80	和 H85 性能类似,强度较高,塑性较好,耐蚀性较高	薄壁管、皱纹管及造纸网及房屋建筑用品
H70	塑性优良,强度较高,切削加工性能好,焊接、耐蚀性好	热交换器,造纸用管,机械、电子用零件
H68 H68A	性能与 H70 及相似,但冷作时有"季裂"倾向,是黄铜中用途最为广泛的一种;H68A 是 H68 中加微量砷,提高耐蚀性	复杂的冷冲件和深冲件,如波纹管
H65	性能介于 H68 和 H63 之间,有良好的力学性能,能承受冷、热加工	用于制作小五金、日用品、螺丝等制件
H63 H62	有良好的力学性能,热态下塑性良好,切削性良好,焊接性、耐蚀性良好,价格低廉	各种深引伸和弯折的受力件,如销钉、螺帽、气压表弹簧、散热性环形件
H59	强度、硬度高而塑性差,可良好承受热压加工,耐蚀性一般,价格最低	用于一般机制零件、焊接件及热加工件

(2)特殊黄铜:为了获得更高的强度、抗蚀性和良好的铸造性能,在铜锌合金中加入 Al、Mn、Pb、Si、Ni 等元素,形成各种特殊黄铜。不同的合金元素所起的作用不同,具体如下。

① Al:可提高黄铜的强度和硬度,但使塑性降低。Al 使黄铜表面形成保护性的氧化膜,因而改善黄铜在大气中的抗蚀性。

② Mn:提高力学性能、耐热性和在海水、氯化物、过热蒸汽中的耐蚀性。

③ Pb:能改善切削加工性能,并能提高耐磨性。Pb 对黄铜的强度影响不大,略微降低塑性。

④ Si:提高力学性能、耐磨性、耐蚀性和铸造流动性。

⑤ Ni:可提高黄铜的再结晶温度和细化其晶粒,提高机械性能和抗蚀性,降低应力腐蚀开裂倾向。

⑥ Sn:可显著提高黄铜在海洋大气和海水中的抗蚀性,也可使黄铜的强度有所提高。

⑦ Fe:起到提高黄铜再结晶温度和细化晶粒的作用,使机械性能提高,同时使黄铜具有高的韧性、耐磨性及在大气和海水中优良的抗蚀性。

特殊黄铜也称为高强度黄铜,主要是通过加入少量合金元素细化晶粒,使其强度增加,耐蚀性提高。黄铜常见的腐蚀形式是脱锌和自裂两种形式。

① 脱锌:黄铜在流动的温水、热水、海水或酸性溶液中,优于 Zn 优先溶解而被腐蚀,在工件表面残留一层多空状的纯铜,优于铜和 α 黄铜形成微电池,进一步加剧了黄铜的腐蚀。在(α+β)黄铜中脱锌腐蚀现象比 α 单相黄铜更为严重。在 α 单相黄铜中加入 0.02%~0.06%的 As,在(α+β)黄铜中加入 Sn、Al 和 Ni 等元素,均可明显减缓脱锌过程。

② 自裂:黄铜经压力加工,内部有残余应力时,在大气,特别是在有氨气、氨溶液、汞、汞蒸汽、汞盐溶液和海水中易产生腐蚀,黄铜发生破裂,这种现象称为自裂。为了防止黄铜的应力腐蚀开裂,可将冷加工后的黄铜零件用低温退火(260~300℃,1~3h)消除内应力,或向黄铜中加入一定量的 Sn、Si、Al、Mn 和 Ni 等元素,可显著降低应力腐蚀倾向,也可采用镀锌和镀锡等电镀层加以保护,以防止自裂。

特殊黄铜的牌号表示为 H+主加元素符号+铜含量+主加元素含量。特殊黄铜可分为压力加工黄铜(以黄铜加工产品供应)和铸造黄铜两类,其中铸造黄铜在编号前加 Z,如 HPb60-1 表示平均成分为 60%Cu、1%Pb,余为 Zn 的铅黄铜,ZCuZn31Al2 表示平均成分为 31%Zn、2%Al,其余为 Cu 的铸造铝黄铜。常用的特殊黄铜有铅黄铜、锡黄铜、铝黄铜、硅黄铜、铁黄铜和镍黄铜,其类别、牌号、性能特点和主要用途如表 3-36 所示。

表 3-36　常用特殊黄铜的类别、牌号、性能特点和主要用途

类别	牌号	性能特点	主要用途
铅黄铜	HPb63-3	切削加工性能优良,有高的减磨性,不可热态加工,其他性能与 HPb59-1 相似	钟表结构件及汽车拖拉机零件
	HPb63-0.1	切削加工性能略差,其他性能与 HPb63-3 相同	结构零件
	HPb63-0.8		
	HPb60-1	切削加工性好,强度高,其他性能与 HPb59-1 相似	高强度的结构零件
	HPb59-1	一种广泛应用的铅黄铜,具有良好的力学性能,且切削加工性好,可承受冷热压力加工,可钎焊和焊接,对一般性腐蚀有较好的稳定性,但有腐蚀开裂倾向	适用于切削加工及冲压加工的各种结构零件,如垫片、衬套等
锡黄铜	HSn70-1	在大气、蒸气、海水和油类中有高的耐腐蚀性,有良好的力学性能,在冷、热压力加工性良好,可切削性尚可,可焊接和钎焊,但有腐蚀开裂倾向	多用于舰船上的耐蚀零件及与蒸汽、油类等介质接触的零件及导管
	HSn62-1	力学性能及切削性能良好,只宜热态下压力加工,在海水中耐蚀性高,可焊接和钎焊,但有腐蚀开裂倾向	与海水接触的船舶零件或其他零件
	HSn60-1	性能与 HSn62-1 相似	多以线材供应,用作船舶焊接用焊条
	HSn90-1	性能与 H90 普通黄铜相似,但具有高的耐蚀性和减磨性,是唯一可用作减磨合金使用的锡青铜	用作耐蚀减磨零件
铝黄铜	HAl77-2	强度、硬度高,塑性良好,可在冷、热态下进行压力建功,海水中耐蚀性良好,但有腐蚀开裂倾向,是典型的铝黄铜	船舶等用作冷凝管及其他耐蚀零件
	HAl67-2.5	耐磨性好,对海水耐腐蚀性尚好,可在冷、热态下承受压力加工,对腐蚀开裂敏感,钎焊性不好	海轮抗腐蚀零件
	HAl60-1-1	强度高,可在热态下承受压力加工,冷态下塑性略差,在大气、淡水、海水中耐蚀性好,腐蚀开裂敏感	用作各种耐蚀结构零件,如齿轮、轴和料套等
	HAl59-3-2	强度高、耐蚀性非常好,在热态下压力加工性好,腐蚀敏感性较小	船舶业及发动机和其他常温下工作的高强度耐蚀件
	HAl66-6-3-2	具有高强度、硬度和耐磨性,耐蚀性良好,但塑性较差,有腐蚀开裂倾向	多用作耐磨合金,如大型蜗杆

(续表)

类别	牌号	性能特点	主要用途
锰黄铜	HMn58-2	力学性能良好,热态下压力加工性好,冷态下压力加工性尚可,导电、导热性低,在海水、蒸汽、氯化物中耐腐蚀性好,但有腐蚀开裂倾向,是一种应用较广泛的黄铜	耐腐蚀的重要零件及弱电工业用零件
	HMn57-3-1	强度、硬度高,但塑性差,只宜在热态下进行压力加工,在大气、海水及蒸汽中耐蚀性好于普通黄铜,但有腐蚀开裂倾向	耐蚀的结构零件
	HMn55-3-1	性能相似于 HMn57-3-1	耐蚀的结构零件
铁黄铜	HFe59-1-1	强度高,韧性好,热态下塑性良好,减磨性能良好,在大气、海水中耐腐蚀性高,但有腐蚀开裂倾向	制造腐蚀状态下摩擦工作的结构零件
	HFe58-1-1	强度硬度高,塑性差,只宜在热态下进行压力加工,切削性好,耐蚀性尚好,但有腐蚀开裂倾向	高强度耐蚀零件
硅黄铜	HSi80-3	力学性能良好,切削性能良好,冷、热态下压力加工性好,易焊接和钎焊,耐磨性尚好,导电、导热性低,耐蚀性高,且有腐蚀开裂倾向	船舶用零件、蒸汽及水管配件
镍黄铜	HNi65-5	力学性能良好,冷、热态下压力加工性均很好,有高的耐蚀性和减摩性,导电、导热性低,价格较贵	压力表管、造纸网、船用冷凝管

2)青铜

青铜是铜合金中综合性能最好的合金,因该类合金中最早使用的 Cu-Sn 合金呈青黑色而得名。近代工业把 Cu-Zn 和 Cu-Ni 之外的铜合金统称为青铜,其中 Cu-Al、Cu-Be、Cu-Pb 和 Cu-Si 等铜基合金称为无锡青铜或特殊青铜。

青铜可分为压力加工青铜和铸造青铜两类,青铜牌号的表示方法如下:代号 Q+主加合金元素符号+主加元素的质量分数(如后面还有其他数字,则为其他元素的质量分数),如 QSn4-3 表示成分为 4%的 Sn 和 3%的 Zn,其余为铜的锡青铜。若属于铸造青铜,在前面加以字母 Z。

(1)锡青铜:锡青铜是我国历史上使用最早的有色合金,也是较为常用的有色合金之一。锡青铜的力学性能与合金中的含锡量有密切关系。图 3-28 所示为 Cu-Sn 二元合金相图,主要存在 α、β、γ 和 δ 四相,其中 α 相是锡溶于纯铜中的置换型固溶体,面心立方晶格,能保留纯铜良好的塑性;β 相是以电子化合物 Cu-Sn 为基体的固溶体,体心立方晶格,一般只能在高温中存在,降温过程中被分解;γ 相是以 Cu-Sn 为基体的固溶体,性能和 β 相相近,δ 相是以 Cu-Sn 为基体的固溶体,复杂立方晶格,常温下存在,硬而脆。

锡青铜典型的铸态组织由树枝晶 α 和共析体(α+δ)组成,树枝晶 α 内部存在明显的晶内偏析,枝晶轴富铜,枝晶边缘富锡,经腐蚀后枝晶轴呈白色,枝晶边缘发暗。由于不平衡结晶，含锡量为 5%～10% 的合金就可能出现(α+δ)共析体，非平衡组织对塑性不利，可采用均匀退火，提高塑性，其中共析体对于要求耐磨性能的零件是理想的组织。

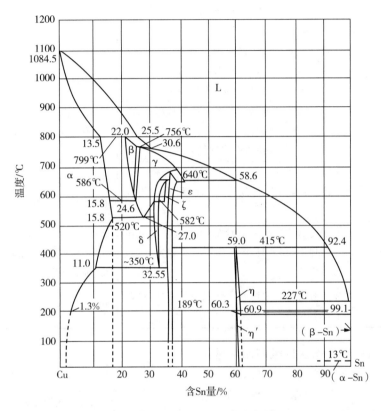

图 3-28　Cu-Sn 二元合金相图

Cu-Sn 二元合金的力学性能取决于组织中(α+δ)共析体所占的比例，及含锡量和冷却速度决定了合金的力学性能。Sn 的质量分数为 5%～10% 的合金具有最佳的综合力学性能，其中含锡量为 5%～7% 的锡青铜塑性较好，适于冷热加工；含锡量大于10% 的锡青铜，强度较高，适于铸造。锡青铜的线收缩率为 1.2%～1.6%，是铜合金中最小的，所以铸造内应力小，冷裂倾向小，适用于铸造形状复杂的铸件或艺术铸造品。但是，其致密度较低，在高水压下易漏水，所以不适于铸造要求致密度高的和密封性好的铸件。

为进一步提高锡青铜的综合性能，可加入其他合金元素，如 P、Zn 和 Pb 等。P 的主要作用表现在以下 3 个方面：①生成的 Cu_3P 硬度高，作为耐磨组织中的硬相提高合金的耐磨性；②脱氧；③提高合金流动性，改善充型能力。Zn 的作用主要是缩小合金的结晶温度范围，提高充型、补缩能力，减少缩松倾向，提高气密性；同时 Zn 溶入固溶体中，强化合金。Pb 以细小分散的颗粒均匀分布在合金基体上，具有良好的自润滑作用，降低摩擦因素，提高耐磨性，并改善锡青铜的切削加工性能。表 3-37 所示为常用锡青铜的类别、牌号、性能特点和主要用途。

表 3-37 常用锡青铜的类别、牌号、性能特点和主要用途

类别	牌号	性能特点	主要用途
铅黄铜	QSn4-3	高的耐磨性、弹性、抗磁性良好,冷态、热态加工性能良好,切削性、焊接性好,大气、淡水、海水中耐蚀性好	化工设备的耐蚀件、耐磨件、弹簧及各种弹性元件、抗磁元件
	QSn4-4-2.5 QSn4-4-4	高的耐磨性、良好的切削性、焊接性,大气、淡水中耐蚀良好,压力加工只应在冷态时进行,因含铅,热加工有热脆	主要用来制造摩擦条件下工作的轴承、轴套及圆盘等
	QSn6.5-0.1	具有高的强度、弹性、耐磨性和抗磁性,冷态、热态下压力加工性良好,切削性、焊接性好,大气及淡水中耐蚀性好	制作精密仪器中的耐磨件和抗磁件、弹簧及需导电性良好的弹性接触片
	QSn6.5-0.4	性能与 QSn6.5-0.1 类似,因含磷量较高,所有抗疲劳强度、弹性、耐磨性均较好,但只适合冷加工	除用作弹簧及耐磨件外,主要用于制作造纸工业用的耐磨铜网
	QSn7-0.2	强度高,弹性、耐磨性好,焊接性好,可切削加工,在大气、淡水和海水中耐蚀性好,可热加工	制作中等负荷、中等滑动速度下承受摩擦的零件,如轴承、轴套、蜗轮、抗磨圆垫及各种簧片
	QSn4-0.3	具有高的力学性能。耐蚀性和弹性,可在冷态及热态下承受压力加工	制作各种压力计用管材

(2)铝青铜:铝青铜在机械制品中常用作结构材料。图 3-29 所示为偏 Cu 一侧的 Cu-Al 二元相图。由图 3-29 可知,合金组织只存在 α 相、β 相、γ_2 相。α 相具有铜的面心立方晶格,塑性高,并因溶入铝而固溶强化,适用于冷、热压力加工型材;β 相是以电子化合物 Cu_3Al 为基体的固溶体,体心立方晶格,在高温时稳定,降温过程中分解成 α 相和 γ_2 相;γ_2 相是以电子化合物 $Cu_{32}Al_{19}$ 为基体的固溶体,具有复杂的立方晶格,硬而脆,出现 γ_2 相后,合金的塑性下降。二元铝青铜的力学性能主要取决于含铝量:含铝量为 5%~7% 的铝青铜,塑性最好,适于冷加工;含铝量为 10% 左右的铝青铜,强度最高,常以热加工态或铸态使用。

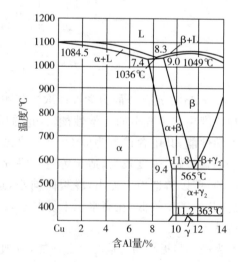

图 3-29 偏 Cu 一侧的 Cu-Al 二元相图

铝青铜表面有一层致密的 Al_2O_3 惰性保护膜,在海水、氯盐及酸性介质中有良好的抗蚀性能,其抗蚀性能远高于黄铜和锡青铜。但是,铝青铜中出现 γ_2 相后,抗腐蚀性能大大降低,因为 γ_2 相可成为阳极,首先被腐蚀,形成许多腐蚀小空洞,空洞壁呈现紫铜色(称

为脱铝腐蚀),使合金失去强度。

从 Cu-Al 相图看,铝青铜的液固相线间隔极小,结晶温度范围很小,因而具有良好的铸造流动性,缩孔集中,铸件组织致密,壁厚效应较小。凝固时的体收缩率较大(为4.1%左右),易形成集中性大缩孔,因此必须设置大冒口,严格控制顺序凝固,方可获得合格的铸件。

缓冷塑性是铝青铜特有的缺陷,在缓慢冷却的条件下,β 相分解成 α 相和 γ_2 相,其中产物 γ_2 相呈网状分布在 α 相晶上析出,形成隔离晶体联结的脆性硬壳,使合金发脆,称为缓冷脆性,也称为自动退火脆性。消除缓冷脆性的工艺措施主要如下:加入 Fe、Mn 等合金元素,增加 β 相稳定性;加入 Ni 元素以扩大 α 相区,消除 β 相;提高冷却速度,形成具有密排六方晶格的介稳相 β',其强度、硬度较高,塑性较低。当含有适量的 β' 相,且分布均匀时,合金具有较高的综合力学性能。

铝青铜中常添加的合金元素有 Fe 和 Mn,Fe 的加入可明显提高合金的力学性能和耐磨性,但含铁量超过 4% 时,会降低其抗腐蚀性能;Mn 能提高铝青铜中 β 相的稳定性,降低 β 相共析转变温度,使共析体细化,消除缓冷脆性,并且 Mn 能够溶入 α 相中,在塑性降低较小时大幅提高其强度。表3-38所示为常用铝青铜的类别、牌号、性能特点和主要用途。

表3-38　常用铝青铜的类别、牌号、性能特点和主要用途

类别	牌号	性能特点	主要用途
铝青铜	QAl5	具有较高的强度、弹性和耐磨性,可很好在冷态和热态下承受压力加工,不易钎焊,不能淬火,回火强化 QAl7 比 QAl5 强度略高	制作弹簧及其他耐腐蚀元件,如蜗轮等,也可作为 ASn6.5-0.4 的代用品
	QAl7		
	QAl9-2	具有高强度,热态、冷态下压力加工性良好,不易钎焊,大气、淡水、海水中耐蚀性良好	高强度耐蚀零件,以及 250℃ 下蒸气中工作的管件及零件
	QAl10-3-1.5	具有高的强度及耐磨性,淬火、回火后可提高强度、硬度,可切削加工,不易钎焊,热态下压力加工性能良好,有较高抗氧化性和耐蚀性	制作高温条件下的耐磨件和标准件,可代替高锡青铜制作重要机件,如齿轮、轴承和飞轮等
	QAl10-4-4	具有高强度,高温力学性能良好(400℃以下),具有良好的减磨性,可热处理强化,可切削加工,可热态下压力加工,不易钎焊,抗蚀性良好	制作高强的耐磨零件和高温条件下工件,如轴衬、轴套、法兰盘、齿轮及其他重要耐蚀零件、耐磨零件,QAl10-6-6 工作温度可提高至 500℃
	QAl10-6-6		

(3)铍青铜:青铜中强度、硬度最高的铍青铜,其中 Be 的质量分数为 1.7%~2.5%。加入少量的 Be 就可以使合金的性能发生很大变化,高温下,Be 在 Cu 中具有较高的溶解

度,而随着温度的下降,溶解度急剧下降,因此具有很高的热处理强化效果。铍青铜经过热处理后,强度为 1250～1500MPa,硬度为 350～400HBS,远超其他铜合金,甚至可以和高强度钢相比。此外,铍青铜还具有良好的电导性、热导性、耐蚀性及无磁性,受冲击时不产生火花等一系列优点,这些优点使其在工业上用来制造各种精密仪器、仪表的重要弹性元件、耐磨零件(如钟表、齿轮、高温高压高速工作的轴承和轴套)和其他重要零件(电焊机电极和防爆工具等),但是铍为稀有金属,价格昂贵且有毒,在使用方面受到限制。

除了上述 3 种青铜合金外,实际生产中还有铅青铜、硅青铜、锰青铜、镉青铜、镁青铜和铬青铜等。其中,铅青铜具有良好的耐磨性能和疲劳性能;锰青铜具有良好的阻尼性能,广泛应用于低噪声推进器方面;硅青铜强度高、耐磨性极好,经热处理后,强度和硬度大幅度提高,切削性和焊接性能良好;镉青铜具有良好的导电性、导热性、耐磨性、减磨性、抗蚀性和压力加工性能;镁青铜具有良好的高温抗氧化性;铬青铜具有较高的强度和硬度,较好的导电性、导热性、耐磨性、减摩性,冷热态压力加工性能良好。

铜合金近年来新的进展具体如下。

(1)在常规用铜合金中,加入稀土元素提高力学性能,改善工艺性能及耐蚀性能。

(2)发展功能化铜合金,如形状记忆合金和高阻尼合金等。

(3)发展高强、耐磨、耐热的高电导率铜基复合材料及集成电路框架用变截面、高强度、高电导率的铜合金。

3.3.4 镁及镁合金

1. 纯镁

镁的资源丰富,约占地壳质量的 2%,海水质量的 0.14%。镁在工程金属中最显著的特点是质量轻。镁的密度为 1.738g/cm³,约为钢的 2/9,钛的 2/5,铝的 2/3(另外,Mg - Li 合金密度小于水的密度,也是目前最轻的金属材料)。Mg 还具有比强度、比刚度高,减震性能好,抗辐射能力强等一系列优点,必将发展成为十分重要的金属结构材料和功能材料。但 Mg 的塑性加工困难、耐蚀性差及产品成本高,使其难以在目前工业中得到大规模的使用。

纯镁的熔点为 650℃,沸点为 1090℃。纯镁在凝固过程中的液固体积收缩率为4.2%,线收缩率为 1.5%。

Mg 是化学性质非常活泼的金属,在 NaCl 溶液和一般环境介质中,Mg 与其他工程结构用金属相比具有最低电位,因此,Mg 成为常用的工程构件阴极保护系统的牺牲阳极。室温下,Mg 的耐碱性能良好,但加热时 Mg 与碱会发生反应,Mg 的耐酸性能较差,多数酸会与 Mg 迅速产生反应将 Mg 溶解。Mg 在加热条件下容易还原碱金属和碱土金属的无水氧化物、氢氧化物、重金属氧化物、碳酸盐,乃至硅、硼、铝、铍的氧化物。

Mg 在空气中加热,从 600℃开始显著吸收氮,并反应生成 Mg_3N_2,所以 Mg 在空气中燃烧不仅会生成 MgO,还会生成 Mg_3N_2(Mg_3N_2 呈粉状),对镁不具有保护作用,并且易发生水解反应,生成 $Mg(OH)_2$,使 Mg 产生腐蚀。

Mg 的晶体结构为密排六方,结构符号 A3,室温晶格常数 $a = 0.32092$nm, $c =$

0.52105nm,轴比 $a/c=1.663$。

2. 镁合金

纯镁的力学性能很低,不能直接用作结构材料,向镁中添加合金元素是实际应用中最基本、最常用和最有效的强化途径,其他方法都是建立在合金化强化方法的基础上。

1)合金元素对镁合金性能的影响

镁合金和其他有色金属合金一般三元以上合金。但仍是以二元合金为基础,其他组元是为改善某些特殊性能而加入的。一般,按加入与 Mg 形成二元合金的元素可分为以下 3 类。

(1)完全互溶类(如 Mg – Cd 系)。

Cd – Mg 可形成连续固溶体,Cd 能提高 Mg 的塑性,但是 Cd 的熔点低,形成的化合物 Cd_3Mg、CdMg 等熔点更低,对 Mg 的强度和其他性能未产生特殊影响,没有得到工业应用。

(2)包晶反应类(如 Mg – In、Mg – Mn、Mg – Zr、Mg – Sc、Mg – Ti 等)。

In 具有较低的熔点,能明显提高 Mg 的塑性,In 在 Mg 中的固溶度比较大,最大值接近 20%,室温下固溶液超过 10%,但由于其固溶度随温度变化不大,对 Mg 的强化效果很弱;Mn 在 Mg 中的固溶度小,且不生成化合物,对 Mg 的强化作用小,可以细化 Mg 的晶粒,提高镁合金焊接性,其主要作用是提高其耐腐蚀性能,少量的 Mn 可与严重损害镁合金耐蚀性能的杂质 Fe 形成高熔点化合物而沉淀出来,进而提高合金的耐蚀性能,并且 Mn 能提高镁合金的蠕变抗力;Zr 在 Mg 中的固溶度小,不与 Mg 形成化合物,对 Mg 的强化作用小,其主要作用是细化晶粒,是镁合金最有效的晶粒细化剂,并且 Zr 与 Al、Mn 形成稳定化合物,产生沉淀,不能起到细化晶粒的作用,因此 Mg – Al 和 Mg – Mn 系合金中不加入 Zr 元素,因而镁合金的分类有含 Zr 和不含 Zr 镁合金之分;Sc 能提高 Mg 的室温和高温强度,与 Ce、Mn 等元素同时加入时,可以显著提高合金的高温强度和抗蠕变性能。

(3)共晶反应类(如 Mg – Al、Mg – Zn、Mg – Li、Mg – Ca 等)。

① Al 是 Mg 合金的有效合金化元素,Al 在 Mg 中的固溶度大,其随温度降低,固溶度变化明显,因此不仅可以产生固溶强化作用,而且可以进行淬火、时效热处理,产生沉淀强化。Al 对镁合金的性能有良好影响;不仅能提高合金强度和塑性,还能改善氧化膜的结构。

② Zn 是镁合金的有效合金化元素,Zn 在 Mg 中的固溶度较大,且随温度降低而显著减小,因此可以使合金产生固溶强化和时效强化。Zn 能增加熔体的流动性,改善铸件品质,但有形成显微缩松的倾向。

③ Li 是质量最轻的金属,与 Mg 可以组成目前质量最轻的金属合金材料,合金化的主要特点是随着 Li 含量的增加,可以改变合金的晶体结构。Li 在 Mg 中的固溶度大,但随着温度下降,固溶度变化不大,所以基本是固溶强化。这类合金的主要问题是耐蚀性低于一般的镁合金,其次是性能不稳定,稍高温度下易于失效而不稳定,并且在较低载荷下易发生过度蠕变。

④ Ca 在 Mg 中的固溶度极低,没有固溶强化和时效强化的作用,但 Ca 具有很好的

细化晶粒的作用,可以明显提高镁合金的燃点,形成 $MgO+CaO$ 复合保护膜,起到阻燃的作用。另外,在 $Mg-Al$ 合金中加入 Ca,形成$(Mg,Al)_2Ca$ 化合物,具有与 Mg 相似的六方晶体结构,与基体形成牢固的界面,该化合物的热稳定性和界面结合力强,并在界面起到钉扎作用,从而提高合金的整体蠕变抗力。

⑤ Si 不溶于 Mg,可形成化合物 Mg_2Si(熔点为 1085℃),是有效的强化相。Si 还能与合金中的其他合金元素形成稳定的硅化物,改善合金的蠕变性能,另外 Si 也是一种弱的晶粒细化剂。

⑥ Pb 在 Mg 中的固溶度大,且随温度变化较大,因此具有固溶强化和沉淀强化作用,但会降低镁合金的塑性。另外,Pb 可以明显提高 Mg 的腐蚀电位。

⑦ 稀土元素对镁合金的材料组织和性能的影响较为显著且是多方面的,其主要作用是细化晶粒,净化熔体,提高合金的室温强度、力学性能的热稳定性耐蚀性。

2)镁合金的牌号

各国对镁合金的标记不同,其中美国 ASTM 标准的标记规则应用最为广泛。ASTM 标准规定,化学元素用 1~2 个字母标记,其后的数字表示该元素在合金中的名义成分,用质量分数表示,四舍五入到最接近的整数。字母的顺序按在实际合金中含量的多少排列。紧接着表示化学成分的英文字母和表示元素的质量分数,有时还用 A、B、C、D 等后面表示同一牌号合金在某一特定范围内的改变。

我国对镁合金的标记方法比较简单,用两个汉语拼音字母和其后的合金顺序号(阿拉伯数字)组成。依据前两个汉语拼音字母将镁合金分为 4 类:变形镁合金、铸造镁合金、压铸镁合金和航空镁合金。合金顺序号表示合金之间的化学成分差异。变形镁合金用 MB 表示,M 表示镁合金,B 表示变形;铸造镁合金用 ZM 表示,Z 表示铸造,M 表示镁合金;压铸镁合金虽然也属铸造镁合金,但也用专用两个字母 YM 表示,Y 表示压铸,M 表示镁合金。用于航空的铸造镁合金与其他铸造镁合金在牌号略有区别,即 ZM 两个字母与代号的连接加一横杠。

镁合金的性能不仅与其化学成分有关,还与热处理和冷加工状态有关。表 3-39 所示为标记镁合金状态特性的主要符号及其意义。

表 3-39 标记镁合金状态特性的主要符号及其意义

主要符号		意义
F		铸造或锻造的加工状态
O		锻件的退火、再结晶等软化状态
H(冷加工)	H1	形变硬化,硬化程度用在其符号后添加 0~8 表示,其中 0 表示退火态,8 表示完全硬化状态
	H2	形变硬化后接着部分退火,硬化程度用在其符号后添加 0~8 表示,其中 0 表示退火态,8 表示完全硬化状态
	H3	形变硬化后接着稳定化退火,硬化程度用在其符号后添加 0~8 表示,其中 0 表示退火态,8 表示完全硬化状态

（续表）

主要符号		意义
T(热处理)	T1	铸造或加工变形后,不再单独进行固溶处理而直接人工时效
	T2	消除铸件残余应力及变形合金冷作硬化而进行的退火处理
	T3	固溶处理后接着进行冷加工
	T4	固溶处理后在室温放置
	T5	由高温加工过程中直接冷却淬火,之后进行高温人工时效改善其性能和稳定性
	T6	固溶处理后人工时效,目的是提高合金的屈服强度,但塑性有所降低
	T61	热水中淬火加人工时效,采用热水淬火对冷却速度敏感的 Mg - RE - Zr 系合金效果明显
	T7	固溶处理后接着再高温进行稳定化处理
	T8	固溶处理、冷加工,后接人工时效
	T9	固溶处理、人工时效,后接冷加工
	T10	人工时效后接冷加工

3)镁合金的分类

镁合金一般可按 3 种方式进行分类,即合金的化学成分、成型工艺和合金中是否含锆。

(1)按合金的化学成分,镁合金可分为二元、三元或多元合金系,大多数镁合金含有不止一种合金元素,实际中为了分析问题的方便,也是为了简化和突出合金中最主要合金元素,一般习惯上总是依据 Mg 与其中的一个主要合金元素,将镁合金划分为二元合金系,即 Mg - Mn、Mg - Al、Mg - Zn、Mg - RE、Mg - Ag 和 Mg - Li 系。

(2)按成型工艺,镁合金可为两大类,即变形镁合金和铸造镁合金,二者在成分、组织和性能上存在很大差异。

变形镁合金是指通过挤压、轧制、锻造和冲压等塑性成型方法加工的镁合金,其加工温度一般为 200~500℃。根据镁合金自身的性质和变形特点,变形镁合金的生产需要注意以下几点:

① 镁的密排六方晶体结构使得镁合金在变形后许多性质(弹性模量除外)出现择优取向。

② 变形镁合金在压缩变形时,压应力平行于基面时易产生孪生,造成纵向压缩屈服应力低于其拉伸屈服应力。

③ 交替拉压的冷卷曲会引起变形产品的强化,在压缩过程中产生大量孪晶,导致拉伸性能明显下降。

常用的变形镁合金根据其成分和基本特性分为 Mg - Al 系与 Mg - Zn - Zr 系两大类,前者属于中等强度、塑性较高的变形材料,后者属于高强度变形镁合金。此外,一些

具有特殊性能的合金也常常通过塑性变形工艺制备变形镁合金,如高耐腐蚀性能的 Mg -
Mn 系变形镁合金、高强耐热的 Mg - RE 系变形镁合金、高塑性的超轻 Mg - Li 系变形镁
合金。

① Mg - Mn 系变形镁合金:Mg - Mn 系合金中锰的质量分数一般为 1.2%～2.0%,
合金元素 Mn 的主要作用并不是提高合金的强度,而是提高合金的抗腐蚀性能,这类合
金的抗腐蚀性是所有镁合金中最高的。一般,在 Mg - Mn 合金中会加入少量的稀土元素
Ce(0.15～0.35%),以提高合金的力学性能,Ce 一部分固溶于 Mg 基体中,起到固溶强化
效果;另一部分与 Mg 形成化合物 Mg_9Ce,细小弥散分布于 Mg 基体中,起到弥散强化和
细化晶粒的作用。

总体来说,Mg - Mn 系合金具有如下特点。

a. 强度较低,耐蚀性良好,中性介质中无应力腐蚀破裂倾向。

b. 室温塑性较低,高温塑性好,可进行轧制、挤压和锻造。

c. 不能进行热处理强化。

d. 焊接性能良好,易于采用气焊、氩弧焊、点焊等方法焊接。

e. 具有良好的可加工性。

Mg - Mn 系镁合金主要应用于制造承受外力不大,但要求焊接性和耐蚀性良好的零
件,如汽油和滑油系统的耐蚀零件。

② Mg - Al - Zn 系变形镁合金:Mg - Al - Zn 系变形镁合金属于中等强度、塑性较高
的镁合金材料,其主要合金化元素 Al 在 Mg 中的含量为 0%～8%,Zn 的含量一般不超
过 2%。合金元素 Al、Zn 不仅可以和 Mg 形成金属间化合物 $Mg_{17}Al_{12}$ 相和 $MgZn_2$ 相,还
可以形成 $Mg_{17}(Al,Zn)_{12}$ 三元金属间化合物。同时,Al、Zn 能在 Mg 中形成有限固溶体,
溶解度随着温度的升高逐渐增大,可用热处理方法来改善该系合金的力学性能。该系列
典型的合金有 AZ40M、AZ41M、AZ61M、AZ62M、AZ80M 等。这类合金的主要特点是强
度高,可进行热处理强化,铸造性能良好;耐腐蚀性能较差,如 AZ40M、AZ41M 合金的应
力腐蚀破裂倾向较小,AZ61M、AZ62M、AZ80M 合金的应力腐蚀破裂倾向较大;可加工
性良好,如 AZ40M、AZ41M 合金的热塑性和焊接性能良好,AZ62M、AZ80M 合金的热塑
性较差(主要用作挤压件和锻件),AZ61M 合金的额焊接性差,AZ80M 的焊接性能尚可,
但需消除应力退火。

③ Mg - Li 系变形镁合金:Mg - Li 系变形镁合金是结构金属材料中质量最轻的一类
合金,根据成分的不同,Mg - Li 合金的密度可以为 $0.970～1.350g/cm^3$,该系最轻的合
金密度可以小于水的密度,用作结构材料时可大幅度减小结构件的质量。在 Mg 中加入
Li,可使金属 Mg 的性质发生特殊的改变,在 Mg - 7.9%Li 的共晶成分点上,合金具有极
优的变形性能和超塑性。Li 在 Mg 中有较大的固溶度,当 Li 的含量增加到共晶成分以
上时,合金成分中出现新的 β 相,这种 β 相具有体心立方晶格,使合金具有一定的冷变形
能力。在 Mg - Li 系中,LA141A、LS141 合金是在 β 相成分范围内典型的合金,体心立方
结构使其具有优良的冷变形能力,可进行轧制和挤压加工,具有很高的比强度和比刚度,
室温下弯曲刚度几乎高出其他镁合金一倍。该合金可以进行焊接已经应用在装甲板、航
空和航天结构件上。

在 Mg-Li 合金中加入 1% 的 Y,可以获得三元的 Mg-8.5%Li-1%Y 合金,其在高应变速率下出现超过 300% 的超塑性,并且晶粒更加细小。

Mg-Li 系变形镁合金的缺点是化学活性高,Li 在合金熔炼铸造时易与空气中的 O、N、P 等发生反应,因此需要在惰性气氛中进行。该系合金的耐蚀性能低于一般镁合金,应力腐蚀倾向严重,目前尚无较好的表面处理方法使 Mg-Li 系变形镁合金承受温度-湿度循环条件下的腐蚀。

(3)按合金中是否含锆,镁合金又可分为含锆和不含锆两类。含锆镁合金和不含锆镁合金中均既包括变形镁合金又包含铸造镁合金。锆在镁合金中的作用主要是细化镁合金晶粒,使这类镁合金具有优良的室温性能和高温性能。铸造镁合金是指适合采用铸造方式进行制备和生产可直接使用铸件的镁合金。铸造镁合金根据合金成分中变质剂的不同,即是否含锆元素作为合金晶粒细化剂,划分为两大主要镁合金系,即不含锆镁合金和含锆镁合金。前者以 Mg-Al 合金系为代表,后者以 Mg-Zn 和 Mg-RE 系合金为代表。

① 不含锆的铸造镁合金:不含锆的 Mg-Al 合金系是目前种类最多、应用最为广泛的镁合金系列。铸态 Mg-Al 二元合金主要由 α 相镁固溶体和 $\beta(Mg_{17}Al_{12})$ 相组成。Mg-Al 合金中,铝含量较低时,Al 固溶于 α 镁中形成固溶体,起固溶强化作用;随着铝含量的增加,Mg-Al 合金的强度和塑性有明显提高;当铝含量超过 9% 时,含铝相 $\beta(Mg_{17}Al_{12})$ 直接从 α 固溶体中析出,其时效强化不明显,并且 β 相分布在基体晶界上,降低合金的力学性能;当含铝量过高时,$\beta(Mg_{17}Al_{12})$ 相和 α 相固溶体的电极电位相差较大,易引起应力腐蚀,因此兼顾合金的力学性能和铸造性能,Mg-Al 合金系中铝的最佳含量取值为 8%~9%。

Mg-Al 合金系中还可以加入其他元素构成新型多元镁合金。Zn 是 Mg-Al 系合金中的一个重要合金元素,Mg-Al-Zn 系合金力学性能优良、流动性好、热裂倾向小、熔炼铸造工艺相对简单,成本较低,最早、最普遍在工业中应用,在商用镁合金材料中占据主导地位,但是这类合金屈服强度较低,铸件缩松严重,高温力学性能差,使用温度不超过 120℃。

Mn 元素可明显提高 Mg-Al 合金系的耐蚀性能,Mn 能在镁液中与 Fe 形成高熔点的 Mg-Fe 化合物并沉淀出来,减少了杂质 Fe 对合金耐蚀性能的危害。同时 Mn 可溶入 α 镁中提高基体的电极电位,使镁基体耐蚀性提高。另外 Mn 还对细化 Mg-Al 合金晶粒有利,进而起到细晶强化效果。但 Mn 含量过高会引起 Mn 偏析形成脆性相,对合金塑性、冲击韧性不利,通常 Mn 含量控制在 0.5% 以下。

Mg-Al 合金中可加入少量的元素 Be,Be 对 Mg 呈表面活性,Mg 液中加入少量元素 Be 可形成致密的 BeO 填充到疏松的 MgO 膜中,阻滞 Mg 合金液的继续氧化,是镁合金中一种有效的阻燃元素。但过高的 Be 含量会引起晶粒粗化,恶化合金的力学性能,增加合金的热裂倾向,其含量一般控制在 0.01% 以下。

为了改善 Mg-Al 系合金的高温抗蠕变性能,通过向 Mg-Al 合金中加入 Si 或 RE 元素,设计 AS(Mg-Al-Si)和 AE(Mg-Al-RE)系列的合金。由于铸态组织中 Mg_2Si 和 Nd_9Mg 的熔点高、硬而稳定,使得合金的高温抗蠕变性能得以改善。总体来说稀土元素比硅对镁合金抗蠕变性能的影响效果要大,但成本也比硅高。

　　② 含锆的铸造镁合金:在不含 Al 和 Mn 的 Mg - Zn、Mg - RE、Mg - Ag 和 Mg - Th 等镁合金中添加 Zr 元素能明显细化晶粒,起到细晶强化效果。与不含锆的 Mg - Al 系合金相比较,含锆镁合金的共同性能是强度更高,特别是屈服强度值较高,屈强比高,还可以加入稀土、银等其他多种合金元素,提高合金的耐热性能,成为具有优良抗蠕变性能和持久高温强度的耐热镁合金。因此含锆镁合金有常被区分为高强镁合金和耐热镁合金两大类,其具有代表性的合金系列分别为 Mg - Zn - Zr 和 Mg - RE - Zr 合金。

　　Mg - Zn - Zr 系合金中,Zn 是主要合金元素,Zn 在 Mg 中的最大固溶度为 6.2%,温度下降固溶度逐渐减少,使得该合金具有热处理强化的潜力,其强化相为 γ(MgZn)相。合金中随 Zn 含量的增加,强化作用增强,当 Zn 含量为 5%～6%时,合金强度达到最大值。Zr 在 Mg - Zn 合金中除了细化铸件晶粒,进而提高合金性能外,还能明显缩小合金的结晶温度间隔,大大降低合金铸造过程中的缩松和热裂倾向,提高合金的铸造性能和力学性能。

　　Mg - RE - Zr 系合金属于耐热合金,适用在 200～300℃工作。此类合金中稀土元素是主要的合金元素,常见的有 Ce、La、Nd 和 Pr 等。大部分的稀土元素(除钕和钇外)在 α(Mg)固溶体中的固溶度都极低,并且在 400℃以下基本无变化,所形成的第二相 Mg_9Ce、$Mg_{12}Nd$ 等金属间化合物,在高温下比较稳定,不易长大,并且具有很高的热硬性。这些化合物在晶间的分布可以减弱晶界滑动,因而使 Mg - RE 合金具有优秀的抗蠕变性能,具有良好的热强性和热稳定性。

　　由于 Mg - RE 合金的结晶温度间隔较小(最大结晶温度间隔:Mg - Ce 系为 57℃,Mg - La 系为 76℃,Mg - Nd 系为 100℃),合金具有良好的铸造性能,其缩松、热裂倾向较 Mg - Al、Mg - Zn 类小得多,充型能力也较好,可用于铸造形状复杂和要求气密性好的铸件。

　　表 3 - 40 所示为铸造镁合金的代号、牌号、性能特点和主要用途。

表 3 - 40　铸造镁合金的代号、牌号、性能特点和主要用途

代号	牌号	性能特点	主要用途
ZM1	ZMgZn5Zr	铸造流动性好,抗拉强度和屈服强度高,力学性能壁厚效应较小,抗蚀性良好,但热裂倾向大,不宜焊接	适于形状简单的受力零件,如飞机轮毂
ZM2	ZMgZn4RE1Zr	耐蚀性和高温力学性能良好,但常温时力学性能比 ZM1 低,铸造性能良好,缩松和热裂倾向小,可焊接	200℃以下工作并要求强度高的零件
ZM3	ZMgRE3ZnZr	耐热镁合金,在 200～250℃高温下持久和抗蠕变性能良好,有较好的抗蚀性和焊接性,铸造性能一般	250℃下工作且气密性要求高的零件
ZM4	ZMgRE3Zn2Zr	铸件致密性高,热裂倾向小,无显微缩松和壁厚效应倾向	适于室温下要求气密性和 150～250℃工作的发动机附件

（续表）

代号	牌号	性能特点	主要用途
ZM5	ZMgAl8Zn	高强镁合金,强度高塑性好,易于铸造,可焊接,但有显微缩松和壁厚倾向效应	飞机上的翼肋、发动机和附件上各种机匣零件
ZM6	ZMgRE2ZnZr	良好的铸造性能、显微缩松和热裂倾向低,气密性好,无壁厚效用倾向	用于飞机受力构件,发动机各种机匣与壳体
ZM7	ZMgZn8AgZr	室温下拉伸强度、屈服极限和疲劳极限均很高,塑性好,铸造充型性良好,疏松倾向大,不宜用作耐压零件,焊接性能差	用于飞机轮毂及形状简单的各种受力构件
ZM10	ZmgAl10Zn	铝含量高,耐蚀性好,对显微疏松敏感,宜压铸	一般要求的铸件

3.3.5　轴承合金

轴承是一类工程机械中十分重要的部件,其工作质量直接影响机械的精度和寿命。滑动轴承是其中的一种,由轴承体和轴瓦两部分组成,轴瓦可直接由耐磨合金制成,也可在钢背上浇铸一层耐磨合金内衬制成。用于制造轴瓦及其内衬的合金称为轴承合金。

1. 工作条件、性能要求及分类

（1）工作条件和性能要求

滑动轴承静止时,轴停放在轴承上,对轴施加静压力;当滑动轴承高速运转时,轴瓦与轴颈发生强烈的摩擦,并承受轴颈所传递的交变载荷,使二者之间相互磨损,有时还会伴有冲击。

通常,从延长轴承使用寿命和保护轴颈的不同角度对轴承合金提出的要求是矛盾的。为了保证机械的精度和延长轴承的使用寿命,要求轴承合金应具有高的硬度和韧性,良好的耐磨性,从而延长其使用寿命;从保护轴颈的角度考虑,轴承合金的硬度太高,会使轴颈很快发生磨损。考虑到加工和更换轴比更换轴承困难得多,工业上一般要求轴承合金的硬度比轴颈的硬度低得多,并且要求在这一前提下尽可能提高轴承合金的耐磨性。

为了达到上述要求,轴承合金应具有以下基本性能:①具有较高的抗冲击性能和疲劳强度,以承受巨大的周期性载荷;②具有足够的耐磨性和塑性、韧性,以抵抗冲击和振动,并改善轴和轴瓦的磨合性能;③具有良好的热导性和耐蚀性,以防轴瓦和轴因强烈摩擦升温而发生咬合,并抵抗润滑油的侵蚀。

（2）分类

为了使轴承合金具备上述性能,其材料的选择只能选用两相或多相组成的合金。目前,根据轴承合金的组织特征可以将其归纳为以下两类。

第一类:合金组织由硬质点相和软基体组成,如锡基、铅基合计及锡青铜等合金,这些早期的轴瓦材料目前仍在工业中广泛使用。

　　第二类:合金组织由较硬的基体和软质点相组成,如铝-锡、铝-石墨复合材料及铅青铜、灰铸铁等类型的合金,这些合金是近代才发展起来的,具有良好的冲击韧性和疲劳性能,常用于制造在工作温度高、传递功率大、受冲击载荷及转动速度很高的条件下工作的轴承。

　　目前,工业上常用的有色金属材料轴承合金主要有锡基轴承合金、铅基轴承合金、镉基轴承合金、铝基轴承合金、锌基轴承合金和铜基轴承合金等。其中,锡基、铅基和镉基轴承合金也称为巴氏合金,具有很小的摩擦系数,良好的镶嵌性、顺应性和抗咬合能力,具有很高的化学稳定性,并且熔炼加工工艺简单。但是巴氏合金质地软、强度低,不能用于制造整体轴承,一般是浇铸在低碳钢制成的钢背壳表面,作为轴衬材料使用。

　　2. 常用的滑动轴承合金

　　1)锡基轴承合金(锡基巴氏合金)

　　锡基轴承合金以 Sn 为主成分,合金元素主要为 Sb、Cu,是巴氏合金中综合性能最好的一种,广泛使用在工作条件极为繁重的轴承中。锡基轴承合金中的相结构主要为 Sn(Sb)固溶体 α 相和 SnSb 化合物 β 相。其中,α 固溶体具有良好的塑性,构成了锡基轴承合金的软基体;β 相为硬而脆的立方晶体,形成了轴承合金中的硬质点,起到支撑和减磨作用。

　　在 Sn - Sb 合金中加入少量 Cu 可有效减少合金的比重偏析,并且 Cu 可以固溶在 α 相中起到固溶强化效果,当 Cu 含量超过 0.8% 时,合金中析出星状或针状 Cu_6Sn_5 化合物,适量且硬而脆的 Cu_6Sn_5 相可以提高锡基轴承合金的耐磨性能。

　　锡基轴承合金的主要特点是摩擦系数、膨胀系数小,镶嵌性、导热性、耐蚀性均较好,其承载能力小(≤2000MPa),滑动速度不高,广泛应用于制作中等载荷的汽车、拖拉机、汽轮机等的高速轴的轴瓦。其缺点是疲劳强度低、工作温度低(≤120℃)、成本高。

　　(1)ZSnSb12Pb10Cu4:该合金为含锡量最低的锡基轴承合金,性质较软、韧性较好,因含铅,浇铸性能较其他锡基轴承合金差,热强性较低,但价格比其他锡基合金低,适用于浇铸一般中速、中等载荷发动机的主轴承,但不适用于高温部分的零件制作。

　　(2)ZSnSb11Cu6:Sn 含量较低,Sb、Cu 含量较高,具有一定的韧性、硬度适中、抗压强度较高、可塑性好,其减磨性和抗磨性能良好,合金具有优良的导热性和耐蚀性、流动性能好,线膨胀系数比其他巴氏合金都小。但是合金的疲劳强度较低,不能用于承受较大振动载荷的轴承。该合金适于浇铸重载、高速、工作温度低于 110℃ 的重要轴承,如高速蒸汽机、蜗轮压缩机和蜗轮泵、快速行程柴油机、高速电动机及高转速机床等的主轴轴承和轴瓦。

　　(3)ZSnSb4Cu4:其是所有巴氏合金中韧性最高的一种合金,强度和硬度比 ZSnSb11Cu6 略低,其他性能与其近似,主要适用于要求韧性较大和浇铸层厚度较薄的重载高速轴承。

　　2)铅基轴承合金(铅基巴氏合金)

　　铅基轴承合金是以 Pb - Sb 为基的合金(二元 Pb - Sb 合金有比重偏析现象),同时锑颗粒太硬,基体又太软,性能并不好,通常还要加入其他合金元素,如 Sn、Cu、Cd、As 等。常用的铅基轴承合金为 PbSn16Sb16Cu2,它含有 15%～17% 的 Sn、15%～17% 的 Sb、

1.5%～2.0%的 Cu 及余量的 Pb。

　　铅基轴承合金的硬度、强度、韧性都比锡基轴承合金低,但摩擦系数较大,价格较低廉,铸造性能好,常用于制造承受中、低载荷的轴承,如汽车、拖拉机的曲轴、连杆轴承及电动机轴承,但其工作温度不能超过 120℃。

　　铅基、锡基轴承合金的强度都较低,需要把它镶铸在钢的轴瓦(一般用 08 钢冲压成型)上,形成薄而均匀的内衬,才能发挥作用,这种工艺称为挂衬。

　　(3)铝基轴承合金

　　铝基轴承合金是一种新型减摩材料,具有比重小、导热性好、疲劳强度高和耐蚀性好的优点,其原料丰富,价格低廉,广泛用于高速高负荷条件下工作的轴承。按化学成分可分为铝锡系(AlSn20Cu1)、铝锑系(AlSb4)和铝石墨系(Al-8%Si 合金基体+3%～6%石墨)。

　　铝锡系轴承合金具有疲劳强度高、耐热性和耐磨性良好等优点,因此适用于制造高速、重载条件下工作的轴承;铝锑系轴承合金适用于载荷不超过 20MN/m² 、滑动线速度不大于 10m/s 工作条件下的轴承;铝石墨系轴承合金具有优良的自润滑作用和减震作用以及耐高温性能,适用于制造活塞和机床主轴的轴承。铝基轴承合金的缺点是膨胀系数较大,抗咬合性低于巴氏合金,一般用 08 钢作衬背,一起轧成双合金带使用。

第4章 高分子材料

高分子材料是材料科学中的一个重要分支,它包含塑料、合成纤维和合成橡胶三大合成材料。高分子材料具有许多优良的性能,如密度小、比强度高、弹性大、电绝缘性能好、耐热、耐寒、耐腐蚀、耐辐射、透明。这些优良的性能使高分子材料广泛应用于国民经济的各个领域,各行各业都有高分子材料的应用实例。另外,新兴的功能高分子材料在离子交换、吸附、渗透、黏度、导电、发光、对环境因素(光、电、磁、热、酸碱度等)的敏感性、催化活性等功能特性方面获得广泛应用。在许多领域,高分子材料可以取代部分金属材料,并且有些应用是其他材料无法取代的。

4.1 高分子材料基础

4.1.1 基本概念

高分子材料简称高分子(macromolecule),又称聚合物(polymer)或高聚物(highpolymer)。大多数高分子材料是由许多小而简单的分子(单体)经过化学反应聚合而成的。高分子材料的分子量很大,通常将分子量大于5000的称为高分子。

高分子化合物的种类繁多,为便于研究常常进行分类,但是目前还没有公认的统一的分类方法,只是从各种角度提出一些分类方法。

(1)按来源分类,高分子材料可分为天然高分子、半天然高分子和人工合成高分子。天然高分子包括淀粉、纤维、蛋白质、天然橡胶等。

(2)按聚合反应机理,高分子材料可分为连锁聚合和逐步聚合两类。按聚合反应类别可分为加成聚合反应和缩聚反应两种类型。

(3)按高分子主链结构分类,高分子材料可分为碳链高分子(如聚乙烯、聚丙烯等)、杂链高分子(如尼龙、聚酯等)和元素有机高分子(如聚硅氧烷、聚钛氧烷)。

(4)按聚合物性能和用途分类,高分子材料可分为塑料、橡胶、纤维。

(5)按高分子形状分类,高分子材料可分为线型高分子、支链型高分子和交联型高分子。

4.1.2 聚合反应

高分子化合物的聚合反应主要分为连锁聚合反应和逐步聚合反应。

1. 连锁聚合反应

连锁聚合反应一般由链引发、链增长和链终止3个基本反应组成。连锁聚合反应时,反应活性中心生成后,单体迅速加成到活性中心,瞬间生成高分子化合物。所以,加聚反应通常又称为连锁聚合反应。

连锁聚合反应包括自由基聚合反应、离子聚合反应。在工业生成的聚合物中,自由基聚合反应所形成的高分子材料所占比例最大。高压聚乙烯、聚氯乙烯、聚苯乙烯、聚甲基丙烯酸甲酯、ABS 树脂、聚四氟乙烯、聚丙烯腈、丁苯橡胶、丁腈橡胶等都是通过自由基聚合生产出来的。

连锁聚合反应的基本特征有两个:①一般是放热反应。虽然是放热反应,但首先要给予单体打开 π 键的活化能才能启动反应。为防止活化能过高反应失去控制,常常用加引发剂和催化剂的方法使反应能在较低的活化能的条件下生成活性中心,引发单体聚合。②瞬间生成高分子。聚合反应初期时间极短,引发阶段,后单体瞬间聚合成一定分子量的化合物,继续延长反应时间,聚合物分子量并不增加,只有单体转化率发生改变。

2. 逐步聚合反应

逐步聚合反应的特征是通过官能团相互作用逐步形成大分子。聚合反应时没有特定的活性中心,每个单体分子的官能团都有相同的反应能力。

逐步聚合反应包括缩聚反应、聚加成和加成缩合反应、开环聚合反应,其中缩聚反应居多。缩聚反应在高分子合成工业中占有重要地位,许多成品,如涤纶、尼龙、聚碳酸酯、聚苯醚等都是缩聚反应产物。

逐步聚合反应的特点和连锁聚合反应不同。逐步聚合反应没有活性中心,在反应初期,形成二聚物、三聚物及其他低聚物,分子量随反应时间延长而逐渐增大。增长过程中,每一步产物不仅可以独立存在,任何时间都可以停止反应,还可以继续以同样的活性反应下去,即无引发、增长、终止等基本反应。逐步聚合反应的活化能较高,热效应小。

4.1.3　聚合物的结构与性能

聚合物结构通常又称高分子的聚集态结构,是指聚合物材料本体内部高分子链之间的几何排列结构。高分子材料可以是晶体,也可以是非晶体。晶体高分子中,使大小相同的链球作为质点,三维重复堆砌成有序的分子晶体;非晶体高分子的分子链排列呈无序的聚集状态。

4.2　工程塑料

4.2.1　塑料的组成及分类

1. 塑料的组成

塑料是以合成树脂为主要原料,添加稳定剂、着色剂、润滑剂及增塑剂等组分得到的合成材料。在加工过程中,塑料可以塑制成一定形状,产品最后能保持形状不变,具有质轻、绝缘、耐腐蚀、美观、制品形式多样化等特点。

塑料的原料是合成树脂和添加剂。塑料按组成成分的多少,可分为单组分塑料和多组分塑料。单组分塑料仅含合成树脂,如"有机玻璃"就是由一种被称为聚甲基丙烯酸甲酯的合成树脂组成;多组分塑料除含有合成树脂外,还含有填充料、增塑剂、固化剂、着色剂、稳定剂及其他添加剂,建筑装饰上常用的塑料制品一般属于多组分塑料。

合成树脂是塑料的基本组成材料,在多组分塑料中占 30%~70%,单组分的塑料中合成树脂含量约为 100%。合成树脂在塑料中主要起胶结作用,把填充料等其他组分胶结成一个整体。因此,树脂是决定塑料性质的最主要因素。

填充剂又称填料,是为了改善塑料制品某些性质,如为了提高塑料制品的强度、硬度和耐热性及降低成本等而在塑料制品中加入一些材料。填料在塑料组成材料中占 40%~70%,常用的填料有木粉、滑石粉、硅藻土、石灰石粉、铝粉、炭黑、云母、二硫化钼、石棉、玻璃纤维等。其中纤维填料可提高塑料的结构强度,石棉填料可改善塑料的耐热性,云母填料能增强塑料的电绝缘性,石墨、二硫化钼填料可改善塑料的摩擦和耐磨性能等。此外,填料一般比合成树脂价格低廉,故填料的加入能降低塑料的成本。

为了提高塑料在加工时的可塑性和制品的柔韧性、弹性等,在塑料制品的生产、加工过程中要加入少量的增塑剂。固化剂又称硬化剂或熟化剂,其主要作用是使某些合成树脂的线型结构交联成体型结构,从而使树脂具有热固性。为了稳定塑料制品的质量,延长使用寿命,通常要加入各种稳定剂,如抗氧剂(酚类化合物等)、光屏蔽剂(炭黑等)、紫外线吸收剂(2-羟基二苯甲酮、水杨酸苯酯等)、热稳定剂(硬脂酸铝、三盐基亚磷酸铅等)。为使塑料制品具有特定的色彩和光泽,可加入着色剂。着色剂按其在着色介质中的溶解性分为染料和颜料。此外,根据建筑塑料使用及成型加工中的需要,有时还加入润滑剂、抗静电剂、发泡剂、阻燃剂及防霉剂等。

1)树脂

树脂通常是指受热后有软化或熔融范围,软化时在外力作用下有流动倾向,常温下可以是固态、半固态,有时也可以是液态的有机聚合物。广义地讲,可以作为塑料制品加工原料的任何聚合物都称为树脂。

树脂有天然树脂和合成树脂之分。天然树脂是指由自然界中动植物分泌物所得的无定形有机物质,如松香、琥珀、虫胶等;合成树脂是指由简单有机物经化学合成或某些天然产物经化学反应而得到的树脂产物。

按树脂合成反应分类,树脂可分为加聚物和缩聚物。加聚物是指由加成聚合反应制得的聚合物,其链节结构的化学式与单体的分子式相同,如聚乙烯、聚苯乙烯、聚四氟乙烯等;缩聚物是指由缩合聚合反应制得的聚合物,其结构单元的化学式与单体的分子式不同,如酚醛树脂、聚酯树脂、聚酰胺树脂等。

按树脂分子主链组成分类,树脂可分为碳链聚合物、杂链聚合物和元素有机聚合物。碳链聚合物是指主链全由碳原子构成的聚合物,如聚乙烯、聚苯乙烯等;杂链聚合物是指主链由碳、氧、氮和硫等两种以上元素的原子所构成的聚合物,如聚甲醛、聚酰胺、聚砜、聚醚等;元素有机聚合物是指主链上不一定含有碳原子,主要由硅、氧、铝、钛、硼、硫、磷等元素的原子构成,如有机硅。

按受热后的变化行为进行分类,树脂可分为热塑性树脂和热固性树脂。热塑性树脂包括聚乙烯、聚酯、聚酰胺等,热固性树脂包括酚醛树脂、尿醛树脂、环氧树脂等。

2) 添加剂

塑料添加剂 (助剂) 是塑料制品中不可缺少的重要原材料,主要类别有热/光稳定剂、抗氧剂、抗静电添加剂、润滑剂、阻燃剂以及增塑剂和抗冲击改进剂等。其他特种添加剂包括抗结块和抗烟雾剂、发泡剂、抗菌剂以及成核/透明剂。塑料助剂不仅在加工过程中能改善聚合物的工艺性能,改善加工条件,提高加工效率,还可以改进制品性能,提高制品的使用价值,延长制品的使用寿命。

(1) 增塑剂是塑料助剂中在数量、产量、消费量中最大的一类助剂。PVC 增塑剂用量是最大的,聚烯烃、苯乙烯、工程塑料、聚乙烯缩丁醛和纤维素类所用增塑剂的量很少。

(2) 热稳定剂是塑料加工助剂中重要类别之一,热稳定剂与 PVC 树脂的诞生和发展同步,主要用于 PVC 树脂加工中。

(3) 抗冲击改性剂的主要作用是改善高分子材料的低温脆化性,赋予其更高的韧性。

(4) 阻燃剂是为提高高分子材料难燃性而加入的添加剂。阻燃剂是塑料助剂中消费量仅次于增塑剂而居于第二位的大类别。

(5) 抗氧剂是抑制或延缓高聚物受大气中氧或臭氧作用而降解的添加剂,其中聚烯烃是抗氧剂消费的重要领域。

(6) 透明剂是成核剂中的一个分支,约 90% 的透明剂用于透明聚丙烯 (CPP) 的生产。

(7) 抗静电剂也是近年来发展较快的一类添加剂品种,被广泛地用于塑料的加工中。

(8) 抗菌剂在塑料中应用可使材料表面的抗菌成分杀死病菌,或抑制材料表面的微生物繁殖,进而达到卫生、安全的目的。

(9) 用于包装特别是食品包装的脱氧剂和紫外线阻隔剂是近年来新出现的添加剂类型,这两类添加剂可以去除残留在包装中的氧气,阻隔紫外线,延长食品存放时间,主要用于食品、药品、保健品及化妆品等领域。

2. 塑料的分类

按化学组分分类,塑料品种繁多,但根据生产量与使用情况可以分为量大面广的通用塑料和作为工程材料使用的工程塑料。

(1) 通用塑料产量大,生产成本低,性能多样化。主要来生产日用品或一般工农业用材料,如聚氯乙烯塑料可制成人造革、塑料薄膜、泡沫塑料、耐化学腐蚀用板材、电缆绝缘层等。

(2) 工程塑料产量不大,成本较高,但具有优良的机械强度或耐摩擦、耐热、耐化学腐蚀等特性,可作为工程材料,制成轴承、齿轮等机械零件以代替金属、陶瓷等。

也可按热加工性能,塑料可分为热塑性塑料和热固性塑料,如图 4-1 所示。

(1) 热塑性塑料是指常温下是固体,能反复加热软化、冷却固化的塑料。它们是线型或带少量支链的高分子化合物。常用的热塑性塑料有聚乙烯、聚丙烯、聚氯乙烯、聚苯乙烯、聚甲基丙烯酸甲酯 (有机玻璃)、聚酰胺 (尼龙) 等。将各种助剂加入热塑性树脂,采用挤出、吹塑和注射成型等方法可以制成各种塑料制品。

(2) 热固性塑料在固化前是相对分子质量不大的黏稠液或固体物质,在加热、加压,或在固化剂或光的作用下,发生交联固化反应形成再加热而不能软化的固体。热塑性塑料可以回收再用,而热固性塑料则不能再用。常用的热固性塑料有环氧树脂、酚醛树脂、脲醛树脂、聚氨酯等。在热固性树脂中加入添加剂和增强材料,用层压、模塑或浇铸等方法可加工成型为所需要的各种形状的制品。这类塑料由于固化后分子间交联形成立体网状结构,故硬度高,耐高温,但是脆性大。

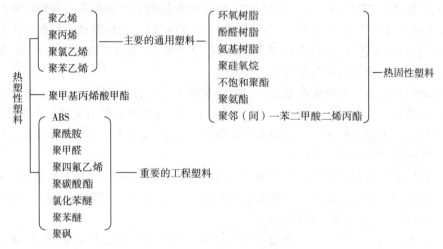

图 4-1 塑料的品种和分类

4.2.2 塑料制品的成型与加工

1. 塑料制品的成型

对于热塑性塑料制品采用不同的成型方式,其工艺与设备均不相同,但在成型前,都需将主要原料与辅助原料进行混炼,使原料均匀混合,制成颗粒、粉状或其他状态,然后进行成型。对于热固性塑料制品,则一般采用涂覆、浸渍、拌合、热压等组合成型方法。常见的塑料制品的成型方法具体如下。

1)注射成型法

注射成型法又称注塑,是热塑性塑料的主要成型方法之一。它是将塑料颗粒在注射机的料筒内加热熔化,以较高的压力和较快的速度注入闭合模具内成形。

注射成型是使热塑性或热固性模塑料先在加热料筒中均匀塑化,而后由柱塞或移动螺杆推挤到闭合模具的模腔中成型的一种方法,如图 4-2 所示。

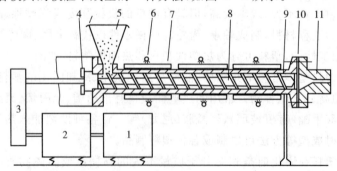

图 4-2 单螺杆挤出器

1—电动机;2—变速箱;3—传动机构;4—止推轴承;5—料斗;6—冷却系统;

7—加热器;8—螺杆;9—料筒;10—粗滤板及滤网;11—机头口模

注射成型适用于大多数热塑性塑料。近年来,注射成型也成功地用于成型某些热固性塑料。注射成型的成型周期短(几秒到几分钟),成型制品质量可由几克到几十千克,能一次成型外形复杂、尺寸精确、带有金属或非金属嵌件的模塑品。因此,该方法适应性强,生产效率高。

注射成型用的注射机分为柱塞式注射机和螺杆式注射机两大类,由注射系统、锁模系统和塑模三大部分组成,其成型方法具体如下。

(1)排气式注射成型:排气式注射成型应用的排气式注射机,在料筒中部设有排气口,与真空系统相连接。当塑料塑化时,真空泵可将塑料中含有的水汽、单体、挥发性物质及空气经排气口抽走;原料不必预干燥,从而提高生产效率,提高产品质量。这种成型方法特别适用于聚碳酸酯、尼龙、有机玻璃、纤维素等易吸湿的材料成型。

(2)流动注射成型:流动注射成型可用普通移动螺杆式注射机。即塑料经不断塑化并挤入有一定温度的模具型腔内,塑料充满型腔后,螺杆停止转动,借螺杆的推力使模内物料在压力下保持适当时间,然后冷却定型。流动注射成型克服了生产大型制品的设备限制,制件质量可超过注射机的最大注射量。这种成型方法的特点是塑化的物件不是储存在料筒内,而是不断挤入模具中,因此它是挤出和注射相结合的一种方法。

(3)共注射成型:共注射成型是采用具有两个或两个以上注射单元的注射机,将不同品种或不同色泽的塑料,同时或先后注入模具内的方法。这种成型方法能生产多种色彩和多种塑料的复合制品,有代表性的共注射成型是双色注射和多色注射。

(4)无流道注射成型:模具中不设置分流道,而由注射机的延伸式喷嘴直接将熔融料分注到各个模腔中的成型方法。在注射过程中,流道内的塑料保持熔融流动状态,在脱模时不与制品一同脱出,因此制件没有流道残留物。这种成型方法不但节省原料,降低成本,而且减少工序,可以达到全自动生产。

(5)反应注射成型:反应注射成型的原理是将反应原材料经计量装置计量后泵入混合头,在混合头中碰撞混合,然后高速注射到密闭的模具中,快速固化,脱模,取出制品。适于加工聚氨酯、环氧树脂、不饱和聚酯树脂、有机硅树脂、醇酸树脂等一些热固性塑料和弹性体,目前主要用于聚氨酯的加工。

(6)热固性塑料的注射成型:粒状或团状热固性塑料,在严格控制温度的料筒内,通过螺杆的作用,塑化成黏塑状态,在较高的注射压力下,物料进入一定温度范围的模具内交联固化。热固性塑料注射成型除有物理状态变化外,还有化学变化,因此与热塑性塑料注射成型比,这种成型方法在成型设备及加工工艺上存在很大差别。

注射成型适用树脂,代表产品有聚氯乙烯、聚乙烯、聚苯乙烯、尼龙、丙烯酸类、纤维素类、聚偏二氯乙烯墙面板、墙面砖、配电箱及各种小型制品。

2)模压成型法

模压成型法又称压塑法,是制造热固性塑料主要成型方法之一,有时也适用于热塑性塑料。这种成型方法把粉状、片状或粒状塑料置于金属模具中加热,在压机压力下充满模具成型。在压制中,原料发生化学反应后固化,脱模即得产品。

模压成型工艺是复合材料生产中最古老而又富有无限活力的一种成型方法。它是将一定量的预混料或预浸料加入金属对模内,经加热、加压固化成型的方法。

模压成型工艺的主要优点:生产效率高,便于实现专业化和自动化生产;产品尺寸精度高,重复性好;表面光洁,无须二次修饰;能一次成型结构复杂的制品;批量生产,价格相对低廉。

模压成型的不足之处在于,模具制造复杂,投资较大,加上受压机限制,较适合于批量生产中小型复合材料制品。随着金属加工技术、压机制造水平及合成树脂工艺性能的不断改进和发展,压机吨位和台面尺寸不断增大,模压料的成型温度和压力也相对降低,使模压成型制品的尺寸逐步向大型化发展,目前已能生产大型汽车部件、浴盆、整体卫生间组件等。

模压成型工艺按增强材料物态和模压料品种可分为如下几种方法。

(1)纤维料模压法是将经预混或预浸的纤维状模压料,投入金属模具内,在一定的温度和压力下成型复合材料制品的方法。该方法简便易行,用途广泛。根据具体操作上的不同,有预混料模压和预浸料模压法。

(2)碎布料模压法是将浸过树脂胶液的玻璃纤维布或其他织物,如麻布、有机纤维布、石棉布或棉布等的边角料切成碎块,然后在金属模具中加温加压成型复合材料制品。

(3)织物模压法是将预先织成所需形状的两维或三维织物浸渍树脂胶液,然后放入金属模具中加热加压成型为复合材料制品。

(4)层压模压法是将预浸过树脂胶液的玻璃纤维布或其他织物,裁剪成所需的形状,然后在金属模具中经加温或加压成型复合材料制品。

(5)缠绕模压法是将预浸过树脂胶液的连续纤维或布(带),通过专用缠绕机提供一定的张力和温度,缠在芯模上,再放入模具中进行加温加压成型复合材料制品。

(6)片状模压料(SMC)模压法是将 SMC 片材按制品尺寸、形状、厚度等要求裁剪下料,然后将多层片材叠合后放入金属模具中加热加压成型制品。

(7)预成型坯料模压法是先将短切纤维制成品形状和尺寸相似的预成型坯料,将其放入金属模具中,然后向模具中注入配制好的黏结剂(树脂混合物),在一定的温度和压力下成型。

模压料的品种有很多,可以是预浸物料、预混物料,也可以是坯料。当前所用的模压料品种主要有预浸胶布、纤维预混料、团状模压料、高强度模压料、片状模压料、厚片状模压料、高强度片状模压料等。

模压成型法适用树脂及其代表产品,如醇酸、三聚氰胺、酚醛、聚酯、脲醛、硅树脂、各种热塑性树脂食具、电器零件、建筑五金、钟壳、机壳、小型制品。

3)浇铸成型法

浇铸成型又称铸塑,主要借鉴金属浇铸工艺,并在此基础上又发展的一些其他铸塑方法,一般可分为静态浇铸、离心浇铸、流延铸塑、搪塑、嵌铸、滚塑和旋转成型等。原料状态除旋转成型采用粉料外,其余皆采用单体、预聚体或单体溶液等状态。

浇铸成型一般为常压或低压成型,对设备和模具强度要求较低;制品尺寸范围较宽,易制作大型制品,且制品内应力低,因此近年来浇铸成型制品有较大的增长。但是,浇铸成型周期较长,所得制品的尺寸准确性较差。

浇铸成型法又称浇塑法,有静态铸型、嵌铸型和离心铸型等方式。它是在热态的热固性树脂或热塑性树脂中加入适量的固化剂或催化剂,然后浇入模具型腔中,在常压或低压下,常温或适当加热条件下,固化或冷却凝固成型。这种方法设备简单,操作方便,成本低,便于制作大型制件;但生产周期长,收缩率较大。

浇铸成型法适用树脂及其代表产品,如丙烯酸类、酚醛、环氧聚酯、聚苯乙烯、聚醋酸乙烯、聚氯乙烯大型制件。

2. 塑料的加工

塑料的加工是指塑料成型后的再加工,也称为二次加工,主要工艺方法有机械加工、连接和表面处理。

(1)机械加工

由于塑料的切削工艺性能与金属不同,其所用的切削工艺参数与刀具几何形状及操作方法与金属切削有所差异。塑料的散热性差、弹性大,加工时易引起工件的变形、表面粗糙,有时可能出现分层、开裂,甚至崩落或伴随发热等现象,这就要求切削刀具的前角与后角要大、刃口锋利,切削时要充分冷却,装夹时不宜过紧,切削速度要快,进给量要小,以获得光洁的表面。

(2)连接

塑料通常采用机械连接、热熔接、溶剂黏接、胶黏剂黏接等方法连接。

(3)表面处理

为改善塑料的某些性能,美化其表面,防止老化,延长其使用寿命,常用的表面处理方法有涂漆、镀金属(铬、银、铜等)。其中,镀金属可采用喷镀或电镀方式。

4.2.3　塑料的性能特点

与传统的材料金属、水泥、玻璃、木材等相比,塑料具有以下优越性能。

(1)密度(单位体积的质量)小、质量轻。一般塑料的密度只有铝的 $1/2$,铜的 $1/5$,铅的 $1/8$。泡沫塑料更轻,其密度只有水密度的 $1/50\sim1/30$。这种优点不但使塑料制品轻便好用,而且非常适合制造车、船、航空等交通工具及漂浮物品。

(2)多种优良的机械性能。通常所用的硬质塑料都有较高的强度和硬度等机械性能,特别是玻璃纤维增强的制品具有钢铁般的韧性。有时,用特定的塑料代替钢铁制成的机械零件(如轧钢机轴承)比钢铁零件的使用寿命还长。高分子材料的性能可以用不同的方法加以改进,以满足人们制作不同性能制品的需求,实际上许多塑料能够用在传统材料不能使用的场合,如可镶入眼睛内的隐形眼镜只能用有机玻璃制造。这是因为有机玻璃具有柔韧性,而传统的无机玻璃没有这种性能。

(3)耐化学作用好。众所周知,普通金属易被腐蚀生锈,从而造成很大的经济损失,而塑料一般具有较好的抵抗弱酸、弱碱侵蚀性,甚至有的塑料,如聚四氟乙烯在王水(又称硝基盐酸)作用下也不发生变化。实际上,在常温下,大多数塑料在水和一般有机溶剂中是很稳定的。因此,塑料常用作一般容器或容器的内衬,以及作容器外表面的涂层。

(4)电绝缘、绝热、隔声的性能好。由于有这些良好性能,塑料可以大量用作电线包皮等绝缘材料。特别是泡沫塑料,广泛用作隔热、保温及隔声材料。

除上述外,许多塑料易着色,易于加工成型,可制成五颜六色的管、棒、条、带、丝、膜等型材,并能大量制成各种式样甚至奇形怪状的制品,以满足人们的各种需要,方便人们的生活和工作。与其他材料相比,一般塑料制品的价格低廉,便于普及推广。

另外,塑料也有不足之处,主要表现在塑料在一定作用力下,较易变形和断裂;绝大部分塑料不耐高温,只能在 80℃ 以下的温度下使用。此外,同其他高分子材料一样,塑料经长时间的阳光、空气和高、低温的反复作用后,会老化变质,无法像陶瓷一样持久不变。

4.2.4　常用工程塑料

1. 常用热塑性塑料

1)聚酰胺

聚酰胺(PA,也称尼龙、锦纶)是最早发现能够承受载荷的热塑性塑料。聚酰胺的商品名称是尼龙或锦纶,是目前机械工业中应用比较广泛的一种工程热塑性塑料。尼龙的种类很多,如尼龙 6、尼龙 66、尼龙 610、尼龙 1010、铸型尼龙和芳香尼龙是常用于机械工业中的几种,被大量用于制造小型零件代替有色金属及其合金。铸型尼龙是通过简单的聚合工艺,单体直接在模具内聚合成型的一种特殊尼龙。芳香尼龙具有耐磨耐辐射及很好的电绝缘性,是尼龙中耐热性最好的品种。

纤维和工程塑料用聚酰胺有两类:一类由二元酸和二元醇缩聚而成,如尼龙-66 和尼龙-1010;另一类由己内酰胺开环聚合而成。

2)聚甲醛

聚甲醛(polyxymethylene,POM)又称为聚氧化次甲基。聚甲醛的分子结构规整,其结晶性使其物理机械性能十分优异,有金属塑料之称。聚甲醛为乳色不透明结晶性线性热塑性树脂,具有良好的综合性能和着色性,具有较高的弹性模量、很高的刚性和硬度,比强度和比刚性接近金属;拉伸强度、弯曲强度、耐蠕变性和耐疲劳性优异,耐反复冲击,去载回复性优;摩擦系数小,耐磨耗,尺寸稳定性好,表面光泽好,有较高的黏弹性,吹水性小,电绝缘性优且不受温度影响;具有吸振性、消音性;吸水性小,耐绝缘性好且不受湿度影响;耐化学药品性优,除了强酸、酚类和有机卤化物外,对其他化学品稳定,耐油;机械性能受温度影响小,具有较高的热变形温度。聚甲醛缺点是阻燃性较差,遇火会徐徐燃烧,氧指数小,即使添加阻燃剂也达不到满意的要求。另外,聚甲醛耐候性不理想,室外应用时需要添加稳定剂。

聚甲醛是以线型结晶高聚物聚甲醛树脂为基体的塑料,可分为均聚甲醛和共聚甲醛。聚甲醛的结晶度可达 75%,有明显的熔点,以及高强度、高弹性模量等优良的综合力学性能。其强度与金属相近;摩擦因数小并有自润滑性,因而耐磨性好。聚甲醛的价格低廉,性能优于尼龙,可代替有色金属和合金,逐步取代尼龙制作轴承等。

(1)均聚甲醛结晶度高,机械强度、刚性、热变形温度等比共聚甲醛好。

(2)共聚甲醛熔点低,热稳定性,耐化学腐蚀性,流动特性、加工性优于均聚甲醛,新开发的产品为超高流动(快速成型)、耐冲击和降低模具沉积牌号,也有无机填充,增强牌号。共聚甲醛主要是由三聚甲醛共聚制备的。浓度为 65%~70% 的甲醛在浓硫酸或阳离子交换树脂催化下得到三氧六环,并精馏为高纯品,后者与少量共聚单体(如二氧五环)在路易斯酸存在环境中开环聚合为共聚甲醛。聚合方法大多为本体聚合,采用双螺杆挤出机。共聚甲醛链端大部分是半缩醛端基,对热极不稳定,需进行封端稳定化处理,以成为热稳定的聚甲醛,再加入抗氧剂等助剂,最后造粒制成共聚甲醛产品。

聚甲醛的吸水率大于 0.2%,成型前应预干燥,其熔融温度与分解温度相近,成型性较差,可进行注塑、挤出、吹塑、滚塑、焊接、粘接、涂膜、印刷、电镀、机加工、注塑等加工,由于成型收缩率大,可通过提高模具温度、进行退火处理或加入增强材料(如无碱玻璃纤维)来解决。

聚甲醛强度高,质量轻,常代替铜、锌、锡、铅等有色金属用于建筑,也广泛用于工业机械、汽车、电子电器、日用品、管道及配件、精密仪器等。

3)聚砜

聚砜的强度高、弹性模量大、耐热性好,最高使用温度为 160℃;蠕变抗力高,尺寸稳定性好。其缺点是耐溶剂性差。聚砜主要用于制作高强度、耐热、抗蠕变的结构件仪表件和电绝缘零件,如精密齿轮等。

聚砜(polysalfone,PSF 或 PSU)是分子主链中含有链节的热塑性树脂,有聚芳砜和聚醚砜两种。

聚砜是略带琥珀色的非晶型透明或半透明聚合物,力学性能优异,刚性大,耐磨,强度高,使用温度为(−100~150℃)。即使在高温下也保持优良的机械性能,长期使用温度为 160℃,短期使用温度为 190℃,热稳定性高,耐水解,尺寸稳定性好,成型收缩率小,无毒,耐辐射,耐燃,有熄性。在宽的温度和频率范围内有优良的电性能,化学稳定性好,除浓硝酸、浓硫酸、卤代烃外,能耐一般酸、碱、盐,在酮、酯中溶胀。耐紫外线和耐候性较差,耐疲劳强度差。聚砜成型前要预干燥至水分含量小于 0.05%。聚砜可进行注塑、模压、挤出、热成型、吹塑等成型加工,熔体黏度高,控制黏度是加工关键,加工后宜进行热处理,消除内应力,可做成精密尺寸制品。

聚砜主要用于电子电气、食品和日用品、汽车、航空、医疗和一般工业等,制作各种接触器、接插件、变压器绝缘件、可控硅帽、绝缘套管、线圈骨架、接线柱、印刷电路板、轴套、电视系统零件、电容器薄膜、电刷座、碱性蓄电池盒、电线电缆包覆。聚砜可以用于制作防护罩元件、电动齿轮、蓄电池盖、飞机内外部零配件、宇航器外部防护罩、照相机挡板、灯具部件、传感器,也可以代替玻璃和不锈钢用于制作蒸汽餐盘、咖啡盛器、微波烹调器、牛奶盛器、吸奶器部件、饮料和食品分配器,还可以用于制作外科手术盘、喷雾器、加湿器、牙科器械。同时可用于镶牙(黏接强度高)、流量控制器、起槽器、卫生及医疗实验室器械,还可以用于制作化工设备(泵外罩、塔外保护层、耐酸喷嘴、管道、阀门容器)、食品加工设备、奶制品加工设备、环保控制传染设备。

聚芳砜(PASF)和聚醚砜(PES)耐热性更好,在高温下仍可以保持优良的机械性能。

4)聚碳酸酯

聚碳酸酯(polycarbonate,PC)是分子主链中含有$\{O\!-\!R\!-\!O\!-\!CO\}$链节的热塑性树脂,按分子结构中所带酯基不同可分为脂肪族、脂环族、脂肪-芳香族型,其中具有实用价值的是芳香族聚碳酸酯,并以双酚 A 型聚碳酸酯为最重要,分子量通常为 3 万~10 万。

聚碳酸酯是一种无定型、无臭、无毒、高度透明的无色或微黄色热塑性工程塑料,具有优良的物理机械性能,尤其是耐冲击性优异,拉伸强度、弯曲强度、压缩强度高;蠕变性小,尺寸稳定;具有良好的耐热性和耐低温性,在较宽的温度范围内具有稳定的力学性能,尺寸稳定,可在-60~120℃下长期使用;无明显熔点,在220~230℃呈熔融状态;由于分子链刚性大,树脂熔体黏度大,吸水率小,收缩率小,尺寸精度高,尺寸稳定性好,薄膜透气性小。属自熄性材料。对光稳定,但不耐紫外光,耐候性好;耐油、耐酸,不耐强碱、氧化性酸及胺、酮类,可溶于氯化烃类和芳香族溶剂,长期在水中使用时易引起水解和开裂。聚碳酸酯的缺点是抗疲劳强度差,易产生应力开裂,抗溶剂性差,耐磨性差。

聚碳酸酯可注塑、挤出、模压、吹塑、热成型、印刷、黏接、涂覆和机加工,其中重要的加工方法是注塑。成型前必须预干燥,水分含量应低于0.02%,微量水分在高温下加工会使制品产生白浊色泽的银丝和气泡,在室温下具有相当大的形变能力,冲击韧性高,因此可进行冷压、冷拉、冷辊压等冷成型加工。挤出用聚碳酸酯的分子量应大于3万,要采用渐变压缩型螺杆,长径比为1:24~1:18,压缩比为1:2.5,可采用挤出吹塑、注-吹、注-拉-吹法成型高质量、高透明的瓶子。聚碳酸酯合金种类繁多,可以改进聚碳酸酯熔体黏度大(加工性)、制品易应力开裂等缺陷。

聚碳酸酯与不同聚合物形成合金或共混物,如PC/ABS合金、PC/ASA合金、PC/PBT合金、PC/PET合金、PC/PET/弹性体共混物、PC/MBS共混物、PC/PTFE合金、PC/PA合金等,利用两种材料的性能优点,提高材料性能,并降低成本。例如,在PC/ABS合金中,聚碳酸酯主要贡献高耐热性、较好的韧性和冲击强度、高强度和阻燃性,而ABS则可以改进材料的可成型性,提高表观质量,降低密度。

聚碳酸酯的应用较广泛,主要用于玻璃装配业、汽车工业和电子、电器工业中,也可以用于制作工业机械零件、办公室设备、医疗及保健器械和休闲及防护器材等。

5)ABS塑料

ABS塑料的化学名称为丙烯腈-丁二烯-苯乙烯共聚物(acrylonitrile butadiene styrene),密度为1.05g/cm³,成型收缩率为0.4%~0.7%,成型温度为200~240℃,干燥条件为80~90℃保温2h。

ABS塑料是目前产量最大、应用最广泛的聚合物,它将PS、SAN、BS的各种性能有机地结合统一,兼具韧性、硬度、刚度均衡的优良力学性能。ABS是丙烯腈、丁二烯和苯乙烯的三元共聚物,其中A代表丙烯腈,B代表丁二烯,S代表苯乙烯。

ABS工程塑料一般是不透明的,外观呈浅象牙色,无毒、无味,燃烧缓慢,火焰呈黄色,有黑烟,燃烧后塑料软化、烧焦,发出特殊的肉桂气味,但无熔融滴落现象。

ABS工程塑料具有优良的综合性能,包括冲击强度、尺寸稳定性、介电性能、耐磨性、抗化学药品性和染色性好,同时还具有良好的成型加工和机械加工性能。ABS工程塑料耐水、无机盐、碱和酸类,不溶于大部分醇类和烃类溶剂中,但易溶于醛、酮、酯和某些氯代烃中。

ABS工程塑料的缺点是热变形温度较低,可燃、耐候性较差。

6)聚四氟乙烯

聚四氟乙烯(PTFE,也称特氟隆)是以线型晶态高聚物聚四氟乙烯为基体的塑料,具有优异的耐化学腐蚀性,不受任何化学试剂的侵蚀,有"塑料之王"之称。在-195~

250℃范围内可长期使用,其力学性能几乎不发生变化。

聚四氟乙烯具有优异的耐高低温性能和化学稳定性,很好的电绝缘性能、非黏附性、耐候性、阻燃性和良好的自润滑性,在化工、石油、纺织、电子电气、医疗、机械等领域中广泛应用。

在氟塑料中,聚四氟乙烯的消耗量最大,用途最广,是氟塑料中的一个重要品种。其最早是为国防和尖端技术需要而开发的,而后逐渐推广到民用,涉及航空航天和民用的许多方面,已成为不可或缺的材料。

随着材料应用技术的不断发展,聚四氟乙烯材料的缺点,即冷流性、难焊接性、难熔融加工性正在逐渐被克服,从而使它在光学、电子、医学、石油化工输油防渗等多个领域的应用前景更加广阔。

7)聚甲基丙烯酸甲酯

聚甲基丙烯酸甲酯(PMMA 也称有机玻璃)是由甲基丙烯酸甲酯聚合而成的,具有较高的强度和韧性,不易破碎,耐紫外线,防大气老化,易加工成型等优点。

聚甲基丙烯酸甲酯的特性是高度透明性,是目前最优良的高分子透明材料,透光率达 92%,比玻璃的透光度高。称为人造小太阳的太阳灯的灯管是石英做的,这是因为石英能完全透过紫外线。普通玻璃只能透过 0.6% 的紫外线,但有机玻璃却能透过 73%。机械强度高。聚甲基丙烯酸甲酯的相对分子质量大约为 200 万,是长链的高分子化合物且分子链具有柔顺性,强度较高,抗拉伸和抗冲击的能力比普通玻璃高 7~18 倍。加热和拉伸处理的聚甲基丙烯酸甲酯,其分子链段有序排列,韧性较好,即使被钉子钉进甚至穿透,其也不产生裂纹,被子弹击穿后同样不会破成碎片,即拉伸处理后的聚甲基丙烯酸甲酯可用作防弹玻璃,也用作军用飞机上的座舱盖。聚甲基丙烯酸甲酯的密度为 $1.18g/cm^3$,质量轻,同样大小的材料,其质量只有普通玻璃的 1/2,金属铝(属于轻金属)的 43%。聚甲基丙烯酸甲酯易于加工,不但能用车床进行切削,钻床进行钻孔,而且能用丙酮、氯仿等黏结成各种形状的器具,也可以用吹塑、注射、挤出等塑料成型方法进行加工,用于生成大到飞机座舱盖,小到假牙和牙托等制品。

聚甲基丙烯酸甲酯除了可以用来制作飞机的座舱盖、风挡和弦窗外,还可以用来制作吉普车的风挡和车窗,大型建筑的天窗(可以防破碎),电视和雷达的屏幕,仪器和设备的防护罩,电信仪表的外壳,望远镜和照相机上的光学镜片。

聚甲基丙烯酸甲酯可以用来制造日用品,如可以用珠光有机玻璃制成纽扣、玩具、灯具等,并且彩色有机玻璃有装饰作用。

聚甲基丙烯酸甲酯在医学中多用于制造人工角膜,即制作成直径只有几毫米的镜柱,将其固定在已钻孔的人眼角膜上,光线通过镜柱进入眼内,人眼就能重见光明。

2. 常用热固性塑料

常用的热固性塑料有酚醛树脂、环氧树脂等。

1)酚醛树脂

酚类和醛类的缩聚产物通称为酚醛树脂,一般常指由苯酚和甲醛经缩聚反应而得的合成树脂,它是最早合成的一类热固性树脂。

酚醛树脂是最早合成的一类热固性树脂,其原料易得,合成方便,具有良好的机械强度和耐热性能、突出的瞬时耐高温烧蚀性能,并且树脂本身可以广泛改性,目前仍广泛用于制造玻璃纤维增强塑料、碳纤维增强塑料等复合材料。酚醛树脂复合材料在宇航工业方面(空间飞行器、火箭、导弹等)作为瞬时耐高温烧蚀的结构材料有非常重要的用途。

酚醛树脂的合成和固化过程完全遵循体型缩聚反应的规律,控制不同的合成条件(如酚和醛的比例、所用催化剂的类型等)可以得到两类不同的酚醛树脂:一类称为热固性酚醛树脂,它是一种含有可进一步反应的羟甲基活性基团的树脂,这类树脂又称为一阶树脂;另一类称为热塑性酚醛树脂,它是线型树脂,在合成过程中不会形成三向网络结构,在进一步的固化过程中必须加入固化剂,这类树脂又称为二阶树脂。这两类树脂的合成和固化原理不相同,树脂的分子结构也不相同。

酚醛树脂是历史上较早的塑料品种之一(俗称胶木或电木),外观呈黄褐色或黑色,是热固性塑料的典型代表。酚醛树脂成型时常使用各种填充材料,根据所用填充材料的不同,成品性能也有所不同。酚醛树脂作为成型材料,主要用在需要耐热性的领域,但也作为黏合剂用于胶合板、砂轮和刹车片中。

酚醛塑料(phenol-formaldehyde, PF)是以酚醛树脂为基材的塑料,密度为 $1.5 \sim 2.0 \text{g/cm}^3$,成型收缩率为 $0.5\% \sim 1.0\%$,成型温度为 $150 \sim 170 \text{℃}$。

酚醛塑料是一种硬而脆的热固性塑料(俗称电木粉),其机械强度高,坚韧耐磨,尺寸稳定,耐腐蚀,电绝缘性能优异,适用于制作电器、仪表的绝缘机构件,可在湿热条件下使用。成型性较好,但收缩及方向性比氨基塑料大,并含有水分挥发物。模温对流动性影响较大,超过 160℃ 时,流动性会迅速下降。硬化速度比氨基塑料慢,硬化时放出较多热量。酚醛塑料制作的大型厚壁塑件,其内部温度易过高,易发生硬化不均和过热现象。

2)环氧树脂

环氧树脂(EP)是用固化剂固化的热固性塑料,黏接性极好,电学性能优良,机械性能也良好。环氧树脂主要用作金属防蚀涂料和黏合剂,常用于印刷线路板和电子元件的封铸。

环氧树脂是泛指分子中含有两个或两个以上环氧基团的有机高分子化合物,除个别外,它们的相对分子质量都不高。环氧树脂的分子结构以分子链中含有活泼的环氧基团为特征,环氧基团可以位于分子链的末端、中间或成环状结构。其分子结构中含有活泼的环氧基团,因此可与多种类型的固化剂发生交联反应,从而形成不溶、不熔的具有三向网状结构的高聚物。

采用各种树脂基体、固化剂和改性剂组成的高聚物体系可满足各种应用环境对体系形式的要求,体系形式可由极低黏度的液体变化到高熔固体。各种树脂、固化剂、改性剂体系可以适应各种应用对形式提出的要求,其范围可以从极低的黏度到高熔点固体。选用各种不同的固化剂,环氧树脂体系几乎可以在 $0 \sim 180\text{℃}$ 内固化。环氧树脂分子链中固有的极性羟基和醚键使其对各种物质具有很高的黏附力,其固化时,收缩性低,产生的内应力小,这也有助于提高黏附强度。环氧树脂与固化剂的反应是通过直接加成反应或树脂分子中环氧基的开环聚合反应进行的,不生成水或其他挥发性副产物。与不饱和聚酯树脂、酚醛树脂相比,环氧树脂在固化过程中显示出很低的收缩性(小于2%)。固化后的环氧树脂体系具有优良的力学性能,是一种具有高介电性能、耐表面漏电、耐电弧的优良绝缘材料,同时具有优良的耐碱性、耐酸性和耐溶剂性,以及尺寸稳定性。适当地选用环氧树脂和固化剂,可以使环氧树脂具有特殊的化学稳定性能。固化的环氧树脂体系耐大多数霉菌,可以在复杂的热带条件下使用。

根据分子结构,环氧树脂可分为五大类,即缩水甘油醚类环氧树脂、缩水甘油酯类环氧树脂、缩水甘油胺类环氧树脂、线型脂肪族类环氧树脂和脂环族类环氧树脂。

复合材料工业上使用量最大的环氧树脂品种是指缩水甘油醚类环氧树脂,其以二酚基丙烷型环氧树脂(简称双酚 A 型环氧树脂)为主,其次是缩水甘油胺类环氧树脂。

(1)缩水甘油醚类环氧树脂

缩水甘油醚类环氧树脂是由含活泼氢的酚类或醇类与环氧氯丙烷缩聚而成的。

① 二酚基丙烷型环氧树脂是由二酚基丙烷与环氧氯丙烷缩聚而成的。工业二酚基丙烷型环氧树脂实际上是含不同聚合度的分子的混合物。其中大多数的分子含有两个环氧基端的线型结构。少数分子可能支化,极少数分子终止的基团是氯醇基团而不是环氧基。因此环氧树脂的环氧基含量、氯含量等对树脂的固化及固化物的性能有很大的影响。

工业中,环境树脂的控制指标有环氧值、无机氯含量、有机氯含量、挥发分、黏度和软化点等。其中,环氧值是鉴别环氧树脂性质的最主要指标,工业环氧树脂型号是按照环氧值不同区分的。环氧值是指每 100g 树脂中所含环氧基的物质的量数。环氧值的倒数乘以 100 称为环氧当量,即环氧当量的含义是含有 1mol 环氧基的环氧树脂的克数。环氧树脂中的氯离子会与胺类固化剂发生络合作用,从而影响树脂的固化,同时也会影响固化树脂的电性能,因此氯含量也是环氧树脂的一项重要指标。环氧树脂中的有机氯含量标志着分子中未起闭环反应的氯醇基团的含量,其值越低越好,否则会影响树脂的固化及固化物的性能。

② 酚醛多环氧树脂:酚醛多环氧树脂是由线型酚醛树脂与环氧氯丙烷缩聚而成的,包括苯酚甲醛型、邻甲酚甲醛型多环氧树脂。与二酚基丙烷型环氧树脂相比,其线型分子中含有两个以上的环氧基,因此固化后产物的交联密度大,具有优良的热稳定性、力学性能、电绝缘性、耐水性和耐腐蚀性。

③ 其他多羟基酚类缩水甘油醚型环氧树脂:较具有实用性的包括间苯二酚型环氧树脂、间苯二酚-甲醛型环氧树脂、四酚基乙烷型环氧树脂和三羟苯基甲烷型环氧树脂,这些多官能团缩水甘油醚树脂固化后具有高的热变形温度和刚性,可单独或者与通用 E 型树脂共混,用于制作高性能复合材料(ACM)、印刷线路板等基体材料。

④ 脂族多元醇缩水甘油醚型环氧树脂:这类树脂中脂族多元醇缩水甘油醚分子中含有两个或两个以上的环氧基,绝大多数黏度很低,并且多为长链线型分子,因此富有柔韧性。

(2)其他类型环氧树脂

① 缩水甘油酯类环氧树脂:缩水甘油酯类环氧树脂与二酚基丙烷环氧化树脂比较,黏度低,使用工艺性好,反应活性高,黏合力比通用环氧树脂高,固化物力学性能好,电绝缘性好,耐气候性好,并且具有良好的耐超低温性,在超低温条件下,仍具有比其他类型环氧树脂高的黏结强度,同时具有较好的表面光泽度,透光性、耐气候性好。

② 缩水甘油胺类环氧树脂:这类树脂的优点是多官能度、环氧当量高,交联密度大,耐热性显著提高。国内外已利用缩水甘油胺类环氧树脂优越的黏接性和耐热性制造碳纤维增强的复合材料(carbon fibre reinforced plastics,CFRP),用于制造飞机二次结构材料。

③ 脂环族环氧树脂:这类环氧树脂是由脂环族烯烃的双键经环氧化而制得的,它们的分子结构和二酚基丙烷型环氧树脂及其他环氧树脂有很大差异,前者环氧基都直接连接在脂环上,而后者的环氧基都是以环氧丙基醚连接在苯核或脂肪烃上的。脂环族环氧树脂的固化物具有较高的压缩与拉伸强度,长期暴置在高温条件下仍能保持良好的力学性能,其耐电弧性、耐紫外光老化性能及耐气候性较好。

④ 脂肪族环氧树脂:这类环氧树脂分子结构中无苯核,也无脂环结构,仅有脂肪链,且环氧基与脂肪链相连。环氧化聚丁二烯树脂固化后的强度、韧性、黏接性、耐正负温度性能都良好。

4.2.5　塑料在机械工程中的应用

塑料的选材原则、方法与过程,基本与金属材料相同,其在机械工程中的应用较广,具体如下。

(1)一般结构件:通常只要求一定的机械强度和耐热性,一般选用价格低廉、成型性好的塑料,如聚氟乙烯、聚乙烯、聚丙烯、聚乙烯、ABS 等。

(2)通用传动零件:通用传动零件要求有较高的强度、韧性、耐磨性和耐疲劳性及尺寸稳定性,一般选用尼龙、MC 尼龙、聚甲醛、聚碳酸酯、夹布酚醛、增强聚丙烯等。

(3)摩擦零件:摩擦零件要求强度一般,但要求摩擦因数小,自润滑性良好,一般选用的塑料是低压聚乙烯、尼龙 1010、聚全氟乙丙烯、聚三氟氯乙烯等。

(4)耐蚀零件:耐蚀零件主要应用在化工设备上,要根据所接触的不同介质来选择合适的塑料种类,如全塑结构的耐蚀零件。常用耐蚀塑料有聚丙烯、硬氯乙烯、填充聚四氟乙烯、聚三氟氯乙烯等。

(5)电器零件:电器零件主要利用塑料优异的绝缘性能。例如,用于工频低压下的普通电器元件的塑料有酚醛塑料氨基塑料环氧塑料等,用于高压电器的绝缘材料要求耐压强度高、介电常数小、抗电晕及优良的耐候性好。电器零件一般选用的塑料有交联聚乙烯聚碳酸酯、氟塑料和环氧塑料等。

4.3　橡胶与合成纤维

4.3.1　橡胶

1. 橡胶的组成
工业橡胶是由生胶(或纯橡胶)和配合剂组成的。
1)生胶
生胶是未经塑炼、混炼的橡胶的统称,是制造胶料最根本的原料。生胶包括天然橡胶和合成橡胶,目前主要有常用天然橡胶(烟片胶、标准胶)、常用合成橡胶(丁苯胶、顺丁胶、丁基胶)及少量特殊胶料(氯丁胶、丁腈胶)。

(1)天然橡胶是指收集橡胶树干切割口处流出的胶浆,经过去杂质、凝固、烟熏、干燥等加工程序后形成的生胶料。

(2)合成橡胶是石化工业所产生的副产品依不同需求合成的不同物性的生胶料,常用的有 SBR、NBR、EPDM、BR、ⅡR、CR、Q、FKM 等。但因合成方式的差异,同类胶料可分出数种不同的生胶,即经由配方的设定,任何类型胶料均可变化成千百种符合制品需求的生胶料。

2)配合剂

配合剂是与橡胶及其类似物配合使用的各种化学药品,主要用于改善和提高橡胶在制造过程中的工艺性能和硫化后的使用性能,降低制品成本。一般来说,要求配合剂含杂质少(尤其是对橡胶有害的金属如铜、锰等必须严格控制其含量),含水量低,粒子细,不易挥发,可以长期储存等。

虽然橡胶具有高弹性和其他一系列优良性能,但是生胶本身在性能上存在许多缺点,单纯使用生胶并不能制得适合于各种作用要求的橡胶制品。加入配合剂不仅能改善橡胶性能,还可以降低成本,得到符合实际使用要求的橡胶制品。

橡胶中使用的配合剂已有几千种,它们在橡胶中所起的作用较为复杂,不仅会决定硫化胶的物理机械性能和制品性能与寿命,还会影响胶料的工艺加工性能和半成品加工质量。同一种配合剂在不同的生胶中起的作用不同,不同配合剂在同一种生胶中起的作用也不同,同一种配合剂在同一种生胶中所起的作用也不止一个,因此根据配合剂在生胶中所起的主要作用,可以将其分成硫化剂、硫化促进剂、防老剂、防焦剂、补强填充剂、软化增塑剂和其他专用配合剂等。

(1)硫化剂是指能使橡胶分子链发生交联反应的化学药品。早期,人们是将硫黄加入生胶中,使其在热的作用下促进线状橡胶分子相互交联成体型网状结构,从而增加橡胶的强度,提高弹性和耐熔剂性能,这种工序称为硫化。硫化是橡胶加工中提高橡胶制品质量的重要环节,其中硫黄是应用最多的硫化剂。另外,有些含硫有机物、过氧化物、金属氧化物等也可作硫化剂,这些非硫化合物习惯上也称为硫化剂。

(2)硫化促进剂受热时能分解成活性分子,促使硫与橡胶分子在较低温度下很快交联,增进橡胶的硫化作用,缩短硫化时间,减少硫黄的用量,有利于改善橡胶的物理机械性能。常用的无机硫化促进剂有氧化钙、氧化镁等,有机硫化促进剂有促进剂 D(二苯胍)、促进剂 DM(二硫化二苯胼噻唑)、促进剂 TMTD(二硫化四甲基秋兰姆)等,使用较为普遍的是有机硫化促进剂,并且几种硫化促进剂混合使用效果更好。

(3)助促进剂又称为活性剂,它能增强硫化促进剂的活化作用,提高橡胶的硫化效率。常用的促进助剂有氧化锌和硬脂酸等。

(4)橡胶分子与氧、臭氧发生氧化反应,其结构发生破坏,制品的机械性能降低,使用寿命缩短,这种现象称为橡胶的老化。光和热能促进氧化作用,从而加速老化,可以在橡胶中加入能抵制、减缓橡胶制品老化的物质,称为防老剂。防老剂可以分物理防老剂和化学防老剂两类:物理防老剂有石蜡、地蜡、蜜蜡和硬脂酸等,这类物质在橡胶制品表面形成薄膜,防止氧气跟橡胶分子发生氧化作用,阻挡光线的照射;化学防老剂比橡胶更易跟氧反应,在胶料中加入化学防老剂,使进入胶体中的氧气首先跟防老剂发生反应,减少了氧跟橡胶接触,有效延缓了老化,化学防老剂按分子结构分有胺类、酮胺类、醛胺类、酚类和其他类,常见的有防老剂 A(N-苯基-α-萘胺)、防老剂 D(N-苯基-β-萘胺)等。

(5)软化剂的主要作用是使各种配合剂能均匀地分散在橡胶中,降低胶料在加工时的能量消耗和缩短加工时间。例如,使用软化剂,硫化前能增强胶料的黏性,硫化后增强附着力,有利于压延和压出成型。有些软化剂还能赋予硫化胶部分特殊功能,如邻苯二甲酸二丁酯能提高橡胶的耐寒性。常用的软化剂有机械油、凡士林、石蜡、沥青、煤焦油、硬脂酸和松香等。

(6)补强填充剂可以提高硫化橡胶的强度,增强橡胶的耐磨、耐撕裂和弹性。补强填充剂主要是炭黑,用于橡胶工业的炭黑有 52 种,是橡胶工业中的重要原料。

(7)发泡剂是制造海绵橡胶和微孔橡胶所必需的配合剂。橡胶发生硫化时,发泡剂受热分解,放出气体,使橡胶内部产生微孔。通常,制造海绵橡胶所用的发泡剂主要是碳酸氢钠,制造微孔橡胶使用的发泡剂有发泡剂 D、发泡剂 P 或发泡剂 T。

(8)着色剂。着色剂是指使橡胶制品着色的物质。无机着色剂是无机颜料,白色以钛白粉为最好,红色有氧化铁、铁红、锑红等,黄色有铬黄,蓝色有群青,绿色有氧化铬,黑色有油黑;有机着色剂是有机颜料和某些染料,大多数是有机化合物的钡盐或钙盐,如红色有立索尔大红,黄色有汉沙黄 G,绿色有酞青绿,蓝色有酞青蓝。

2. 橡胶的性能特点

橡胶的最大特点是具有高弹性,且弹性模量很低,外力作用下变形量为 $100\%\sim1000\%$,较易恢复,其还具有良好的储能、耐磨、隔音、绝缘等性能,广泛用于制造密封件、减震件、轮胎、电线等。

3. 橡胶的分类

橡胶品种很多,分类方法也不统一。合成橡胶的分类如图 4-3 所示。

(1)按材料来源可分为天然橡胶和合成橡胶。

(2)按其性能和用途可分为通用橡胶和特种橡胶。

① 凡是性能与天然橡胶相同或接

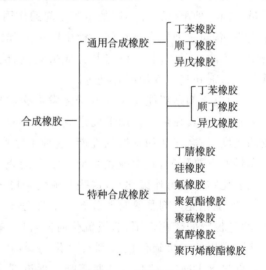

图 4-3 合成橡胶的分类

近,物理性能和加工性能较好,能广泛用于轮胎和其他一般橡胶制品的橡胶称为通用橡胶。常见的通用橡胶有天然橡胶(NR)、丁苯橡胶(SBR)、顺丁橡胶(聚丁二烯橡胶,BR)、异戊橡胶(聚异戊二烯橡胶,IR)。

② 凡是具有特殊性能,专供耐热、耐寒、耐化学腐蚀、耐油、耐溶剂、耐辐射等特殊性能橡胶制品使用的橡胶称为特种橡胶。常见的特种橡胶有丁腈橡胶(NBR)、硅橡胶、氟橡胶、聚氨酯橡胶、聚硫橡胶、聚丙烯酸酯橡胶(UR)、氯醚橡胶、氯化聚乙烯橡胶(CPE)、

氯磺化聚乙烯(CSM)、丁吡橡胶等。

实际中,通用橡胶和特种橡胶之间并无严格的界限,如乙丙橡胶兼具上述两方面的特点。

4. 常用橡胶材料

(1)天然橡胶

天然橡胶是指从天然产胶植物中制取的橡胶,其成分中 91%～94% 是橡胶烃,其余为蛋白质、脂肪酸、灰分、糖类等非橡胶物质。天然橡胶是应用最广的通用橡胶。

世界上约有 2000 种不同的植物可以生产类似天然橡胶的聚合物,人们已从其中 500 种中得到了不同种类的橡胶,但真正有实用价值的是三叶橡胶树。市售的天然橡胶主要是由三叶橡胶树的乳胶制得的。橡胶树的表面被割开时,树皮内的乳管被割断,胶乳从树上流出。从橡胶树上采集的乳胶,经过稀释后加酸凝固、洗涤,然后压片、干燥、打包,即制得市售的天然橡胶。天然橡胶根据不同的制胶方法可制成烟片、风干胶片、绉片、技术分级橡胶和浓缩橡胶等。

天然橡胶的主要特点如下:①具有较高的门尼黏度(胶料在模腔内对黏度计转子转动所产生的剪切阻力),在存放过程中增硬,低温存放时容易结晶,在 -70℃ 左右时变成脆性物质;②无一定熔点,加热到 130～140℃ 完全软化,200℃ 左右开始分解;③具有高弹性,弹性模量为 3～6MPa,弹性伸长率可达 1000%;④加工性能好,易于同填料及配合剂混合,而且可与多数合成橡胶并用;⑤为非极性橡胶,在非极性溶剂中膨胀,因此耐油、耐溶剂性差;⑥因含大量不饱和双键,化学活性高,易交联和氧化,耐老化性差。

(2)合成橡胶

合成橡胶是指由人工合成的橡胶。合成橡胶中有少数品种的性能与天然橡胶相似,大多数与天然橡胶不同,但两者的共同特点是具有高弹性,一般经过硫化和加工后才具有实用性和使用价值。

合成橡胶的分类方法很多。按成品状态可分为液体橡胶(如端羟基聚丁二烯)、固体橡胶、乳胶和粉末橡胶等,按橡胶制品形成过程可分为热塑性橡胶(如可反复加工成型的三嵌段热塑性丁苯橡胶)、硫化型橡胶(需经硫化才能制得成品,大多数合成橡胶属于此类),按生胶充填的其他非橡胶成分,又可分为充油母胶、充炭黑母胶和充木质素母胶。实际应用中,合成橡胶按使用特性分为通用橡胶和特种橡胶两大类。通用橡胶指可以部分或全部代替天然橡胶使用的橡胶,如丁苯橡胶、异戊橡胶、顺丁橡胶等,主要用于制造各种轮胎及一般工业橡胶制品;特种橡胶是指具有耐高温、耐油、耐臭氧、耐老化和高气密性等特点的橡胶,常用的有硅橡胶、各种氟橡胶、聚硫橡胶、氯醇橡胶、丁腈橡胶、聚丙烯酸酯橡胶、聚氨酯橡胶和丁基橡胶等,主要用于要求某种特性的特殊场合。

4.3.2　合成纤维

凡是能保持长径比大于 100 的均匀条状或丝状的高分子材料均称为纤维,分为天然纤维和化学纤维两大类。化学纤维的分类如图 4-4 所示。其中,人造纤维是用自然界的纤维加工制成的,如人造丝、人造棉的黏胶纤维、硝化纤维和醋酸纤维等。合成纤维是以石油、煤、天然气等为原料制成的,其品种十分繁多,且产量直线上升,差不多每年都以

20％的速度增长。合成纤维具有强度高、耐磨、保暖、不霉烂等优点,除广泛用作衣料等生活用品外,在工业、农业、国防等部门也有很多应用,如汽车、飞机的轮胎帘线,渔网,索桥,船缆,降落伞及绝缘布等。

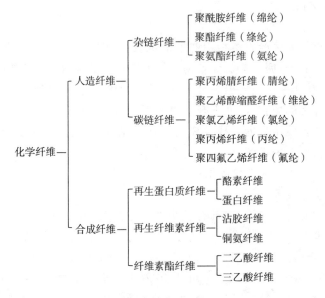

图 4-4　化学纤维的分类

合成纤维主要品种如下:①按主链结构可分为碳链合成纤维[如聚丙烯纤维(丙纶)、聚丙烯腈纤维(腈纶)、聚乙烯醇缩甲醛纤维(维尼纶)]和杂链合成纤维,[如聚酰胺纤维(锦纶)、聚对苯二甲酸乙二酯(涤纶)等];②按性能可分为耐高温纤维(如聚苯咪唑纤维)、耐高温腐蚀纤维(如聚四氟乙烯)、高强度纤维(如聚对苯二甲酰对苯二胺)、耐辐射纤维(如聚酰亚胺纤维);③阻燃纤维、高分子光导纤维等。合成纤维的生产工序包括合成聚合物制备、纺丝成型和后处理。

合成纤维五十年来在全世界得到了迅速的发展,已成为纺织工业的主要原料,广泛用于服装、装饰和产业三大领域,其部分使用性能已经超过天然纤维。

1. 生产合成纤维的原料

生产合成纤维的基本原料源于石油。炼油厂重整装置和烃类裂解制乙烯时产生副产品(苯、二甲苯、丙烯),经过加工后,可以制成合成纤维所需原料(通称为单体)。另外,一些特种合成纤维不使用石化产品作原料,因其产量少,不在日常生活中使用。

2. 合成纤维的生产方法

合成纤维的生产首先是将单体经聚合反应制成成纤高聚物,其聚合反应原理、生产过程及设备与合成树脂、合成橡胶的生产类同,不同的是合成纤维要经过纺丝及后加工方可成为合格的纺织纤维。

生产高聚物纺丝主要有熔融纺丝和溶液纺丝两种方法,使用哪种方法主要取决于高聚物的性能。①熔融纺丝是将高聚物加热熔融成熔体,然后由喷丝头喷出熔体细流,再冷凝而成纤维的方法。熔融纺丝速度高,高速纺丝时每分钟可达几千米。这种方法适用于能熔化、易流动且不易分解的高聚物,如涤纶、丙纶、锦纶等。②溶液纺丝又分为湿法纺丝和干法纺丝两种。湿法纺丝是将高聚物在溶剂中配成纺丝溶液,经喷丝头喷出细流,在液态凝固介质中凝固形成纤维。干法纺丝中,凝固介质为气相介质,经喷丝形成的细流受热蒸发,使高聚物凝结成纤维。溶液纺丝速度低,一般每分钟几十米,适用于不耐热、不易熔化但能溶于专门配制的溶剂中的高聚物,如腈纶、维纶。熔融纺丝和溶液纺丝得到的初生纤维,强度低,硬脆,结构性能不稳定,不能直接使用。只有通过一系列的后加工处理,才能使纤维符合纺织加工的要求。不同的合成纤维,其后加工方法也不同。

按纺织工业要求,合成纤维有短纤维和长丝两种型式。短纤维是几厘米至十几厘米的短纤维。长丝是长度在千米以上的丝(一般长丝卷绕成团)。短纤维后处理过程主要是初生纤维→集束→拉伸→热定型→卷曲→切断→打包→成品短纤维,长丝后处理过程主要是初生纤维→拉伸→加捻→复捻→水洗干燥→热定型→络丝→分级→包装→成品长丝。可以看出,初生纤维的后处理过程主要包括拉伸、热定型、卷曲和假捻:拉伸可改变初生纤维的内部结构,提高断裂强度和耐磨性,减少产品的伸长率;热定型可调节纺丝过程带来的高聚物内部分子间作用力,提高纤维的稳定性,以及物理性能、机械性能、染色性能;卷曲是改善合成纤维的加工性(羊毛和棉花纤维都是卷曲的),改进合成纤维表面光滑平直的不足;假捻是改进纺织品的风格,使其膨松并增加弹性。

4.4　合成胶黏剂和涂料

4.4.1　合成胶黏剂

合成胶黏剂的分类如图 4-5 所示。

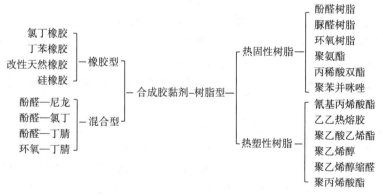

图 4-5　合成胶黏剂的分类

1. 胶接的特点

用胶黏剂把物品连接在一起的方法称为胶黏,也称为胶接。与其他连接方法相比,胶黏有以下优点:整个胶接面都能承受载荷,因此强度较高且应力分布均匀,可以避免应力集中,耐疲劳强度好;可胶接不同种类的材料,并且可用于薄壁零件、脆性材料及微型零件的胶接;胶接结构质量轻,表面光滑美观;具有密封作用,而且胶黏剂的电绝缘性能好,可以防止金属发生电化学腐蚀;胶接工艺简单,操作方便。

胶接的主要缺点是不耐高温,胶接处质量检查困难,胶黏剂易老化。另外,操作技术对胶接性能影响较大。

2. 胶黏剂的成分

合成胶是以具有黏性的有机高分子为主料,加入添加剂组合而成的,是一类复杂的混合物。

1)主料

主料也称基料或黏料,是胶黏剂的基本成分和骨架,通常由一种或者几种高分子化合物混合而成,常用的是环氧树脂、酚醛树脂、聚氨酯树脂、丁腈橡胶、丁苯橡胶和有机硅橡胶等。主料应具备良好的黏结性、韧性、耐热、耐老化和防腐蚀等。含有—OH、—COOH、—CN、—CH—CH$_2$等极性基团的化合物有较强的黏结性,热固性树脂分子主链上带有的极性基团具有良好的黏结性,均适合作为结构胶主料。热塑性树脂和橡胶由于耐溶剂性差和易变形,不能单独作为结构胶主料。

2)添加剂

添加剂是为了改善胶黏剂性能,扩大适用范围而加入的成分,包括固化剂、增韧剂、填料、偶联剂等。

(1)固化剂也称硬化剂,是胶接过程中使主料中线型结构变为体型结构的物质。固化剂是热固性树脂胶黏剂中必不可少的组分。

(2)增韧剂能增强胶接接头韧性、降低脆性,常用增韧剂有磷酸三甲苯酯[(CH$_3$C$_6$H$_4$)$_3$PO$_4$]、邻苯二甲酸二丁酯[C$_6$H$_4$(COOC$_4$H$_6$)$_2$]、热塑性树脂(如聚酰胺)、合成橡胶等。

(3)填料主要提高胶接强度、硬度、耐热性,赋予胶黏剂新的或特殊的性能,如用石棉纤维作填料,可提高耐热性;用石英粉作填料,可提高表面硬度;用铝粉、铁粉作填料,可提高导热、导电性;用二硫化钼或石墨作填料,可提高耐磨性等。

(4)偶联剂是改善填料与主料界面性能的一种添加剂,也称表面改性剂,可改善填料在主料中的分散性,避免填料的团聚,充分发挥填料的作用。

除上述添加剂外,还有防老剂、抗蚀剂、着色剂等,可根据用途选用胶黏剂。

3. 常用胶黏剂

1)环氧胶黏剂

分子结构中含有两个环氧基—CH—CH—的树脂统称为环氧树脂,以环氧树脂为主料的胶黏剂称为环氧胶黏剂(简称环氧胶)。其中,用得最多的环氧树脂是双酚 A 型环氧树脂,是由二酚基丙烷(简称双酚 A)和环氧氯丙烷缩聚而成的。环氧基(—CH—CH$_2$)的摩尔质量为 43g/mol,环氧树脂的型号是根据该树脂平均环氧值乘以 100 而定的,如 E-55 树脂,即每 100g 树脂中平均环氧值为 0.55mol。

环氧树脂固化后性脆,需添加增韧剂提高胶接接头的抗击能力,同时根据不同的使用要求选用适当的填料。

环氧胶对金属、非金属等材料具有优良的黏结性能,在结构胶中占突出地位。几种重要的经过改性的环氧胶由于高强度、耐高温等特性在宇航工业中显示出独特的优越性,在汽车、拖拉机制造和修复,电机、电子装配、土木建筑乃至文物古迹的修复和维护等方面都有重要用途,常用的环氧胶具体如下。

(1)环氧通用胶,使用方便,商品一般为双组分包装,现用现配,室温下即可固化。使用温度为−60~60℃,用于胶接金属和大部分非金属材料,但是其韧性、耐热性较差,强度低,不易用作结构胶。

(2)环氧-酚醛胶,是用耐热性好的酚醛树脂在高温下(150~200℃)反应制得的胶,是具有较高耐热性的结构胶,在180℃以下长期稳定,可用于胶接磁钢、不锈钢。

(3)环氧-尼龙胶,是利用尼龙分子中酰胺基上的活性氢原子和环氧树脂中环氧基反应制得的高强度结构胶,这类胶既有环氧树脂黏结力强的优点,又有尼龙分子的柔顺性、韧性好的优点,使用温度为−60~120℃,用于胶接铝、黄铜、碳钢、不锈钢等。

(4)环氧-聚砜胶,具有很高的胶接强度和极好的韧性,使用温度为−60~120℃,用于胶接各种金属构件,以及各种磨床、钻床、铣床、刨床、车床等刀具和其他工具。

2)改性酚醛树脂胶黏剂

(1)酚醛-丁腈胶黏剂是以丁腈橡胶(丁腈橡胶含有—CN极性基团,胶接强度高、韧性好、抗剥离性能强)、改性酚醛树脂为主料制成的复合胶,固化后兼有丁腈橡胶和酚醛树脂的优点,其使温度为−60~180℃(有些品种使用温度为250~300℃),具有耐震性、耐冲击性、耐油性、耐溶剂性等,是航空及其他工业广泛使用的主要金属结构胶之一。

(2)酚醛-缩醛-有机硅胶黏剂,使用温度为−60~300℃,在温度范围内具有良好的胶接强度,如在200℃下可以使用200h,在300℃下可以使用几小时,用于胶接各种牌号的钢及铝制结构、金属和非金属蜂窝结构、耐热泡沫塑料和钢或铝件。

3)聚氨酯胶黏剂

以聚氨酯为主料的胶黏剂称为聚氨酯胶粘剂,因为其大分子中含有强极性异氰酸酯基团—N＝C＝O,有较强的黏结能力。这类胶具有优良的超低温性能,可用于−196℃低温的胶接,通常作为非结构胶,用于胶接铝、铸铁、不锈钢、木材、皮革等。

4)丙烯酸酯胶黏剂

丙烯酸酯类胶黏剂的品种很多,包括α-氰基丙烯酸酯胶、丙烯酸双酯胶-厌氧胶、丙烯酸双酯结构胶-第二代丙烯酸酯胶等。其中,α-氰基丙烯酸酯$[CH_2＝C(CN)COOR]$

分子中有氰基(—CN)和羰基$\left(\begin{smallmatrix}\diagdown\\\diagup\end{smallmatrix}A＝O\right)$,在水分作用下极易固化,室温下暴露于空气中,

几分钟甚至几秒即可固化,故又称为"瞬干胶"。丙烯酸酯类胶黏剂广泛用于仪表、电子、光学、机械制造,也可加入适量银粉制成导电胶,用于胶接液晶、半导体零件等。

4.4.2　涂料

涂料(俗称油漆)是指可以采用不同的施工工艺涂覆在物体表面,形成黏附牢固,具有一定强度、连续的固态薄膜的材料。涂料的分类如图4-6所示。

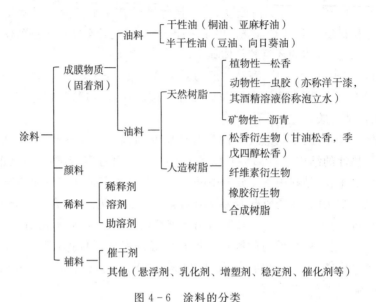

图 4 - 6　涂料的分类

1. 涂料的作用

涂料主要起到保护作用、装饰作用和特殊功能作用。一般来说,涂料的保护作用较为重要,目前大多数工业产品离不开涂料的保护。①涂料的保护作用是能阻止或延迟空气中的氧气、水气、紫外线及有害物对建筑物的破坏,延长建筑物的使用寿命。在起到保护作用的同时,现代工业涂料具有良好的装饰作用,使被涂面产生丰富多彩的装饰效果,美化人们的生活。②涂料的装饰作用是既可以遮盖建筑物表面的各种缺陷,又能与周围环境协调配合。随着现代工业的发展,人们对涂料的要求越来越高,因此发展了绝缘涂料、导电涂料、示温涂料、可剥涂料等具有特殊作用的涂料品种。涂料还有其他特殊作用,如防火、防水、防辐射、隔音、隔热等。

另外,涂料还可以起到标志作用,如各种化学品、危险品、交通安全等,目前国内外应用涂料作标志正逐步标准化。

2. 涂料的组成

涂料由基料(也称成膜物质、胶黏剂)、颜料、溶剂(或水)及各种配套助剂组成。

1)基料

基料是组成涂料的基础,是涂料牢固地黏附在物体表面形成涂膜的主要物质。基料可分为三类:一类是油脂,包括各种干性油(如桐油、亚麻油)和半干性油(如豆油、向日葵油),主要是由于其分子中含有共轭双键,经空气氧化而形成固体薄膜;另外两类分别为天然树脂(如生漆、虫胶、松香脂漆)和合成树脂(如酚醛树脂、醇酸树脂、环氧树脂、聚乙烯醇、过氧乙烯树脂、丙烯酸树脂等)。其中,除了生漆的主要成分是漆酚外,其他树脂因是高分子化合物,涂布后进一步发生交联、聚合反应形成固体薄膜,是目前使用最多的基料。一般来说,用油脂和天然树脂混合用作基料的涂料称为油基涂料或油基漆,用合成树脂作为基料的涂料称为树脂涂料或树脂漆。

2)颜料

颜料是组成涂料的一种主要成分,因为用油或树脂制成的涂料在物体表面上生成的涂膜是透明的,并不能遮盖物体表面的缺陷,也不能使物体表面有鲜艳的色彩,也不能阻止因紫外线直射对物体表面产生的破坏作用,而颜料的加入可以克服上述缺点,使涂料成为不透明、绚丽多彩又有保护作用的涂膜。此外,颜料的加入可增加涂膜的厚度,提高机械强度、耐磨性、附着力和耐腐蚀性能。根据功能,涂料中的颜料可分为着色颜料、防锈颜料和体质颜料。

(1)着色颜料:主要起显色作用,可分为白、黄、红、蓝、黑五种基本色,并且可以通过这五种基本色调配出各种颜色,通常使用的着色颜料具体如下。

① 白色,主要包括钛白(TiO_2)、锌白(ZnO)、锌钡白($ZnS-BaSO_4$)、锑白(Sb_2O_3)等。

② 黑色,炭黑、松烟怠、石墨、铁黑、苯胺黑、硫化苯胺黑等。

③ 黄色,铬黄($PbCrO_4$)、铅铬黄($PbCrO_4+PbSO_4$)、镉黄(CdS)、锶黄($SrCrO_4$)、耐光黄等。

④ 蓝色,铁蓝、华蓝、普鲁士蓝、群青、酞青蓝、孔雀蓝等。

⑤ 红色,朱砂(HgO)、银朱(HgS)、铁红、猩红、大红粉、对位红等。

⑥ 金色,金粉、铜粉等。

⑦ 银白色,银粉、铅粉、铝粉等。

(2)防锈颜料:根据其防锈作用机理可以分为物理防锈颜料和化学防锈颜料。物理防锈颜料的化学性质较稳定,其借助细微颗粒的充填,提高涂膜的致密度,从而降低涂膜的可渗透性,阻止阳光和水的透入,起到防锈作用。这类颜料有氧化铁红、云母氧化铁、石墨、氧化锌、铝粉等;化学防锈颜料是借助电化学的作用,或是形成阻蚀性络合物,以达到防锈的目的,这类颜料有红丹、锌铬黄、偏硼酸钡、铬酸锶、铬酸钙、磷酸锌、锌粉和铅粉等。

(3)体质颜料:又称填料,是指基本上没有遮盖力和着色力的白色或无色粉末。因其折射率与基料接近,故在涂膜内难以阻止光线透过,也不能添加色彩。但是它们能增加涂膜的厚度和体质,提高涂料的物理化学性能。常用作体质颜料的是碱土金属盐和硅酸盐等,如重晶石粉(天然硫酸钡)、石膏(硫酸钙)、碳酸钙、碳酸镁、石粉(天然石灰石粉)、瓷土粉(高岭土)和石英粉(二氧化硅)等。

3)溶剂

在涂料中,使用溶剂是为了降低基料的黏稠度,便于施工,得到均匀而连续的涂膜,溶剂最后并不留在干结的涂膜中,而是全部挥发掉,因此又称挥发组分。

溶剂在涂料成膜的过程中有重要作用,因此要求溶剂对所有成膜物质组分有很好的溶解性,具有较强的可降低黏度的能力。同时,溶剂的挥发速度也是一个重要因素,它要适应涂膜的形成速度,其挥发速度的快慢均会影响涂膜的性能。溶剂的品种很多,常用的有松节油、汽油、苯、甲苯、二甲苯、酮类、酯类和醇醚类等。

涂料中的溶剂最终要全部挥发到空气中,而上述有机溶剂大多为易燃易爆物,并且具有一定的毒性。因此,在选用溶剂时要考虑安全性、经济性和低污染性。目前,一些少溶剂和无溶剂的涂料新品种,如水乳胶涂料和粉末涂料越来越受到使用者的欢迎。

4)助剂

在涂料的组分中,除基料、颜料和溶剂外,还有一些用量虽小但对涂料性能起重要作用的辅助材料,统称助剂。助剂的用量在总配方中仅占百分之几,甚至千分之几,但是它们对改善性能、延长储存期限、扩大应用范围和便于施工等起到很大作用。助剂通常按其功效来命名和区分,主要有以下品种。

(1)催干剂:加速油基漆氧化,聚合而干燥成膜。

(2)润湿剂:降低物质间的界面张力,使固体表面易于被液体所润湿。

(3)分散剂:吸附在颜料表面上形成吸附层,降低微粒间的聚集,防止颜料絮凝。

(4)增塑剂:增加涂膜的柔韧性、弹性和附着力。

(5)防沉淀剂:防止涂料在储存过程中出现颜料沉底结块现象。

此外,助剂还有乳化剂、防结皮剂、防霉剂、增稠剂、消光剂、抗静电剂、紫外线吸收剂、消泡剂和流平剂等。各种涂料所需要的助剂种类是不一样的,每种助剂都有其独特的功能和作用,因此应正确选择添加助剂,以达到最佳效果。

3. 常用涂料

常用涂料具体如下。

(1)酚醛树脂涂料的应用最早,有清漆、绝缘漆、耐酸漆和地板漆等。

(2)胺基树脂涂料的涂膜光亮、坚硬,广泛用于电风扇、缝纫机、化工仪表、医疗器械、玩具等各种金属制品的表面涂饰。

(3)醇酸树脂涂料的涂膜光亮、保光性强、耐久性好,广泛用于金属、木材的表面涂饰。

(4)环氧树脂涂料的附着力强、耐腐蚀性好,适用于作金属底漆,其也是良好的绝缘涂料。

(5)聚氨酯涂料的综合性能好,特别是耐磨性和耐腐蚀性好,适用于列车、地板、舰船、甲板、纺织用的纱管及飞机外壳等的表面涂饰。

(6)有机硅涂料的耐高温性能好,也耐大气、耐老化,适用于高温环境中。

第5章 陶瓷材料

陶瓷是人类生活和生产中不可缺少的一种悠久材料。陶瓷产品广泛应用于国民经济生活的各个领域中,它的生产发展经历了从简单到复杂、从粗糙到精细、由无釉到施釉、从低温到高温的过程。随着生产力的发展和科学技术水平的提高,各个历史阶段赋予陶瓷的含义及范围也不断发生变化。

5.1 陶瓷概述

5.1.1 陶瓷的分类

一般来说,陶瓷材料分为传统陶瓷和先进陶瓷两大类。

1. 传统陶瓷的种类及使用性能

传统陶瓷一般是以黏土为主要原料、以石英为非可塑性原料、以长石为助熔剂所烧制成的三组分制品,是多晶、多相的聚集体,其组分主要为硅酸盐。传统陶瓷根据不同分类标准,可以分成不同类型,具体如下。

1)按所用原料、烧成温度及制品性质分类

(1)陶器:坯体烧结差,粗糙而无光泽,强度较低,吸水率大。色泽有灰、红、黑、白与彩色,制造工艺有粗、精之分,多用于建筑、园艺中。

(2)瓷器:烧结程度较高,坯体坚硬致密,断面细腻而有光泽,施釉或无釉。基本不吸水。常用有日用瓷、工艺美术瓷、建筑卫生瓷、工业用瓷等。

(3)炻器:又称缸器,介于陶器和瓷器之间,用含伊利石较多的黏土制成,易于致密烧结,无釉也不透水,多用作化工陶瓷、建筑陶瓷。

2)按用途不同分类

(1)日用陶瓷:生活用陶瓷器皿(图5-1)。

(2)建筑陶瓷:建筑装饰用,既可分为面砖、锦砖、陶管、琉璃(即带色陶器)等,又可分有釉、无釉。

图5-1 日用陶瓷

（3）卫生陶瓷：卫生设施用带釉陶瓷制品，属瓷质或半瓷质。

（4）化工陶瓷：用作化工设备的材料。

（5）电工陶瓷或电瓷：电力系统中电气绝缘用，可分为瓷绝缘子和电器用瓷套两大类。

（6）纺织陶瓷：用作各类导丝器，耐磨性好，工作面光滑。

7）多孔陶瓷：含有大量闭口气孔和贯通性开口气孔。前者用作绝热和隔音材料，后者则用作过滤陶瓷。孔径为 $0.5\sim200\mu m$，具有一定的机械强度、耐化学性和耐热急变性等，多用作化工催化剂载体、沸腾床气流分布板等。

（8）化学瓷：多用作化学工业、制药工业、化学试验室等陶瓷器皿，属硬质瓷类型。

2. 先进陶瓷的种类和使用性能

1）高温陶瓷

高温陶瓷熔融温度为 1728℃（SiO_2 熔点），耐高温，有优良的高温机械性能、电性能、热性能和化学稳定性，可以分为下列两类。

（1）金属氧化物陶瓷：由一种或两种以上的氧化物，如 Al、Mg、Zn、Ba、Be、Ca、Ce 等金属的氧化物，以及尖晶石、橄榄石和锆英石等制成，用作结构材料、功能材料和高级耐火材料。除 BeO 制成的材料外，其他金属氧化物陶瓷的导热性均较低。

（2）难熔化合物陶瓷：元素周期表 4、5 和 6 族的副族元素（Ti、Zr、Hf、V、Nb、Ta、Cr、Mo、W）和 Ⅱ、Ⅲ 周期的非金属元素（B、C、N、Si、P、S）所形成的化合物。其抗氧化性差，在还原气氛下性能优良。

2）陶瓷复合材料

陶瓷复合材料是指陶瓷与陶瓷、陶瓷与其他材料所组成的非均质的复合材料，其兼有两种材料的优点，改善了单一材料的性能，起到增强作用，一般可以分为三类。

（1）陶瓷与金属复合的陶瓷复合材料。

① 陶瓷纤维与金属复合的陶瓷复合材料：陶瓷纤维可分为特种无机纤维和陶瓷晶须两类。特种无机纤维具有较高的强度和弹性模量，具体包括碳纤维、硼纤维、Al_2O_3 纤维、ZrO_2 纤维、SiC 纤维和 BN 纤维等。陶瓷晶须又称陶瓷晶体纤维，是很细的单晶体，直径仅几个微米，长为直径的数百倍，因缺陷少，故兼有高强度、高模量、低密度和耐热性等特点，应用有 Al_2O_3、SiC、B_4C、Si_3N_4 等晶须。

② 金属陶瓷：金属陶瓷又称陶瓷金属，由陶瓷相和黏结金属相所组成，相间无化学反应。陶瓷相系指难熔化合物，金属相系指某些过渡族金属及其合金。综合了解金属的韧性、高导热性和优异的抗热震性以及陶瓷的较佳的高温性能（超过金属所能承受的高温）。可做如下分类：以陶瓷为主（氧化物基、碳化物基、硼化物基、氮化物基），以金属为主（烧结铝 $Al-Al_2O_3$、烧结铍 $Be-BeO$、TD镍 $Ni-ThO_2$）。

③ 复合粉：复合粉也称包覆粉，由两相或多相组成的非均质粉末，在核心颗粒表面均匀包裹一种或多种金属、合金或其他材料。颗粒核心有金属、类金属、合金、碳化物、氧化物、氮化物、硼化物、硅化物、玻璃、塑料、天然矿物等。外层金属有 Ni、Co、Cu、Ag、Mo、NiCr 或 NiCrAl 合金等，用作多孔过滤膜、弥散净化材料等。

（2）陶瓷与陶瓷复合的陶瓷复合材料。

① 特种无机纤维增强陶瓷：基体有 Al_2O_3、MgO、ZrO_2、SiO_2 和 Si_3N_4 等，纤维增强体有 W、Mo、B、C、BN、SiC 等，有效提高抗热震性和抗机械冲击性，成为使用温度远超于现有金属的高温结构材料。

② 陶瓷晶须增强陶瓷：上述基体由陶瓷晶须进行增强。

（3）陶瓷与塑料复合的陶瓷复合材料。

B、C 等高强度高模量纤维增强塑料，其比强度、比刚度远超诸金属材料。用聚酰亚胺、聚酯等代替树脂，使用温度可达 350℃。

3）光学陶瓷

光学陶瓷是指用陶瓷制备工艺得到的具有一定透光性的多晶材料，其具有电光效应，并且有磁光效应、耐高温、耐腐蚀、耐冲刷、高强度等优异性能，广泛应用于计算机、红外、激光、空间、原子能以及新型光源等技术工业。光学陶瓷的分类如下。

（1）透明铁电陶瓷：也可归属于铁电陶瓷。

（2）透明陶瓷：能透过可见光的陶瓷，其含有杂质、气孔和大量晶界，为光学非均质体，散射和反射较为严重，主要有 Al_2O_3、MgO、Y_2O_3、CaF_2、BeO、Gd_2O_3、CaO、ThO_2、PLZT（锆钛酸镧）、PBZT（锆钛酸铅铋）陶瓷等。

（3）透明氧化物陶瓷：具有一定透光性的多晶体材料，有 Al_2O_3、MgO、Y_2O_3、CaO、BeO、ZrO_2、ThO_2、Gd_2O_3、TfO_2、$LiAl_5O_3$ 陶瓷等。其具有耐高温、高强度、耐腐蚀、耐冲击等优异性能。

（4）透红外陶瓷：有 MgF_2、ZnS、CaF_2、MgO、Al_2O_3、$GaAs$、SrF_2、BaF_2、$ZnSe$ 陶瓷等。

（5）红外辐射陶瓷：在陶瓷基体中加入黑色添加物（如 Fe、Mn、Co、Ni 的氧化物）或选用由红外区全辐射率或单色辐射率较高的金属氧化物、碳化物、氮化物所制成的陶瓷。

4）电子陶瓷

电子陶瓷是指在电子技术中用作元件和器件的陶瓷材料，也称为无线电陶瓷，其可以划分为以下类型。

（1）装置瓷：电子设备中作为安装、固定、保护其电子元件，作为载流导体的绝缘支撑及各种电路基片用的陶瓷材料。典型的有滑石瓷、氧化铝瓷、刚玉-莫来石瓷、镁橄榄石瓷和氮化硅瓷等。装置瓷的特点是绝缘电阻高、介电常数小、介质损耗小、机械强度高、导热性好、热膨胀小、化学稳定性和热稳定性好等。在高频和微波领域内，装置瓷用于各种真空电子管系统的装置瓷，因此也称为电真空陶瓷。

（2）电介质陶瓷：广义指用于电容器介质和其他介质器件的陶瓷材料，狭义指前者材料。电介质陶瓷，与有机介质比，具有机械强度高、不易老化、耐高压与高温、介电常数及其温度系数可调性好、高频损耗率低等特点；与玻璃、云母比，有更好的化学稳定性、热稳定性和电性能。其厚度仅为微米级或亚微米级的陶瓷薄膜可用于集成电路，如有高介性的 $BaTiO_3$、$PbTiO_3$ 薄膜。

（3）电容器陶瓷：多用作电容器介质，主要有金红石瓷、钛酸钙瓷、钛酸镁瓷、钛酸锆瓷，以及锡酸盐、锆酸盐、铌酸盐和钨酸盐等陶瓷。按温度特性可划分为温度补偿陶瓷、温度稳定性陶瓷和温度非线性陶瓷，按主晶相的铁电性可划分为铁电性陶瓷和非铁电性陶瓷,按介电常数可划分为低介陶瓷和高介陶瓷。

(4)铁电陶瓷:具有铁电现象,其主晶相多属于钙钛矿型,其余多属于钨青铜型、含铋层状化合物及烧绿石型等。按铁电陶瓷的性能及其用途可以分为高介电常数(大容量Ⅱ型瓷介电容器)、电光性(存储显示用电光器件)、热释电性(红外探测器件)、压电性(压电器件)介电常数随外电场呈非线性变化性(介质放大器、移相器)陶瓷。

(5)压电陶瓷:系经极化处理而具有压电效应的铁电陶瓷,常用的有钛酸钡系、钛酸铅系、锆钛酸铅系和铌酸盐系压电陶瓷,广泛应用于滤波、鉴频、电声换能、水声换能、超声换能、引燃引爆、高压发生声表面波、电光、红外探测及压电陀螺等。

(6)半导体陶瓷:具有半导体性能,包括钛酸钡瓷、钛酸锶瓷、氧化锌瓷、硫化镉瓷、氧化钨-氧化镉-氧化铅瓷、氧化钛-氧化铅-氧化镧瓷等,用作热敏电阻、光敏电阻、热电元件及太阳能电池等。

(7)导电陶瓷:在一定温度、压力下具有电子(或空穴)电导或离子电导的陶瓷材料,用作燃料电池、高温发热体和钠硫电池等,可分为电子(含空穴)电导的氧化物或碳化物(如 SiC)半导体和离子电导陶瓷,即固体电解质陶瓷(如氧化锆、铬酸镧等)。

5)磁性陶瓷

磁性陶瓷即铁氧体,又称磁性瓷或黑瓷,是以氧化铁和其他铁族或稀土族氧化物为主要组成成分的复合氧化物,一般具有亚铁磁性,为非金属磁性材料。磁性陶瓷与磁性金属的区别在于导电性,其属于半导体甚至绝缘体。磁性陶瓷可以按晶格类型来分(尖晶石型、磁铅石型、石榴石型),也可以按物性与用途划分(永磁、软磁、矩磁、旋磁和压磁)。由于铁氧体的电阻率较高,磁性陶瓷在高频、微波领域应用更为重要,尤其是在雷达、通信、航天、自动控制、天文、计算等许多尖端技术领域。

5.1.2 陶瓷的制造工艺

1. 坯料制备

根据成型方法和坯料含水率的不同,陶瓷坯料通常分为可塑料、注浆料和压制粉料。

(1)可塑料:用于可塑成型的坯料,其水分含量为 18%~25%,目前各类高、低压电瓷及日用陶瓷产品均由可塑法成型。

(2)注浆料:坯料水分含量为 28%~35%。艺术瓷、卫生瓷等形状复杂的产品都使用注浆料。

(3)压制粉料:坯料中含水量为 8%~15%时称为半干压料,属于湿润粉料,在一定的机械压力下即可得到制品的坯胎;含水量为 3%~7%时称为干压料。压制粉料主要用于生产建筑特种陶瓷的产品。

坯料的制备流程关系到坯料的质量、设备的选择、生产效率、产品成本和投资大小等技术经济指标。选择制备方案时,通常应考虑以下两个方面。

(1)进厂原料特征(块度、硬度等):原料特征直接影响原料的处理方法和设备的选择。例如,块状硬质料须经初碎和中碎工序,如粉碎的石英和长石在配料后可直接入球磨细磨和混合;硬质黏土须经球磨工序,如水化良好的软质黏土可先化浆,然后再与球磨出来料浆进行配料混合。

（2）选用高效能的机械设备：不仅可以缩短工艺流程，还可以用最简便的技术、最低的损耗、最高的劳动生产率生产出稳定的且满足性能要求的产品。在可能条件下，可以使生产过程连续化和自动化，从而提高劳动生产率，保证产品的稳定性。

坯料的制备一般工艺流程如下：原料粉碎→泥浆的除铁、过筛和搅拌→泥浆的脱水→陈腐和练泥。

2. 成型

成型是指将陶瓷粉料加入塑化剂等制成坯料，并进一步加工成特定形状坯体的过程，是实现产品结构、形状和性能设计的关键步骤之一。

根据陶瓷产品的外形繁简、尺寸大小、性能要求及陶瓷原料的化学成分、物理性质，以及生产批量大小、经济价值等，可以采用多种不同的成型方式。按其形成坯料的性质不同，成型方式可划分为如下形式。

（1）干法成型

干法成型是指在陶瓷粉末中加入少许甚至不加塑化剂，使坯料处在具有一定流动性质的干粉态进行成型的方法。在坯料压实及排塑过程中，需要填充的空隙或排出的气体相对较少，仍可获得高密度的成型坯体。这类成型方式主要包括干压成型和等静压成型。

（2）塑法成型

塑法成型是一种最古老的陶瓷成型方法，特点是在坯料中需加入适量的塑化剂，待其混合均匀后，使其具有充分可塑性。这种可塑性既可为形成特定形状坯体提供可能，也可能导致坯体致密度下降，因为为达到可塑态，在陶瓷粉末中必须加入适量黏结剂、增塑剂、溶剂等，但是这些有机挥发物会在脱脂过程中留下大量气孔或收缩变形，从而影响材料性能。

（3）流法成型

流法成型是使坯料形成流动态的浆料，利用其流动性质来形成特定形状的成型方法，包括普通注浆及压力注浆成型、流延法成型、热压铸成型、压滤成型、印刷成型及胶态法成型等。由坯料的流动性可知，流法成型过程中有机高分子成分的含量明显高于以上两种成型方法。虽然坯体的排胶脱脂工序较为漫长复杂，对材料的致密度、结构及性能的影响更严重，但流动性使复杂开关产品的生产成为可能。

2. 烧结

烧结是一种或多种固体粉末经过成型后，加热使粉末产生颗粒黏结，再经过物质迁移使粉末产生新颗粒，坯体收缩，在低于熔点温度下变成致密、坚硬烧结体的过程。

烧结是粉末冶金、陶瓷、耐火材料、超高温材料等材料制备过程中的一个重要工序，在此过程中生成的烧结体是一种多晶材料，其显微结构由晶体、玻璃体、晶界和气孔等组成。

常见的烧结方法主要有以下几种。

（1）常压烧结

常压烧结是指在正常压力下，使具有一定形状的疏松陶瓷坯体经过一系列物理化学过程而变得致密、坚硬、体积稳定，具有一定性能烧结体的烧结方法，又称无压烧结，其物理化学过程主要包括黏滞流动、塑性流动、扩散、蒸发、凝聚、新相形成、溶解和沉淀、固体产生等。由于这一过程的进行,烧结体系总表面能下降,宏观上表现为坯体收缩、强度增加;微观上表现为气孔数量减少,气孔形状、大小改变,晶粒尺寸及形状变化,晶粒长大,晶界减少,结构致密化。常压烧结是陶瓷材料烧结工艺中最简便、最常用的一种烧结工艺。

(2)气氛压力烧结

气氛压力烧结是一种主要用于制备高性能氮化硅陶瓷的烧结方法,利用高氮气压力抑制氮化硅的分解,使其在较高温度下高致密化,从而使陶瓷获得高性能,因此又称为高氮气压烧结。

(3)热等静压烧结

热等静压烧结是指材料在加热过程中经受各向均衡气体压力,在高温高压同时作用下使材料致密化的烧结方法。

(4)微波烧结

微波烧结是指利用陶瓷素坯吸收微波能,将材料内部整体加热至烧结温度,从而实现致密化的烧结方法。微波加热的本质是微波电磁场与材料的相互作用。

(5)等离子体烧结

等离子体烧结是利用等离子体所特有的高温、高焓使素坯快速烧结成陶瓷的烧结方法。等离子体烧结陶瓷主要应用于工业生产中。

(6)自蔓延高温合成烧结

陶瓷材料粉末的合成大多是放热反应,不能在常温下进行,因为反应需要极大的活化能。自蔓延高温合成烧结是通过提供必要的能量诱发放热化学反应体系,发生局部化学反应,此化学反应在自身放出能量的支持下以燃烧波的形式蔓延至整个反应体系,同时反应物转化为所需材料的烧结方法。

5.2　常用工程结构陶瓷材料

5.2.1　普通陶瓷

普通陶瓷即传统陶瓷,这一类陶瓷制品是人们生活和生产中最常见和使用的陶瓷制品,根据其使用领域的不同,可分为日用陶瓷(包括艺术陈列陶瓷)、建筑卫生陶瓷、化工陶瓷、化学瓷、电瓷及其他工业用陶瓷。普通陶瓷制品所用的原料基本相同,生产工艺技术相近,即可以根据典型的传统陶瓷生产工艺按需要制成不同使用要求的制品。其中,日用陶瓷是品种繁多的陶瓷制品中最古老常用的普通陶瓷,具有最广泛的实用性和欣赏性,是陶瓷科学技术和工艺美术有机结合的产物。

5.2.2　特种陶瓷

特种陶瓷又称精细陶瓷,按其应用功能可分为高强度、耐高温的复合结构陶瓷及电工电子功能陶瓷两大类。在陶瓷坯料中加入特别配方的无机材料,经过 1360℃ 左右高温烧结成型,成为一种新型特种陶瓷,通常具有一种或多种功能,如电、磁、光、热、声、化学、生物,以及压电、热电、电光、声光、磁光等耦合功能。

特种陶瓷于 20 世纪开始发展,在现代化生产和科学技术的推动下,发展迅速,种类繁多,尤其在近二三十年,新品种层出不穷。

常见的特种陶瓷按照化学组成划分为如下几类:①氧化物陶瓷,包括 Al_2O_3、ZrO_2、MgO、CaO、BeO、ZnO、Y_2O_3、TiO_2、ThO_2、UO_2 等;②氮化物陶瓷,包括 Si_3N_4、BN、ACN、UN 等;③碳化物陶瓷,包括 SiC、B_4C、UC 等;④硼化物陶瓷,包括 ZrB_2、LaB_6 等;⑤硅化物陶瓷,包括 $MoSi_2$ 等;⑥氟化物陶瓷,包括 MgF_2、CaF_2、LaF_3 等。此外,特种陶瓷还包括硫化物陶瓷、砷化物陶瓷、硒化物陶瓷和碲化物陶瓷等。

1. 氧化物陶瓷

1)Al_2O_3 陶瓷

Al_2O_3 是高熔点氧化物中研究较为成熟的一种,在地壳中储藏量丰富,约占地壳总质量的 25%,价格低廉,性能优良。

(1)晶体类型

Al_2O_3 有许多同质异晶体,其变体超过 10 种,但主要为 $\alpha\text{-}Al_2O_3$、$\beta\text{-}Al_2O_3$、$\gamma\text{-}Al_2O_3$ 这 3 种类型。

① $\alpha\text{-}Al_2O_3$(俗称刚玉)属于三方柱状晶体,晶体结构中氧离子形成六方最紧密堆积,铝离子则在 6 个氧离子周围形成八面体中心。$\alpha\text{-}Al_2O_3$ 熔点高、硬度大、耐化学腐蚀,有优良的介电性,是氧化铝各种型态中最稳定的晶型,也是自然界中唯一存在的氧化铝晶型。以 $\alpha\text{-}Al_2O_3$ 为原料制备的氧化铝陶瓷材料,机械性能、高温性能、介电性能及耐化学腐蚀性能都是非常优异的。

② $\beta\text{-}Al_2O_3$ 实际并不是氧化铝的变体,而是一种含碱金属(或碱土金属)的铝酸盐(其通式为 $R_2O \cdot 11Al_2O_3$ 或 $RO \cdot 6Al_2O_3$)。$\beta\text{-}Al_2O_3$ 是一种不稳定的化合物,加热时会分解生成 Na_2O(或 RO)和 $\alpha\text{-}Al_2O_3$,其中 Na_2O 则挥发逸出。$\beta\text{-}Al_2O_3$ 的分解温度取决于高温煅烧时的气氛和压力,在空气或氢气中,当温度为 1200℃ 时,开始分解;当超过 1650℃ 时,剧烈挥发。其中的 $Na\beta\text{-}Al_2O_3$ 具有层状结构,Na^+ 可以在层间(即垂直于 C 轴的松散堆积平面内)迁移、扩散和离子交换,在层间方向上具有较高的离子导电能力和松弛极化现象,可作为钠硫电池的导电隔膜材料;而在平行于 C 轴方向上,Na^+ 不能扩散,沿 C 轴方向很小甚至无离子电导。由于 $\beta\text{-}Al_2O_3$ 的结构具有明显的离子导电能力和松弛极化现象,介质损耗大,电绝缘性能差,在制造无线电陶瓷时是不允许 $\beta\text{-}Al_2O_3$ 存在的。

③ $\gamma\text{-}Al_2O_3$ 是 Al_2O_3 的低温形态,由制备工业 Al_2O_3 的中间产物——$Al(OH)_3$ 经煅烧而得,其结构疏松,易吸水,并且能被酸碱溶解,性能不稳定,不适宜直接用于生产 Al_2O_3 陶瓷。可采用适当的添加剂对 $\gamma\text{-}Al_2O_3$ 进行高温煅烧,使 $\gamma\text{-}Al_2O_3$ 发生转变,生成不可逆转的 $\alpha\text{-}Al_2O_3$(950~1500℃),该过程中会伴随 14.3% 的体积收缩,使用煅烧收缩后得到的 $\alpha\text{-}Al_2O_3$ 生产 Al_2O_3 陶瓷,有利于产品尺寸的控制,减少产品开裂。

(2)主要制备方法

制备 Al_2O_3 陶瓷的基本工艺流程如下:煅烧→磨细→成形→烧结。

① 煅烧

煅烧是使 γ-Al_2O_3 转变为 α-Al_2O_3,并排除原料中的 Na_2O 等低熔点挥发物。工业 Al_2O_3 中通常要加入 $0.3\% \sim 3\%$ 的添加物,如 H_3BO_3、NH_4F、AlF_3 等。添加剂有利于煅烧 Al_2O_3 密度的提高和 Na_2O 的去除,其反应为

$$Na_2O + 2H_3BO_3 = Na_2B_2O_4 \uparrow + 3H_2O$$

② 磨细

磨细过程可以分为湿磨和干磨,干磨时加入 $1\% \sim 3\%$ 的油酸,以防黏结。一般要求小于 $1\mu m$ 的颗粒占 $15\% \sim 30\%$,若其占比大于 40%,烧结时会出现严重的晶粒长大现象。当 $5\mu m$ 的颗粒多于 $10\% \sim 15\%$ 时,会明显妨碍烧结。

③ 成形

成形时可以采用注浆法、模压法、挤压法、热压注、热压等各种方法。

④ 烧结

烧结时,进行升温控制对产品性能影响很大。为了改善烧结性,降低烧结温度,通常加入添加剂。

(3)Al_2O_3 陶瓷的应用

Al_2O_3 陶瓷具有机械强度高、绝缘电阻大、硬度高、耐磨、耐腐蚀及耐高温等一系列优良性能,广泛应用于陶瓷、纺织、石油、化工、建筑及电子等行业,是目前氧化物陶瓷中用途最广、产销量最大的陶瓷材料。

随着科学技术的发展及制造技术的提高,Al_2O_3 陶瓷在现代工业和现代科学技术领域中得到越来越广泛的应用,具体如下。

① 机械方面:有耐磨 Al_2O_3 陶瓷衬砖、衬板、衬片,Al_2O_3 陶瓷钉,陶瓷密封件,Al_2O_3 陶瓷球阀,黑色 Al_2O_3 陶瓷切削刀具,红色 Al_2O_3 陶瓷柱塞等。

② 电子、电力方面:有各种 Al_2O_3 陶瓷底板、基片、陶瓷膜、高压钠灯、透明 Al_2O_3 陶瓷及各种 Al_2O_3 陶瓷电绝缘瓷件、电子材料、磁性材料等。

③ 化工方面:有 Al_2O_3 陶瓷化工填料球、Al_2O_3 陶瓷微滤膜、Al_2O_3 陶瓷耐腐蚀涂层等。

④ 医学方面:有 Al_2O_3 陶瓷人工骨、羟基磷灰石涂层多晶 Al_2O_3 陶瓷、人工牙齿、人工关节等。

⑤ 建筑卫生陶瓷方面:球磨机用 Al_2O_3 陶瓷衬砖、微晶耐磨 Al_2O_3 球石的应用已十分普及,Al_2O_3 陶瓷辊棒、Al_2O_3 陶瓷保护管及各种 Al_2O_3 质、Al_2O_3 结合其他材质耐火材料的应用随处可见。

⑥ 其他方面:各种复合、改性的 Al_2O_3 陶瓷,如碳纤维增强的 Al_2O_3 陶瓷、氧化锆增强的 Al_2O_3 陶瓷等各种增韧 Al_2O_3 陶瓷越来越多地应用于高科技领域;Al_2O_3 陶瓷磨料、高级抛光膏在机械、珠宝加工行业起到越来越重要的作用。此外,Al_2O_3 陶瓷研磨介质在涂料、油漆、化妆品、食品、制药等行业的原材料粉磨和加工方面的应用也越来越广泛。

2)ZrO_2陶瓷

Zr 在地壳中的储量为 0.025%，超过 Cu、Zn、Sn 等金属的含量，资源丰富。纯 ZrO_2 为白色，含杂质时呈黄色或灰色，常温下密度为 $5.6g/cm^3$，熔点为 $2715℃$，具有优良的耐热性、绝缘性和耐蚀性。

(1)晶型转变和稳定化处理

ZrO_2 有 3 种晶型，低温时为单斜晶系，密度为 $5.6g/cm^3$；高温时为四方晶系，密度为 $6.1g/cm^3$；更高温变为立方晶系，密度为 $6.3g/cm^3$。由于晶型转变会引起体积变化，用纯 ZrO_2 很难制造出制件，必须进行晶型稳定化处理，常用的稳定添加剂有 CaO、MgO、Y_2O_3、CeO_2 和其他稀土氧化物，这些氧化物的阳离子半径与 Zr^{4+} 相近（相差在 12% 以内），它们在 ZrO_2 中的溶解度很大，可以和 ZrO_2 形成单斜、四方和立方等晶型的置换型固溶体。以上固溶体可以通过快冷避免共析分解，以亚稳态保持到室温。其中快冷得到的立方固溶体可以保持稳定，不再发生相变，没有体积变化。这种 ZrO_2 称为全稳定 ZrO_2，写作 FSZ(fully stabilized zirconia)。

ZrO_2 的韧化是通过四方相转变成单斜相实现的，这种相变属于马氏体相变。ZrO_2 的增韧机制有多种，包括应力诱发相变增韧、相变诱发微裂纹增韧、表面强化韧化等。

(2)ZrO_2陶瓷的制备工艺

① 共沉淀法：

共沉淀法制备 ZrO_2 陶瓷的主要工艺流程如下：以适当的碱液如 NaOH、KOH、NH_3H_2O、CH_4N_2O 等作为沉淀剂，从 $ZrOCl_2 \cdot 8H_2O$ 或 $Zr(NO_3)_4$、$Y(NO_3)_3$(作为稳定剂)等盐溶液中沉淀析出含水 ZrO_2(氢氧化锆凝胶)和 $Y(OH)_3$(氢氧化钇凝胶)，再经过过滤、洗涤、干燥、煅烧等工序制得钇稳定的 ZrO_2 粉体。此法由于设备、工艺简单，生产成本低廉，且易于获得纯度较高的纳米级超细粉体，因而被广泛采用。

共沉淀法的主要缺点是没有解决超细粉体的硬团聚、粉体的分散性差、烧结活性低等问题。

② 水解沉淀法：水解沉淀法分为锆盐水解沉淀和锆醇盐水解沉淀两种方法。

水解沉淀法的优点是大多数为一次粒子，团聚很少；粒子的大小和形状均一；化学纯度和相结构的单一性好。缺点是原料制备工艺较复杂，成本较高。

③ 水热法：水热法是在高压釜内，在锆盐[$Zr(NO_3)_4$]和钇盐[$Y(NO_3)_3$]溶液中加入适当的化学试剂，使其直接反应生成纳米级 ZrO_2 颗粒，形成钇稳定的 ZrO_2 固溶体。

水热法的优点是粉料粒度极细，可达到纳米级，粒度分布窄，可以省去高温煅烧工序，颗粒团聚程度小。缺点是设备复杂，昂贵，反应条件较苛刻，难于实现大规模工业化生产。

④ 溶胶-凝胶法：溶胶-凝胶法是广泛采用的制备超细粉体的方法，是借助于胶体分散体系制粉的方法。首先是形成几十纳米以下的胶体颗粒的稳定溶胶，再经适当处理形成包含大量水分的凝胶，最后经干燥、脱水、煅烧制得氧化锆超细粉。

溶胶-凝胶法的优点是粉料粒度细微，为亚微米级或更细；粒度分布窄；纯度高；化学组成均匀，可达分子或原子尺度；烧成温度比传统方法低。缺点是原料成本高且对环境有污染，处理过程时间较长，胶粒及凝胶过滤、洗涤过程不易控制。

⑤ 微乳液法:微乳液法(反胶束法)是以多元油包水微乳液体系中的乳化液滴为微型反应器,通过液滴内反应物的化学沉淀来制备纳米粉体的方法。

其具体制备工艺如下:按制粉比例要求配制一定浓度的锆盐与钇盐水溶液,在恒温摇床中少量多次将该溶液注入含表面活性剂的有机溶液中,直至有混浊现象出现。以同样方法制得 $NH_3 \cdot H_2O$ 的反胶团溶液,然后把两种反胶团溶液在常温下混合,经过搅拌、沉淀、分离、洗涤、干燥、高温焙烧后,即得所需产品。利用该方法可制得含钇的稳定四方相 ZrO_2 纳米粉。

微乳液法的优点是粉体分散性能好,粒度分布窄。缺点是生产过程较复杂,成本也较高。

(3)ZrO_2 陶瓷的应用

① ZrO_2 结构陶瓷:ZrO_2 陶瓷具有高韧性、抗弯强度和耐磨性,优异的隔热性能,热膨胀系数接近金属等优点,因此被广泛应用于结构陶瓷领域。

② ZrO_2 功能陶瓷:含 Y_2O_3 的 ZrO_2 陶瓷具有敏感的电性能,是近年来发展的新材料,主要应用于各种传感器、第三代燃料电池和高温发热体等。另外,ZrO_2 材料高温下具有导电性,其晶体结构存在氧离子缺位,因此可制成各种功能元件。

③ 保健纺织材料:红外线是太阳光线中的一种辐射线,属于不可见光,按波长大小可分成近红外线、中红外线和远红外线。医学上指出,以 ZrO_2、Al_2O_3、TiO_2 及 Y_2O_3 等矿物制成的陶瓷粉末吸收及激发出来的远红外线能量最强。因为远红外线又称为生育光线,当人体需要散热冷却时,会产生流汗的生理现象,体表汗珠透过吸湿排汗的衣服,将热能释出,而具有远红外线特征的纤维可以加速吸湿层的干燥,并保持人体皮肤干爽,所以可被应用在康复医疗及保健领域。

④ 多晶 ZrO_2 宝石:ZrO_2 具有较高的折射率,其可制成多彩的半透明多晶材料,散发绚丽多彩的光芒,也可制成各种装饰用的宝石,光泽甚至可以以假乱真。手表表壳、表链及人造宝石戒指大多是采用多晶 ZrO_2 宝石制成的,主要是利用超细的粉末添加一定量着色元素,经高温处理后获得的粗坯 ZrO_2 陶瓷体,再经研磨、抛光后,即可制成各种装饰品供应市场。

⑤ ZrO_2 涂层:热障涂层可以为在高温临界状态下工作的气冷金属部件提供隔热作用。纳米级 Y_2O_3 稳定的 ZrO_2 用于热障涂层显示出突出的性能,具有很高的热反射率,化学稳定性好,与基材的结合力和抗热震性能均优于其他材料。因此,ZrO_2 是目前最理想的热障涂层材料,其具体应用有航空航天发动机的隔热涂层,潜艇、轮船柴油发动机气缸的衬里等。

⑥ ZrO_2 耐火材料:ZrO_2 作为耐火材料主要用于大型玻璃池窑的关键部位。ZrO_2 在其他高温耐火领域的应用也非常广泛,但是其成本高,较多地应用于高附加价值产品中,如钢水流嘴、喷嘴、阀门、高温纤维等。

3)MgO 陶瓷和 CaO 陶瓷

(1)MgO 陶瓷

MgO 属于 NaCl 型结构,熔点为 2800℃,理论密度为 $3.588g/cm^3$,高温时比体积电阻高,介质损耗低。MgO 在高于 2300℃ 时易挥发,因此一般在 2200℃ 以下使用。

MgO 属于弱碱性物质,几乎不被碱性物质侵蚀,Fe、Ni、V、Th、Zn、Al、Mo、Mg、Cu、Pt 等熔体都不与 MgO 作用,因此可用作熔炼金属的坩埚、浇铸金属的模子、高温热电偶保护套及高温炉衬材料。

MgO 在空气中容易吸潮水化生成 $Mg(OH)_2$,因此制造和使用过程中都必须注意。为了减少吸潮,要适当提高燃烧温度,减小粒度,也可添加一些添加剂,如 TiO_2、Al_2O_3、V_2O_3 等。MgO 陶瓷成型可采用半干压法、注浆法、热压注法和热压法。其中,半干压时压力为 50~70MPa;注浆成型以无水酒精作介质,以免水化;热压时压力为 20~30MPa,温度为 1300~1400℃,时间为 20~40min。烧结 MgO 陶瓷时,先在 1250℃预烧,之后在 1750~1800℃保温 2h 烧成。

（2）CaO 陶瓷

CaO 同样具有 NaCl 型晶体结构,熔点为 2570℃,密度为 3.08~3.40g/cm³,易与水发生反应。其制品有良好的抗熔融金属侵蚀性和抗熔融磷酸钙的作用。为提高 CaO 制品的抗水性,可向坯体中加入 5%~10% 的 TiO_2。CaO 陶瓷可用干压法成型,也可注浆成型,悬浮介质采用醋酸异丁酯、邻二甲苯、无水乙醇等有机溶液。CaO 抗金属侵蚀性优良,是冶炼有色金属（如高纯度铂、铀）的重要容器。CaO 能抵抗熔融磷酸钙的作用,利用 TiO_2 稳定化的 CaO 砖,可用作熔融磷酸盐矿的回转窑内衬材料。

4）BeO 陶瓷

BeO 因其具有高热导率、高熔点（2530℃±10℃）、高强度、高绝缘性、高化学稳定性和热稳定性、低介电常数、低介质损耗以及良好的工艺适应性等特点,在特种冶金、真空电子技术、核技术、微电子与光电子技术领域得到广泛应用。

（1）BeO 陶瓷材料的性能

BeO 陶瓷的热导率在目前所有实用的陶瓷材料中是最高的,比 Al_2O_2 陶瓷高一个数量级。纯度超过 99%,致密度超过 99% 的 BeO 陶瓷,在室温下的热导率可达 310W/（m·K）,是 BeO 陶瓷重要的特性。通常情况下,BeO 陶瓷的热导率主要取决于材料的纯度和致密度,纯度和致密度越高,其导热性能越好。

BeO 单晶和大晶粒 BeO 陶瓷材料在冷却和加热过程中还具有自发辐射和外电子发射的特性。

（2）BeO 陶瓷材料的应用

① 核技术材料:BeO 具有高的中子散射截面,可以将核反应堆中泄露出来的中子反射回反应堆内,因而已经被广泛用作原子反应堆中的中子减速剂、反射器和防辐射材料。此外,BeO 优异的热、红外光学性能及热激发射特性,因此适合用于热荧光、外电子发射和电子顺磁共振的剂量计中的探头。

② 真空和电子技术:高的热导率和低的介电常数是 BeO 材料在真空和电子技术领域得到广泛应用的重要原因。BeO 陶瓷目前已用于高性能、高功率微波封装件,BeO 基片也已用于高电路密度的多片组件。采用 BeO 材料可以将系统中产生的热量及时地散去,保证系统的稳定性和可靠性。

③ 特种冶金:BeO 陶瓷产品是一种难熔材料,BeO 陶瓷坩埚可用于熔融稀有金属和贵金属,特别是可用于要求高纯金属或合金时。BeO 陶瓷坩埚的工作温度可以达到

2000℃,由于其高熔融温度、高化学稳定性、耐碱、热稳定性和纯度,BeO 陶瓷也可用于熔融铀和钍。此外,BeO 陶瓷坩埚还可以用于制造银、金和铂的标准样品。BeO 对于电磁辐射的高度"透明"性,使其可以采用感应加热的方式熔炼其中的金属样品。

④ 其他应用:在航空电子技术转换电路及飞机和卫星通信系统中,可以大量采用 BeO 作为托架部件和装配件。另外,其在飞船电子学方面也有应用前景。利用 BeO 陶瓷具有特别高的耐热冲击性,可在喷气式飞机的导火管中使用。经金属涂层的 BeO 板材已用于飞机驱动装置的控制系统,福特和通用汽车公司在汽车点火装置中使用了喷涂金属的氧化铍衬片。BeO 陶瓷的导热性能良好且易于小型化,在激光领域的应用前景广阔,如 BeO 激光器比石英激光器的效率高,输出功率大。

5)ThO_2 陶瓷和 UO_2

(1)ThO_2 陶瓷

纯氧化钍为立方晶系,萤石型结构,密度为 $9.7 \sim 9.8 g/cm^3$。熔点为 $3050℃ \pm 20℃$。有放射性。氧化钍陶瓷制品热膨胀系数较大,$25 \sim 1000℃$ 时为 $9.2 \times 10^{-6}/℃$;导热率较小,100℃时为 $0.105 J/(cm \cdot s \cdot ℃)$;热稳定性较差,但熔融温度高,高温导电性能好。以氧化钍粉为原料,为降低烧成温度,添加二氧化锆或氧化钙及其他原料,采用一般特种陶瓷生产工艺。可采用注浆成型(加 10% 聚乙烯醇水溶液作悬浮剂)或压制成型(加 20% 四氯化钍作黏结剂)。主要用作熔炼铱、纯铑和精炼镭的坩埚。也可作为加热元件,用于探照灯光源、白炽灯纱罩等。

(2)UO_2 陶瓷

UO_2 是铀-氧体系中的热力学稳定态之一。其属于立方晶系,为面心立方结构(萤石型,空间群 Fm3m),$a = 0.547 nm$。相对密度为 10.952,熔点为 $3000℃ \pm 200℃$。在100℃时,热导率为 $0.09 W/(cm \cdot ℃)$。室温下,其可与盐酸、硫酸、硝酸缓慢反应,易溶于硝酸,生成亮黄色的 $UO_2(NO_3)_2$ 溶液。但是其不溶于水和碱,溶于含 H_2O_2 的碱或碳酸盐溶液,生成过铀酸盐。在空气中、室温下较稳定,加热至 200℃ 以上 500℃ 以下时被氧化为 UO_3,500℃ 以上被氧化成 U_3O_8,常用于轻水堆、重水堆和快中子增殖堆的铀燃料形式,它是一种稳定的陶瓷燃料。在铀工艺中,UO_2 是一种重要的中间产物,是干法生产 UF_4 的原料,其可通过用 H_2 还原 UO_3 或 U_3O_8 的方法来制备,也可通过三碳酸铀酰铵 $(NH_4)_4[UO_2(CO_3)_3]$ 直接煅烧还原制得,是动力反应堆中广泛使用的核燃料。

2. 氮化物陶瓷

1)Si_3N_4 陶瓷

在高技术陶瓷中,Si_3N_4 陶瓷是较具有发展潜力与应用市场的一种新型工程材料。Si_3N_4 陶瓷是无机非金属强共价键化合物,氮原子之间结合得非常牢固,因此具有惊人的耐高温和高强度、高硬度性能,硬度可达 $91 \sim 93 HRA$;热硬性好,能承受 $1300 \sim 1400℃$ 的高温;摩擦系数也较低,本身具有润滑性,并且耐磨损;抗腐蚀能力强,高温时抗氧化;氮化硅陶瓷在很高的温度下,蠕变也很小,能抵抗冷热冲击,这也是它比金属优越的重要性能,在高温、高速、强腐蚀介质的工作环境中具有特殊的使用价值。

(1)晶体结构

Si_3N_4 有两种晶型,$\beta - Si_3N_4$ 为针状结晶体,$\alpha - Si_3N_4$ 为颗粒状结晶体。两者均属六

方晶系，都是由[SiN₄]⁴⁻四面体共用顶角构成的三维空间网络。β-Si₃N₄ 由几乎完全对称的六个[SiN₄]⁴⁻组成的六方环层在 C 轴方向重叠而成。而 α-Si₃N₄ 由两层不同，且有形迹的非六方环层重叠而成。α-Si₃N₄ 结构的内部应变比 β-Si₃N₄ 大，故自由能比 β-Si₃N₄ 高。

（2）主要制备方法

Si₃N₄ 是强共价化合物，扩散系数很小，致密化所必须的体积扩散及晶界扩散速度很小，烧结驱动力很小。这决定了纯氮化硅不能依靠常规的固相烧结方法达到致密化，所以除用 Si 粉直接氮化的反应烧结外，其他方法都需加入一定量助烧剂，使与粉体表面反应形成液相，然后通过溶解-析出机制烧制成致密材料。

目前，制备 Si₃N₄ 陶瓷的方法主要有以下几种。

① 反应烧结：反应烧结 Si₃N₄ 是将 Si 粉或 Si 粉与 Si₃N₄ 粉的混合物成型后，在 1200℃ 左右通入 N₂ 进行预氮化，然后进行机械加工制成所需件，最后在 1400℃ 左右进行最终氮化烧结的方法，在此过程中不需添加助烧剂等。同时，反应烧结得到的 Si₃N₄ 具有无收缩特性，可制备形状复杂的部件，但因制品致密度低，存在大量气孔，力学性能受到较大的影响。

② 常压烧结法：常压烧结法是以高纯、超细、高 α-Si₃N₄ 含量的 Si₃N₄ 粉末与少量助烧剂混合，经过成型、烧结等工序制备 Si₃N₄ 陶瓷的方法。在烧结过程中，α-Si₃N₄ 向液相转化，之后析出在晶核上转变为 β-Si₃N₄，这有利于烧结过程的进行。烧结时必须通入氮气，以抑制 Si₃N₄ 的高温分解。常压烧结可获得形状复杂、性能优良的 Si₃N₄ 陶瓷，其缺点是烧结收缩率较大，一般为 16%～26%，制品易开裂变形。

③ 重烧结法：重烧结法是指将反应烧结的 Si₃N₄ 烧结坯在助烧剂存在的情况下，置于 Si₃N₄ 粉末中，在高温下重烧结，得到致密的 Si₃N₄ 制品的方法。助烧剂可在硅粉球磨时引入，也可用浸渍的方法在反应烧结后浸渗加入。由于反应烧结过程中可预加工，Si₃N₄ 陶瓷在重烧结过程中的收缩仅为 6%～10%，可制备形状复杂、性能优良的部件。

④ 热压烧结法：热压烧结法是指把氮化硅粉末与助烧剂置于石墨模具中，在高温下单向加压烧结的方法。由于外加压力提高了烧结驱动力，加快了 α-β 转变及致密化速度。利用热压烧结法可得到致密度大于 95% 的高强 Si₃N₄ 陶瓷，其材料性能高且制造周期短。但是，这种方法只能制造形状简单的制品，制造形状复杂的部件时加工成本高，而且由于单向加压，组织存在择优取向，性能在与热压面平行及垂直方向各有差异。

⑤ 气压烧结法：气压烧结法是把 Si₃N₄ 压坯在 5～12MPa 的氮气中在 1800～2100℃ 下进行烧结的方法。由于氮气压力高，从而提高了 Si₃N₄ 的分解温度，有利于选用能形成高耐火度晶间相的助烧剂，从而提高材料高温性能。

⑥ 热等静压法：热等静压法是将氮化硅及助烧剂的混合物粉末封装到金属或玻璃包套中，抽真空后通过高压气体在高温下烧结的方法。烧结时常用的压力为 200MPa，温度为 2000℃。热等静压法制备的 Si₃N₄ 可达理论密度，但是该法工艺复杂、成本较高。

近年来，人们还发展了其他一些烧结和致密化工艺方法，如超高压烧结法、化学气相沉积法、爆炸成型法等。

(3)Si_3N_4陶瓷的用途

由于Si_3N_4陶瓷具有优异的性能,其已在许多工业领域获得广泛的应用,并有许多潜在的用途。

Si_3N_4陶瓷具有耐高温、耐磨的性能,在陶瓷发动机中可用作燃气轮机的转子、定子和涡管;在开水冷陶瓷发动机中,热压氮化硅可用作活塞顶盖;反应氮化硅可用作燃烧器,它还可用作柴油机的火花塞、活塞套、汽缸套、副燃烧室及活塞-涡轮组合式航空发动机的零件等。Si_3N_4陶瓷具有抗热震性好、耐腐蚀、摩擦系数小、热膨胀系数小等特点,在冶金和热加工工业上被广泛用于测温电偶套管、铸模、坩埚、马弗炉炉膛、燃烧嘴、发热体夹具、炼铝炉炉衬、铝液导管、铝包内衬、铝电解槽衬里、热辐射管、传送辊、高温鼓风机和冷门等;在钢铁工业上,可用作炼钢水平连铸机上的分流环;在电子工业上,可用作拉制单晶硅的坩埚等。

Si_3N_4陶瓷的耐腐性、耐磨性及导热性良好,被广泛用于化工工业中制作球阀、密封环、过滤器部件等。

Si_3N_4陶瓷的耐磨性好、强度高、摩擦系数小,被广泛用于机械工业中制作轴承滚珠、滚柱、滚珠座圈、高温螺栓、工模具、柱塞泵、密封材料等。

此外,Si_3N_4陶瓷还被用于电子、军事和核工业中,用于制作开关电路基片、薄膜电容器、高温绝缘体、雷达天线罩、导弹尾喷管、炮筒内衬、核反应堆的隔离件和核裂变物质的载体等。

2)BN 陶瓷

BN 主要有两种六方相立方白色晶系。常见的六方 BN 陶瓷的密度为 $2.0\sim2.15g/cm^3$,熔点为 3000℃(升华),导热系数为 $0.25J/(cm \cdot s \cdot ℃)$,室温时似铁,600℃以上超过导热性好的氧化铍陶瓷。其热膨胀系数低,为$(2.0\sim6.5)\times10^{-6}/℃$;热稳定性好,由 1000℃到 20℃热交换次数 100 次不破坏,在惰性气氛中的使用温度达 2800℃。介电常数为 $3.4\sim5.3$,介质损耗角正切值为 $2\times10^{-4}\sim8\times10^{-4}$。利用卤化硼、硼酸、硼砂、氧化硼和含氮盐类在 N_2 或 NH_3 氛中,在一定温度下合成六方 BN。然后,添加一定量的 BeO、Si_3N_4、$AlPO_4$ 或 $BaCa_3$ 等,采用干压、热压、高温等静压、化学气相沉积等法制出陶瓷制品。立方 BN 则是一种类似金刚石的超硬材料,常用作刀具材料和磨料。

BN 陶瓷广泛用作高压高频电和等离子弧的绝缘体、半导体的固相掺杂材料、雷达天线介质、高频感应电炉材料、雷达的传递窗、雷达天线介质和火箭发动机部件、原子反应堆的结构材料、自动焊接耐高温支架的涂层、防止中子辐射的包装材料等。BN 具有良好的润滑性,可用作高温润滑剂,也可用作各种材料的添加剂;BN 具有耐热性,可制造耐高温坩埚和其他制品;BN 的硬度高,在 $1500\sim1600℃$ 高温环境中稳定,加工时部件表面温度低、缺陷少,可用作地质勘探、石油钻探的钻头,高速切削的工具和金属加工研磨器件。

3. 碳化物陶瓷

碳化物陶瓷是指以含碳难熔化合物为主要成分的陶瓷。可分为类金属碳合物(如 TiC、ZrC、WC 等)和非金属碳化物(如 B_4C、SiC 等)两大类。碳化物是一种耐高温的材料,其中很多碳化物的软化点在 3000℃以上。大多数碳化物具有比碳和石墨较强的抗氧化能力。很多碳化物有较高的硬度和良好的化学稳定性。其中,类金属碳化物的制备方法具体如下：

（1）将金属氧化物与炭黑混合后，在石墨管状电阻炉或真空电炉中加热到 2000～2500℃而制得。

（2）金属与碳在氢气、一氧化碳或甲烷等保护气氛下于 1200～2000℃的高温条件合成而得。

（3）用含碳气体碳化金属（或其氧化物）合成而得。

（4）金属卤化物、一氧化碳和碳或氢的气体混合物相互作用，获得气相沉积碳化物。一般制品可用常规成型法制备，形状复杂的制品可用液浆浇注法和注射成型法制备。它们具有共价键结构，很难烧结，多采用常压烧结法、反应烧结法、热压烧结法、浸渍法和重结晶法等。碳化物陶瓷可作为耐热材料和超硬工具，用途十分广泛。

1）SiC 陶瓷

SiC 陶瓷具有高温强度太、抗氧化性强、耐磨损性好、热稳定性佳、热膨胀系数小、热导率大、硬度高、抗热震和耐化学腐蚀等优良特性，已经广泛用于许多领域，并越来越受到人们的重视。

（1）晶体结构

SiC 具有 α 和 β 两种晶型。β-SiC 的晶体结构与闪锌矿同型，属于立方晶系，为面心立方晶格。β-SiC 存在 4H、15R 和 6H 等 100 余种多型体，其中，6H 多型体是工业应用上最为普遍的。在 6H-SiC 中，Si 与 C 交替成层状堆积。

（2）制备方法

SiC 是强共价键结合的化合物，因而烧结时的扩散速率较低。研究结果表明，即使在 2100℃的高温下，C 和 Si 的自扩散系数也仅为 $1.5 \times 10^{-10} \, cm^2/s$ 和 $2.5 \times 10^{-13} \, cm^2/s$。所以 SiC 很难烧结，必须借助添加剂或外部压力或渗硅反应才能实现致密化。目前，制备高密度 SiC 陶瓷的方法主要有无压烧结法、热压烧结法、热等静压烧结法和反应烧结法等。通过无压烧结法可以制备出复杂形状和大尺寸的 SiC 部件，因此，被认为是制备 SiC 陶瓷的有效的烧结方法；采用热压烧结法只能制备形状简单的 SiC 部件，而且一次热烧结过程所制备的产品数量很小，不利于商业化生产；尽管热等静压法可以获得复杂形状的 SiC 制品，但烧制过程中必须对素坯进行包封，所以很难实现工业化生产；通过反应烧结法可以制备出复杂形状的 SiC 部件，而且其烧结温度较低，但是反应烧结法制备的 SiC 陶瓷的高温性能较差。一般来说，无压烧结法制备的 SiC 陶瓷的综合性能优于反应烧结法制备的 SiC 陶瓷，但是低于热压烧结法制备和热等静压烧结法制备的 SiC 陶瓷。

（3）SiC 陶瓷的用途

SiC 陶瓷以其优异的抗热震、耐高温、耐磨损、耐热冲击、高热导、高硬度、抗氧化和耐化学腐蚀及热稳定性好等特性，已经在石油、化学、汽车、机械和宇航等工业领域中获得大量应用。例如，SiC 陶瓷可以用作各类轴承、滚珠、喷嘴、密封件、涡轮增压器转子、燃汽涡轮机叶片、反射屏和火箭燃烧室内衬等。

2）B_4C 陶瓷

B_4C 为灰黑色粉末，理论密度为 2.52g/cm³，熔点为 2350℃，沸点高于 3500℃。与酸、碱溶液不起反应，具有高化学位、中子吸收、耐磨及半导体导电性，是对酸较稳定的物质之一,在所有浓或稀的酸或碱水溶液中都稳定。用硫酸、氢氟酸的混合酸处理后,于空气中保温 800℃ 煅烧 21h,B_4C 可完全分解并形成 CO_3 和 B_2O_3。当有一些过渡金属及其碳化物共存时,B_4C 有特殊的稳定性。B_4C 的显微硬度为 $4950kg/mm^2$,仅次于金刚石和立方 BN。B_4C 还有较大的热中子俘获截面,其粉末可在硼酸与碳在电炉中合成制备。

B_4C 粉末可由 H_3BO_3 与 C 在电炉中合成制备。B_4C 用于硬质合金、宝石等硬质材料的磨削、研磨、钻孔及抛光,金属硼化物的制造及冶炼硼钠、硼合金和特殊焊接等。致密 B_4C 陶瓷需要用热压法制备,可用作喷砂嘴、防弹材料以及原子反应堆的中子吸收剂。

3)其他碳化物陶瓷

碳化钛熔点高、硬度高、化学稳定性好,主要用来制造金属陶瓷、耐热合金和硬质合金。碳化钛基金属陶瓷可用来制造在还原性和惰性气氛中使用的高温热电偶保护套和熔炼金属的坩埚等。

此外,碳化物陶瓷还包括 ZrC、HfC、TaC、WC 等。

4. 硼化物陶瓷

硼化物是重要的耐火材料之一,由于它具有很高的熔点和很好的抗腐蚀性,在 20 世纪 40 年代后期,因国外军事工业的需要而被加以重点研究。后来的研究表明,硼化物还具有许多重要的物理化学性质,使人们对硼化物的研究与日俱增,其应用范围也越来越广。

1)晶体结构

硼化物是间隙相化合物,硼原子尺寸较大,并且硼原子之间可形成多种复杂的共价键,B 可以与许多金属原子形成硼化物(离子键),其原子配比变化范围通常为 $M_5B \sim MB_{12}$(M 表金属原子),有时也会出现 MB_{70} 结构。硼化物的晶体结构不同,可以分为以下两大类。

(1)贫硼硼化物($M_5B \sim MB_2$):这类硼化物呈六方晶系,其晶格结构呈三棱柱特征,其中金属原子以六方密排形式排列,硼原子位于三棱柱单元的中心。对于 M_3B 型硼化物,每个硼原子有 9 个金属原子配位,其中 3 个金属原子位于三棱柱的上方,3 个金属原子对称地位于三棱柱的下方,3 个位于与硼原子同一平面的三角形的 3 个顶点并与上下的金属原子面错移 $30°$,因此每个硼原子呈孤立状态。随着硼原子相对数量的增加,硼原子可取代金属原子的位置。B 原子间可以形成单键,然后形成 Z 形单键、双键、二维平面网络,最后可形成三维立体网络结构。当硼原子为二维网状结构时,硼原子和金属原子面交替出现。

(2)富硼类硼化物($MB_2 \sim MB_{12}$):这类硼化物主要呈刚性结构,其结构主要由刚性的硼共价键结合的网络决定,这些立方密排的硼刚性结构中穿插着立方密排的金属原子晶格。MB_2 为二维网状结构,而随着硼原子的增加,硼八面体将插入与二维的硼原子结合,这样硼八面体的两个顶点在金属原子面中,二维硼原子面结构逐渐转回刚性极强的三维共价硼原子结构,MB_4 即属于这种结构。MB_6 属于立方晶系,硼八面体处于由金属原子构成的简单立方晶格的体心;MB_{12} 也属于立方晶系,呈 CsCl 结构,M 和 B 原子分别占据 Cs^+ 和 Cl^- 的位置。

2)性能

硼化物陶瓷的结构特点决定了它具有以下性能。

(1)高熔点:由于硼化物原子间存在很强的共价键,它具有较高的熔点。大部分硼化物的热稳定性比碳化物和氮化物高,并可稳定地存在至熔点。通常硼化物的热膨胀系数是各向异性的,与金属的热膨胀系数为一数量级,为 $5 \times 10^{-6} \sim 8 \times 10^{-6} \mathrm{K}^{-1}$,不易挥发。

(2)高硬度:硼化物具有很高的硬度,特别是高温硬度很高。例如,TiB_2 的 HVA 达到 34GPa,比 $\beta - Si_3N_4$ 的硬度高约 30%。作为耐磨材料,$ZrB_2 - ZrC$ 复合陶瓷的耐磨性是 Si_3N_4 的两倍左右,$ZrB_4 - B_4C$ 陶瓷在 1000℃ 以上硬度高于金刚石,可用于测定高温硬度。

(3)良好的电和磁性能:硼化物具有低的电阻率,导电机制为电子传导,呈正的电阻-温度特性。LaB_6 具有低的逸出功和最好的电子发射性质,ZrB_2、CrB 呈强顺磁性,而 Fe_2B、FeB 和 MnB 呈铁磁性。

(4)高的抗腐蚀性

硼化物,特别是 TiB_2 和 ZrB_2 可在空气中加热至 1200~1400℃,不引起严重氧化。这是由于表层 B_2O 的形成有助于阻止进一步氧化,所以能形成稳定硼酸盐的元素(如 Cr 等)的硼化物抗氧化性最好。

硼化物较碳化物和氮化物稳定,因此硼化物在氮气环境下可使用至很高的温度,如 CaB_6 可以在 N_2 环境中长期保持于 2000℃ 而不被破坏。使用石墨坩埚时,硼化物(如 TiB_2、ZrB_2 等)可在较高温度下不与碳反应。

硼化物可承受不与它立即反应的金属熔液的侵蚀,如 TiB_2、ZrB_2、CrB 在熔融 Ti 液中易分解,但对熔融 Al、Cu、Mg、Sn、Bi、Zn 和 Pb 等有耐蚀作用。

3)应用

由于硼化物具有以上独特的性能,可以广泛地应用在耐高温件、耐磨件、耐腐蚀件及其他有特殊要求的零件上。

(1)耐高温材料:航天领域已成功地应用硼化物,硼化物有希望成为新一代的超高温材料。例如火箭喷嘴工作时,内部气流温度极高,气氛为氧化性或中性、气流速度很高,要求内衬材料能在短时间内(几秒至几分钟)承受极高的温度和耐冲蚀磨损。ZrB_2 和 TiB_2 由于具有很高的熔点,同时又有良好的导热性、抗热冲击能力和良好的抗氧化能力,可用作喷嘴用隔热材料基体或涂层。

(2)耐腐蚀材料:利用硼化物在高温下能抵抗熔融金属侵蚀的特点,可制作热电偶保护管。传统的保护管用陶瓷,由于导热差、抗热震性不好而易产生开裂。TiB_2 和 ZrB_2 由于导热好、耐金属熔液侵蚀,是测量铝液和铁液用热电偶的保护管材料,寿命可提高 10 倍以上。工业上常用 $TiB_2 - BN$ 热压复合材料制备坩埚,取代传统石墨坩埚,减少对金属熔液的污染,提高寿命;铝膜物理气相沉积用的加热舟也常用 TiB_2 材料制备。此外,TiB_2 由于与铝液润湿性好,可用于制备电极材料,同时减少接触电阻,降低能耗。

(3)耐腐蚀材料和超硬材料:硼化物具有较高的硬度和耐磨性,人们一直探求用它作为刀具材料。Mo_2NiB_2 刀具的切制性能优于高速钢,特别是在高速切削条件下,可替代传统的 WC - Co 刀具,节省贵重的稀有金属。

第6章　复合材料

现代高科技的发展离不开复合材料,复合材料对现代科学技术的进步有十分重要的作用。复合材料的研究深度和应用广度及其生产发展的速度和规模,已成为衡量一个国家科学技术先进水平的重要标志之一。先进复合材料除作为结构材料外,还可用作功能材料,如梯度复合材料(材料的化学和结晶学组成、结构、空隙等在空间连续梯变的功能复合材料)、机敏复合材料(具有感觉、处理和执行功能,能适应环境变化的功能复合材料)、仿生复合材料、隐身复合材料等。现阶段,我国复合材料行业面临一个新的大发展时期,如城市化进程中大规模的市政建设、新能源的利用和大规模开发、环境保护政策的出台、汽车工业的发展、大规模的铁路建设、大飞机项目等,在巨大的市场需求牵引下,复合材料产业将有很广阔的发展空间。

6.1　概述

根据国际标准化组织对复合材料的定义,复合材料是用两种或两种以上物理和化学性质不同的材料以微观或宏观的形式人工合成的一种多相固体材料。复合材料是一种多相材料,复合材料的组分材料通常保持其相对的独立性,通常一部分组分材料是连续相,即为基体(相);另一部分通常呈分散状态,称为增强体材料或增强相。增强相往往分布在基体相之中,两相之间存在明显的相界面。复合材料的性能不仅仅是基体相和增强相性能的简单叠加,一般情况下会表现出实质性的重要改进。

初级复合材料的使用已经有了几千年的历史,我国半坡村仰韶文化住房遗址,证明当时的房屋四壁、屋顶和地面已用草和泥土组成的复合材料进行建造;古埃及人的部落遗址也有类似的复合材料。我国马王堆出土大量漆器,古代遗留下来的大漆、木粉、黏土、麻等材料可以制造出各种各样的物品,所以说复合材料的历史源远流长。自然界中也存在着天然的复合材料,如木材就是纤维素和木质素的复合物,而建筑领域常用的钢筋混凝土则是钢筋和水泥、砂、石的人工复合材料。

现代复合材料则是以金属、陶瓷、树脂为基体制造的各种材料,尤其以纤维增强复合材料性能更为突出,其中碳纤维、硼纤维、Al_2O_3纤维、SiC纤维作为增强体在所有性能上几乎超过了常用的玻璃纤维。在航空航天、工业交通等领域内,复合材料可以满足高模量、高强度、抗震、防腐、耐蚀等各方面要求。以材料的功能复合为目的,具有热、光、电、阻尼、烧蚀、润滑、生物等特殊性能的复合材料不断问世,促进了复合材料的发展。现代复合材料的出现和发展,也为材料设计提供了一条特殊的路径,人们可以按照性能需要,设计和制备出综合性能优异的或者具有特殊使用性能的新型材料。

6.1.1　复合材料的基本类型与组成

复合材料按基体类型可分为金属基复合材料、高分子基复合材料和陶瓷基复合材料。目前应用较多的是高分子基复合材料和金属基复合材料。

复合材料按性能可分为功能复合材料和结构复合材料。功能复合材料具有各种特殊的使用性能，包括阻尼、导电、导热、导磁、耐磨、电磁屏蔽等，随着新材料时代的不断更新和发展，功能复合材料的研发方兴未艾；结构复合材料主要用于制造各类受力构件，目前已经有较为广泛的开发和使用。

复合材料按增强相的种类和形状可分为颗粒增强复合材料、短纤维增强复合材料、连续纤维增强复合材料和层状增强复合材料。其中发展较快、应用较广的是各种纤维（玻璃纤维、碳纤维、硼纤维、SiC 纤维等）增强的复合材料。复合材料的分类见表 6-1所列。

表 6-1　复合材料的分类

增强体		基体							
		金属	无机非金属				有机材料		
			陶瓷	玻璃	水泥	碳素	木材	塑料	橡胶
金属		金属基复合材料	陶瓷基复合材料	金属网嵌玻璃	钢筋水泥	—	—	金属丝增强塑料	金属丝增强橡胶
无机非金属	陶瓷	金属基超硬合金	增强陶瓷	陶瓷增强玻璃	增强水泥	—	—	陶瓷纤维增强塑料	陶瓷纤维增强橡胶
	碳素	碳纤维增强金属	增强陶瓷	陶瓷增强玻璃	增强水泥	碳纤维增强碳复合材料	—	碳纤维增强塑料	碳纤炭黑增强橡胶
	玻璃	—	—	—	增强水泥	—	—	玻璃纤维增强塑料	玻璃纤维增强塑料
有机材料	木材	—	—	—	水泥木丝板	—	—	纤维板	
	高聚物纤维	—	—	—	增强水泥	—	—	高聚物纤维增强塑料	高聚物纤维增强橡胶
	橡胶颗粒	—	—	—	—	—	橡胶合板	高聚物合金	高聚物合金

6.1.2　复合材料的性能

复合材料是典型的多相材料，各种基体的复合材料具有以下共同特点。

(1)可有效实现对各组分材料的性能特点/优势的综合,从而使一种材料具有多种性能或具有天然材料/常规材料所无法实现的性能。

(2)可根据具体复合材料的使用性能需要,对复合材料的基体和增强体进行选择和可调控的设计,并进行加工制备。

(3)通过引入复合材料常用的加工制备工艺,实现所需特定形状产品的制造,加工工序可控。

影响复合材料性能的因素有很多,如增强体的性能、含量及分布状况,基体材料的性能、含量及增强体和基体之间的相界面结合情况。即使是同一类复合材料其性能也不是定值,通常存在一定范围,其主要性能如下。

1. 比强度和比模量

对于许多近代动力设备和结构,不但要求强度高,而且要求质量轻,如航天航空技术领域,要求使用比强度(强度/重量)和比模量(弹性模量/重量)高的材料。在金属、高分子材料中添加适量的高强度、高模量、低密度的纤维、晶须、颗粒等增强物,明显可以提高复合材料的比强度和比模量,使复合材料具有较高的承载能力,如碳纤维增强环氧树脂复合材料,其比强度是钢的 8 倍,比模量是钢的 3.5 倍。因此采用这种复合材料用于动力设备,可大大提高动力设备的效率。

2. 耐疲劳性能

复合材料的疲劳性能取决于纤维等增强体与基体的相界面结合状态、增强体在基体中的分布规律,以及基体和增强体自身的特性。复合材料中基体和增强纤维间的相界面能够有效地阻止疲劳裂纹的扩展。疲劳破坏在复合材料中总是从承载能力比较薄弱的基体开始的,然后逐渐扩展到结合面上,所以复合材料的疲劳极限比较高。例如,碳纤维-聚酯树脂复合材料的疲劳极限是拉伸强度的 70%～80%,而金属材料的疲劳极限仅为强度极限值的 40%～50%。

3. 减震性能

许多机器、设备的振动问题十分突出。结构的自振频率除与结构本身的质量、形状有关外,还与材料的比模量的平方根成正比。材料的比模量越大,则其自振频率越高,可避免在工作状态下产生共振及由此引起的早期破坏。此外,即使结构已产生振动,由于复合材料的阻尼特性好(纤维与基体的界面吸振能力强),振动也会很快衰减。

4. 耐热性能

一般来说,各种增强纤维在高温下仍可保持高的强度,因此用它们增强的复合材料的高温强度和弹性模量均较高,树脂基复合材料的耐热性要比相应的塑料有明显的提高,而金属基复合材料更显出其优异性。例如,7075[—]76 铝合金在 400℃时,弹性模量接近于零,强度值也从室温时的 500MPa 降至 30～50MPa;而碳纤维或硼纤维增强组成的复合材料在 400℃时,强度和弹性模量可保持接近室温下的水平。碳纤维增强的镍基合金也有类似的情况。

5. 断裂安全性

纤维增强复合材料是力学上典型的静不定体系,在每平方厘米截面上,有几千至几万根增强纤维(直径一般为 10～100μm),当其中一部分受载荷作用断裂后,应力迅速重新分布,载荷由未断裂的纤维承担起来,所以断裂安全性好。

6. 其他性能特点

许多复合材料都有减摩耐磨、自润滑性能,良好的化学稳定性、隔热性、耐烧蚀性及特殊的电、光、磁等性能。

一步推广使用复合材料的主要问题是,其断裂伸长率小,抗冲击性能尚不够理想,生产工艺方法中多为手工操作,难以实现自动化大批量生产,间断式生产周期长,效率低,加工出的产品质量不够稳定等。增强纤维的价格很高,使复合材料的成本比其他工程材料高得多。虽然复合材料利用率比金属高,但在一般机器和设备上使用仍然是不够经济的。若上述缺陷得到改善,将会大大地推动复合材料的发展和应用。

6.1.3　复合理论简介

复合材料的复合机理的研究目前尚不成熟,本节只介绍提高机械性能的复合理论。

1. 粒子增强复合材料

粒子增强复合材料承受载荷的主要是基体材料,复合材料中的粒子高度弥散地分布在基体中,使其阻碍导致塑性变形的位错运动(金属基体)或分子链运动(高聚物基体)。一般来说,粒子直径为 $0.01\sim0.1\mu m$ 时,增强效果最好,若直径过大,则会引起应力集中;若直径小于 $0.01\mu m$,则会产生近于固溶体的结构,作用不大。增强粒子的数量大于 20%时,称为粒子增强性复合材料;含量较少时,称为弥散强化复合材料。

2. 纤维增强复合材料

纤维增强复合材料复合的效果取决于纤维和基体本身的性质、两者界面间物理、化学作用特点,以及纤维的含量、长度、排列方式等因素。纤维增强复合材料承受外加载荷主要依赖于增强纤维,因此应选择强度和弹性模量都高于基体的纤维材料作为增强剂。纤维和基体之间要有一定的黏结作用,两者之间的结合力要能保证基体所受的力能够通过界面传递给纤维。但结合力不能过大,在复合材料受力破坏的过程中,纤维从基体中拔出时会消耗能量,过大的结合力会使纤维拔出过程受阻,从而发生脆性断裂。另外,纤维的排布方向要和构件的受力方向一致,才能充分发挥增强作用。

3. 复合材料的界面

在增强纤维与其周围基体之间,存在着剪应力,并且这种剪应力是由化学结合而不是由机械结合来承担的。所以,复合材料界面结合情况是决定复合材料性能的重要因素。

增强纤维与基体之间的结合强度对复合材料的性能影响很大。如果界面结合强度低,则增强纤维与基体很容易分离,起不到增强作用;如果界面结合强度太高,则增强纤维与基体之间应力无法松弛,形成脆性断裂。

6.1.4　复合材料中常用的纤维增强材料

纤维增强材料在复合材料中起到增强作用,是主要的受力部分。纤维增强的复合材料通常具有较高的抗张强度和刚度,而且能够提高复合材料抗热变形的能力和抗低温冲击性能。常见的纤维增强材料具体如下。

1. 玻璃纤维

玻璃纤维的优点是抗拉强度高,相对密度小,化学稳定性高,耐热性好,价格低。缺点是脆性较大,耐磨性差,不耐腐蚀,纤维表面光滑而不易与其他物质结合,并且对人的皮肤有刺激性。玻璃纤维可制成长纤维和短纤维,其中长纤维可以制作成为纺织物,包括玻璃纤维布、玻璃纤维毡、玻璃纤维带等。随着玻璃纤维工艺的发展和应用需求的拓展,衍生出了一系列的特种玻璃纤维,如高强度玻璃纤维、高模量玻璃纤维、耐高温玻璃纤维、空心玻璃纤维等。

2. 碳纤维与石墨纤维

碳纤维是一种以碳为主要成分的纤维状材料,包括有机纤维或无机纤维,其制造方法通常为气相法和有机纤维碳化法。有机纤维在惰性气体中,经 $1000 \sim 2000℃$ 的高温碳化可以制成碳纤维,再经过 $2000 \sim 3000℃$ 的高温石墨化处理得到石墨纤维。碳纤维的相对密度小,弹性模量高,并且在 $2500℃$ 无氧气氛中也不降低。石墨纤维的耐热性和导电性比碳纤维高,并具有自润滑性。

3. 硼纤维

硼纤维是用化学沉积的方法将非晶态硼涂覆到钨和碳丝上面制得的,是制造高性能金属基复合材料最早使用的高性能纤维增强材料。硼纤维强度高,弹性模量大,耐高温性能好。在现代航空结构材料中,硼纤维的弹性模量绝对值最高,但硼纤维的相对密度大,延伸率差,价格昂贵。

4. SiC 纤维

SiC 纤维是一种高熔点、高强度、高弹性模量和高化学稳定性的陶瓷纤维,可以用化学沉积法及有机硅聚合物纺丝烧结法制造 SiC 连续纤维。SiC 纤维的突出优点是具有优良的高温强度,是一种典型的耐热材料,目前已用于制作喷气发动机涡轮叶片、飞机螺旋桨等高温受力部件。

5. 晶须

晶须是直径只有几微米的针状单晶体,是一种新型的高强度材料。晶须包括金属晶须和陶瓷晶须。晶须的直径小,内部结构完整,几乎没有空隙、位错等缺陷。金属晶须中可批量生产的是铁晶须,其最大特点是可在磁场中取向,可以很容易地制取定向纤维增强复合材料。陶瓷晶须比金属晶须强度高,相对密度低,弹性模量高,耐热性好。晶须材料没有明显的疲劳效应,但是其价格昂贵,目前主要应用于航空航天以及尖端军用技术上。

6. 其他纤维

天然纤维和高分子合成纤维也可作增强材料,但性能较差。美国杜邦公司开发了一种称为芳纶(Kevlar)的新型有机纤维,其弹性模量和强度都较高,通常用作高强度复合材料的增强纤维。芳纶纤维刚性大,其弹性模量为钢丝的 5 倍,密度只有钢丝的 $1/6 \sim 1/5$,比碳纤维轻 15%,比玻璃纤维轻 45%。芳纶纤维的强度高于碳纤维和经过拉伸的钢丝,热膨胀系数低,具有高的疲劳抗力、良好的耐热性,而且其价格低于碳纤维,是一种很有发展前途的增强纤维。

6.2　树脂基复合材料

树脂基复合材料包括塑料基复合材料和橡胶基复合材料。

6.2.1　塑料基复合材料

1. 碳纤维增强塑料

碳纤维增强塑料常用基体为环氧树脂,碳纤维增强塑料具有塑料和碳纤维的复合特性,如强度(抗拉强度和疲劳强度)高、密度低、耐磨性好、耐蚀性好、膨胀系数小,但其延伸率小,抗冲击性能差。

2. 玻璃纤维增强塑料

由于其成本低,工艺简单,玻璃纤维增强塑料是目前应用最广泛的复合材料。

玻璃纤维增强塑料的基体可以是热塑性塑料,如尼龙、聚碳酸酯、聚丙烯等,其中以尼龙的增强效果最为显著。玻璃纤维与热塑性塑料组成的复合材料比普通塑料有着更高的强度和冲击韧性,如玻璃纤维增强尼龙的强度显著提高,热膨胀系数减小,尺寸稳定性增加。

玻璃纤维增强塑料的基体也可以是热固性塑料,如环氧树脂、酚醛树脂、有机硅树脂等。玻璃显微与热固性塑料组成的复合材料一般称为“玻璃钢”,其性能随着树脂的种类而异。例如,酚醛树脂玻璃钢耐高温且有良好的综合性能,但其成型工艺差(需高温、高压成型);环氧树脂玻璃钢的强度高,黏着力强,收缩小;聚酯玻璃钢成型性好。

玻璃钢可用于制造汽车、火车、拖拉机等车身及其他配件,也可应用于机械工业的各种零件的制造,玻璃钢在造船工业中应用也越来越广泛,如用玻璃钢制造的船体耐海水腐蚀性好,制造的深水潜艇,比钢壳的潜艇潜水深 80%。玻璃钢的耐酸、碱腐蚀性能好,在石油化工工业中可制造各种罐、管道、泵、阀门、储槽等。玻璃钢还是很好的电绝缘材料,可用于制造电机零件和各种电器。

6.2.2　橡胶基复合材料

橡胶在结构与性能上与塑料、金属有很大区别,其最大特点是高弹性,并且弹性模量低,易于恢复。因此橡胶基复合材料也具有独特的性能,橡胶基复合材料按照增强体的不同可分为纤维增强橡胶和颗粒增强橡胶两类。

1. 纤维增强橡胶

纤维增强橡胶复合材料中,纤维起骨架和承力作用,橡胶起保护和造型作用。作为橡胶制品的增强体,纤维必须具有高强度、低延伸率、耐绕曲、低蠕变及与橡胶良好的黏接性能。

2. 颗粒增强橡胶

橡胶工业中会采用大量辅助剂来改善橡胶制品的性能,这些辅助剂与橡胶形成多相体系,使橡胶性能有很大的提高,构成颗粒增强橡胶。辅助剂的作用是显著提高橡胶的强度,常用的辅助剂是炭黑,天然橡胶中炭黑的质量分数为 $10\%\sim15\%$,炭黑以细小颗粒填充到橡胶分子的网络结构中,形成一种特殊界面,使其强度明显提高。目前,高品质的橡胶采用硅微粉作为炭黑的替代辅助剂,一般称其为"白炭黑"。与炭黑相比较,添加白炭黑不仅能使橡胶在性能上得到更大的提升,更因为其颜色为白色,在彩色橡胶的制备方面有着炭黑无法比拟的优势。

6.3 陶瓷基复合材料

相比于金属及高分子,陶瓷材料具有耐高温、抗氧化、高弹性模量和高抗压强度等优点,但其缺点是其脆性,不耐冲击和热冲击,大大限制了陶瓷的使用。目前主要利用纤维增强来改善陶瓷材料的冲击韧性。常用的陶瓷基复合材料主要有以下几类。

1. 石墨纤维增强硅酸盐复合材料

利用氧化锂、氧化铝和氧化硅组成的硅酸盐制成泥浆,将其涂覆在石墨纤维毡上,毡片叠层经高温($1375\sim1425$℃)加压($7MPa$)制成复合材料。这种复合材料的冲击韧性随着石墨纤维含量的增加而提高。

2. 碳纤维增强碳化硅复合材料

碳纤维增强碳化硅复合材料综合了碳纤维和碳化硅基体的性能,具有低密度、高强度、高韧性和耐高温等综合机械性能,在航空、航天、光学系统、交通工具等领域得到广泛的应用。应用于高推重比航空发动机的喷管和燃烧室,可将工作温度提高 $300\sim500$℃,推力提高 $30\%\sim100\%$,结构减重 $50\%\sim70\%$;应用于制动领域,成本低,环境适应性强,并且在吸收相同热量条件下可显著减小刹车系统体积,并具有优异的高速抗磨性能。

3. 碳化硅纤维增强氮化硅复合材料

碳化硅纤维增强氮化硅复合材料是一类以氮化硅陶瓷为基体、以碳化硅纤维为增强体的复合材料。以含 30% 纤维的材料为例,拉伸强度提高到 $500MPa$,在 1400℃下仍保持高强度。碳化硅纤维增强氮化硅复合材料主要采用热压法、化学气相浸渍法、反应烧结法和聚合物热解法制取。在各种发动机、燃气轮机、火箭喷嘴等方面得到广泛应用。

6.4 金属基复合材料

金属基复合材料的基体大多采用铝、铜、铝合金、铜合金、镁合金和镍合金,其增强体材料要求高强度和高弹性模量(抵抗变形和断裂)、高耐磨性(防止表面损伤)和高的化学稳定性(防止与空气和基体发生化学反应)。

金属基复合材料既具有强度高、模量高和热膨胀系数低的特点,其工作温度为 $300\sim500$℃,甚至更高,同时又具有不易燃烧、不吸潮、导热导电、屏蔽电磁干扰、热稳定性及抗辐射性能好、可机加工和常规连接等特点。但是,金属基复合材料也存在密度较大、成本较高、部分复合材料工艺复杂等缺点。随着上述不利因素的不断改进和完善,金属基复合材料在过去的 10 年中取得了长足进步,并在特定领域达到规模应用水平。

6.4.1　纤维增强金属基复合材料

纤维增强金属基复合材料是由低强度、高韧性的金属合金基体与高强度、高弹性模量的纤维组成的一类先进复合材料。纤维增强金属基复合材料的性能主要与所用增强纤维和基体金属的类型、纤维的含量及分布、纤维与基体金属间的界面结构及性能,以及制备工艺过程密切相关。

纤维增强金属基复合材料常用的纤维有硼纤维、SiC 纤维、碳纤维 B_4C 纤维、石墨纤维等,常用的基体金属主要为铝及铝合金、镁及镁合金、钛及钛合金、铜合金、铅合金、高温合金,以及新近发展的金属间化合物。

纤维增强金属基复合材料种类繁多,按照基体的种类可分为铝基复合材料、镁基复合材料、钛基复合材料、铜基复合材料及耐热合金基复合材料和金属间化合物基复合材料。

在上述纤维增强金属基复合材料中,铝基复合材料的研究和发展最为迅速,应用也最为广泛。其中硼纤维增强铝基复合材料是最早应用的一类金属基复合材料。所用基体因复合材料的制备方法而异,如采用扩散黏接工艺时常选用变形铝合金,采用液态金属浸润工艺时则用铸造铝合金。碳纤维增强铝基复合材料也是一类比较成熟的复合材料。其主要特点是高比强度、高比模量、较高的耐磨性、较好的导热性和导电性、较小的热膨胀和尺寸变化,因此在宇航和军事方面得到广泛的应用。目前,借助在碳纤维表面沉积 Ti/B 涂层的技术,可有效改善碳纤维与液态铝浸润性差的缺点并控制铝基体与纤维的界面反应。

6.4.2　颗粒增强金属基复合材料

颗粒增强金属基复合材料是由一种或多种陶瓷颗粒或金属颗粒增强体与金属基体组成的先进复合材料。这种复合材料一般选择具有高模量、高强度、耐磨及良好高温性能,并在物理、化学性能上与基体相匹配的颗粒作为增强体,常见的有碳化硅、氧化铝、碳化钛、硼化钛等陶瓷颗粒,有时也以金属颗粒作为增强体。这些增强体颗粒可能是外加的,也可以是在内部经过一定的化学反应而生成的,其形状可能是球形、多面体状、片状或不规则状。

1. 金属陶瓷

由陶瓷颗粒与金属基体结合的颗粒增强金属基复合材料称为金属陶瓷。其主要特点是既有陶瓷的高硬度和耐热性,又保持了金属的耐冲击性,从而具有良好的综合性能。其中碳化硅颗粒增强铝基复合材料是目前金属基复合材料中最早实现大规模产业化的品种。其密度仅为钢的 1/3 而与铝合金相近,其比强度较中碳钢高,也比铝合金高,弹性模量远远高于铝合金,此外还具有良好的耐磨性能,使用温度为 300~350℃。碳化钛颗粒增强的钛基复合材料的强度、弹性模量、抗蠕变性能均明显提高,使用温度最高可达500℃,可用于制造导弹壳体、导弹尾翼和发动机零部件。

2. 弥散强化金属

将金属或氧化物颗粒均匀分散到基体金属中,可以使金属晶格固定,增加位错运动阻力。金属经弥散强化后,室温及高温强度明显提高。氧化铝弥散增强铝基复合材料就是工业中的应用实例。

6.5 碳/碳复合材料

碳/碳复合材料是用碳纤维或石墨纤维或它们的织物作为碳基体骨架,埋入碳基质中增强基体所制成的复合材料。其性能随着所用碳基体骨架用纤维性质、骨架的类型和结构、碳基质所用原料及制备工艺、碳/碳复合材料的制备工艺中各种物理和化学变化、界面变化等因素的影响而有很大差别。

碳/碳复合材料完全是由碳元素构成的,碳原子相互间的强亲和力和碳的高温升华温度使这种材料在极高温度下仍然保持固态。碳基质通过高强碳纤维或高模量的石墨纤维定向增强,可制成硬度高、刚性好的复合材料。在 1300℃ 以上,很多高温合金和无机耐高温材料都失去强度,唯独碳/碳复合材料的强度还略有上升。据测,在 1600℃ 时,碳/碳复合材料的强度增高 40%,其力学性能可保持到 2000℃。

碳/碳复合材料在很宽的温度范围内对常见的化学腐蚀物具有良好的化学稳定性,但碳在较高温度下能与氧、硫、卤素起反应,在 590℃ 以上即能与空气中的氧发生反应引起燃烧,因此碳/碳复合材料在有空气氧化条件及高温条件下使用容易产生氧化,一般会在其表面形成一层碳化硅的薄层抗氧化膜。

碳/碳复合材料在制造过程中有气体渗入或致密化程度不够,常呈现多孔性,空隙率一般为 10%～35%,因此在复合材料的表面或空隙间吸附水或其他液体,吸水率为5%～15%。

碳/碳复合材料最初用于航天工业,作为战略导弹和航天飞机的防热部件,如导弹头锥和航天飞机机翼前缘,可承受返回大气层时高达数千度的高温和严重的空气动力载荷。碳/碳复合材料还可用来制造高速飞机刹车盘耐磨材料,使用中抗磨损性强、热膨胀性小,如波音 747-400 客机的刹车系统,每架飞机用复合材料较金属耐磨材料轻 900kg,并且大大延长了其维修周期。碳/碳复合材料还可用于制造超塑性成型工艺中的热锻压模具和粉末冶金工艺中的热压模具。另外,由于其具有极好的生物相容性,即与血液、软组织和骨骼能相容而且有高的比强度和可挠曲性,可供制成许多生物体整形植入材料,如人工牙齿、人工骨骼及关节等。

第7章 其他功能材料

功能材料(functional materials)种类繁多,用途广泛,正在形成一个规模巨大的高技术产业群,市场前景广阔。目前,世界各国都在布局高性能功能材料和新型功能材料的研发与应用,功能材料已成为世界各国新材料研究和开发的热点和重点,已经上升到了世界各国高技术发展的战略竞争层面。功能材料是新材料开发的核心领域之一,与国民经济、国防建设及社会进步都息息相关,具体涉及信息技术、能源技术、生物技术、空间技术等现代高新技术及产业,功能材料对现代产业的改造升级及跨越式发展具有至关重要的促进作用。

7.1 功能材料

7.1.1 功能材料概述

1. 功能材料的概念

功能材料的概念是美国 Morton 于 1965 年首先提出来的。然而,迄今为止,功能材料尚无统一和严格的定义。目前,材料领域使用最多的功能材料的定义是指具有一种或几种特定功能的材料,是指具有优良的物理、化学、生物或其他相互转化的功能的材料,以非承载为目的,在物件中起着"功能"的作用。从另一个角度来看,结构材料实际上是一种具有力学功能的材料,因此也是一种功能材料。但是由于对应于力学功能的机械运动是一种宏观物体的运动,它与对应于其他功能的微观物体的运动有着明显的区别。因此,习惯上人们并未将结构材料包括在功能材料的范畴内。因此,一般将材料分为结构材料和功能材料两大类。然而,结构材料和功能材料有共同的科学基础,有时也很难明确区分。此外,有时一种材料同时具有结构材料和功能材料两种属性,如结构隐身材料就兼有承载、气动力学和隐身三种功能。有时用途不同,一种材料也可属于不同的范畴,如弹性材料作为弹簧时,属结构材料范畴;但是用于储能时,可视为功能材料。

虽然功能材料的概念是在 1965 年才提出来的,但是对功能材料的研究和应用实际上远远早于 1965 年,只是限于当时的科技水平,功能材料的品种和产量都很少,在相当长的一段时间内发展缓慢。因此,功能材料未能成为一个独立的材料分支领域。20 世纪 60 年代以来,各种现代技术,如微电子、激光、红外、空间、能源、机器人、信息和生物等技术的兴起,强烈地刺激了功能材料的发展。为了满足这些现代技术对材料的需求,世界各国都非常重视功能材料的研究和开发。同时,由于固体物理、固体化学、量子理论、结构化学、生物物理和生物化学等学科的飞速发展,以及各种制备功能材料的新技术和现代分析测试技术在功能材料研究和生产中的实际应用,许多新的功能材料不仅可以在实验室中研制出来,而且可以批量生产,这也在不同程度上推动或加速了各种现代技术的进一步发展。因此,结构材料和功能材料的关系发生了根本性的变化,功能材料已和结构材料处于差不多同等的地位,功能材料学科已成为材料学科中的一个分支学科。功能材料迅速发展是材料发展第二阶段的主要标志,因此把功能材料称为第二代材料。

2. 功能材料的性能

（1）半导体性能

固体中含有大量的电子,但不同固体中电子导电性相差很大,按照固体电阻率的不同可分为为导体、半导体和绝缘体。

根据固体能带理论,固体中只有导带中的电子或价带顶部的空穴才能够参与导电。半导体的能带结构与绝缘体类似,价带为满带,导带为空带,所不同的是半导体的禁带宽度较低(低于 2eV),容易在外界因素(如热、光辐射)的激发下使电子由价带跃迁到导带,价带中留下空穴,从而具有导电能力。这种导带中的电子导电和价带中的空穴导电同时存在的情况称为本征导电,这类半导体称为本征半导体。

通过向半导体中掺入杂质原子,可大大提高半导体的导电性能。譬如在单晶硅中掺入十万分之一的硼原子,硅的导电能力增加一千倍。如果在硅单晶中掺入五价原子,成键后多余电子能级离导带很近,容易被激发,称为施主能级,这类半导体称为 N 型半导体;如果在硅单晶中掺入三价原子,成键后在距离价带很近处出现空穴能级,称为受主能级,这类半导体称为 P 型半导体。

（2）磁性能

磁性是功能材料的一个重要性质,某些金属材料在外磁场作用下产生很强的磁化强度,外磁场去除后仍然能保持相当大的永久磁性,这种特性称为铁磁性,常见的铁磁性材料有过渡金属铁、钴、镍和某些稀土金属材料。铁磁性材料所能达到的最大磁化强度称为饱和磁化强度,用 M_s 表示。

抗磁性是指在外磁场作用下,原子内的电子轨道绕场向运动,获得附加的角速度和微观环形电流,从而产生与外磁场方向相反的感生磁矩。原子磁矩叠加的结果使宏观物质产生与外场方向相反的磁矩,属于此类的物质有 C、Au、Ag、Cu、Zn、Pb 等。抗磁性是一种弱磁性,并且是一种非永久性的磁性,只有在外磁场存在时才能维持,磁矩方向与外磁场相反,磁化率大约为 10^{-5};顺磁性源于原子或分子磁矩,在外加磁场作用下趋于沿外场方向排列,使磁质沿外场方向产生一定强度的附加磁场。顺磁性是一种弱磁性,磁导率为 $10^{-5}\sim10^{-2}$。顺磁性材料多用于磁量子放大器和光量子放大器,在工程上的应用极少,顺磁金属主要有 Mo、Al、Pt、Sn 等。抗磁性和顺磁性材料都被看成无磁性材料。

某些非铁磁性材料相邻原子或离子的磁矩做反方向平行排列,总磁矩为零,这种性质为反铁磁性,这类材料有 Mn、Cr、MnO 等。

（3）超导性能

某些物质冷却到临界温度以下时,同时产生零电阻率和排斥磁场的能力,这种现象被称为超导电性,该类材料称为超导体或超导材料。早在 1911 年,荷兰物理学家 Onnes

发现汞的直流电阻在 4.2K 时突然消失,认为汞进入以零电阻为特征的"超导态"。1933 年 Meissner 发现超导体一旦进入超导态时,体内的磁通量将全部被排出体外,磁感应强度恒等于零,这种现象称为迈斯纳效应。零电阻效应和完全抗磁性是超导体的两个基本物理性质,这两个性质既彼此独立又紧密相关。

1986 年,Bednorz 和 Mller 发现了高温氧化物超导体在 35K 下的超导现象,随后在 10 年间临界温度提高到了 160K,这个温度在丰富而廉价的液氮的沸点(77K)以上,因而被称为高温超导,它使超导性的应用变为现实,从此超导体在全世界范围内引起极大关注。

(4)光性能

有关光与物质相互作用的现象和规律性主要是通过光谱学方法获得的,其中包括固体对光的吸收、反射、发光和散射光谱。

吸收光谱是指物质在光谱范围内的吸收系数按光频率(或波长)的分布,光在通过物质之后强度会减弱,其中有部分能量被物质所吸收。各种类型的发光物质表现出不同的吸收光谱,由于吸收光谱直接表征发光中心与它的组成、结构的关系及环境的影响,吸收光谱对研究发光材料的性能有重要的作用。

完整的光致发光谱由发射光谱和激发光谱两部分组成。物质发射光子的能量按照频率(或波长)分布的总体称为该物质的发射光谱。发射光谱的强度和波长取决于发光中心的组成、结构及周围介质的影响。激发光谱是指使物质发光时激发光按频率(或波长)的分布,激发光谱的测定可确定对发光有贡献的有效光吸收带的位置。

3. 功能材料的分类

目前,功能材料范围还没有得到公认的严格的界定,所以对它的分类就很难有统一的认识。

功能材料按照其功能特性可分为力学功能材料、物理功能材料、化学功能材料、生物功能材料和核功能材料,如图 7-1 所示。

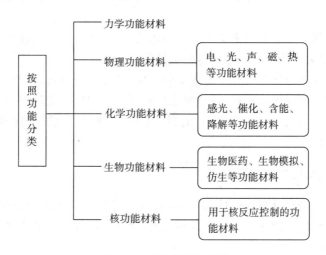

图 7-1　功能材料的分类

按照化学成分可分为金属功能材料、无机非金属功能材料、有机功能材料、高分子功能材料、复合功能材料等。

按照应用领域可分为信息工业用功能材料、电子功能材料、军工功能材料、能源功能材料和医学功能材料。

以上 3 种分类方法是功能材料分类中常见的分类方法。此外,还有一些其他的分类方法,如按照聚集状态功能材料可分为气态、液态、固态、液晶态和混合态功能材料,按照材料形态功能材料可分为体积、膜、纤维和颗粒等功能材料,按维度分类功能材料可分为三维、二维、一维和零维功能材料。

7.1.2 导电功能材料

导电功能材料是指利用物质的导电特性的材料,导电材料按导电机理又可分为电子导电材料和离子导电材料。电子导电材料的导电机理的经典理论是自由电子理论,认为电子在金属导体中运动时不受任何外力作用,互相之间也无作用,即金属导体中电子的势能是个常数。因此,可采用经典力学来导出电导率公式。但在实际中,无论金属还是非金属导体,其电子的运动是在以导体空间点阵为周期的势场中的运动。电子的势能是一个周期函数,而不是常数,因此它不是自由电子,这就是能带理论。同时,导体的周期势场和变化都比电子平均动能小得多,按照量子力学,可当作微动来处理,这种理论称为准自由电子理论,由量子力学可导出电导率公式为

$$\sigma = \frac{1}{\rho} = \frac{1}{2} \frac{ne^2}{m} \frac{l}{\upsilon}$$

式中:ρ 为导体的电阻率;n 为单位体积内处于费米能级的电子数;l 为电子的平均自由路程;e 为电子的有效电荷;m 为电子的有效质量;υ 为费米能级电子的平均速度。

应当指出的是材料的电导率不仅与上述因素有关,而且与温度紧密相关,有些材料的电导率随着温度的升高而降低,如金属钯和钾;而半导体材料的电导率随温度的上升而升高。

离子导电材料的导电机理主要是离子的运动,由于离子的运动速度远小于电子的运动速度,其电导率远小于电子导电材料的电导率。

导电材料在国民经济中占有十分重要的地位,各种电缆材料、电机材料、导电引线材料、导体布线材料、信息传输材料、释放静电材料、传感器材料、电阻材料和热电偶材料等都含有导电材料。导电材料正在电力、电器、电子、信息、航空航天、仪器仪表、核工业等行业中有着广泛的应用。

7.1.3 磁性功能材料

磁性功能材料是指具有强磁性的材料,磁性功能材料具有能量转换、存储或改变能量状态的功能。磁性功能材料一般分为两大类,即软磁材料和硬磁材料。

1. 软磁材料

软磁材料就是矫顽磁力很低(<0.8kA/m)的磁性材料,亦即当材料在磁场中被磁化并移出磁场后,获得的磁性就会全部或者大部分丧失。典型的软磁材料包括硅钢片和软

磁铁芯。软磁材料的主要磁特性如下。

(1)矫顽力和磁滞损耗低;

(2)电阻率较高,磁通变化时产生的涡流损耗小;

(3)高的磁导率和高的磁饱和感应强度,有时要求在低的磁场下具有恒定的磁导率;

(4)某些材料的磁滞回线呈矩形,要求高的矩形比。

根据软磁材料的特性,其主要被用于发电机、电动机、变压器、电磁铁、各类继电器与电感、电抗器的铁心,磁头与磁记录介质,计算机磁心等。

2. 硬磁材料

硬磁材料又称永磁材料,是指一经磁化即能保持恒定磁性的磁性材料。硬磁材料的主要表征参数是剩余磁感应强度 B_r、矫顽力 H_c 和最大磁能积 $(BH)_{max}$,三者越高,磁性材料性能越好。硬磁材料主要有以下几类。

(1)铝镍钴系硬磁合金

铝镍钴系硬磁合金以 Fe、Ni、Al 等元素为主要成分,并加入 Cu、Co 和 Ti 等元素进一步提高合金性能。包括铝镍型、铝镍钴型和铝镍钴钛型 3 种,其中又有各向同性合金、磁场取向合金和定向结晶合金。这类永磁材料的最大磁能积仅低于稀土永磁,$(BH)_{max}$ 为 $16 \sim 72 kJ/m^3$。

(2)永磁铁氧体

永磁铁氧体主要有钡铁氧体($BaO \cdot 6Fe_2O_3$)、锶铁氧体($SrO \cdot 6Fe_2O_3$),晶体结构均属六角晶系。它具有剩余磁通量小、矫顽力大、电阻率大、密度小、质量小、温度系数大、制造工艺简单等特点,是硬磁材料中价格最低、用量最大的一类磁体,其 $(BH)_{max}$ 为 $8 \sim 32 kJ/m^3$。

(3)铁铬钴系硬磁合金

铁铬钴系硬磁合金以铁、铬($23.5\% \sim 27.5\%$)、钴($11.5\% \sim 21.0\%$)为主,并加入了适量硅、钼、钛。这类合金可以通过成分调节将其低的单轴各向异性常数提高到铝镍钴合金的水平,其 $(BH)_{max}$ 可达 $76 kJ/m^3$。

(4)稀土硬磁材料

稀土硬磁材料包括稀土钴和稀土铁系金属间化合物,属于硬磁材料中性能较好的一类。稀土钴磁铁具有小体积可以产生大磁场,稳定性好,不易受外磁场的影响,高温下使用不会退磁等特点。

硬磁材料主要用于扬声器、磁滞电机、发电机等领域。

7.1.4 发光功能材料

发光材料品种繁多,按激发方式发光材料可以分为以下几类。

(1)光致发光材料:发光材料在紫外光、红外光或可见光照射下激发发光;

(2)电致发光材料:发光材料在电场或电流作用下的激发发光;

(3)阴极射线致发光材料:发光材料在加速电子的轰击下的激发发光;

(4)热致发光材料:发光材料在热的作用下的激发发光;

(5)等离子发光材料:发光材料在等离子体的作用下的激发发光。

1. 发光机理

材料的发光机理有两种：一是分立中心发光，二是复合发光。分立中心发光是指发光材料的发光中心受激发时并未离化，即激发和发射过程发生在彼此独立的、个别的发光中心内部的发光。这种发光是单分子过程，并不伴随光电导，所以又称为"非光电导型"发光。分立中心发光有以下两种情况。

（1）自发发光

受激发的粒子，受粒子内部电场作用从激发态 A 而回到基态 G 时的发光，称为自发发光，如图 7 - 2(a)所示。这种发光的特点是，与发射相应的电子跃迁的概率基本上决定于发射体内的内部电场，不受外界因素的影响。

（2）受迫发光

受激发的电子只有在外界因素的影响下才发光，称为受迫发光。其特点是，发射过程分为两个阶段，如图 7 - 2(b)所示，受激发的电子出现在受激态 M 上时，从状态 M 直接回到基态 G 上是禁阻的。在 M 上的电子一般也不是直接从基态 G 上跃迁来的，而是电子受激后，先由基态 G 跃迁至 A，再回到 M 态上，M 这样的受激态称为亚稳态。受迫发射的第一阶段是由于热起伏，电子吸收能量 ε 后，从 M 态跃迁到 A，要实现这一步，电子在 M 态上需要花费时间，等待时机，从 A 态回到 G 态是允许的，这就是受迫发射的第二阶段。由于这种发光要经过亚稳态，又称受迫发光为亚稳态发光。

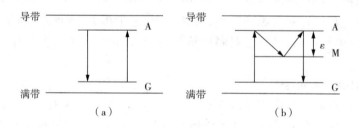

图 7 - 2　分立中心发光

发光材料受激发时分离出一对带异号电荷的粒子，一般为正离子和电子，这两种粒子在复合时便发光，即复合发光。离化的带电粒子在发光材料中漂移或扩散，从而构成特征性光电导，因而复合发光又称为"光电导型"发光。复合发光可以在一个发光中心上直接进行，即电子脱离发光中心后，又与原来的发光中心复合而发光，呈单分子过程，电子在导带中停留的时间较短，不超过 10^{-10} s，是短复合发光过程。大部分复合发光是电子脱离原来的发光中心后，在运动过程中遇到其他离化了的发光中心复合发光，呈双分子过程，电子在导带中停留的时间较长，是长复合发光过程。例如，铜和银激活的是典型的"光电导型"磷光体。

2. 发光材料的发光特征

发光材料的性能主要是通过发光颜色、发光强度及发光持续时间进行表征的。

不同的发光材料有不同的发光颜色，目前发光材料的种类很多，它们的发光颜色足以覆盖整个可见光的范围，材料的发光光谱可分为 3 种类型，见表 7 - 1 所列。

表 7-1 材料发光光谱的类型

类型	宽带	窄带	线谱
带宽/nm	半宽度~100	半宽度~50	半宽度~0.1
例子	$CaWO_4$	$Sr(PO_4)_3Cl:Eu^{3+}$	$GdVO_4:Eu^{3+}$

发光强度是随激发强度而变的,通常用发光效率来衡量材料的发光本领。事实上,发光效率也同激发强度有关。发光效率通常通过量子效率、能量效率及流明效率来表示。量子效率是指发光的量子数与激发源输入的量子数的比值,能量效率是指发光的效率与激发源输入能量的比值,流明效率是指发光的流明数与激发源输入的能量的比值(lm/W)。值得注意的是,有的器件虽然效率很高,但是亮度不大,这是因为输入的能量受到限制。

最初的发光分为荧光和磷光两种。荧光是指在激发时发出的光,磷光是指在激发停止后发出的光。由于瞬态光谱技术的发展,现在对荧光和磷光已经不做区分,荧光和磷光的时间界限已不清楚。但是必须指出的是,发光总是延迟于激发的,发光的衰减规律常常很复杂,很难用一个反映衰减的参数来表示,所以在具体应用中规定,当激发停止时的发光亮度 L 衰减到 L_0 的 10% 时,所经历的时间为余辉时间(简称余辉)。根据余辉时间的长短可分为六个范围。

(1)极短余辉:余辉时间小于 $1\mu s$ 的发光;

(2)短余辉:余辉时间 $1\sim10\mu s$ 的发光;

(3)中短余辉:余辉时间 $10\sim1000\mu s$ 的发光;

(4)中余辉:余辉时间 $1\sim100ms$ 的发光;

(5)长余辉:余辉时间 $0.1\sim1s$ 的发光;

(6)极长余辉:余辉时间大于 $1s$ 的发光。

发光材料在日常生活中的应用极为普遍,如各种显示器件、发光二极管、洗涤增白剂、数字化仪表等都含有大量的发光材料。

7.1.5 声光功能材料

当声波在介质中通过时,由于光电效应,介质密度随声波振幅的强弱而产生相应的周期性的疏密变化,它对光的作用犹如条纹光栅。此时光束若以适当角度射入晶体内即产生衍射现象,这种声致光衍射的现象称为声光效应。具有声光效应的材料称为声光材料。

虽然在 1920 年左右人们就发现了声光效应,但是直到高频声学和激光发展后,声光效应才逐渐为人们所重视。

光波被超声光栅衍射时,有两种情况。当超声波波长较短(高频超声)、声束宽,光线与超声波面成角度入射时,与 X 射线在晶体中的衍射相同,产生布拉格衍射,如图 7-3(a)所示;当低频超声,声束窄,光线平行声波面入射时,可产生多级衍射,称为拉曼-奈斯衍射,如图 7-3(b)所示。

虽然声光效应早已被发现,但是由于技术上的原因,仅用于物理性质的测量和基础

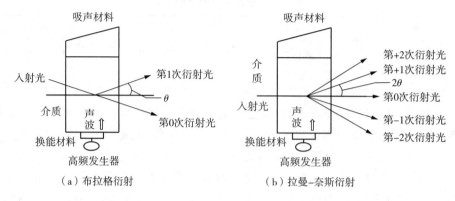

（a）布拉格衍射　　　　　（b）拉曼-奈斯衍射

图 7-3　布拉格衍射和拉曼-奈斯衍射

研究。但是随着高频声学和激光技术的发展,声光效应在电子学的各个领域被广泛采用。声光晶体的应用主要借助于声光衍射,其基本功能包括强度调制、偏转方向控制、光频移动和光频滤波,据此可制作相应的声光器件,具体如下。

(1)声光调制器:衍射效率与超声功率有关,采用强度调制的超声波可对衍射光强度调制。声光调制器消光比大,体积小,驱动功率小,在激光领域用于开关、锁模等技术。

(2)声光偏转器:声光衍射时,声波频率改变会使衍射束方向改变,因此,采用调制声波就可以制作成随机偏转器和连续扫描偏转器,用于光信号的显示和记录。声光调制器和声光偏转器结合后,在激光印刷系统、记录、传真方面已有广泛的实际应用。

(3)声光滤波器:声光衍射的分光作用类似于投射光栅,可用作滤波器来进行光谱分析,声光栅的光栅常数可以用电控改变,可以制作电子调谐分光计。声光滤波器包括共线滤波器和非共线滤波器等,可用相应方法获得所需窄带光输出。声光滤波器分辨率高,在宽的光谱范围内具有电子调谐能力。因此,在多光谱成像、染料激光器调谐及电子调谐等方面可以采用。

(4)声光信息处理器:利用声光栅作实时位向光栅或利用声光调制功能实现乘法"和""与"操作,则可制成乘法器用于高速并行运算,还可用于脉冲压缩、光学相关器和射频频谱分析等方面。

7.1.6　生物医学功能材料

生物医学功能材料用于与生命系统接触和发生相互作用的,并能对其细胞、组织和器官进行诊断治疗、替换修复或诱导再生的一类天然或人工合成的特殊功能材料,也称为生物材料。由于生物医学材料的重大社会效益和巨大经济效益,近十年来,已被许多国家列为高技术材料发展计划,并迅速成为国际高技术的制高点之一,其研究与开发得到了飞速发展。此外,生物医学材料是材料科学与生命科学的交叉学科,代表了材料科学与现代生物医学工程的一个主要发展方向,是当代科学技术发展的重要领域之一。

尽管生物医学材料的发展可追溯到几千年以前,但取得实质性进展则始于 20 世纪 20 年代。70 年代以前,医用金属材料、生物陶瓷、医用高分子材料都得到了蓬勃发展,70年代后,医用功能材料的研究开发,成为生物医学材料发展中最活跃的领域之一。进入

90 年代，借助于生物技术与基因工程的发展，生物医学材料已由无生物存活性的材料领域扩展到具有生物学功能的材料领域，其基本特征在于具有促进细胞分化与增殖、诱导组织再生和参与生命活动等功能。这种将材料科学与现代生物技术相结合，使无生命材料生命化，并通过组织工程实现人体组织与器官再生及重建的新型生物材料已成为现代材料科学新的研究前沿，其中具有代表性的生物分子材料和生物技术衍生生物材料的研究已取得重大进展。

生物医学功能材料的分类有多种方法，常见的是按材料的物质同性划分为医用金属材料、生物陶瓷、医用高分子材料和医用复合材料。

生物陶瓷是指主要是用于人体硬组织修复和重建的生物医学陶瓷材料。与传统陶瓷材料不同的是，它不是单指多晶体，而是包括单晶体、非晶体生物玻璃和微晶玻璃、涂层材料、梯度材料、无机与金属复合、无机与有机或生物材料的复合材料。生物陶瓷不是药物，但可作为药物的缓释载体，其生物相容性、磁性和放射性，能有效地治疗肿瘤。生物陶瓷在临床上已用于胯、膝关节、人造牙根、额面重建、心脏瓣膜、中耳听骨等。

医用高分子材料是指用于生物体或治疗过程的高分子材料。生物医用高分子材料按来源可分为天然高分子材料和人工合成高分子材料。由于高分子材料的种类繁多、性能多样，医用高分子材料的应用范围十分广泛。它既可用于硬组织的修复，也可用于软组织的修复；既可用作人工器官，又可作各种治疗用的器材；既有可生物降解的，又有不降解的。与医用金属材料和生物陶瓷材料相比，医用高分子材料的强度与硬度较低，作软组织替代物的优势是前者不能比拟的，医用高分子材料也不发生生理腐蚀，从制作方面看医用高分子材料易于成型。但是医用高分子材料易于发生老化，可能会因体液或血液中的多种离子、蛋白质和酶的作用而导致聚合物断链、降解；医用高分子材料的抗磨损、蠕变等性能也不如金属材料。

最先应用于临床的金属材料是金、银、铂等贵金属，原因是它们都具有良好的化学稳定性和易加工性能。已应用于临床的医用金属材料主要有不锈钢、钴基合金和钛基合金三大类，它们主要用于骨和牙等硬组织修复和替换，心血管和软组织修复及人工器官制造中的结构元件。

（1）不锈钢

奥氏体不锈钢的生物相容性和综合力学性能较好，得到了大量应用，在骨科常用来制作各种人工关节和骨折内固定器，如人工髋关节、膝关节、肩关节，各种规格的截骨连接器、加压板、鹅头骨螺钉，各种规格的皮质骨与松质骨加压螺钉、脊椎钉、哈氏棒、鲁氏棒、颅骨板等。在口腔科常用于镶牙、矫形和牙根种植等各种器件的制作，如各种牙冠、固定支架、卡环、基托、正畸丝等。在心血管系统常用于传感器的外壳与导线、介入性治疗导丝与血管内支架等。

（2）钴基合金

与不锈钢相比，钴基合金的钝化膜更稳定，耐蚀性更好，而且其耐磨性是所有医用金属材料中最好的，因而钴基合金植入体内不会产生明显的组织反应。医用不锈钢发展的同时，医用钴基合金也得到很大发展。最先在口腔科得到应用的是铸造钴铬钼合金，20 世纪 30 年代末又被用于制作接骨板、骨钉等固定器械。到了 50 年代，人们又成功地研制出人工髋关节。在 60 年代,为了提高钴基合金的力学性能,又研制出锻造钴铬钨镍合金和锻造钴铬钼合金,并应用于临床。在 70 年代,为了改善钴基合金抗疲劳性能,人们又研制出锻造钴铬钼钨铁合金和具有多相组织的 MP35N 钴铬钼镍合金,并在临床中得到应用。

（3）钛基合金

钛属难熔稀有金属,熔点为 1762℃。钛的珍贵性能是密度小、比强度高。钛的密度只有铁的一半多一点,强韧性比铁好得多。通过在钛中加入一些合金元素可产生固溶强化和相变强化等效应,钛基合金的强度可达到很高的水平。钛基合金的比强度（强度/密度之比）是不锈钢的 3.5 倍。钛与氧反应形成的氧化膜致密稳定,有很好的钝化作用。因此,钛基合金具有很强的耐蚀性。在生理环境下,钛基合金的均匀腐蚀很小,也不会发生点蚀、缝隙腐蚀和晶间腐蚀。但是钛基合金的磨损与应力腐蚀较明显。总体上看,钛基合金对人体毒性小,密度小,弹性模量接近于天然骨,是较佳的金属生物医学材料。20世纪 40 年代已用于制作外科植入体,在 50 年代用纯铁制作的接骨板与骨钉已用于临床。随后,一种强度比纯钛高,而耐蚀性和密度与纯钛相仿的 Ti6Al4V 合金研制成功,有力地促进了钛的广泛应用。在 70 年代,人们又相继研制出含间隙元素极低的 ELlTi6Al4V 合金、Ti5Al2.5Sn 合金和钛钼锌锡合金。钛基合金广泛用于制作各种人工关节、接骨板、牙根种植体、牙床、人工心脏瓣膜、头盖骨修复等许多方面。

7.1.7 隐身功能材料

隐身功能材料的名称来源于用于降低军事目标可探测性的材料。由于探测技术的飞速发展和多种探测器的使用,隐身材料也必须朝着多功能化、宽频带方向发展。

隐身材料的基本原理就是降低目标自身发出的或反射外来的信号强度,或减小目标与环境的信号反差,使其低于探测器的门槛值,或使目标与环境反差规律混乱,造成目标几何形状识别上的困难。

电磁波在理想介质中传播时,一般以电场矢量 E 和磁场矢量 H 来描述波阻抗 Z,即

$$Z = \frac{E}{H} = \sqrt{\frac{\mu}{\varepsilon}} \qquad (7-1)$$

式中:μ 和 ε 分别为隐身材料的磁导率和介电常数。如果电磁波由介质 1 进入介质 2,其发射系数为

$$\nu = \frac{E_v}{E_i} \qquad (7-2)$$

式中:E_i 和 E_v 分别为入射电磁波及反射电磁波的电场强度,若以波阻抗表示,则有

$$\nu = \frac{Z_2 - Z_1}{Z_2 + Z_1} \qquad (7-3)$$

式中:Z_1 和 Z_2 分别为介质 1 和介质 2 的波阻抗。假设 1 为空气,无反射的条件必须使式(7-3)中的 $\nu = 0$,则有

$$\mu_r = \varepsilon_r \qquad (7-4)$$

式中：μ_r 和 ε_r 分别为隐身材料的相对磁导率和相对介电常数，$\mu_r = \mu_2/\mu_1$，$\varepsilon_r = \varepsilon_2/\varepsilon_1$。满足式(7-4)时，可以认为阻抗匹配。但是经过半个世纪的研究，人们始终未能在宽频带范围内找到保持 $\mu_r = \varepsilon_r$ 的材料。

目前，单质隐身功能材料很难适应隐身的要求，因此隐身功能复合材料则应运而生。隐身功能复合材料按照电磁波吸收剂的使用可分为涂料型和结构型两类，它们都是以树脂为基体的功能复合材料。

(1)涂料型隐身功能复合材料：能使被涂目标与它所处背景有尽可能接近的反射、透过、吸收电磁波和声学特性的一类无机涂层，称为伪装层。隐身材料种类有很多，有防紫外侦察隐身涂层、防红外侦察隐身涂层以及防可见光、防激光、防雷达等侦察隐身涂层，还有吸声涂层等。

(2)结构型隐身功能复合材料：涂料型隐身功能复合材料存在质量、厚度、黏结力等问题，在使用范围上受到了一定的限制，因此兼具隐身和承载双重功能的结构型隐身功能复合材料应运而生。电磁波在材料中传播的衰减特性是复合材料吸波的关键。振幅不同的波来回传播，包括折射和散射，最后使射入复合材料的电磁波得到衰减，达到吸波的目的。此外，在设计时，复合材料表面介质的特性应尽量接近空气的特性，使表面反射小，从而达到隐身作用。隐身材料主要用于车辆、舰艇、军用飞机及其他军用设施。

7.1.8　形状记忆材料

形状记忆材料(shape memory materials)是指具有一定初始形状的材料经过形变并固定成另一种形状后，通过热、电、光等物理刺激或化学刺激的处理又可恢复成初始形状的材料。形状记忆材料作为一种新型功能材料，自问世以来仅有几十年的历史，但是由于其功能特异，可以用来制作小巧玲珑、高度自动化、性能可靠的元器件引起人们的高度重视，并获得广泛的应用。

1. 形状记忆效应

形状记忆效应是指材料能够"记忆"住原始形状的功能。以 Ti-Ni 合金为例，Ti-Ni 合金丝在高温时有一定的形状，在低温时使其变形，外力去除后，其变形保留，但是若将其加热到一定的温度，则合金丝能自动地恢复到原先的形状，这就是简单的形状记忆效应。形状记忆效应过程示意图如图 7-4 所示。材料加载过程中，应变随应力增加，其中 OA 段表示弹性形变的线性段。AB 为非线性段，当由 B 点卸载时，材料的残余应变由 OC 表示，将此材料在一定温度加热，则其残余应力可以降为零。材料全部恢复原始形状。这种只能记忆高温时形状的现象称为单向形状记忆效应(也称单程记忆)。

有些记忆材料，如 Cu-Zn-Al 合金经过一定的特殊处理后，材料可以"记忆"住高温时的形变，又可记忆住低温时的形变，当温度在高温与低温之间往返变化时，材料自行在两种形状之间转换，这

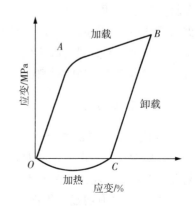

图 7-4　形状记忆效应过程示意图

种现象称为双向记忆效应。另外，一些材料不仅具有双向形状记忆效应，而且在反复变温过程中，总是遵循相同的形状变化规律，即记忆了中间过程，这种记忆效应称为全方位记忆效应。截至目前，只有在 Ti-15%Ni(at%)合金中发现这一特殊的现象。

2. 形状记忆效应的机理

形状记忆效应与马氏体相变存在着不可分割的关系，它是热弹性马氏体相变的一种特殊表现。目前，所有的形状记忆合金具有记忆特征的形状变化都是在马氏体相变过程中发生的。马氏体相变是一种无原子扩散的相变。冷却时，较高温度下稳定的母相在新相(马氏体相)结构转变过程中发生切变，微观上发生较大的剪切变形。母相与马氏体相的界面共格或半共格，存在非常严格的晶体学位相对应关系。温度再回升，马氏体发生逆相变，即经历逆向切变后回到母相，此时，合金可能恢复原有形状。形状记忆效应是以马氏体相变及其逆相变过程中母相与马氏体相的晶体学可逆性为依据的。

目前人们所发现的形状记忆合金多数发生热弹性马氏体相变，它是马氏体相变的4种类型之一。其特点是，相变时形成的马氏体片随温度的升高或降低，通过两相界面的移动缩小或长大。其尺寸由温度决定，随温度的变化具有弹性特征。在这种既无其他相变参与，又通过两相界面移动进行相变的过程中，马氏体与母相保持着严格的晶体学可逆。不过，这种晶体学的可逆性并不是在所有发生马氏体相变的合金中都能得到保证的。例如，碳钢中的马氏体在加热时通常发生回火，相变过程不可逆，因而不可能出现形状记忆现象。

3. 形状记忆材料的应用

目前，已知具有实用价值的形状记忆合金主要有 Ni-Ti、Ni-Ti-Nb、Cu-Zn、Cu-Zn-Al、Cu-Al-Ni 等合金。由于形状记忆合金不仅具有形状记忆功能，还具有耐磨损、抗腐蚀、高阻尼等特性，在航空、航天、机械、化工、石油、医疗等领域中得到了广泛应用。

在航空航天方面，人们首先是利用 Ni-Ti 合金制作宇航天线。将 Ni-Ti 合金丝在母相状态下制成天线后，冷至低温使其转变为马氏体。这种马氏体很软，易被折叠成团放入卫星中，待卫星进入轨道后，团状天线弹出，在太空阳光辐照下受热，待温度高于 A_f（母相转变终了温度）时，团状天线便完全自动张开，恢复其原来的形状；其次利用 Ni-Ti 合金制作紧固件，用于飞机液压管路的接头，接头事先在液氮温度（即马氏体状态）下进行扩孔，随后套在需连接的管子外面，待温度回升至室温时便发生逆转变，使孔径收缩，实现紧固密封。最后利用形状记忆合金制造各种医疗器械。总之，形状记忆合金是一种很有发展前途的新型功能材料。

7.1.9 梯度功能材料

1. 梯度功能材料的概念

梯度功能材料是由两种或两种以上材料复合成组分和结构呈连续性变化的一种新型复合材料。梯度功能材料具有以下3点主要特征：①材料的成分和结构呈连续梯度变化；②材料内部没有明显的界面；③材料的性质也相应呈连续梯度变化。

一般来说，复合材料中的分散相是均匀分布的，整体材料的性能是同一的，但是在有些情况下,人们常常希望同一件材料的两侧具有不同的性质或功能,又希望不同性能材料的两侧结合得完美,从而不至于在苛刻的使用条件下因性能不匹配而发生破坏。以航天飞机的推进系统中有代表性的超音速燃烧冲压式发动机为例,燃烧气体的温度通常要超过 2000℃,对燃烧室壁产生强烈的热冲击;同时,燃烧室壁的另一侧又要经受作为燃料的液氢的冷却作用。这样,燃烧室壁接触燃烧气体的一侧要承受极高的温度,接触液氢的一侧又要承受极低的温度,一般材料无法满足该要求。在这种情况下,人们想到将金属和陶瓷联合起来使用,用陶瓷来对付高温,用金属来对付低温。然而,用传统的技术将金属和陶瓷联合起来时,由于二者的界面热力学性能匹配不好,在极大的热应力作用下还是会发生破坏。针对这种情况,日本研究人员提出了梯度功能材料的新设想和新概念,其基本思想:根据具体要求,选择使用两种具有不同性能的材料,连续地改变两种材料的成分和结构,使其内部界面消失,从而得到功能相应于组成和结构的变化而缓变的非均质材料,以减小和克服结合部位的性能不匹配隐身。例如,上述的燃烧室壁,可在其高温侧使用耐热性的陶瓷,赋予材料耐热性能;在其低温侧使用金属,赋予材料导热性和机械强度,然后连续控制内部组成和微细结构的变化,使两种材料之间不出现界面,从而使整体材料具有耐热应力强度和机械强度优良的新功能。

2. 梯度功能材料的应用

(1)PSZ/Mo 梯度功能材料

PSZ/Mo 梯度功能材料是为上述航天飞机设计的陶瓷和金属材料复合体系。采用粉末冶金的方法制造,首先把两种母体材料 ZrO_2 和金属 Mo 及过渡成分的粉末分层放置,然后模压成型。不同成分材料所需烧结温度不同,因此烧结温度也需要呈梯度变化。

(2)梯度压电材料

传统的压电驱动器通常采用两片陶瓷夹一片金属的结构,组元间黏结在一起,但这种结构难以用于超音速飞机的马达,主要问题就在黏结剂。首先,在高速情况下黏结部分脱落;其次在高温下黏结剂就变软,低温下脆裂。由此,日本材料工作者设计了由两种材料组成的梯度材料,一端是 $Pb(Ni,Nb)_{0.5}(Ti,Zr)_{0.5}O_3$ 组成的压电陶瓷材料,另一端是 $Pb(Ni,Nb)_{0.7}(Ti,Zr)_{0.3}O_3$ 组成的具有高介电常数的介电材料,中间部分为逐渐过渡的区域。

(3)核反应堆梯度材料

热核聚变的反应堆内壁温度为 6000K 以上,其内壁材料及第一壁材料在高温热应力的作用下存在明显的气泡和剥离倾向。采用金属/陶瓷结合的梯度材料,能消除热传递及热膨胀引起的应力,提升第一壁材料服役的稳定性和寿命。为解决界面问题,金属钨基的梯度材料有望成为替代目前不锈钢/陶瓷的复合材料。

(4)生物医用梯度材料

生物医用梯度材料是将羟基磷灰石陶瓷和钛基合金或锆基合金组成的梯度功能材料制作成人工牙齿,仿生制备类真实的牙齿构造,齿根的外表面采用生物相容性优异的生物活性微孔的磷灰石陶瓷,芯部使用生物稳定性和亲和性较好的高强度钛基或锆基合金,进而可以植入人体口腔进行使用。

梯度功能材料在航空航天、光学、化学膜等领域也有较为广泛的使用。

3. 梯度功能材料的制备

(1)自蔓延高温合成法

自蔓延高温合成法作为制备金属-陶瓷复合材料的新方法起源于 20 世纪 80 年代,在梯度材料制备中应用非常广泛。它是利用本身的化学反应热使材料固结的一种方法,组元之间的化学反应为放热反应,形成燃烧波能使化学反应自发地维持下去。该法具有制备过程简单、反应迅速且能耗少、产品纯度高、反应转化率高等优点,但是,利用自蔓延高温合成法制备金属-陶瓷复合材料也存在合成产物孔隙率大及反应速度快、温度高,产生陶瓷相的大小和形貌难以控制等问题。若在材料制备过程中同时施加压力,则可以得到高密度的燃烧产品。

(2)激光加热合成法

20 世纪 90 年代初期,日本学者开创了用激光扫描烧结 PSZ/Mo 系梯度材料的新方法。梯度材料常规烧结技术即炉内恒温烧结法,难以解决不同成分梯度层的烧结温度差异和收缩量差异的重大难题,将激光加工技术引入梯度材料的制备,展示了激光加热源温度梯度烧结无污染、高效率等优点。

(3)等离子喷涂法

等离子喷涂法是将熔融状态的喷涂材料用高速气流使之雾化,并喷射至基材表面形成涂层的一种表面加工方法。这种方法的基本原理是利用粉末状物质作为喷涂材料,以氮气、氩气等气体为载气,吹入等离子射流中,粉末在被加热熔融后进一步加速,以极高速度撞击基材表面并形成涂层。通过精准控制粉末原料的组分配比、粒度、喷涂压力、喷涂速度等关键参数,可以实现对所制备梯度涂层的组织结构和成分的调控。

梯度功能材料的常规制备方法还包括化学气相沉积法、物理蒸镀法、颗粒梯度排列法以及薄膜叠层法等,根据所需加工制备的梯度功能材料组分、性能指标等需求,选择合适的工艺方法尤为重要。

7.2 纳米材料

7.2.1 纳米材料概述

人类对客观世界的认识是不断发展的,从用肉眼观察世界到借助各种仪器探索世界,逐渐形成了两个层次:一是宏观领域,二是微观领域。这里的宏观领域是指以人的肉眼可见的最小物体为下限,上至无限大的宇宙天体;这里的微观领域是指以分子、原子为最大起点,下限是无限的领域。然而,在宏观和微观领域之间存在一块近年来才引起人们极大兴趣和有待于开拓的介观领域,其包括团簇、纳米体系和亚微米体系。由于三维尺寸很细小,出现许多奇异的崭新的物理性能,于是独立出一个 0.1~100nm 的纳米体系。

纳米科学是研究纳米尺度范畴内(0.1~100nm)原子、分子和其他类型物质运动和变化的科学。纳米科学技术(Nano-ST)的基本含义是在纳米尺寸($10^{-9} \sim 10^{-7}$m)范围内认识和改造自然,通过直接操纵和安排原子、分子创制新的物质。

1959 年,美国著名的理论物理学家、诺贝尔奖获得者费因曼教授曾指出:"如果有朝一日人们能将百科全书存储在一个针尖大小的空间内并能移动原子,那么这将给科学带来什么?"这正是对纳米科技的预言,也就是人们常说的"小尺寸大世界"。1990 年 7 月,在美国巴尔的摩召开了国际首届纳米科学技术会议上,各国科学家讨论了纳米科技(包括纳米电子学、纳米机械学、纳米生物学和纳米材料学)的前沿领域和发展趋势。

20 世纪 80 年代末期纳米科技的出现标志着人类科学技术已进入一个新的时代——纳米科技时代,也标志着人类即将从"毫米文明""微米文明"迈向"纳米文明"的时代。纳米科学技术的发展将推动信息、材料、能源、环境、生物、农业、国防等领域的技术创新,将引发继工业革命以来三次主导技术引发的产业革命后的第四次工业革命。

纳米材料有多种分类方式。①按物理形态可划分为纳米粉末(纳米颗粒)、纳米纤维(纳米管、纳米线)、纳米膜、纳米块体和纳米相分离液体等五类。三维尺寸均为纳米量级的纳米粒子或人造原子称为零维纳米材料,其中纳米纤维称为一维纳米材料,而纳米膜(片、层)称为二维纳米材料,而有多种纳米结构的材料可以称为三维纳米材料。其中,纳米粉末开发时间最长,技术最为成熟,是生产其他三类产品的基础,如碳纳米管(carbon nanotube)、石墨烯(graphene)等都是纳米科技的研究热点。②按材料的用途又可分为纳米复合材料、纳米塑料、纳米涂料、纳米金属、纳米陶瓷、纳米吸波材料等。③按材料属性又可分为无机纳米材料、高分子纳米材料、金属纳米材料等。

7.2.2 纳米材料的性能特点

纳米材料的重要标志是其结构单元的尺度为纳米量级,尺寸极小,可以与传导电子的德布罗意波波长、超导相干波长及激子玻尔半径相比拟。电子被局限在一个体积很小的纳米空间内,电子输运受到限制,平均自由程很短,电子的局域性和相干性增强,出现量子尺寸效应、小尺寸效应、表面效应、隧道效应等,使纳米材料展现出许多不同于常规材料的新的物理现象。

1. 表面效应

纳米微粒尺寸小、表面能高,位于表面的原子占相当大的比例。表 7 - 2 所列为纳米微粒尺寸与表面原子数的关系。

表 7 - 2 纳米微粒尺寸与表面原子数的关系

纳米微粒尺寸/nm	包含的总原子数	表面原子所占的比例/%
10	30000	20
4	4×10^3	40
2	2.5×10^2	80
1	30	99

表面原子数增多,原子配位不足并且有很高的表面能,使这些表面原子具有高的活性,很不稳定,易与其他原子结合。最常见的纳米颗粒极易相互团聚的情况就是一

个明显的例证。更值得注意的是,高表面能会使金屑的纳米粒子在空气中燃烧。无机的纳米粒子暴露在空气中会吸附气体,并与气体快速进行反应(图 7-5)。这种表面原子的活性不但引起纳米粒子表面原子的变化,同时也引起表面电子自旋构象和电子能谱的变化。

2. 小尺寸效应

当纳米微粒尺寸与光波波长,传导电子的德布罗意波长及超导态的相干长度、透射深度等物理特征尺寸相当或更小时,它的周期性边界被破坏,从而使其声、光、电、磁、热力学等性能呈现出"新奇"的现象。这种效应发生在超细微粒上,因此称为小尺寸效应。例如,铜颗粒达到纳米尺寸时,变得不能导电;绝缘的二氧化硅颗粒在 20nm 时,却开始导电;高分子材料加纳米材料制成的刀具比金刚石制品还要坚硬;纳米微粒的熔点可远低于块状金属,如 2nm 的金颗粒熔点为 600K,随粒径增加,熔点迅速上升,块状金为 1337K;纳米银粉熔点可降低到 373K,此特性为粉末冶金工业提供了新工艺。利用这些特性,可以高效地将太

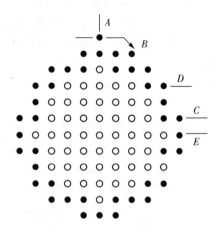

图 7-5 单一立方晶格的原子尽可能以接近圆形(或球)进行配置的超微粒模式图

阳能转变为热能、电能。此外,小尺寸效应也有可能应用于红外敏感元件、红外隐身技术等。

3. 量子尺寸效应

当粒子的尺寸达到纳米量级时,费米能级出现的附近的电子能级由准连续变为离散能级的现象和纳米半导体微粒存在不连续的最高被占据分子轨道和最低末被占据的分子轨道能级的现象,以及能隙变宽现象均称为量子尺寸效应。

能带理论表明,金属费米能级附近电子能级一般是连续的,这一点只有在高温或宏观尺寸情况下才成立。对于只有有限个导电电子的超微粒子而言,低温下能级是离散的,对大粒子或宏观物体能级间距几乎为零;而对于纳米微粒,其所包含的原子数有限,导电电子数 N 值相对很小,这就导致有一定的值,即能级间距发生分裂。当能级间距大于热能、磁能、静磁能、静电能、光子能量或超导态的凝聚能时,会出现纳米材料的量子效应,从而使其磁、光、声、热、电、超导电性能变化。利用久保关于能级间距的公式可以估计 Ag 微粒在 1K 时出现量子尺寸效应(由导体—绝缘体)的临界粒径为 20nm,即当粒径 $d<20$nm 时,纳米微粒变为非金属绝缘体;如果温度高于 1K,粒径 $d\gg20$nm 时,才有可能变为绝缘体。纳米 Ag 实验表明,当满足上述两个条件时,其确实具有很高的电阻,类似于绝缘体。

量子尺寸效应带来的能级改变、能级变宽,使微粒的发射能量增加,光的吸收向短波方向移动,直观上表现为样品颜色的改变。例如,CdS 微粒随粒径的减小,颜色由黄色变为浅黄色;Cd_3P_2 粒径降至 1.5nm 时,其颜色从黑变到红、橙、黄,最后变为无色。

4. 宏观量子隧道效应

微观粒子具有贯穿势垒的能力称为隧道效应。近年来,人们发现一些宏观量,如微颗粒的磁化强度、量子相干器件中的磁通量等均具有隧道效应,称为宏观的量子隧道效应。

宏观量子隧道效应的研究对基础研究及应用都有着重要的意义,它限定了磁带、磁盘进行信息储存的时间极限。量子尺寸效应、隧道效应将会是未来微电子器件的基础,或者它可以确立现存微电子器件进一步微型化的极限。在微电子器件进一步细微化过程中,必须要考虑上述的量子效应。例如,在制造半导体集成电路时,当电路的尺寸接近电子波长时,电子就通过隧道效应而溢出器件,使器件无法正常工作,经典的电路极限尺寸大约为 $0.25\mu m$。

5. 纳米微粒的物理特性

1)热学性能

纳米微粒的熔点、开始烧结温度和晶化温度均比常规粉体低得多。其颗粒小,纳米微粒的表面能高、比表面原子数多,表面原子近邻配位不全,活性大及体积远小于大块材料熔化时所需增加的内能小得多,这就使纳米微粒熔点急剧下降。例如,大块 Pb 的熔点为 600K,而 20nm 球形 Pb 微粒的熔点则降低为 288K;常规 Al_2O_3 烧结温度为 2073~2173K,而在一定条件下,纳米的 Al_2O_3 可在 1423~1773K 环境中烧结,致密度可达99.7%;传统非晶氮化硅在 1793K 晶化成 α 相。纳米非晶氮化硅微粒在 1673K 加热 4h全部转变成 α 相。

2)磁学性能

纳米微粒的小尺寸效应、量子尺寸效应、表面效应等使它具有常规晶粒材料所不具备的磁特性。纳米微粒的主要磁特性可以归纳如下。

(1)超顺磁性纳米微粒尺寸小到一定临界值时进入超顺磁状态,如 α-Fe,Fe_3O_4 和 α-Fe_2O_3 粒径分别为 5、16 和 20nm 时变成顺磁体。超顺磁状态的起源可归为以下原因:在小尺寸下,当各向异性能减小到与热运动能可相比拟时,磁化方向不再固定在一个易磁化方向,易磁化方向发生无规律的变化,结果导致超顺磁性的出现。

(2)矫顽力:纳米微粒尺寸高于超顺磁临界尺寸时通常呈现高的矫顽力 H_c。例如,用惰性气体蒸发冷凝的方法制备的纳米 Fe 微粒,随着颗粒变小饱和磁化强度 M_s 有所下降,但矫顽力却显著地增加。粒径为 16nm 的 Fe 微粒,其矫顽力在 5.5K 时达 $1.27×10^5$ A/m。室温下,Fe 微粒的矫顽力仍保持为 $7.96×10^4$A/m,而常规的 Fe 块体矫顽力通常低于 79.62A/m。

(3)居里温度:居里温度 T_c 为物质磁性的重要参数,通常与交换积分 J_e 呈正比,并与原子构型和间距有关。薄膜厚度减小,居里温度下降。例如,粒径为 85nm 的 Ni 微粒其居里温度约为 623K,略低于常规块体 Ni 的居里温度(631K)。具有超顺磁性的9nm Ni微粒样品的 T_c 值近似为 573K,低于 85nm 时的 T_c(623K)。

(4)磁化率:纳米微粒的磁性与它所含的总电子数的奇偶性密切相关。每个微粒的电子可以看成一个体系,电子数的宇称可为奇或偶。一价金属的微粉,一半粒子的宇称为奇;另一半为偶,两价金属的粒子的宇称为偶,电子数为奇或偶数的粒子磁性有不同温度特点。电子数为奇数的粒子集合体的磁化率服从居里-外斯定律,即 $\chi=C/(T-T_c)$,量子尺寸效应使磁化率遵从 d^{-3} 规律。电子数为偶数的系统,$\chi\propto k_B T$,并遵从 d^2 规律。它们在高场下为泡利顺磁性。纳米磁性金属的 χ 值是常规金属的 20 倍。

3)光学性能

纳米粒子的表面效应和量子尺寸效应对其光学特性有很大的影响,可以使纳米微粒具有同样材质的宏观大块物体不具备的新的光学特性,主要表现在如下几个方面。

(1)宽频带强吸收:大块金属具有不同颜色的光泽,这表明它们对可见光范围各种颜色(波长)的反射和吸收能力不同。而当尺寸减小到纳米级时各种金属纳米微粒几乎都呈黑色。它们对可见光的反射率极低,如铂金纳米粒子的反射率小于 10%。这种对可见光低反射率、强吸收率效应会导致粒子变黑。

纳米 SiN、SiC 及 Al_2O_3 粉末对红外有一个宽频带强吸收谱。这是由于纳米粒子大的比表面导致了平均配位数下降,不饱和键和悬键增多。与常规大块材料不同,没有一个单一的、择优的键振动模,而存在一个较宽的键振动模的分布。在红外光场作用下它们对红外吸收的频率存在一个较宽的分布,导致纳米粒子红外吸收带发生宽化。

(2)蓝移和红移现象:与块状材料相比,纳米微粒的吸收带普遍存在“蓝移”现象,即吸收带移向短波长方向。例如,纳米 SiC 颗粒和大块 SiC 固体的峰值红外吸收频率分别为 $814cm^{-1}$ 和 $794cm^{-1}$。纳米 SiC 颗粒的红外吸收频率较大块固体蓝移了 $20cm^{-1}$。

(3)量子限域效应:半导体纳米微粒的粒径 $r<a_B$(a_B 为激子玻尔半径)时,电子的平均自由程受小粒径的限制,局限在很小的范围。空穴易与它形成激子,引起电子和空穴波函数的重叠,产生激子吸收带,激子带的吸收系数随粒径下降而增加,出现激子增强吸收并蓝移,这种现象称为量子限域效应。纳米半导体微粒增强的量子限域效应使它的光学性能不同于常规半导体。

(4)纳米微粒的发光:当纳米微粒的尺寸小到一定值时可在一定波长的光激发下发光。1990 年,日本佳能研究中心的 Tabagi 发现,粒径小于 6nm 的硅在室温下可以发射可见光。并且随粒径减小,发射带强度增强并移向短波方向。当粒径大于 6nm 时,这种光发射现象消失。Tabagi 认为,硅纳米微粒的发光是因为载流子的量子限域效应引起的。Brus 认为,大块硅不发光是因为它的结构存在平移对称性,由平移对称性产生的选择定则使得大尺寸硅不可能发光,当硅粒径小到某一程度时(6nm),平移对称性消失,因此出现发光现象。

(5)纳米微粒分散物系的光学性质:纳米微粒分散于分散介质中形成分散物系(溶胶),纳米微粒在这里又称作胶体粒子或分散相。由于在溶胶中胶体具有高分散性和不均匀性,分散物系具有特殊的光学特征。例如,如果让一束聚焦的光线通过这种分散物系,在入射光的垂直方向可看到一个发光的圆锥体。这种现象是在 1869 年由英国物理学家丁达尔(Tyndal)发现的,因此也称为丁达尔效应,如图 7-6 所示。当分散粒子的直径大于投射光波波长时,光投射到粒子上就被反射。如果粒子直径小于入射光波的波长,光波可以绕过粒子而向各方向传播,发生散射,散射出来的光即为乳光。

4)化学性能

(1)布朗运动:1882 年布朗在显微镜下观察到悬浮在水中的花粉颗粒在做永不停息

的无规则运动,这种现象称为布朗运动。胶体粒子(纳米粒子)形成溶胶时也会产生无规则的布朗运动。布朗运动是胶体粒子的分散物系(溶胶)动力稳定性的一个原因,由于布朗运动存在,胶粒不会稳定地停留在某一固定位置上。这样胶粒不会因重力而发生沉积,但是胶粒会因相互碰撞发生团聚,颗粒由小变大而沉积。

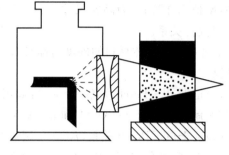

图 7-6　丁达尔效应

(2)扩散:扩散现象是在有浓度差时,由于微粒热运动(布朗运动)而引起的物质迁移现象。一般以扩散系数来量度扩散速度,扩散系数(D)是表示物质扩散能力的物理量。微粒愈大,热运动速度愈小,扩散系数越小。

(3)沉降和沉降平衡:对于质量较大的胶粒而言,如果粒子密度大于液体的,在重力作用下,悬浮在流体中的微粒下降。但是,对于分散度高的物系,因为布朗运动会引起扩散作用,与沉降方向相反,所以扩散称为阻碍沉降的因素。粒子越小,扩散作用越显著,当沉降与扩散速度相等时,物系达到平衡状态,即沉降平衡。

5)光催化性能

光催化是纳米半导体独特性能之一。这种纳米材料在光的照射下,通过把光能转换为化学能,促进有机物的合成或使有机物降解的过程称为光催化。

近年来,人们利用纳米半导体微粒进行海水分解提取 H_2,对 TiO_2 纳米粒子表面进行 N_2 和 CO_2 的固化都获得成功。纳米半导体光催化技术在以下几个领域得到广泛的应用。

(1)污水处理:工业、农业和生活废水中有机物和部分无机物的脱毒降解。

(2)空气净化:油烟气、工业废气、汽车尾气及氟利昂的光催化降解。

(3)保洁除菌:如含有 TiO_2 膜层的自净化玻璃用于分解空气中的污染物,含有半导体光催化剂的墙壁和地板砖可用于医院等公共场所的自动灭菌。

6. 纳米固体的力学特性

在对单晶及多晶材料力学试验基础上建立了比较系统的位错理论、加工硬化理论,成功解释了粗晶构成的宏观晶体的一系列力学问题。纳米材料的诞生引起人们的极大兴趣,由这些纳米颗粒凝聚而成的纳米固体材料在力学性质方面有哪些新颖特点,是否与粗晶的多晶材料遵循相同的力学规律,已成功描述粗晶多晶材料的力学行为理论对纳米结构材料是否适用等问题成为人们研究纳米固体材料力学性能所必须解决的关键问题。

1)Hall-Petch 关系

Hall-Petch 关系是建立在位错塞积理论基础上,经过大量实验的证实,总结出来的多晶材料的屈服应力与晶粒尺寸的关系,即

$$\sigma_y = \sigma_0 + Kd^{-1/2}$$

$$H = H_0 + Kd^{-1/2}$$

式中:K 值为正数;d 为晶粒尺寸直径。随晶粒直径的减小,屈服强度或硬度增加,并与 $d^{-1/2}$ 呈线性关系。

对各种纳米固体材料的硬度与晶粒尺寸的关系进行了大量研究,归纳起来有以下 5 种情况。

(1)正 Hall-Petch 关系($K>0$):如用机械合金化法制备的纳米晶材料 Fe 和 Nb_3Sn,用水解法制备的 $\gamma-Al_2O_3$ 和 $\alpha-Al_2O_3$ 纳米相材料等。

(2)反 Hall-Petch 关系($K<0$):用蒸发凝聚原位加压法制备的 Pd 纳米材料。

(3)正-反混合 Hall-Petch 关系:由蒸发凝聚原位加压法制备的 Cu 纳米晶材料。以非晶晶化法制备的 Ni-P 纳米晶材料。其硬度随晶粒直径的平方根的变化并不是单调上升或单调下降,而是存在一个拐点(d_c):当 $d>d_c$ 时,呈正 Hall-Petch 关系($K>0$);当 $d<d_c$ 时,呈反 Hall-Petch 关系($K<0$)。

(4)斜率 K 变化:在纳米材料中,还观察到随晶粒粒直径的减小,斜率 K 变化。例如,随晶粒直径的减小,用蒸发凝聚原位加压法制备的 TiO_2 纳米相材料,K 减小;以非晶晶化法制备的 Ni-P 纳米晶材料,K 增大。

(5)偏离 Hall-Petch 关系:对于电沉积的 Ni 纳米晶材料,观察到偏离 Hall-Petch 关系,出现了非线性关系。

对于纳米固体材料反常 Hall-Petch 关系,已不能用位错塞积理论来解释,因为纳米小晶粒其尺度与常规粗晶位错塞积时位错间距相差不多,必须寻找新的理论。

2)塑性和韧性

纳米材料的特殊结构及庞大体积分数的界面,使它的塑性、冲击韧性和断裂韧性与粗晶材料相比有很大改善。一般来说,材料在低温下常常表现为脆性,但是纳米材料在低温下却显示良好的塑性和韧性。从理论上分析,纳米材料比常规材料断裂韧性高是由于纳米材料中的各向同性及在界面附近很难有位错塞积,从而大大减少了应力集中,使微裂纹的产生和扩展的概率大大降低。

3)超塑性

超塑性是指在一定应力下伸长率不小于 100% 的塑性变形。20 世纪 80 年代,人们发现在陶瓷中也有超塑性。陶瓷超塑性的发现是陶瓷科学的第二次飞跃。陶瓷超塑性主要得益于界面的贡献,界面数量太少,没有超塑性;界面数量过多,虽然可能出现超塑性,但是强度下降也不能成为超塑性材料。界面的流变性是超塑性出现的重要条件,界面中原子的高扩散速率是有利于陶瓷材料的超塑性的。

7.2.3 纳米材料的应用

纳米材料具有小尺寸效应、表面效应、量子尺寸效应和宏观量子隧道效应等特点,其在磁、光、电等方面显示出常规材料不具备的特性,在磁性材料、电子材料、光学材料、高致密材料的烧结、催化、传感、陶瓷增韧等方面有广泛的应用前景。

1. 纳米材料在力学方面的应用

纳米微粒颗粒小,比表面积大并有高的扩散速率,因而用纳米粉体进行烧结,烧结体的致密化速度快,并且还能够降低烧结温度。从目前应用的角度看,发展高性能纳米陶瓷所需解决的首要问题是降低纳米粉体的制备成本,粉体合成工艺除了保证纳米粉体的质量(尺寸、形状及其分布可控、无团聚),还要求粉体的产量大,这将是发展新型纳米陶瓷的重要基础。目前,人们已成功地用多种方法制备了纳米陶瓷粉体材料,其中氧化锆、碳化硅、氧化铝、氧化钛、氧化硅、氮化硅等已完成了实验室内的工作,制备工艺稳定、生产量大,已为规模生产提供了良好的条件。

科学工作者为了扩大纳米粉体在陶瓷改性中的应用,提出了纳米添加使常规陶瓷综合性能得到改善的想法,并且取得了具有商业价值的研究成果。例如,将纳米 Al_2O_3 粉体加入粗晶粉体中提高氧化铝坩埚的致密度和耐冷热疲劳性能;将纳米 Al_2O_3 与氧化锆进行混合、烧结后可获得具有高韧性的陶瓷材料,并且烧结温度可降低 100℃;纳米 Al_2O_3 与亚微米的氧化硅合成制备莫来石,具有较高的致密度、韧性和热导性,是一种非常好的电子封装材料。在高性能纳米陶瓷研究方面,我国科技工作者取得了很好的成果,如由纳米陶瓷研究结果观察到纳米级 ZrO_2 陶瓷的烧结温度比常规的微米级 ZrO_2 陶瓷的烧结温度降低 400℃,因而大大有利于控制晶粒的长大和生产成本的降低。

2. 纳米材料在光学方面的应用

纳米微粒有小尺寸效应,使它具有常规大块材料不具备的光学特性,如光学非线性、光吸收、光反射、光传输过程中的能量损耗等都与纳米微粒的尺寸有很强的依赖关系。利用纳米微粒的特殊光学特性制备成各种光学材料在日常生活和高技术领域得到了广泛的应用。

(1)红外反射材料

纳米微粒用于红外反射材料方面,主要是制成薄膜和多层膜来使用,包括金属导电膜、透明导电膜、电介质-电介质复合膜、电介质-金属-电介质多层膜等。其中金属-电介质复合膜红外反射性能最好,耐热度在 200℃ 以下;电介质多层膜红外反射性能良好并且可以在较高的温度下(低于 900℃)使用;导电膜虽然具有较好的耐热性能,但红外反射性能稍差。以纳米微粒制成的红外反射材料在灯泡工业上有很好的应用前景,在各种强照明灯中电能的 69% 转化为红外线,也就是很大一部分电能转化为热能消耗掉了,仅有少部分转化为光能用于照明。采用纳米 SiO_2 和纳米 TiO_2 制成的厚度为微米级的干涉膜衬在灯泡罩的内壁,不仅具有良好的透光率,还具有很强的红外反射能力,可节约 15% 以上的能量。

(2)光吸收材料

利用纳米微粒的光吸收带蓝移和宽化现象将纳米微粒分散到树脂中来制备出含纳米微粒的紫外吸收膜。这种膜对紫外线的吸收能力依赖于纳米微粒的尺寸和树脂中纳米粒子的添加量和组分。常用的紫外吸收材料如下:①30nm 左右的 TiO_2 纳米粒子的树脂膜;②Fe_2O_3 纳米微粒的聚固醇树脂膜。前者对 400nm 以下的紫外线具有极强的吸收能力,后者对 600nm 以下的光具有良好的吸收能力,这种膜可用于半导体器件的紫外线过滤器。

太阳光中的紫外线波段对人体的皮肤具有很大的伤害,这就要求防晒护肤品在紫外波段具有良好的吸收。研究表明纳米 TiO_2、纳米 ZnO、纳米 SiO_2、纳米 Al_2O_3、纳米云母、氧化铁都在这个波段具有吸收紫外光的特性,通过在具有强紫外吸收的纳米微粒表面包覆一层对身体无害的高聚物。将这种复合体加入防晒油和化妆品中,既发挥了纳米颗粒的作用,又能改善防晒油的性能。在塑料制品表面涂上一层含有纳米微粒的透明涂层,利用其强紫外吸收能力,可以防止塑料制品受紫外线照射发生老化。

3. 纳米材料在磁学方面的应用

(1)巨磁阻材料

磁电阻是指在一定磁场下电阻改变的现象。巨磁阻是指在一定的磁场下电阻急剧减小,一般减小的幅度比通常磁性金属与合金材料的磁电阻数值高10余倍。20世纪90年代,人们在 Fe/Cu、Fe/Ag、Fe/Al、Fe/Au、Co/Cu、Co/Ag 和 Co/Au 等纳米结构的多层膜中观察到了显著的巨磁阻效应,这种巨磁阻多层膜在高密度读出磁头、磁存储元件上有广泛的应用前景。1992年美国研究人员采用双靶共溅射的方法在 Ag 或 Cu 非磁薄膜基体上镶嵌纳米的铁磁的 Co 颗粒,表现出良好的巨磁阻效应。其中 Co-Ag 体系的聚磁阻在液氮温度可达到55%,室温下可达到20%。

利用巨磁阻效应在不同的磁化状态具有不同电阻的特点,可以制成随即存储器(MRAM),其优点是在无电源的情况下可继续保留信息。巨磁阻效应在高技术领域的应用的另一个重要方面是微弱磁场探测器,以巨磁阻效应为基础设计超微磁场传感器能够探测 $10^{-6} \sim 10^{-2}$T 的磁通密度。

(2)新型的磁性液体和磁记录材料

1963年,Papell 首先采用油酸为表面活性剂,把它包覆在超细的 Fe_3O_4 微颗粒上(直径约为10nm),并高度弥散于煤油中,从而形成一种稳定的胶体体系。在磁场作用下,磁性颗粒带动着被表面活性剂所包裹的液体一起运动,看起来好像整个液体都具有磁性,这种胶体称为磁性液体。磁性液体的主要特点是在磁场作用下可以被磁化,并且具有流动性,在静磁场作用下使液体变成各向异性的介质。当光波、声波在其中传播时,会产生光的法拉第旋转、双折射效应、二向色效应及超声波传播速度与衰减的各向异性。这种磁性液体在旋转轴的动态密封、新型润滑剂、增进扬声器功率、阻尼器件以及比重分离等领域具有广泛的应用。

磁性纳米材料由于尺寸小,具有单磁畴结构,矫顽力很高,用来制作磁记录材料可以提高信噪比,改善图像质量。作为磁记录的粒子要求为单磁畴针状微粒,其体积要求尽量小,但不得低于变成超顺磁性的临界尺寸(约10nm)。

(3)纳米微晶软磁材料

人们在 Fe-Si-B 合金中加入 Nb、Cu 元素,制备均匀的纳米微晶材料,磁导率高达 10^5,饱和磁感应强度为1.30T,其性能优于铁氧体与非磁性材料。作为工作频率为30kHz 的 2kW 开关电源变压器,质量仅为300g,体积仅为铁氧体的1/5,效率高达96%。除Fe-Si-B外,Fe-M-B、Fe-M-C、Fe-M-N 等系列纳米微晶材料也得到了广泛的研究。纳米微晶软磁材料目前沿着高频、多功能方向发展,其应用领域将遍及软磁材料应用的各方面,如功能变压器、脉冲变压器、高频变压器、可饱和电抗器、互感器、磁屏蔽、磁头、磁开关、传感器等,将成为铁氧体的有力竞争者。

(4)纳米微晶稀土永磁材料

近年来,稀土永磁材料经历了 $SmCo_5$、Sm_2Co_{17} 和 $Nd_2Fe_{14}B$ 共3个发展阶段,目前烧

结 $Nd_2Fe_{14}B$ 稀土永磁的磁能积已经高达 $432kJ/m^3$（54MGOe），接近理论值 $512kJ/m^3$（64MGOe），并能进行规模生产。NdFeB 永磁体的主要缺点是居里温度偏低，约为593K，最高工作温度为 450K，化学稳定性较差，易被腐蚀和氧化，价格也比铁氧体高。目前，其研究方向如下：一方面，探索新型的稀土永磁材料，如 $ThMn_{12}$ 型化合物、$Sm_2Fe_{17}N_x$、$Sm_2Fe_{17}C$ 化合物等；另一方面，研制纳米复合稀土永磁材料，将软磁相和永磁相在纳米尺度范围内进行复合，有可能获得兼备高饱和磁化强度、高矫顽力二者优点的新型永磁材料。

(5)纳米磁致冷工质

磁致冷是利用自旋系统磁熵变的致冷方式，与通常的压缩气体式致冷方式相比较，具有效率高、功耗低、噪声低、体积小、无污染等优点。磁致冷的发展趋势是由低温向高温发展，20 世纪 30 年代利用顺磁盐作为磁致冷工质，成功获得 mK 量级的低温；80 年代将 $Gd_3Ga_5O_{12}$ 型的顺磁性石榴石化合物成功地应用于 $1.5\sim15K$ 的磁致冷；90 年代用磁性 Fe 离子取代部分非磁性 Gd 离子，使局域磁矩有序化，构成磁性的纳米团簇，成为 $15\sim30K$ 温区最佳的磁致冷工质。

4. 纳米材料在电学方面的应用

(1)静电屏蔽材料用于防止电器信号受外部静电场的严重干扰。一般地，电器外壳是由树脂加炭黑的涂料喷涂而形成的一个光滑表面，炭黑的导电作用就是表面涂层具有静电屏蔽作用。为了改善静电屏蔽涂料的性能，日本松下公司成功研制了具有良好静电屏蔽作用的纳米涂料，所应用的纳米微粒有 Fe_2O_3、TiO_2、Cr_2O_3、ZnO 等。这些具有半导体特性的纳米氧化物微粒在室温下具有比常规的氧化物高的导电特性，因而能起到静电屏蔽作用，同时这些氧化物的纳米微粒的颜色不同，可以通过复合控制静电屏蔽涂料的颜色。这种纳米静电屏蔽涂料不但有很好的静电屏蔽特性，而且还克服了炭黑静电屏蔽涂料只有单一颜色的单调性。

(2)导电浆料是电子工业重要的原材料，包括导电涂料、导电胶、导电糊等。采用纳米 Ag 粉代替微米 Ag 粉制成的导电胶，可节省 Ag 50%以上，焊接金属和陶瓷时，涂层较薄、表面平整。纳米颗粒的熔点通常低于粗晶材料，如常规金属 Ag 的熔点为 900℃，而纳米 Ag 的熔点可以降低到 100℃，那么采用纳米 Ag 粉制成的导电浆料，可以在低温进行烧结，基片也无须采用耐高温的陶瓷基片，甚至可以采用高分子等低温材料。

第三篇　机械零件的失效、强化、选材及工程材料的应用

第8章　机械零件的失效与强化

　　机械零件失效是机件在载荷作用下丧失最初规定的功能而无法继续使用的现象。机械零件失效给国民经济带来的损失巨大,严重的失效事故甚至会造成人身伤亡。因此,需要对零件失效的原因进行探寻,从而有针对性地对零件进行强化处理,避免安全事故再次发生。

8.1　零件的失效形式与分析方法

　　机械零件失效是机件在载荷(包括静载荷、动载荷、热载荷、腐蚀及综合载荷等)作用下丧失最初规定的功能而无法继续使用。在载荷、温度、介质等力学及环境因素作用下,机械零件经常以磨损、腐蚀、断裂、变形等方式失效。机械零件及机械设备的失效给国民经济带来惊人的损失,严重的失效事故甚至会造成人身伤亡。特别是事前没有明显征兆的失效,往往会造成重大事故。失效分析的目的是寻找零件失效的原因,从而避免和防止类似事故的再次发生,并提出预防和监视使用的有效措施。失效分析工作对材料的正确选择和使用,对促进新材料、新工艺、新技术的发展,对产品设计、制造技术的改进,对材料及零件质量检查、验收标准的制定、改进设备的操作与维护,对促进设备监控技术的发展等方面均起重要作用。

　　各种失效形式均有其产生条件、特征及判据,因而也有相应的防止措施。

8.1.1　过量变形失效

　　过量变形失效可分为过量弹性变形失效和塑性变形失效两种:零件工作时承受载荷会产生形变,当载荷小于材料的屈服强度时,产生的变形量在弹性范围内,但是有时弹性变形会大到足以影响机械的正常运行,如细长杆件在较大轴向压应力作用下,产生较大的侧向弯曲变形而丧失工作能力;较细长的镗刀杆在切削加工过程中受到力的作用发生弹性变形会降低加工精度等。过量弹性变形有时还会造成较大振动,导致零件损坏;当零件承受的载荷大于材料的屈服强度时,将产生塑性变形。塑性变形会造成零件尺寸和形状改变,破坏零件之间的相互位置和配合关系,导致零件或机器不能正常工作。

　　1. 过量弹性变形失效

　　零件在载荷作用下产生的弹性变形超过了机器工作性能允许的极限值时,会使机器的工作精度降低,以致不能正常工作。

　　零件受机械应力或热应力作用产生弹性变形,应力 σ 与应变 ε 之间服从胡克定律

(Hooke's law):

$$\sigma = E\epsilon$$

式中:E 为弹性模量。

在弹性变形过程中,不论是在加载期还是卸载期内,应力与应变之间都保持单值线性关系。弹性变形量比较小,一般不超过 0.5%～1%。

不同材料具有不同的线膨胀系数,如果材料匹配不当,在温度改变时就可能引起过量弹性变形失效。例如,钢的线膨胀系数约为 $1.2 \times 10^{-5}/℃$,是青铜线膨胀系数的 1/2。如果用 2Crl3 不锈钢作轴套,用青铜作轴瓦,这样的结构在常温下可以很好地工作,但当温度很低时,会因轴套的收缩远小于轴瓦的收缩而发生抱轴现象。

弹性变形失效的判断往往比较困难。这是因为,虽然工作载荷在工作状态下曾引起变形并导致失效,但是在解剖或测量零件尺寸时,变形已经消失。为了判断是否因弹性变形引起失效,要综合考虑以下情况:失效产品是否有严格的尺寸匹配要求,是否有高温或低温服役要求。在失效分析时,应注意观察在正常工作情况下相互接触的配合表面上是否有划伤、擦痕或磨损等痕迹。例如,高速旋转的转子,在离心力及温度的作用下,会弹性胀大;当膨胀量大于它与壳体的间隙时,会引起表面擦伤。因此,若已观察到这种擦伤且在不工作时却仍保持正常的间隙,则这种擦伤就可能是由弹性变形造成的。

由过量弹性变形而导致失效的责任在于设计者的考虑不周、计算错误或选材不当,制订防止措施时应主要考虑以下几个方面。

(1)选择合适的材料或结构。若由机械应力引起的弹性变形是主要问题,则可以根据具体的要求选用适当的材料;若热膨胀变形是主要问题,则可以根据实际需要采用热膨胀系数适合的材料。

(2)确定适当的匹配尺寸。由应力和温度引起的弹性变形量是可以计算的。这种尺寸的变化应当在设计时加以考虑。在很低温度下工作的机件,是在常温下制造、测量和装配的,因此其间隙不但应保证在常温下正常工作,而且要确保在低温下尺寸变化后仍能正常工作。还可以采用减少变形影响的转接件。在许多系统中,采用软管等柔性构件,可以显著减少弹性变形的有害影响。

2. 塑性变形失效

塑性变形失效又称为屈服失效。零件受力后,应力较低时产生弹性变形,当外力增大到一定程度时,将产生不可恢复的变形——塑性变形。在零件正常工作时,塑性变形一般是不允许的,它的出现说明零件受力过大。

塑性变形失效的特征是失效件有明显的塑性变形。塑性变形很容易鉴别,只要将失效件进行测量或与正常件进行比较即可确定。严重的塑性变形(如扭曲、弯曲、薄壁件的凹陷等变形特征)用肉眼即可判别。

过载压痕损伤是屈服失效的一种特殊形式。如果在两个互相接触面之间,存在静压应力,可使匹配的一方或双方产生局部屈服而形成凹陷,严重者会影响其正常工作,称为过载压痕损伤。例如,滚珠轴承在开始运转前,如果静载过大,钢球将压入滚道,其型面受到破坏,轴承在随后的工作中就会使振动加剧,从而导致早期失效。

　　降低零件的实际工作应力是防止和改进塑性变形失效的主要措施。零件所承受的实际应力包括工作应力、残余应力和应力集中三部分。降低工作应力可从增加零件的有效截面积和减少工作载荷两个方面考虑，要视具体情况而定。重要的是，需要准确地确定零件的工作载荷，正确地进行应力分析，合理地选取安全系数，并注意不要在使用中超载。而残余应力的大小与工艺因素有关，应根据零件和材料的具体特点和要求，合理地制订工艺流程，采取相应的措施，以便将残余应力控制在最低限度内。应力集中对塑性变形和断裂失效都有十分重要的影响。

　　提高材料的屈服强度可以有效降低塑性变形失效的危害，零件的实际屈服强度与选用的材料、状态及冶金质量有关。因此，可以依据具体情况合理选材，严格控制材质，正确制订和严格控制工艺过程来避免塑性变形失效。

8.1.2　断裂失效

　　磨损、腐蚀和断裂是工件的 3 种主要失效形式，其中断裂的危害最大。在应力作用下有时还兼有热载荷及介质的共同作用，材料被分成两个或几个部分，称为完全断裂；内部存在裂纹，则称为不完全断裂。根据断裂前发生变形的大小，断裂通常分为塑性断裂（韧性断裂）和脆性断裂。

1. 塑性断裂失效

　　塑性断裂是金属材料断裂前产生明显宏观塑性变形的断裂，这种断裂有一个缓慢的撕裂过程，在裂纹扩展过程中不断地消耗能量。塑性断裂的断裂面一般平行于最大切应力并与主应力方向呈 45°角。用肉眼或放大镜观察时，断口呈纤维状，灰暗色。纤维状是塑性变形过程中微裂纹不断扩展和相互连接造成的，而灰暗色则是纤维断口表面对光反射能力很弱所致。

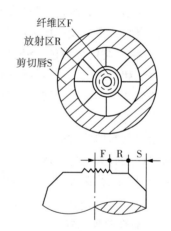

图 8-1　拉伸断口 3 个区域的示意图

　　中、低强度钢的光滑圆柱试样在室温下的静拉伸断裂是典型的塑性断裂，其宏观断口呈杯锥形，由纤维区、放射区和剪切唇三个区域组成（图8-1），这种断口的形成过程如图8-2所示。

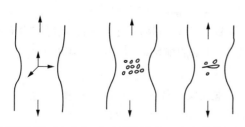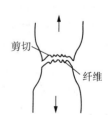

（a）颈缩导致三向应力　（b）微孔形成　（c）微孔长大　（d）微孔连接形成锯齿状　（e）边缘剪切断裂

图 8-2　杯锥状断口形成示意图

当光滑圆柱拉伸试样受拉伸力作用时,在试验力达到拉伸力-伸长曲线最高点时,便在试样局部区域产生缩颈,同时试样的应力状态也由单向变为三向,且中心轴向应力最大。在中心三向拉应力作用下,塑性变形难于进行,致使试样中心部分的夹杂物或第二相质点本身碎裂,或使夹杂物质点与基体界面脱离而形成微孔。微孔不断长大和聚合就形成显微裂纹。早期形成的显微裂纹,其端部产生较大塑性变形,且集中于极窄的高变形带内。这些剪切变形带从宏观上看大致与径向呈 50°~60°角。新的微孔在变形带内成核、长大和聚合,当其与裂纹连接时,裂纹便向前扩展一段距离。这样的过程重复进行就形成锯齿形的纤维区,纤维区所在平面(即裂纹扩展的宏观平面)垂直于拉伸应力方向。

纤维区中裂纹扩展的速度极为缓慢,当其达到临界尺寸后,快速扩展形成放射区。放射区是裂纹发生快速低能量撕裂形成的,放射区具有放射线花样特征。放射线平行于裂纹扩展方向而垂直于裂纹前端(每一瞬间)的轮廓线,并逆指向裂纹源。撕裂时塑性变形量越大,则放射线越粗。对于几乎不产生塑性变形的极脆材料,放射线消失。温度降低或材料强度增加,由于塑性降低,放射线由粗变细乃至消失。

断口三区域的形态、大小和相对位置,因试样形状、尺寸和金属材料的性能以及试验温度、加载速率和受力状态不同而变化。一般地,材料强度提高塑性降低,则放射区比例增大;试样尺寸加大,放射区增大明显,而纤维区变化不大。

发生塑性断裂时,在裂纹或断口附近有宏观塑性变形,或者在塑性变形(截面收缩)处有用肉眼或探伤仪能检测出的裂纹。用扫描电镜观察断口,可以看见断口上存在大面积的韧窝,用高倍金相显微镜观察断口,裂纹或断口附近的组织有明显的塑性变形层。

防止和改进塑性断裂的措施与屈服失效相同,但因断裂是更为严重的失效,应尽可能使塑性变形不继续发展成为断裂,可以在设计上采用变形限位装置或者增加变形保护预警系统等。

金属材料的塑性断裂不及脆性断裂危险,在生产实践中也较少出现(因为许多机件在材料产生较大塑性变形后已经失效)。但是研究塑性断裂对于正确制定金属压力加工工艺(如挤压、拉深等)规范较为重要,因为在这些加工工艺中材料要产生较大的塑性变形,并且不允许产生断裂。

2. 脆性断裂失效

随着工业生产和科学技术的发展,工程结构向大型化、复杂化方向发展,工作条件向高速、高压、高温和低温等方向发展,材料的服役条件越来越苛刻。一些大型结构、设施(如舰船、桥梁、锅炉、电站设备、化工设备、核反应堆等)往往在符合设计要求、满足规定性能指标的条件下,发生突发性的断裂,这种断裂称为脆性断裂。脆性断裂前没有明显塑性变形,事先无征兆,往往会造成严重后果。常见的脆性断裂有以下两种形式。

(1)低温脆性断裂

温度降低,材料的脆性变大,这种低温变脆现象是体心立方或某些密排六方结构金属及其合金,尤其是工程上常用的中、低强度结构钢经常遇到的现象。当试验温度低于某一温度 t_k 时,材料由韧性状态变为脆性状态,冲击吸收功明显下降,断口特征由纤维状变为结晶状,这就是材料的低温脆性现象。温度 t_k 称为韧脆转变温度,也称为冷脆转变温度。

低温脆性是材料屈服强度随温度降低急剧增加的结果。金属材料的两个强度指标是断裂强度和屈服强度,断裂强度 σ_c 随温度变化很小,但屈服强度(屈服点)σ_s 却对温度变化十分敏感。温度降低,屈服强度急剧升高,故两曲线相交于一点,交点对应的温度即为 t_k(图 8-3)。高于 t_k 时,$\sigma_c > \sigma_s$,材料受载后先屈服再断裂,为韧性断裂;低于 t_k 时,外加应力先达到 σ_c,材料表现为脆性断裂。

韧性是金属材料塑性变形和断裂全过程吸收能量的能力,它是强度和塑性的综合表现,因而在特定条件下,能量、强度和塑性都可用来表示韧性。所以,依照试样断裂消耗的功及断裂后塑性变形的大小均可以确定 t_k。断口形貌反映断裂结果,测出不同温度下的断口形貌,也可以求得 t_k。通常,根据能量、塑性变形或断口形貌随温度的变化定义 t_k。为此,需要在不同温度下进行冲击弯曲试验,根据试验结果作出冲击吸收功-温度曲线、断口形貌中各区所占面积和温度的关系曲线、试样断裂后塑性变形量和温度的关系曲线等,根据这些曲线就可以求出 t_k。根据能量判据,定义 t_k 的方法(图 8-4)通常有以下情况。

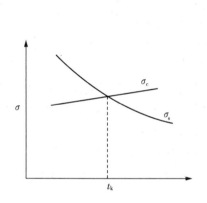

图 8-3 σ_s 和 σ_c 随时间变化示意图

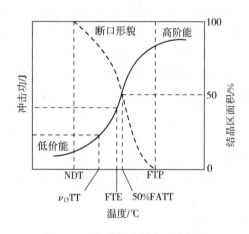

图 8-4 各种韧脆转变温度判据

① 当低于某一温度时,金属材料吸收的冲击能量基本不随温度而变化,形成一平台,该能量称为低阶能。以低阶能开始上升的温度定义为 t_k,称为无塑性或零塑性转变温度,并记为 NDT(nil ductility temperature)。这是无预先塑性变形断裂对应的温度,是最易确定的判据。在 NDT 以下,断口由 100%结晶区(解理区)组成。

② 当高于某一温度时,材料吸收的能量也基本不变,出现一个上平台,称为高阶能。以高阶能对应的温度为 t_k,记为 FTP(fracture transition plastic)。高于 FTP 下的断裂会产生 100%纤维状断口(零解理断口)。显然,这是一种最保守的定义 t_k 的方法(图 8-5)。

韧脆转变温度 t_k 也是衡量金属材

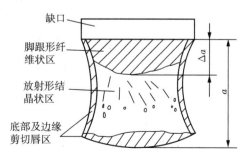

图 8-5 冲击断口形貌示意图

料的韧性指标之一,因为它反映了温度对材料韧脆性的影响。很明显,机件(或构件)的最低使用温度必须高于 t_k,两者之差愈大愈安全。为此,选用的材料应该具有一定的韧性温度储备,即应该具有一定的差值($\Delta = t_0 - t_k$),Δ 为韧性温度储备,t_0 为材料使用温度。通常,t_k 为负值,t_0 应高于 t_k,故 Δ 为正值,Δ 值取 40~60℃ 已足够。为了保证可靠性,对于受冲击载荷作用的重要机件,Δ 取 60℃;不受冲击载荷作用的非重要机件,Δ 取 20℃;对于中间者 Δ 取 40℃。

(2)含缺陷工件的低应力脆断

常温下的低应力脆断是工件最危险的失效形式,极易造成经济损失和安全事故。为了防止断裂失效,传统的力学强度理论根据材料的屈服强度,用强度储备方法确定机件工作应力,即 $\sigma \leqslant \frac{\sigma_{0.2}}{n}$,式中 σ 为工作应力,n 为安全系数。然后再考虑机件的结构特点(存在缺口等)及环境温度的影响,根据材料使用经验,对塑性(δ、ψ)、韧度(σ_k、t_k)及缺口敏感度(q_c)等安全性指标提出辅助要求。照此设计的机件,理论上不会发生塑性变形和断裂,较为安全可靠,并且安全系数 n 和材料屈服强度越大就越安全。但是,实际情况并非总是如此,高强度、超高强度钢的机件,中低强度钢的大型、重型机件(如火箭壳体、大型转子及大型焊接结构件等)往往在屈服应力以下发生低应力脆性断裂。

大量断裂事例分析表明,上述工件的低应力脆断是由裂纹扩展引起的。其裂纹可能是材料生产和工件加工时产生的工艺裂纹,如冶金缺陷、铸造裂纹、锻造裂纹、焊接裂纹、淬火裂纹、磨削裂纹等;也可能是在工作时产生的使用裂纹,如疲劳裂纹、腐蚀裂纹等。因为裂纹破坏了材料的均匀连续性,改变了材料内部应力状态和应力分布,工件的结构性能就不再相似于无裂纹的试样性能,所以应考虑裂纹在服役过程中的表现。

大量断口分析表明,金属工件的低应力脆断断口没有明显宏观塑性变形痕迹。根据外加应力与裂纹扩展面的取向关系,含裂纹的金属工件中的裂纹扩展有 3 种基本形式,如图 8-6 所示。

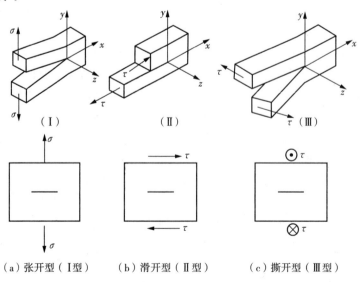

(a)张开型(Ⅰ型)　　(b)滑开型(Ⅱ型)　　(c)撕开型(Ⅲ型)

图 8-6　裂纹扩展的基本形式

（1）张开型（Ⅰ型）裂纹扩展：如图 8-6(a) 所示，拉应力垂直作用于裂纹扩展面，裂纹沿作用力方向张开，沿裂纹面扩展。

（2）滑开型（Ⅱ型）裂纹扩展：如图 8-6(b) 所示，切应力平行作用于裂纹面，而且与裂纹线垂直，裂纹沿裂纹面平行滑开扩展。

（3）撕开型（Ⅲ型）裂纹扩展：如图 8-6(c) 所示，切应力平行作用于裂纹面，而且与裂纹线平行，裂纹沿裂纹面撕开扩展。

在裂纹的不同扩展形式中，Ⅰ型裂纹扩展最危险，最易引起脆性断裂。因此，在研究裂纹体的脆性断裂问题时，总是以这种裂纹为对象。

如图 8-7 所示，当工件中存在裂纹时，由于裂纹割裂了材料的连续性，裂纹前沿的应力大小也会重新分布（图中 JF 线），裂纹前沿产生了应力集中。应力集中程度与裂纹尺寸、载荷大小、裂纹的尖锐程度等有关。当应力集中超过了材料的屈服强度时，就会在裂纹前沿的很小范围内发生屈服，同时造成形变强化使材料的脆性加大。裂纹的存在结果就是变形乃至开裂都集中在裂纹前沿的局部，不足以造成引起人们注意的宏观变形。随着裂纹的扩展，整个工件的实际承载面积减小，实际工作应力增加，当工作应力超过断裂强度时，发生断裂。在发生断裂之前，没有明显宏观变形，而断裂时的工作应力大大低于工件不存在裂纹时的工作应力，因此称为低应力脆断。

裂纹扩展是从其尖端开始向前进行的，对于裂纹前沿某一确定的点，其应力分量由 K_{I} 决定。K_{I} 表示了应力场强弱程度，故称为应力场强度因子。Ⅰ型裂纹应力场强度因子的一般表达式为

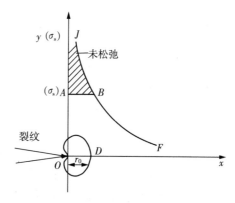

$$K_{\mathrm{I}} = Y\sigma\sqrt{a}$$

式中：Y 为裂纹形状系数，是一个无量纲系数，一般地，$Y=1\sim2$；σ 为应力；a 为裂纹尺寸。

不同的 σ 和 a 的组合，可以获得相同的 K_{I}。当 σ 和 a 单独或共同增大时，K_{I}

图 8-7　裂纹前沿应力集中与塑性区

也随之增大。当 K_{I} 增大到临界值时，裂纹便失稳扩展而导致材料断裂。这个临界或失稳状态的 K_{I} 值记作 K_{Ic}，称为断裂韧度。它表示了材料抵抗裂纹失稳扩展的能力。在临界状态下所对应的平均应力，称为断裂应力或裂纹体断裂强度记作 σ_{c}，对应的裂纹尺寸称为临界裂纹尺寸，记作 a_{c}。三者的关系为

$$K_{\mathrm{Ic}} = Y\sigma_{\mathrm{c}}\sqrt{a_{\mathrm{c}}}$$

可见，材料的 K_{Ic} 越高，则裂纹体的断裂应力或临界裂纹尺寸就越大，表示难以断裂。因此，K_{Ic} 表示了材料抵抗断裂的能力。

金属断裂韧度和其他常规力学性能指标一样，也受到材料化学成分、组织结构等内在因素、温度及应变速率等外界条件的影响。

工程上常使用多相合金材料,最常用的金属材料是钢铁,其相组成为基体相和第二相。相的结构和组织由化学成分、热处理工艺等决定。裂纹扩展主要在基体相中进行,但受第二相的影响。不同的基体相和第二相的组织结构将影响裂纹扩展的途径、方式和速率,从而影响断裂韧度。

脆性断裂的特点如下:断裂部位在宏观上几乎看不出或者完全没有塑性变形,碎块断口可以拼合复原;开始断裂的部位常在变截面处即应力集中部位,或者存在表面缺陷或内部缺陷处;断口平面与主应力方向垂直;断口呈细瓷状,较光亮,对着光线转动,可看到闪光刻面,无剪切唇;断裂常发生于低温条件下或受冲击载荷作用时;断裂过程瞬间完成,无预兆。

防止和改进脆性断裂时,首先要从设计上考虑,应保证工作温度高于材料的脆性转变温度,对在低温下工作的零件应选用脆性转变温度比工作温度更低的材料;尽量避免三向应力的工作条件,减缓应力集中;从工艺上考虑,应正确执行工艺规程,避免诸如过热、过烧、回火脆性、焊接裂纹及淬火裂纹等。热加工后需要回火的,应及时回火,消除内应力。对于电镀件应及时进行去氢处理。从操作上考虑,应遵守设计规定的使用条件,操作平稳,尽量避免冲击载荷。

8.1.3 表面损伤失效

1. 腐蚀失效

1)腐蚀的基本概念

金属腐蚀是金属与环境介质发生化学或电化学作用,导致金属的损坏或变质。在一定环境中,金属表面或界面上进行的化学或电化学反应,使金属转入氧化或离子状态。金属的腐蚀是一个渐进的过程,而且腐蚀可为金属构件的断裂提供条件,甚至直接导致断裂的发生。

空气、淡水、油脂等虽然对金属材料均有一定的腐蚀作用,但并不称为腐蚀介质。一般仅把腐蚀性较强的酸、碱、盐的溶液称为腐蚀介质。

腐蚀失效的危害非常严重,其造成的经济损失超过地震、水灾、风灾和火灾的总和。除经济损失外,腐蚀失效通常还会造成环境的污染和人身伤亡,这就更难以经济数字来衡量。

金属的腐蚀类型很多,通常按照金属与介质的作用性质可以分为化学腐蚀和电化学腐蚀两类。

(1)化学腐蚀是指金属与环境介质间发生的纯化学作用引起的腐蚀现象。其特点是在腐蚀过程中无电流产生,如金属在高温气氛下发生的氧化,金属在有机液体(酒精、汽油、石油等)中发生的腐蚀,铁在盐酸中发生的腐蚀及铜在硝酸中的腐蚀均属于化学腐蚀。

(2)电化学腐蚀是指金属与环境介质间发生的带有微电池作用的腐蚀现象。与化学腐蚀的不同点在于,在腐蚀过程中伴有电流产生。大多数的金属腐蚀属于电化学腐蚀。如金属在潮湿大气中的腐蚀、土壤腐蚀、电解质腐蚀及熔盐腐蚀等均属电化学腐蚀。

电化学腐蚀的基本条件是金属在电解质溶液中存在电位差。不同金属与电解质溶液接触时,由于各自的电位不同,产生宏观的电位差。同一金属材料由于种种原因可以出现不同的电极电位。原因有局部区域化学成分上的差异、残余应力的影响(应力高的地区为阳极)、腐蚀介质浓度的不均匀性(与低离子浓度区介质相接触的区域为阳极)以及温度差异(温度高的区域为阳极)等。在上述情况下,金属表面如吸附有水膜,并将不可避免地溶解少量的电解质(如金属盐等),工业大气中的 SO_3、SO_2 等气体,这就构成了形成电化学腐蚀的充分条件。因而,金属材料的电化学腐蚀现象是普遍存在的,潮湿的环境条件将促使电化学腐蚀过程的进行。

按照腐蚀的分布形态可将腐蚀分为全面腐蚀和局部腐蚀。全面腐蚀是指腐蚀发生在整个工件的表面上;局部腐蚀是指腐蚀从金属表面局部区域开始,并在很小的区域内选择性地进行,进而导致金属零件的局部损坏,局部腐蚀比全面腐蚀的危害大得多。按其形态特点,局部腐蚀又可分为点腐蚀、缝隙腐蚀、晶间腐蚀、选择性腐蚀、生物腐蚀及空泡腐蚀等。

2)腐蚀失效的基本类型

(1)点腐蚀失效:点腐蚀又称孔蚀。其形成过程是,介质中的活性阴离子被吸附在金属表层的氧化膜上,并对氧化膜产生破坏作用。被破坏的地方(阳极)和未被破坏的地方(阴极)构成钝化-活化电池。阳极面积相对很小,电流密度很大,很快形成腐蚀小坑。同时电流流向周围的大阴极,使此处的金属发生阴极保护而继续处于钝化状态。溶液中的阴离子在小孔内与金属正离子组成盐溶液,小孔底部的酸度增加,使腐蚀过程进一步进行。

点腐蚀是一种隐蔽性较强、危险性很大的局部腐蚀。阳极面积与阴极面积比很小,而阳极电流密度非常大,虽然宏观腐蚀量极小,但活性溶解继续深入,再形成应力集中。从而加速了设备破坏,由此而产生的破坏事例仅次于应力腐蚀,同时点腐蚀与其他类型局部腐蚀,如缝隙腐蚀、应力腐蚀和腐蚀疲劳等具有密切关系。

(2)缝隙腐蚀失效:缝隙腐蚀是在电解质中(特别是在含有卤素离子的介质中),在金属与金属或金属与非金属表面之间狭窄的缝隙内产生的一种局部腐蚀。

产生缝隙腐蚀的狭缝尺寸及形状,应满足腐蚀介质(主要是溶解的氧、氯离子及硫酸根)进入并滞留在其中的几何条件。狭缝的宽度为 0.1~0.12mm 时最为敏感,大于0.25mm 的狭缝,由于腐蚀介质能在其中自由流动,一般不易产生缝隙腐蚀。在通用机械设备中,法兰的连接处,与铆钉、螺栓、垫片、垫圈(尤其是橡胶垫圈)、阀座、松动表面的沉积物,以及附着的海洋生物等相接触处,都易发生缝隙腐蚀。

(3)晶间腐蚀失效:晶界是金属中的溶质元素偏析或化合物(如碳化物及 σ 相等)沉淀析出的有利区域。在某些腐蚀介质中,晶界可能优先发生腐蚀,使晶粒间的结合力减弱,而由此引起的局部破坏称为晶间腐蚀。

金属发生晶间腐蚀后,在宏观上几乎看不到任何变化,几何尺寸及表面金属光泽不变,但其强度及延伸率显著降低。当受到冷弯变形、机械碰撞或流体的剧烈冲击后,金属表面出现裂纹,甚至呈现酥脆,稍加外力,晶粒即自行脱落。进行金相检查时,可以看到晶界或邻近区域发生沿晶界均匀腐蚀的现象,有时尚可看到晶粒脱离现象。在对断裂件的断口进行扫描电镜观察时,可以观察到冰糖块状的形貌特征。

(4)接触腐蚀失效:通常把由于腐蚀电池的作用而产生的腐蚀称为电偶腐蚀,又称接触腐蚀或异金属腐蚀。通常情况下,研究和工程中的接触腐蚀或电偶腐蚀是指两种不同金属在电解质溶液中接触时,导致其中一种金属腐蚀速度加快的腐蚀现象。

接触腐蚀发生的条件是两种或两种以上具有不同电位的物质在电解质溶液中相接触,从而导致电位更负的物质腐蚀加速。焊缝结构中的不同金属部件的连接处等部位易于发生接触腐蚀。

(5)空泡腐蚀失效:空泡腐蚀又称气蚀,也称空化腐蚀。在液体与固体材料之间相对速度很高的情况下,气体在材料表面的局部低压区形成空穴或气泡迅速破灭而造成的一种局部腐蚀。这种腐蚀的产生是由于材料表面的空穴或气泡破灭的速度极快,在空穴破灭时产生强烈的冲击波,金属表面保护膜遭到破坏,形成蚀坑。蚀坑形成后,粗糙不平的表面又成为新生空穴和气泡的核心。同时,已有的蚀坑产生应力集中,促使材料表层的进一步耗损。因此,空泡腐蚀是力学因素和化学因素共同作用的结果。

空泡腐蚀产生的基本条件是液体和工件表面间处于相对高速运动状态。液体的压力分布不均及压力变化较大,从而造成机械力和液体介质对金属材料的腐蚀。在液体管道的拐角处、截面突变部位、泵的叶片等地方易产生空泡腐蚀。空泡腐蚀的外部形态与点腐蚀相似,但蚀坑的深度比点腐蚀浅,蚀坑的分布比点腐蚀密,表面往往变得十分粗糙,呈海绵状。

(6)磨耗腐蚀失效:材料在摩擦力和腐蚀介质的共同作用下产生的腐蚀加速破坏的现象,称为磨耗腐蚀,也称为腐蚀磨损。磨耗腐蚀发生的基本条件是:工艺介质具有较强的腐蚀性,流动介质中含有固体颗粒,介质与金属表面的相对运动速度较大。如泵、阀、搅拌桨叶、螺旋桨的轮叶、管道系统的弯头及三通等,易发生磨耗腐蚀。磨耗腐蚀的主要形貌特征是金属表面呈现方向性明显的沟、槽、波纹及山谷形花样。

(7)应力腐蚀失效:金属在应力和特定化学介质共同作用下,经过一段时间后所产生的低应力脆断现象,称为应力腐蚀断裂。

大多数金属材料在一定的化学介质条件下有应力腐蚀倾向。金属材料无论是韧性的还是脆性的,产生应力腐蚀后会在没有明显预兆的情况下发生脆断,常常引发灾难性事故,所以应力腐蚀是一种较为普遍的而且是极为危险的断裂形式。

应力、化学介质和金属材料三者是产生应力腐蚀的条件。

(1)机件所承受的应力包括工作应力和残余应力。在化学介质诱导开裂过程中起作用的是拉应力。焊接、热处理或装配过程中产生的残余拉应力在应力腐蚀中也有重要作用。一般来说,产生应力腐蚀的应力并不一定很大,如果没有化学介质的协同作用,机件在该应力作用下可以长期服役而不致断裂。

(2)只有在特定的化学介质中,某种金属材料才能产生应力腐蚀,即对于一定的金属材料来说,需要有一定特效作用的离子、分子或络合物才能导致应力腐蚀。这些化学介质一般不是腐蚀性的,最多是弱腐蚀性的。如果机件不承受应力,大多数金属材料在这种化学介质中是耐腐蚀的。

(3)一般认为,纯金属不会产生应力腐蚀,所有合金对应力腐蚀有不同程度的敏感性。在每一种合金系列中,都有对应力腐蚀不敏感的合金成分。

应力腐蚀断裂机理如图 8-8 所示,对应力腐蚀敏感的合金在特定的化学介质中,首先在表面形成一层钝化膜,使金属不致进一步受到腐蚀,即处于钝化状态。因此,在没有应力作用的情况下,金属不会发生腐蚀破坏。若有拉应力作用,则可使局部地区的钝化膜破裂,显露出新鲜表面。这个新鲜表面在电解质溶液中成为阳极,而其余具有钝化膜的金属表面便成为阴极,从而形成腐蚀微电池。阳极金属变成正离子($M \rightarrow M^{n+} + ne^-$)进入电解质中而产生阳极溶解,于是在金属表面形成蚀坑。拉应力除促使局部地区钝化膜破坏外,更主要的是在蚀坑或原有裂纹的尖端形成应力集中,使阳极电位降低,加速阳极金属的溶解速度。如果裂纹尖端的应力集中始终存在,那么微电池反应便不断进行,钝化膜无法恢复,裂纹将逐步向纵深扩展。

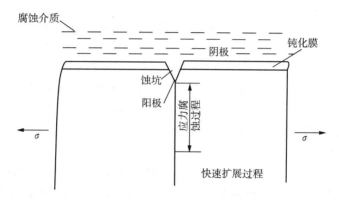

图 8-8　应力腐蚀断裂机理简图

3)腐蚀失效分析及预防

对于发生腐蚀失效的设备、构件、零件,或需要进行腐蚀防护的设备和装置,通过腐蚀失效分析,正确地确定腐蚀发生的原因和腐蚀模式,是进行腐蚀防护的前提。一些在其他场合被证明是行之有效的腐蚀防护措施,在某些环境下并不一定有效,甚至会发生相反的结果。需要注意的是,腐蚀与防护是一个复杂的系统工程,单独或过分地对材料提出要求都是不恰当的。

在腐蚀介质是工况所要求的场合下,正确地选择金属材料十分重要。现在已有一系列的耐腐蚀性钢种及其他材料可供选择,耐腐蚀金属材料通常分为耐蚀铸铁、不锈钢、镍基合金、铜合金、铝合金及钛合金六大类,可以根据对金属材料的耐蚀要求、使用经验、工艺性能及经济因素等进行选用。

在结构设计方面,减小应力集中及残余应力有助于防止或减轻应力腐蚀、腐蚀疲劳等失效;避免异类金属的接触或采用绝缘材料将其隔开,将有助于减轻或杜绝缝隙腐蚀与接触腐蚀,减小流体停滞和聚集现象可降低多种类型的腐蚀速度;使流体匀速流动,避免压力变化过大,将有助于减轻管壁的空泡腐蚀现象。

查明外来腐蚀介质的性质并将其去除。常用的办法是向介质中加入缓蚀剂和去除介质中的有害成分。例如,锅炉用水中的氧气导致的高温氧化,可以对其用水进行去氧处理予以解决,除氧措施可为在减压下加热及加入联胺等。又如,对于锅炉加热管壁向火侧发生的煤灰腐蚀,可以利用提高煤的质量(减少有害元素硫)予以减少。选用适当的缓蚀剂,可使电化学腐蚀过程减慢。

隔离腐蚀介质。在零件表面上涂覆防护层,用于隔绝介质的腐蚀作用是广泛应用的防腐措施,如涂覆油漆、油脂,电镀及阳极化等防护技术,均是有效的防腐措施。在干燥的环境中储存零件是防止潮湿大气腐蚀的有效办法。

利用改变金属与介质间的电极电位来保护金属免受腐蚀的办法,称为电化学保护法。电化学保护的实质是通以电流进行极化。把金属接到电池的正极上进行极化,称为阳极保护;接到负极上进行极化,称为阴极保护。阳极保护常用于某些强腐蚀介质(如硫酸、磷酸等),并且仅用于那些在氧化性介质中能发生钝化的金属防护上。阴极保护常用于地下管道及其他地下设施、水中设备、冷凝器及热交换器等方面。

2. 疲劳断裂失效

工件在循环载荷作用下,经一定循环周次后发生的断裂称为疲劳断裂。疲劳断裂是机械产品较为常见的失效形式之一,其危害性极大。各种机器中,疲劳造成的失效零件数占失效零件总数的 80% 左右。从力学、设计、材料及工艺方面开展疲劳性能研究,寻求有效对策,成为材料强度科学领域中的一个重要组成部分。从材料科学角度研究材料疲劳的一般规律、疲劳破坏过程及机理、疲劳力学性能及其影响因素等,可以为疲劳强度设计和选用材料建立基本思路和提供基础知识。

1)金属疲劳现象及特点

变动载荷是引起疲劳破坏的外力,变动载荷是指载荷大小,甚至载荷方向均随时间变化,其在单位面积上的平均值为变动应力。变动应力可分为规则周期变动应力(也称循环应力)和无规随机变动应力两种。这些应力可用应力-时间曲线表示,如图 8-9 所示。

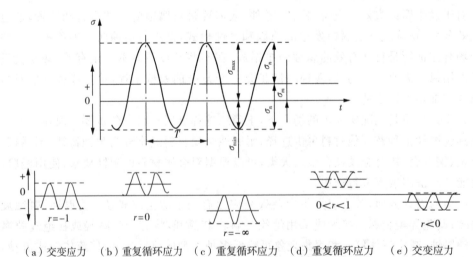

（a）交变应力　（b）重复循环应力　（c）重复循环应力　（d）重复循环应力　（e）交变应力

图 8-9　循环应力的类型

机件正常工作时,其变动应力多为循环应力,因为循环应力较容易模拟,所以相关研究较多。

实际生产中的变动应力往往是随机变动的,如汽车、拖拉机和飞机的零件在运行工作时,因道路或云层的变化,其循环应力呈现随机性变化。

　　疲劳断裂是裂纹萌生和扩展的过程,是低应力循环延时断裂,即具有寿命的断裂,通常情况下疲劳断裂是脆性断裂,疲劳对缺陷(缺口、裂纹及组织缺陷)十分敏感。

　　典型疲劳断口具有 3 个形貌不同的区域——疲劳源、疲劳区及瞬断区。

　　(1)疲劳源是疲劳裂纹萌生的策源地,在断口上,疲劳源一般在机件表面,常和缺口、裂纹、刀痕、蚀坑等缺陷相连,因为该位置的应力集中会引发疲劳裂纹。但是当材料内部存在严重冶金缺陷(夹杂、缩孔、偏析、白点等)时,因局部强度降低也会在机件内部产生疲劳源。从断口形貌来看,疲劳源区的光亮度最大,因为这里在整个裂纹亚稳扩展过程中,扩展速率最低,扩展循环次数最多,断面不断被摩擦挤压,显示光亮平滑。另外,因加工硬化,表面硬度也有所提高。

　　(2)疲劳区是疲劳裂纹亚稳扩展所形成的断口区域,该区是判断疲劳断裂的重要特征证据。疲劳区的断口比较光滑并分布有贝纹线(或海滩花样),有时还有裂纹扩展台阶。贝纹线是疲劳区的最大特征,一般认为它是由载荷变动引起的,如机器运转时的开动和停歇、偶然过载引起的载荷变动,均使裂纹前沿线留下了弧状台阶痕迹。所以,这种贝纹特征总是出现在实际机件的疲劳断口中,而在实验室的试件疲劳断口中,因变动载荷较平稳,很难看到明显的贝纹线。每个疲劳区的贝纹线好像一簇以疲劳源为圆心的平行弧线,其凹侧指向疲劳源,凸侧指向裂纹扩展方向。贝纹线间距也不同,近疲劳源处贝纹线较细密,说明裂纹扩展较慢;远离疲劳源处贝纹线较稀疏,说明裂纹扩展较快。

　　(3)瞬断区是裂纹最后失稳快速扩展所形成的断口区域。在疲劳裂纹亚稳扩展阶段,随着应力不断循环,裂纹尺寸不断长大。当裂纹长大到临界尺寸 a_c 时,裂纹尖端的应力强度因子 K_1 达到材料断裂韧度 K_{1c}(或是裂纹尖端的应力集中达到材料的断裂强度)时,裂纹失稳并快速扩展,导致机件最后瞬时断裂。其断口比疲劳区粗糙,宏观特征同静载的裂纹件的断口一样,随材料性质而变,如脆性材料为结晶状断口;若为韧性材料,则在中间平面应变区为放射状或人字纹断口,在边缘平面应力区为剪切唇。

　　2)疲劳曲线及疲劳抗力

　　疲劳曲线是疲劳应力和疲劳寿命之间的关系曲线,如图 8-10 所示。由图 8-10 中的曲线可见,循环应力高时,疲劳寿命短;循环应力低时,疲劳寿命长。当循环应力低到

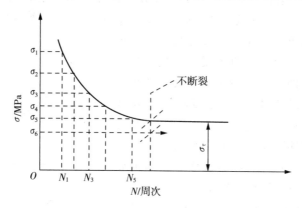

图 8-10　疲劳曲线

某一临界值 σ_{-1} 时，曲线变为水平线段，表明此时试样经无限次循环也不发生疲劳断裂（$\sigma \leqslant \sigma_{-1}$，$N \rightarrow \infty$）；而当循环应力大于 σ_{-1} 时，试样经有限次循环即发生疲劳断裂，因此可将 σ_{-1} 作为疲劳极限。

疲劳极限是材料抵抗无限次应力循环也不疲劳断裂的强度指标，条件疲劳极限是材料抵抗规定循环周次而不疲劳断裂的强度指标，故二者统称疲劳强度。可见疲劳强度是保证机件无限（或长期）疲劳寿命的重要材料性能指标，是评定材料、制订工艺和疲劳设计的依据。

各种材料的疲劳极限，可查阅有关手册，也可以从疲劳试验得到。

3）其他类型的疲劳

（1）低周疲劳：研究飞机、舰船、桥梁、原子反应堆装置及建筑设备的断裂时发现，在较高应力和较少循环次数情况下也会发生疲劳断裂。例如，风暴席卷海船壳体，常年阵风吹刮桥梁，飞机发动机涡轮盘和压气机盘、飞机起落架、压力容器及一些热疲劳件等的破坏都属于此。金属在循环载荷作用下，疲劳寿命为 $10^2 \sim 10^5$ 次的疲劳断裂称为低周疲劳。低周疲劳循环应力较高，往往超过材料的屈服强度而发生塑性应变，因为它是在塑性应变循环下引起的疲劳断裂，所以也称塑性疲劳或应变疲劳。

低周疲劳时，机件设计的循环应力比较高，因而局部区域会产生宏观塑性变形，使应力应变之间不再呈直线关系。

低周疲劳破坏有几个裂纹源。由于应力比较大，裂纹容易形核，其形核期较短，只占总寿命的 10%。低周疲劳微观断口的疲劳条带较粗，间距也宽一些，并且常常不连续。

低周疲劳寿命取决于材料的塑性，因此机件在低周疲劳下服役时，应注意材料的塑性，在满足强度要求的前提下，应尽量选用塑性较高的材料。

（2）热疲劳：温度循环变化时，机件中会产生循环热应力和热应变，因此而发生的疲劳称为热疲劳。产生热应力必须有两个条件，即温度变化和机械约束。温度变化使材料膨胀，但因有约束而产生热应力。约束可以来自外部（如管道温度升高时，刚性支撑约束管道膨胀），也可以来自材料的内部。内部约束是指机件截面内存在温度差，一部分材料约束另一部分材料，使之不能自由膨胀，于是也产生热应力。

热疲劳裂纹是沿表面热应变最大的区域形成的，裂纹源一般有几个，在循环过程中，有些裂纹联结起来形成主裂纹。裂纹扩展方向垂直于表面，并向纵深扩展而导致断裂。

通常以一定温度下产生一定尺寸疲劳裂纹的循环次数，或在规定次数下产生疲劳裂纹的长度来表示热疲劳抗力。图 8-11 所示为在无外约束条件下，温度为 $20 \sim 650 ℃$ 时，淬火温度对 3Cr2W8V 钢热疲劳抗力的影响情况。试验结果表明：热疲劳裂纹长度大致与循环周次呈线性关系；在相同回火温度下，$1150℃$ 比 $1050℃$ 油淬的试样裂纹形成较晚，扩展较慢，具有较高的热疲劳抗力。

金属材料对热疲劳的抗力，不但与材料的热传导、比热容等热学性质有关，而且与弹性模量、屈服

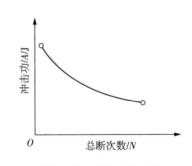

图 8-11 多次冲击曲线

强度等力学性能以及密度、几何因素等有关。一般地,脆性材料导热性差,热应力又得不到应有的塑性松弛,因此热疲劳危险性较大。

减小材料的线膨胀系数,提高材料高温强度,尽可能地减少甚至消除应力集中和应变集中,提高工件局部塑性以迅速消除应力集中等都可以提高材料热疲劳抗力。

(3)冲击疲劳:冲击疲劳是机件在重复冲击载荷作用下的疲劳断裂。各类机械中,即使那些通常认为承受剧烈冲击载荷的机件,也很少有只经受一次或几次冲击就断裂的,多数是承受较小能量的多次冲击才断裂的。试验表明,当试样于破坏前承受的冲击次数较少时(500~1000 次),试样断裂的原因与一次冲击相同;当冲击次数 $N>10^5$ 次时,破坏后具有典型的疲劳断口,属于疲劳断裂,即为冲击疲劳。

冲击疲劳曲线与一般疲劳曲线相似,因此可以由冲击疲劳曲线确定冲击疲劳极限。材料的冲击疲劳抗力除可用冲击疲劳极限表示外,也可用一定冲击能量下的冲断次数 N 或用要求的冲断次数时的冲断能量表示。

金属的冲击疲劳抗力是一个取决于强度和塑性的综合力学性能。当冲击能量高时,材料的冲击疲劳抗力主要取决于塑性;当冲击能量低时,冲击疲劳抗力则主要决定于强度。

3. 摩擦磨损失效

当两个相互接触的机件表面做相对运动(滑动、滚动,或滚动加滑动)时就产生摩擦,有摩擦必有磨损,磨损是降低机器和工具效率、精度甚至导致其报废的重要原因,也是造成金属材料损耗和能源消耗的重要原因。据不完全统计,摩擦磨损消耗能源的1/3~1/2,大约80%的机件失效是由磨损引起的。

1)磨损现象和耐磨性

机件表面相接触并做相对运动时,表面逐渐有微小颗粒分离出来形成磨屑(松散的尺寸与形状均不相同的碎屑),使表面材料逐渐损失(导致机件尺寸变化和质量损失),造成表面损伤的现象即为磨损。磨损主要是由力学作用引起的,但磨损并非单一力学过程。引起磨损的原因既有力学作用,也有物理和化学作用。因此,摩擦副材料、润滑条件、加载方式和大小、相对运动特性(方式和速度)及工作温度等诸多因素均影响磨损量的大小。所以,磨损是一个复杂的系统过程。

在磨损过程中,磨屑的形成是一个发生在机件表面的变形和断裂过程。在磨损过程中,塑性变形和断裂是反复进行的,一旦磨屑形成后又开始下一循环,所以该过程具有动态性。

机件正常运行的磨损过程一般分为 3 个阶段,如图 8-12 所示。

(1)跑合阶段(磨合阶段):如图 8-12 中的 oa 线段。在此阶段内,无论摩擦副双方硬度如何,摩擦表面逐渐被磨平,实际接触面积增大,故磨损速率减小。跑合阶段磨损速率减小还和表面应变硬化及表面形成牢固的氧化膜有关。电子衍射实验可以证实,铸铁活塞环和气缸的跑合表面存在氧化层。

(2)稳定磨损阶段:如图 8-12 中的 ab 线段。这是磨损速率稳定的阶段,线段的斜率就是磨损速率。大多数机器零件均在此阶段内服役,实验室磨损试验也需要进行到这一阶段。通常即根据这一阶段的时间、磨损速率或磨损量来评定不同材料或不同工艺的耐磨性能。在跑合阶段,跑合越好,稳定磨损阶段的磨损速率越低。

(3)剧烈磨损阶段:即 bc 段。随着机器工作时间增加,摩擦副接触表面之间的间隙增大,机件表面质量下降,润滑膜被破坏,引起剧烈振动,磨损重新加剧,此时机件很快失效。

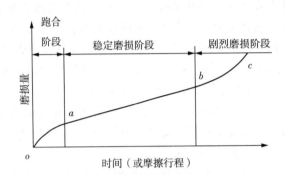

图 8 - 12　磨损量与时间的关系示意图(磨损曲线)

上述磨损曲线因工作条件不同可能有很大差异,如摩擦条件恶劣,跑合不良,则在跑合过程中就产生强烈黏着,而使机件无法正常运行,此时只有剧烈磨损阶段;反之,如果跑合很好,则稳定磨损期很长,且磨损量也比较小。

耐磨性是材料抵抗磨损的性能,通常是用磨损量来表示材料的耐磨性。磨损量愈小,耐磨性愈高。磨损量既可用试样摩擦表面法线方向的尺寸减小来表示,也可用试样体积或质量损失来表示。前者称为线磨损,后者称为体积磨损或质量磨损。若测量单位摩擦距离、单位压力下的磨损量等,则称为比磨损量。另外,为了与常用概念一致,有时还用磨损量的倒数来表征材料的耐磨性。此外,人们还广泛使用相对耐磨性的概念,相对耐磨性的计算公式如下表示:

$$\varepsilon = \frac{标准试样的磨损量}{被测试样的磨损量}$$

相对耐磨性的倒数也称磨损系数。

2)磨损机理

(1)黏着磨损:黏着磨损又称咬合磨损,是在滑动摩擦条件下,当摩擦副相对滑动速度较小(钢小于 1m/s 时)发生的。它是因缺乏润滑油,摩擦副表面无氧化膜,且单位法向载荷很大,以致接触应力超过实际接触点处屈服强度而产生的一种磨损。

黏着磨损可以根据摩擦机理来解释,摩擦副实际表面上总存在局部凸起,当摩擦副双方接触时,即使施加较小载荷,在真实接触面上的局部应力就足以引起塑性变形。倘若接触面上洁净而未受到腐蚀,则局部塑性变形会使两个接触面的原子彼此接近而产生强烈黏着(冷焊)。随后再继续滑动时,黏着点被剪断并转移到一方金属表面,然后脱落下来便形成磨屑。一个黏着点剪断了,又在新的地方产生黏着,随后又被剪断、转移,如此循环往复,就形成了黏着磨损。黏着磨损过程如图 8 - 13 所示。

塑性材料比脆性材料易于黏着,互溶性大的材料组成的摩擦副黏着倾向大,单相金属比多相金属黏着倾向大,固溶体比化合物黏着倾向大,金属与非金属组成的摩擦副比金属与金属的摩擦副不易黏着。

　　在摩擦速度一定时,黏着磨损量随法向力增大而增加。试验指出,当接触压应力超过材料硬度的 1/3 时,黏着磨损量急剧增加,严重时甚至会产生咬死现象。因此,设计中选择的许用压应力必须低于材料硬度值的 1/3,以免产生严重的黏着磨损现象。

　　当法向力一定时,黏着磨损量随滑动速度增加而增加,但达到某一极大值后,又随滑动速度增加而减小。这可能是由于滑动速度增加,黏着磨损量因温度升高材料剪断强度下降,以及塑性变形不能充分进行延缓

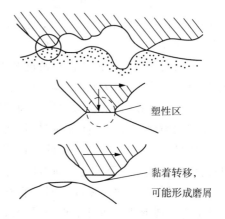

图 8 - 13　黏着磨损过程

黏着点长大两个因素共同作用所致。因为前者使磨损量增加,后者使磨损量减小,所以曲线上出现极大值。黏着磨损量随滑动速度的变化还可能与磨损类型变化有关。

　　摩擦副表面粗糙度、摩擦表面温度及润滑状态等也对黏着磨损有较大影响。降低粗糙度,将增加抗黏着磨损能力,但粗糙度过低,润滑剂难以储存在摩擦面内,从而促进黏着。温度和滑动速度的影响是一致的。这里的温度是环境温度或摩擦副体积平均温度,它不同于摩擦副的表面平均温度,更不同于摩擦副接触区的温度。在接触区,因摩擦热的影响,其温度很高,甚至可能使材料达到熔化状态。不管何种概念的温度,提高温度都促进黏着磨损产生,良好的润滑状态能显著降低黏着磨损量。

　　(2)磨粒磨损:磨粒磨损也称磨料磨损或研磨磨损,是当摩擦副一方表面存在坚硬的细微凸起,或者在接触面之间存在着硬质粒子时,产生的一种磨损。前者又可称为两体磨粒磨损,如挫削过程,后者又可称为三体磨粒磨损,如抛光,两种不同情况的磨粒磨损如图 8 - 14 所示。硬质粒子可以是磨损产生而脱落在摩擦副表面间的金属磨屑,也可以是自表面脱落下来的氧化物或其他沙尘、灰尘等。

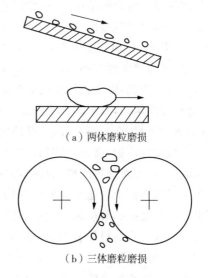

(a) 两体磨粒磨损

(b) 三体磨粒磨损

图 8 - 14　两体和三体磨粒磨损

　　根据磨粒所受应力大小不同,磨粒磨损可分为凿削式磨粒磨损、高应力碾碎性磨粒磨损和低应力擦伤性磨粒磨损。凿削式磨粒磨损是指从材料表面上凿削下大颗粒金属,摩擦表有较深沟槽,若挖掘机斗齿、破碎机胯板等机件表面的破坏。如磨粒与摩擦面接触处的最大压应力超过磨粒的破坏强度,则磨粒不断被碾碎,并产生高应力碾碎性磨粒磨损。此时,一般金属材料被拉伤,韧性金属产生塑性变形或疲劳,脆性金属则形成碎裂或剥落,如球磨机衬板与钢球、轧碎机滚筒

等机件表面的破坏。当作用于磨粒上的应力不超过其破坏强度时,产生低应力擦伤性磨粒磨损,此时摩擦表面仅产生轻微擦伤,如犁铧、运输槽板及机件被沙尘污染的摩擦表面等。

如果从磨粒硬度与被磨材料硬度相对关系看,若磨粒硬度高于被磨材料的硬度,则属于硬磨粒磨损,反之为软磨粒磨损。通常,磨粒磨损即指硬磨粒磨损。

发生磨粒磨损时,磨粒与摩擦表面之间的相互作用,与机械加工中切削刀具和工件的相互作用类似。对于韧性金属材料,每一磨粒从表面上切下的是一个连续屑,而对于脆性金属材料,一个磨粒则切下的是许多断屑。由于磨粒磨损产生的条件不同,它不是简单的切削过程。当磨粒受切向力作用而沿摩擦表面产生相对运动时,摩擦表面将受到剪切、犁皱或切削。对于韧性金属材料和有锐刃的硬粒子而言,表面材料是被剪切下来的,且呈连续屑形式。而对于有光滑刃或圆刃的硬粒子而言,韧性金属材料表面只产生犁皱。当产生犁皱时,表面材料沿硬粒子运动方向被横推而形成沟槽。大部分塑性变形的材料沿沟槽两侧堆积起来,而不是从表面上切削下来。对于脆性材料,沟槽是由裂纹扩展和随后的表面材料成碎片脱落而形成的。

在碾碎性磨粒磨损时,磨粒被压碎前几乎没有滚动和切削的机会,因此,磨粒对摩擦表面的作用是磨粒接触点处的集中压应力所造成的,这种集中压应力可使韧性材料表面产生塑性变形。磨粒大量而密集地反复压入摩擦表面,使经受塑性变形的材料前后流动,最后产生疲劳,发生破坏。对于脆性材料而言,由于摩擦表面几乎不产生塑性变形,此时磨损是表面材料脆性断裂的结果,但也可能是反复应力作用产生的疲劳破坏。

综上所述,磨粒磨损过程可能是磨粒对摩擦表面产生的切削作用、塑性变形和疲劳破坏作用或脆性断裂的结果,还可能是它们综合作用的反映,而以某一损害作用为主。

金属材料对磨粒磨损的抗力与 H/E 成比例(H 为材料硬度,E 为杨氏模量)。材料的 H/E 值越大,在相同接触压力下,弹性变形量增大。由于接触面积增加,单位法向力反而下降,致沟槽深度减小,堆在沟槽两侧的材料也少,磨损量亦减小。然而,杨氏模量对组织变化不敏感,因此机件抵抗磨粒磨损的能力主要与材料硬度呈正比。所以一般情况下,材料硬度越高,其抗磨粒磨损能力越好。

(3)腐蚀磨损:在摩擦过程中,摩擦副之间或摩擦副表面与环境介质发生化学或电化学反应形成腐蚀产物,腐蚀产物的形成和脱落引起腐蚀磨损。腐蚀磨损因常与摩擦面之间的机械磨损(黏着磨损或磨粒磨损)共存,故又称腐蚀机械磨损。

各类机械构件中普遍存在的腐蚀磨损有氧化磨损和在机器零件嵌合部位出现的微动磨损。氧化磨损的磨损速率最小,其值仅为 $0.1\sim0.5\mu m/h$,属于正常类型的磨损。

存在于大气中的机件表面有一层氧的吸附层。当摩擦副做相对运动时,表面凹凸不平,凸起部位的单位压力很大,导致产生塑性变形。塑性变形加速了氧向金属内部扩散,形成氧化膜。由于形成的氧化膜强度低,在摩擦副继续做相对运动时,氧化膜被摩擦副一方的凸起所剥落,裸露出新表面,从而又发生氧化,随后又再被磨去。如此,氧化膜形成又除去,机件表面逐渐被磨损,这就是氧化磨损过程。

氧化磨损的宏观特征是,在摩擦面上沿滑动方向呈匀细磨痕,其磨损产物或为红褐色的 Fe_2O_3 或为灰黑色 Fe_3O_4。

氧化磨损不一定是有害的,如果氧化磨损先于其他类型磨损(如黏着磨损)发生和发展,则氧化磨损是有利的。

(4)微动磨损:在机器的嵌合部位和紧配合处(图 8 - 15),接触表面之间虽然没有宏观相对位移,但在外部变动载荷和振动的影响下,却能产生微小滑动。这种微小滑动引起小振幅的切向振动,称为微动,其振幅约为 $10^{-2} \mu m$ 数量级。接触表面之间因存在小振幅相对振动或往复运动而产生的磨损称为微动磨损或微动腐蚀,其特征是摩擦副接触区有大量红褐色 Fe_2O_3 磨损粉末,如果是铝件,

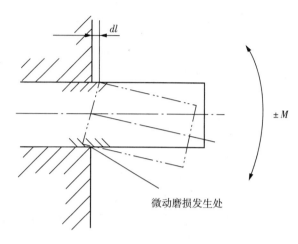

图 8 - 15 微动磨损产生

则为黑色磨损产物。产生微动磨损时,摩擦面上还可以观察到因接触疲劳破坏而形成的麻点或蚀坑。

微动磨损集中在局部地区,又因两摩擦表面永不脱离接触,磨损产物不易排出。在连续振动时,磨屑在摩擦副表面产生交变接触压应力,导致表面疲劳破坏形成麻点或蚀坑。蚀坑有可能是应力集中源,并随后因疲劳裂纹发展,引起机件完全破坏。

在工程上,机械系统或机械部件,如搭接接头、键、推入配合的传动轮、金属静密封、发动机固定件及离合器等常产生微动磨损。在实验室进行疲劳试验时,有时在试样夹头处出现许多红褐色氧化物粉末,最后试样不在工作长度内而在夹头处产生疲劳断裂,这就是以微动磨损蚀坑为疲劳源,裂纹快速扩展的结果。

(5)金属接触疲劳:接触疲劳是两机件接触而作滚动或滚动加滑动摩擦时,在交变接触压应力长期作用下,材料表面有疲劳损伤,导致局部区域产生小片或小块状金属剥落而使物质损失的现象,又称表面疲劳磨损或疲劳磨损。

接触疲劳的宏观形态特征是在接触表面上出现许多小针状或痘状凹坑,有时凹坑很深,呈贝壳状,有疲劳裂纹发展线的痕迹。

根据剥落裂纹起始位置及形态不同,接触疲劳破坏可以分麻点剥落(点蚀)、浅层剥落和深层剥落(表面压碎)。深度在 0.1～0.2mm 以下的小块剥落称为麻点剥落,呈针状或痘状凹坑,截面呈不对称 V 形;浅层剥落深度一般为 0.2～0.4mm,剥块底部大致和表面平行,裂纹走向与表面成锐角和垂直;深层剥落深度和表面强化层深度相当,裂纹走向与表面垂直。

齿轮、轴承、钢轨与轮箍的表面经常出现接触疲劳失效。少量麻点剥落不影响机件的正常工作,但随着时间的延长,麻点尺寸逐渐变大,数量也不断增多,机件表面受到大面积损坏,结果无法继续工作而失效。对于齿轮而言,麻点越多,啮合情况越差,噪声也越来越大,振动和冲击也随之加大,严重时甚至可能将轮齿折断。

8.1.4 零件失效分析的一般方法

1. 失效分析的思路及方法

在对具体的失效问题进行分析时,除要求失效分析工作者具有必要的专业知识外,正确的思想方法也十分重要。失效分析理论、技术和方法的核心是其思维学、推理法则和方法论,许多失效分析专家对此进行了深入的研究,总结了一些在工作中应该遵循的基本原则和方法。在实际工作中,应遵守并能正确运用以下基本原则:

1)整体观念原则

在分析失效问题时,始终要树立整体观念。因为一套设备在运转中某个部件失效,往往与该部件周围的其他部分有关,与该部件所处环境条件或状态有关,与操作人员的使用情况以及管理与维护有关。因此。一旦发生失效,就要把设备-环境-人(管理)当作一个整体(系统)来考虑。尽可能地设想设备能出哪些问题,环境能造成哪些问题,人为因素能造成哪些问题,然后根据调查资料及检验结果,采用排除法把不会引起失效的问题逐个排除。如果孤立地对待失效部件,或局限于某一个小环境,问题往往得不到有效解决。大型构件失效事故的分析,必须遵从整体观念,即使对于不大的、个体的零件失效,也应遵循这一原则。

2)从现象到本质的原则

从现象分析问题导入,进而找到产生问题的原因,即失效的本质问题,才能解决失效问题。例如,分析一个断裂件时,发现它承受的是交变载荷,并且在断口上有清晰的贝壳花样,这样易得出疲劳断裂的结论。但是,这仅仅是一个现象的论断,而不是失效本质的结论。一个零部件失效的表象是由其内在的本质因素决定的。对于一个疲劳断裂的零件,仅仅判断其是疲劳失效是不够的,而更难、更关键的问题,是要确定为什么会发生疲劳断裂。因此,在失效分析中,不应只满足于找到断裂或其他失效机制,更重要的是要找到致断或失效的原因,才有助于问题解决。

3)动态原则

动态原则是指机械产品对周围的环境、条件或位置变化时,总在那里做相对运动。在失效分析时,应将这些变化条件考虑进去。

4)一分为二原则

一分为二原则(两分法原则)是认识论的原则,多用于失效分析,常指对进口产品、名牌产品等不要盲目地以为没有缺点。大量的事实表明,不少失效原因是设计、用材、制造工艺或漏检引起的。

5)纵横交汇原则

既然客观事物总是在不同的时空范围内变化,那么同一设备在不同的服役阶段、不同的环境,就具有不同的性质或特点。所有机电设备的失效率与时间的关系都服从"浴盆曲线",但这是设备本身的特点;另外,同一温度、介质或外界强迫振动,在服役不同阶段的介入所起的作用也是不同的。这就使产品的失效问题变得更加复杂化。例如,同一产品在不同的工况条件下可能产生不同的失效模式。不同工况条件下产生的同一失效模式,又可能是由不同的因素引起的。即使同一构件,在相同的工况条件下,在构件的不同部位也会产生不同的失效模式,如在腐蚀性环境中服役的奥氏体不锈钢结构件,会同时产生点蚀、应力腐蚀或者腐蚀疲劳失效等。因此,应遵循纵横交汇原则(立体性原则)。

除上述基本原则外,在分析方法上还应当注意以下几点。

(1)比较方法:选择一个没有失效的而且整个系统能与失效系统一一对比的系统将其与失效系统进行比较,从中找出差异,这样将有利于尽快地找出失效的原因。

(2)历史方法:历史方法的客观依据,是物质世界的运动变化和因果制约性。历史方法就是根据设备在同样的服役条件下过去表现的情况和变化规律,来推断现在失效的可能原因。这主要依赖过去失效资料的积累,运用归纳法和演绎法来分析失效原因。

(3)逻辑方法:就是根据背景资料(设计、材料、制造的情况等)和失效现场调查材料以及分析、测试获得的信息进行分析、比较、综合、归纳,做出判断和推论,进而得出可能的失效原因。另外,在实际分析中,还要注意抓关键问题。在众多的影响因素和失效模式中,要抓住导致零件失效的关键因素。一个零件的失效,表观上可能有多种表象,一定要排除次要因素。并不是说这些因素不能导致零件失效,但是对于一个具体零件的具体失效而言,这些因素可能不是关键。而要注意的是,关键问题解决后,原来不是关键的问题就变成了关键问题,这时需要遵循动态原则,提出防止失效的措施。上述基本原则和方法的掌握和运用,决定着失效分析的速度和结论正确的程度。掌握这些原则和方法,可以防止失效分析人员在认识上的主观片面性和技术运用上的局限性。在判断和推论上应实事求是,不能得出无事实根据的推论。

2. 相关性分析的思路及方法

相关性分析思路是指从失效现象寻找失效原因或"顺藤摸瓜"的分析思路,一般用于具体零部件及不太复杂的设备系统的失效分析中,常用的有以下两种具体分析方法。

(1)按照失效件制造的全过程及使用条件分析一个具体零部件发生失效,如果一个轴件在使用中发生断裂,断裂原因通常依次进行如下的分析工作:①审查设计,如对使用条件估计不足进行的设计,标准选用不当,设计判据不足,高应力区有缺口,截面变化太陡,缺口或倒角半径过小及表面加工质量要求过低等均可能是致断因素。②材料分析,如材料选用不正确,热处理制度不合理,材料成分不合格,夹杂物超标,显微组织不符合要求,材料各向异性严重,冶金缺陷等均可能是致断因素。③加工制造缺陷分析,如铸锻、焊接、热处理缺陷、冷加工缺陷、装配不当等。④使用及维护情况分析,如超载、超温、润滑不良等。

(2)根据产品失效形式分析一个具体零件失效后,其表现形式通常为过量变形、表面损伤和断裂。根据其具体表现形式,进一步分析引起失效的内部和外部原因,从而提出相应的对策。

3. 失效分析的步骤

失效分析的步骤具体如下。

(1)现场调查:在防止失效造成的不良后果进一步扩大的前提下,尽可能多和全面地收集现场信息,如失效零件的碎片、工作环境及失效过程情况等。

(2)收集背景资料:了解失效零件的生产、使用背景资料,如设计参数、服役年限、维修记录、材料种类及处理状态等。

(3)技术参量复验:根据失效零件的背景资料,检验材料的化学成分、金相组织、力学性能指标几何尺寸及装配精度。

(4)深入分析研究：运用试验测试手段，对失效零件的变形、损伤情况、裂纹种类及裂纹扩展情况等进行分析和研究。

(5)综合分析归纳、推理判断，提出初步结论：根据掌握的信息，运用材料学、机械学及统计分析的方法，进行综合分析归纳、推理判断，初步确定引起失效的原因，并提出相应预防措施。

(6)重现性试验或证明试验。

8.2 工程材料的强化与强韧化

常用的结构金属材料有铝合金、钛合金和结构钢等。提高这些材料制作的工程结构和承力构件的承载能力、减轻质量、节约能源是原材料使用的基本要求。所以，提高强度、改善韧性及发展高强韧性材料是工程材料发展的方向。

8.2.1 工程材料的强化方法

合金钢的强化取决于钢中的晶体缺陷，主要是位错密度、组态以及运动的难易程度。而位错的这些特征，尤其是运动的难易程度，又取决于该钢具有的晶粒及亚晶粒尺寸、形态、第二相的性质、数量、分布特征等微观组织结构因素以及其间的相互作用。凡是使位错运动受到阻碍的因素，都导致钢的强化。因此，钢的强化过程大致分为如下几种类型。

1. 固溶强化

合金元素以置换或间隙原子的形式溶入基体金属的晶格中，由于原子尺寸效应、弹性模量效应和固溶体有序化的作用而导致钢的强化，其强化效应随元素的含量增加而增高（图 8-16）。

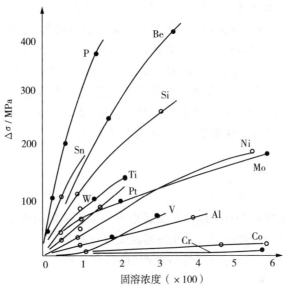

图 8-16 纯铁屈服强度增加量与固溶元素含量之间的关系

（1）弹性模量效应

在形成固溶体时,溶质元素与基体金属的弹性模量不同,则会在溶质原子周围形成一个区域,此区域的弹性模量与基体金属的弹性模量不同。在产生相应的应变时,此区域与基体金属所需要的外加应力也不相同,二者之间存在的差值将对位错线产生一定的作用力。这个作用力使通过溶质原子区域的位错运动受到阻碍,需要增大外力才能使位错脱开此区域的阻碍而继续向前运动,相应提高了固溶合金的强度,这就是弹性模量所造成的固溶强化。

（2）固溶体中有序化造成的强化

在无序固溶体中,常常会存在一些溶质原子呈有序排列的区域,当位错从这些有序化了的区域移动时,将使其有序度受到破坏,增加了材料的能量,使位错的移动受到阻碍,固溶体合金的屈服应力也随着增高。

（3）原子尺寸效应

溶质原子和溶剂原子尺寸各有差异,在溶质原子周围造成晶格畸变,形成以溶质原子为中心的弹性应变场,其将和位错发生弹性相互作用,增加了位错运动的阻力。

原子尺寸效应引起的强化取决于溶质原子溶入造成的畸变的程度。例如,C、N 等间隙型原子溶入 α - Fe 后,造成的畸变大,产生的弹性应变场大,其固溶强化效果显著。而置换型元素溶入 α - Fe 后,造成的畸变小,其强化效果也较小。

2. 沉淀强化

二次硬化钢、沉淀硬化不锈钢和马氏体时效钢,以及铝合金、镍基高温合金等均是由析出第二相导致合金强化的。

作为强化相的第二相质点可以从过饱和固溶体直接析出,或者从发生同素异型转变后的过饱和固溶体中析出。低合金超高强度钢和马氏体时效钢等属于第二种类型,即先由奥氏体转化为马氏体,而后在回火或时效时从转变后的过饱固溶体（马氏体）中析出第二相质点,通过第二相质点对位错运动的阻碍作用,而导致钢的强化。

位错运动中遇到析出质点而受阻碍,位错线需要在外力作用下以不同的方式越过障碍:一是切割并越过质点,二是绕过质点而继续运动。究竟采取何种方式,取决于质点的性质、尺寸、存在状态等,使位错线所受的阻力大小。

位错以切割质点方式通过障碍对合金的强化效应较低,故合金的加工硬化率（$d\sigma/d\varepsilon$）也较低。而位错以绕过质点方式通过障碍时,合金的强化效果好。由于位错运动留下围绕质点的位错环越来越多,必须克服它们产生的逆向应力才能使变形得以实现,故合金的加工硬化率较高。合金加工硬化率（$d\sigma/d\varepsilon$）与位错通过障碍方式的关系如图 8 - 17 所示。

如果质点弹性模量比基体金属高得多,而本身不含位错等晶体缺陷的金属间化合物、氧化物等物质,则位错线能切割的质点尺寸极小;如果质点与基体金属的弹性模量接近或质点含有位错等晶体缺陷,则位错可切割的质点尺寸就较大。

如果质点为中间相、平衡相或弥散强化合金中的金属间化合物、氧化物等,它们产生的阻力常常大于位错弹力（F）的两倍,从而位错将采取绕过质点的方式继续滑移。

在位错以切割方式通过障碍时,合金的屈服强度与切割质点的应力有关,并随所切

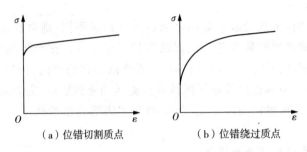

（a）位错切割质点　　　　　　（b）位错绕过质点

图 8-17　合金加工硬化率(dσ/dε)与位错通过障碍方式的关系

割质点尺寸的增大而增大。而当位错绕过质点时,合金的屈服强度主要由质点间的间距所决定;当质点的体积分数一定时,它将随质点尺寸的增大而减小。

3. 界面强化

界面是位错运动过程中的障碍之一,随钢的晶粒细化,晶界增加,钢的屈服强度增高,并同晶粒直径的平方根呈线性变化。

作为多晶体材料,钢的塑性变形是通过多个滑移系进行的,由位错在滑移面上的运动受到阻碍(包括夹杂、第二相颗粒、晶界等),必须施加更大的应力才能使其越过障碍,因此相应使屈服强度增高而导致钢的强化。

一般来讲,在达到宏观屈服极限之前,多晶体已在取向最优的一些晶粒的个别晶面上开始发生滑移。当位错滑移遇到晶界时,由于它无法越过晶界,受到阻碍而在晶面处塞积,造成应力集中,也会使材料得到强化。

4. 加工强化

加工强化又称为加工硬化或形变强化,金属的加工强化效应可通过其应力-应变曲线表现出来。金属加工强化效应是由于位错在变形过程中的增强以及位错间复杂的相互作用所造成的。位错间的这些相互作用尽管其性质和形式有所不同,但都增大位错在晶体中运动的阻力,提高晶体变形的流变应力,导致金属的硬化。

8.2.2　工程材料的强韧化

材料的韧性是指在外力作用下,材料从变形到断裂吸收能量的能力。材料在外加载荷作用下由变形到断裂全过程所消耗的总能量又由弹性变形、塑性变形、裂纹扩展各阶段所消耗的能量组成。由此看出,裂纹形成功和扩展功大小,亦即裂纹形成的难易和裂纹扩展的难易,决定着韧性的高低。钢的强度、塑性、弹性模量等一般力学性能也是影响韧性高低的因素。

依据钢的强韧性与组织结构之间的关系,强韧化的技术途径促使组织结构转化到最有利于提高强度及韧性的理想状态,以便使钢的强度和韧性均获得提高。提高材料强韧性的途径主要有以下几种。

1. 细化晶粒和组织强韧化

细化晶粒和相变产物是达到钢的强化和韧化的有效途径之一。除原始奥氏体晶粒外,等效晶粒、亚晶粒等的细化都具有强韧化作用,因而被广泛应用于生产实际中。

钢是多晶体材料,晶界是把相相同但空间位向不同的晶体分隔开来的一种面缺陷。在晶体转变、形变、退火以及蠕变等过程中,还经常存在着把一个晶粒分割成许多相互具有微小位向差的小晶块的亚晶界。

相邻两异相间的界面不仅位向不同,而且晶界结构和化学成分也不相同,此异相界面通常称为相界面。按照原子在该界面上排列的不同,存在有共格界面、部分共格界面和非共格界面等。

位错在滑移面上运动遇到晶界、相界受阻而塞积,只有当位错塞积引起的应力集中增加到一定程度时,相邻的晶粒才能被迫发生相应的滑移,引起塑性变形的宏观效果。钢的晶粒尺寸愈小,单位体积内的晶界面积愈大,钢的强化程度愈高。亚晶粒、等效晶粒的细化也能起到相同的强化作用。

裂纹的形成起始于大而集中的塑性变形,并大多发生在晶界和相界处。当形变由一个晶粒通过晶界或相界到达相邻晶粒时,由于晶界区原子排列紊乱、位错结构复杂等特点而跨越困难,位错在晶界塞积而使应力集中增高直至裂纹形成,这要消耗大量的能量。随着晶粒细化,单位体积内晶界面积增加,位错的运动、裂纹的形成难度和消耗的能量也相应地增大,因而钢的韧性也相应地提高。

裂纹扩展遇到晶界时,由于晶界两侧晶粒的取向不同被迫改变方向或终止扩展。这将使裂纹扩展消耗的能量增大,相应使钢的韧性增高。

由于内吸附作用,溶质原子和杂质原子常偏聚于晶界,使晶界脆化。超过一定量的 Sn、Sb、Bi、As 等痕量元素将引起回火脆性,导致沿晶脆断。晶粒细化时,由于晶界总面积增大,使单位晶界面积内杂质量减少,钢的脆性也相应降低,韧性得以改善。

综合上述,细化晶粒,增加对位错运动的阻碍作用和增加变形难度等途径可以提高钢的强度;而通过增加裂纹形成的难度和阻碍裂纹的扩展等途径则可以提高钢的韧性。这些都是提高钢的强韧性一些有效的普遍原则。

细化晶粒可通过钢的塑性变形、再结晶、重结晶以及借助增加有利形核位置而在大范围内均匀形核等途径而达到。

2. 改善基体和强化相形态强韧化

合金结构钢的显微组织一般由较软的基体和硬而脆的强化相所组成。这些钢大都通过淬火形成马氏体,再经回火(或在淬火过程中的自回火)在马氏体基体上析出作为强化相的碳化物。马氏体时效钢等高合金超高强度钢,一般通过固溶处理得到超低碳马氏体,再经时效在马氏体基体上析出作为强化相的 Ni、Mo 和 Ni、Ti 等金属间化合物。所以,钢的强韧性应取决于基体(马氏体或 α 相)性能及强化相的形状。

对淬火、回火钢应从马氏体形貌、亚结构类型及碳化物形态方面来分析研究其强韧性及强韧化途径。

α 相基体主要依靠碳和合金的溶入以提高本身的强度,然而由这种固溶强化提高强度的同时常伴随着塑性和韧性的降低。这种对基体强韧化作用的强烈程度则随不同的合金而不同,Si、Mn 等元素的作用强烈,而 Cr、Ni 等元素则较为缓和。

图 8-18 给出了常用的合金元素对铁素体,即相当于调质钢 α 基体的延展性(δ)和冲击韧性(α_k)的影响。

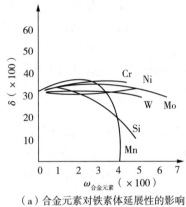 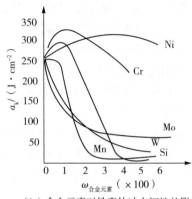

(a)合金元素对铁素体延展性的影响　　　(b)合金元素对铁素体冲击韧性的影响

图 8-18　合金元素对铁素体延展性和冲击韧性的影响

从图示曲线可以看出,分别加入 2% 和 3% Si 和 Mn 就导致铁素体延展性的降低。加入 1%~2% 就引起冲击韧性的急剧降低;而单独加入 Cr 到 3%,加入 Ni 到 6% 并未引起铁素体冲击韧性的下降。由此可知,主要依靠 Si、Mn 固溶强化的钢种,为保持适当的塑性和韧性,合金元素量不宜过高,从而使以 Si、Mn 为基的钢的强韧性有局限性;依靠 Cr、Ni 固溶强化,则可允许在有较高的固溶量而达到较高强度的同时,还保持高的塑性和韧性。故以 Cr、Ni 为基的钢种具有较高的强韧性水平,可以作为固溶强化的一般原则;与其他强化途径相结合,作为钢的合金化设计的依据。

马氏体具有高强度和低韧性的特点,但两种类型的马氏体具有较大的差别。孪晶型片状马氏体具有高强度、高硬度、低韧性和低塑性,而位错板条马氏体则具有相当的强度和相对较高的韧性。

改变马氏体形态可以提高钢的强韧性,所以可通过改进钢的成分和工艺设计等多种途径来改变马氏体形态,相应提高钢的强韧性。

加入微量稀土元素以促进钢中孪晶马氏体转变为位错马氏体,从而可以提高钢的强韧性。

基体中硬而脆的强化相颗粒直接影响到基体塑性变形中位错的运动,并与位错发生交互作用,这些作用在产生强化效应的同时,将影响到钢的塑性和韧性。强化相对强度和塑性的影响均随它们在钢中的含量、形状、尺寸、分布以及本身的性能不同而不同。

强化相的体积分数增大,将使钢的塑性和韧性降低,这显然是由于脆性相颗粒增多,阻碍位错运动造成应力集中,产生孔洞、裂纹等作用的结果。

在含量相同的情况下,强化相对钢的塑性和韧性的影响还随其尺寸、分布和本身性能等的不同而异,硬而脆的强化相在应力作用下易于断裂或与基体分离而形成裂纹,从而降低钢的韧性。颗粒尺寸愈大,韧性降低愈多,即使不发生断裂也会影响塑性变形过程,使钢的韧性降低。故使碳化物等强化相成为细小、球状颗粒在晶内或 α 相基体内呈均匀弥散地分布,能够充分发挥其作用而将其对塑性和韧性的不良影响降低到最低限度,从而使钢获得强度和韧性的良好配合。

3. 复合组织强韧化

以高强度相马氏体为基体引入奥氏体、贝氏体或铁素体等韧性相所构成的复合组织，具有马氏体的高强度和韧性相的相互配合，可以使钢具有较高的韧性。

为了获得少量奥氏体，可以在合金化设计中加入适量的形成和稳定奥氏体的元素（如 Ni、Mn 等），对中碳低合金超高强度钢采用超高温奥氏体化淬火获得含有少量奥氏体的马氏体、奥氏体复合组织；对于具有奥氏体和马氏体可逆转变的高镍、高锰钢（如 9Ni 钢、Fe - 5Mn）等，可在固溶处理得到马氏体后，在可逆转变临界区内回火以获得所需数量的奥氏体。

引入贝氏体的途径主要是等温热处理，一般是在下贝氏体转变区进行等温停留一定时间，从而获得所需数量的下贝氏体后立即淬火，使剩余的奥氏体转变为马氏体。获得马氏体、铁素体双相组织的途径主要是临界区淬火依据加热温度在 A_{c1} 和 A_{c3} 临界区位置的高低来控制铁素体的数量，由不同预处理工艺来控制铁素体的形态和尺寸。

在高强度马氏体相中引入韧性相，提高了材料对裂纹形成与扩展的抗力。由于有分散的韧性相与其相间存在而造成了力学上的不连续性。当裂纹扩展遇到韧性相时，由于韧性相易于塑性变形而能有效地减弱裂纹尖端的局部应力集中，松弛三向拉伸应力状态，从而能阻止裂纹的形成与裂纹的扩展，相应提高钢的韧性。

分散分布在马氏体基体上，并与马氏体相间存在的各种韧性相都具有改变裂纹扩展方向、延长裂纹扩展的作用，从而增加裂纹扩展过程中所消耗的能量。

复合组织中韧性相的体积分数一般较少，如马氏体、贝氏体复合组织中，贝氏体体积分数低于 40%，通常为 10%～15% 左右，马氏体、奥氏体复合组织中的奥氏体一般为百分之几。这些韧性相分散地存在于马氏体基体内，即使是以条状相间存在，也由于含量少而处于硬相马氏体的包围之中，受到很强的塑性约束，从而具有远远高于其单独存在时的变形抗力，使复合组织具有接近或等于高强度相马氏体的强度水平。故当贝氏体含量少时，马氏体、贝氏体复合组织的强度不低于淬火为单一马氏体的强度。当奥氏体相含量很少时，马氏体、奥氏体复合组织的强度与单一马氏体的强度接近。以针状铁素体形式构成的马氏体、铁素体针状复合组织高温回火后的强度降低很少，在相同强度等级下其韧性则远比常规调质处理的为高。

"马氏体＋贝氏体"复合组织和"马氏体＋铁素体"复合组织的形成均导致晶粒细化。如前所述，"马氏体＋贝氏体"复合组织形成过程中，当领先相为下贝氏体等针状产物时，它将分割原始奥氏体晶粒成为细小的如上所述的"等效晶粒"，进一步的转变是在远较原始奥氏体晶粒为细小的这些小区域（等效晶粒）内进行。因此，所形成的马氏体板条和板条束被显著细化，同时也使回火时，碳化物颗粒呈细小、均匀地分布状态，明显提高了钢的强度。而碳化物的细小和均匀分布又提高了弥散强化效应，这是马氏体、贝氏体复合组织强化的重要因素之一。

为获得马氏体、铁素体复合组织而进行的 $\gamma + \alpha$ 两相区内奥氏体化、淬火，未溶的弥散分布铁素体相阻碍刚形成的细小奥氏体晶粒长大，从而获得远比常规奥氏体化为细的奥氏体晶粒，这大大增加了奥氏体晶界面积，同时有细小、分散的铁素体相与奥氏体相间存在，又增加了铁素体-奥氏体相界面积。铁素体、奥氏体复合组织中铁素体和奥氏体总面积比常规热处理大了几十倍。这些界面对位错运动和裂纹扩展所起的阻碍作用，将同时导致钢的强化和韧化。

4. 减少气体杂质、控制夹杂形态强韧化

有非金属夹杂物存在时,在外力作用下,夹杂物破坏金属连续性,造成应力集中,微裂纹首先在夹杂物上形核,而后聚合、长大、扩展而导致材料的断裂。所以,夹杂物的存在会明显地降低钢的塑性和韧性。钢材轧制或锻造常使可变形的夹杂物沿主要压力加工方向延长,使硬而脆的夹杂物被压碎而呈直线或群状排列,减小金属横截面上的有效面积,使横向塑性和韧性明显降低。故压力加工成形的钢件横向和厚度方上的韧性远较纵向低,造成各向异性,且夹杂含量增加,韧性降低的幅度增大。

钢中非金属夹杂物的存在在基体中提供了应力集中的场所,在周期循环应力作用下,成为疲劳裂纹源,促进裂纹的形成与扩展。因此,非金属夹杂物,尤其是存在硬而脆的氧化物会明显降低钢的疲劳寿命,其危害程度随夹杂物的含量增高而更为显著。滚珠轴承钢的滚动接触疲劳对夹杂物的类型和数量变化具有更高的敏感性。夹杂物数量增多,钢的疲劳寿命随之降低。铝酸钙等热膨胀系数小的夹杂物,由于热加工、热处理冷却过程中收缩比钢慢,在其周围形成残余张应力场,它与接触应力相叠加,增大了所承受的应力,这也导致疲劳寿命下降的幅度增大。图 8-19 给出了钢的冲击韧性与硫化物杂质含量的关系。夹杂物的存在,使热加工和冷成形性能显著恶化,并导致裂纹的产生,特别是具有多边形带棱角的硬而脆的夹杂物颗粒大量存在时,会促使钢锻件在铸造过程中严重开裂。

铆钉、螺栓或其他紧固件,在冷镦过程中要承受强烈的冷热工才能形成端头,在总变形量很大的冷加工过程中,如钢中的杂物含量较多将会引起裂纹的产生。为改善加工成形性,必须尽量减少钢中夹杂物含量并改善其类型和形态以便降低其危害性。

钢件在焊接和焊后冷却过程中要发生大的体积变化,从而在工件内部产生大的热应力,而夹杂物的存在,将造成应力集中,导致裂纹的产生,使焊接性能恶化。

在炼钢炉内完成冶炼并注入钢包后进行炉外精炼能明显地提高钢液的洁净度。

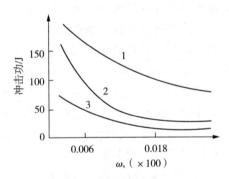

图 8-19 钢的冲击韧性与 ω_s
(硫化物夹杂)的关系
1—纵向;2—横向;3—贯穿厚度方向

炉外精炼技术大致分为钢包精炼和钢包炉精炼,前者包括真空除气、吹氩搅拌等操作而不使用加热装置;后者除具有前述的功能外,还通过二次加热调整钢液强度,从而能进行更多的冶炼操作。

综上所述,合金钢的组织一般由基体(马氏体或 α 相)和在其上分布的强化相所组成,并含有对钢强韧性起危害作用的非金属夹杂物。因此,应通过改善基体和强化相性能及其形态,并使二者性能合理配合以便获得钢的强韧性的良好配合。同时,要尽量减少非金属夹杂物含量,控制夹杂物形态,使其对钢的性能危害性降低到最低限度。

第9章 机械工程材料的选用

在零件设计与制造中,会遇到合理选择材料和安排加工工艺的问题。处理好这些问题,对于保证零件良好的使用性能、满足机器的工作性能、方便加工制造、提高产品质量、降低生产成本、减少自然资源浪费等各方面都有重要意义。

要做到合理选用机械零件的材料,就必须全面分析机械零件的工作条件、受力状态、工作环境和零件失效等各种因素,提出能满足机器零件性能的要求,再选择合适的材料和相应的加工工艺过程。因此,机械零件材料的选用是一个非常重要的工作,必须全面综合考虑。

9.1 选择材料的一般原则

在工程设计时选择材料,一般应在满足零件使用性能要求的前提下,同时考虑材料的工艺性、经济性和环保性。因此,选材主要遵循以下原则与步骤。

使用性能是指机器零件在工作条件下材料应具备的力学性能、物理性能和化学性能,它们是选材时考虑的最主要依据。对于机器零件和工程构件,最重要的是力学性能。一般是在分析机械零件工作条件的基础上,提出对力学性能要求的。

9.1.1 选材的使用性原则

零件的使用要求体现在对其形状、尺寸、加工精度、表面粗糙度等外部质量和对其化学成分、组织结构、力学性能、物理性能、化学性能等内部质量的要求上。

零件的工作条件和失效形式较复杂,在选材时必须根据具体情况找出最关键的力学性能指标,同时兼顾其他性能要求。零件的承载情况主要指载荷的性质和受力状态。工作状况指零件所处的环境,如介质、工作温度和摩擦条件等。载荷的性质有静载、冲击载荷、交变载荷等;受力状态有拉、压、弯、扭等;介质是指与零件接触的润滑剂、海水、酸、碱、盐等;工作温度分为低温、室温、高温、交变温度等。

在设计选材时,主要从 3 个方面考虑:

(1)零件的承载和工作情况;

(2)对零件尺寸和重量的限制;

(3)零件的重要程度。

若零件主要满足强度要求,且尺寸和重量又有所限制时,则选用强度较高的材料;若零件尺寸主要满足刚度要求,则应选择正值大的材料;若零件的接触应力较高,如齿轮和滚动轴承,则应选用可进行表面强化的材料;高温下工作的零件,应选用耐热材料;在腐蚀介质中的零件,则选用耐腐蚀的材料;在强烈摩擦和冲击载荷下工作的零件,应选用耐磨材料。需注意的是,在材料的各项性能指标中,若只有屈服强度或疲劳强度等一个指标作为选择材料的依据,在某种情况下不很合理,当"减轻重量"也是机械设计的主要要求时,则需采用综合性能指标对零件重量进行评定。如从减轻重量出发,σ_s/ρ(比强度)值越大越好。对于有加速运动的零件,由于惯性力与材料的密度成反比,它的重量指标是密度的倒数。铝合金的重量指标约为钢的 2 倍,当有加速度时,铝合金、一些非金属材料和复合材料则是最合适的材料,活塞和高速带轮等常用铝合金等材料制造。

设计时,根据零件的工作条件,分析计算或测定出力学性能指标值后,即可借助相应的工作手册进行选材。但还应注意以下问题,并在设计时必须考虑一定的安全系数。

(1)注意工作手册中数据的测定条件。材料的性能不仅与化学成分有关,也与加工、热处理后的状态有关,还要考虑到零件的结构和工作条件与试验条件的差异。

(2)材料的尺寸效应。工作手册中数据还与试样的尺寸有关,应注意零件尺寸与手册中试样尺寸的差别,注意淬透性与有效淬透层深度的要求,并作适当的修正。

(3)材料成分的波动。某种材料成分是在一定范围内波动的,而不同炉次生产的材料成分不可能相同。所以,用同一牌号的材料制造同一种零件,热处理后的性能会有一定差异。

9.1.2　选材的工艺性能原则

材料的工艺性能表示材料加工的难易程度。在选材过程中,同使用性能相比,材料的工艺性能常处于次要地位;但在某些特殊情况下,工艺性能也可成为选材考虑的主要依据,如切削加工中大批量生产时,为保证材料的切削加工性而选用易切削钢便是一个例子。当某一材料的性能很理想,但极难加工或加工成本较高时,则该材料是不可选的。因此,选材时必须考虑材料的工艺性能。

高分子材料的加工工艺比较简单,切削加工性尚好,但它的导热性较差,在切削过程中不易散热而导致工件温度急剧升高,可能使热固性塑料变焦,使热塑性塑料变软。高分子材料主要成型工艺的比较见表 9-1。

表 9-1　高分子材料主要成型工艺的比较

工艺	适用材料	形状	表面粗糙度	尺寸精度	模具费用	生产率
热压成型	范围较广	复杂形状	较低	好	高	中等
喷射成型	热塑性塑料	复杂形状	较低	非常好	较高	高
热挤成型	热塑性塑料	棒类	低	一般	低	高
真空成型	热塑性塑料	棒类	一般	一般	低	低

陶瓷材料的加工工艺也比较简单,主要工艺就是成型,几种成型工艺的比较见表 9-2。陶瓷材料成型后,除了可以用碳化硅或金刚石砂磨加工外,几乎不能进行任何其他加工。

表 9 - 2　陶瓷材料各种成型工艺的比较

工艺	优点	缺点
粉浆成型	可做形状复杂件、薄塑件,成本低	收缩大,尺寸精度低,生产率低
压制成型	可做形状复杂件,有高密度和高强度,精度较高	设备较复杂,成本高
挤压成型	成本低,生产率高	不能做薄壁件,零件形状需对称
可塑成型	尺寸精度高,可做形状复杂件	成本高

在金属材料、高分子材料和陶瓷材料三大类别中,金属材料的工艺性能最为复杂,现简述如下。

(1)铸造性能

金属材料的铸造性能常用流动性、铸件收缩性和偏析倾向等来衡量。一般是要求具有好的流动性、低的收缩率和小的偏析倾向。通常是熔点低的金属和结晶温度范围小的合金有较好的铸造性能。金属材料中铸造性能较好的合金主要有各种铸铁、铸钢、铸造铝合金和铜合金,可根据需要进行选择。

(2)压力加工性能

压力加工性能是指金属材料进行压力加工的能力,主要是用材料的塑性和变形抗力来衡量。压力加工分为热压力加工和冷压力加工。热压力加工有锻造、轧制和热挤压等,冷压力加工有冷冲压、冷镦和冷挤压等。金属材料的压力加工性能与加工方法有关。热压力加工性能主要是以材料在加工时的塑性、变形抗力和可加工温度范围三项指标来衡量的,而冷压力加工性能是以材料的塑性、成形性、加工表面质量和产生裂纹倾向等来衡量的。

一般地,低碳钢比高碳钢、碳钢比合金钢的压力加工性能要好。铝合金虽可锻造成各种形状的锻件,但它的锻造温度范围小,所以可锻性不是很好,而铜合金的可锻性一般较好。

(3)焊接性能

焊接性能是以焊接接头的力学性能的高低和焊接时形成裂纹与气孔的倾向来进行衡量的。各种金属材料的焊接性能相差很大。焊接的主要对象是各种类型钢材,低碳钢焊接性能最好,当含碳量大于 0.4% 时焊接性能下降。碳含量和合金钢中含合金元素越多,则焊接性能越差。铸铁由于含碳量多,焊接性能很差,只能用于铸铁件的焊补,而灰口铸铁基本上不能焊接。由于铜合金和铝合金有易氧化、导热性高等特点,焊接性能都很差,常用氩弧焊进行焊接。

(4)机械加工性

机械加工性常用材料的切削性和切削后表面光洁度来进行衡量。在钢中,当然易削钢性能最好,其他钢则与其化学成分、组织和力学性能有关。钢的硬度在 HB170~230 时易削性能较好;硬度在 HB250 时,可提高切削表面光洁度,但对刀具磨损较严重。含碳量小于 0.25% 的钢可采用正火处理,以得到较多的细片状珠光体,使硬度适当提高,可改善被加工表面光洁度;当含碳量在 0.25%~0.4% 时可采用正火或退火,以获得较好的表面光洁度;当含碳量在 0.4%~0.6% 时,由于碳量增加,钢的硬度提高,通常采用退火或调质处理,使硬度稍有降低,以改善钢的切削加工性;当含碳量大于 0.6% 时,采用球化退火得到球状珠光体,可改善切削加工性能。高速钢和奥氏体不锈钢的切削加工性能差,铝、镁合金的切削性能较好。

(5)热处理性能

对于大多数金属材料来说,热处理是保证零件最终性能的重要工艺手段。如果热处理工艺性能不好,容易产生严重的后果,甚至报废,造成极大的浪费和损失。热处理工艺性能包括淬硬性、淬透性、变形开裂倾向、氧化脱碳倾向、过热敏感性、回火脆性和回火稳定性等。这些性质与材料的化学成分有关,一般碳钢的淬透性差,适合制作尺寸较小、形状简单和强韧性要求不高的零件。而对于要求高强度、大截面和形状复杂的零件,要用合金钢,但合金钢的压力加工性和切削加工性不如碳钢。热处理工艺性能也与零件结构有关,例如,尖角和截面突变等,这些都应综合考虑。

9.1.3 选材的经济性原则

在机械设计和生产过程中,一般在满足使用性能和工艺性能的条件下,经济性也是选材必须考虑的主要因素。选材的经济性是指选用的材料价格便宜,生产零件的总成本低,这里包括零件的自重、零件的加工费、试验研究费用、零件的寿命和维修费用等。在保证性能的前提下,尽量选用价格便宜的材料,以降低零件的成本。有时虽然价格较贵,但由于零件自重较轻,使用寿命延长,维修费用减少,反而是经济的。

另外,还要合理安排零件的生产过程,使材料消耗降低,生产工序尽量减少,以降低零件的制造费用。要从实际出发,全面考虑,做到加工成品率高、加工效率高、高产优质、少消耗和低成本。

9.2 工程材料在汽车上的应用概况

汽车工业是目前我国国民经济的重要支柱产业,一辆汽车由上万个零部件组装而成,而上万个零部件又是由各种不同材料制成的,包括金属材料、高分子材料、陶瓷材料及复合材料。以中型载货汽车用材为例,钢材约占 64%,铸铁约占 21%,有色金属约占1%,非金属材料约占 14%。可见,汽车用材以金属材料为主,塑料、橡胶、陶瓷等非金属材料也占有一定的比例。

高分子材料的强度、刚度(弹性模量)低,尺寸稳定性较差,易老化,因此目前还不能在工程上用来制造承受载荷较大的结构零件。但这种材料密度小、摩擦系数小,减振性、耐蚀性、绝缘性较好,机械工程中常用其制造一些轻载传动齿轮、轴承、紧固件及各种密封垫圈壳体件和轮胎等。

陶瓷材料在室温下几乎没有塑性,在外力作用下不产生塑性变形而发生脆性断裂。因此,一般不用于制造重要的受力构件,但其化学稳定性好,具有高的硬度和红硬性,故用于制造在高温下工作的零件、切削刀具和某些耐磨零件,在航空、国防等尖端领域有重要用途。

复合材料综合了多种不同材料的优良性能,如强度、弹性模量高,抗疲劳、减摩、耐磨、减振性能好,化学稳定性优异,是一种极具发展前途的工程材料,但由于价格昂贵,在一般民用工业应用有限。

　　金属材料是具有优良的综合力学性能和某些特殊的物理、化学性能的材料。与其他三类工程材料相比,由于它在力学性能、工艺性能和生产成本三者之间保持着最佳的平衡,具有最强的应用竞争力。因此金属材料被广泛地用于制造各种重要的机械零件和工程结构件,目前是机械工程中最主要的结构材料。

9.2.1　汽车用金属材料

1. 缸体、缸盖

　　发动机包含汽缸体和汽缸盖两大部分,由螺栓相互连接而成。缸体是汽车发动机的骨架和外壳,在工作中承受拉伸、扭转、弯曲以及螺栓预紧力的综合作用。缸体材料应具有足够的强度和刚度、良好的铸造性能和切削性,并且价格低廉。

　　缸体常用的材料有灰铸铁和铝合金两种。前者价格便宜,并且具有较高的强度和刚度,是目前缸体的主要材料;铝合金的密度小、导热性良好,与铝质活塞和缸盖热膨胀完全相同,可减少冲击噪音和机油消耗,也可减少工作过程中热冲击产生的热应力,使得铝合金的缸体使用越来越普遍。

　　缸盖在缸体的上面,从上部密封汽缸并构成燃烧室。缸盖在燃气的高温、高压下承受机械负荷和热负荷的作用,温度高、形状复杂、受热不均匀使缸盖具有较大的热应力,严重时可造成缸盖变形甚至出现裂纹。因此,缸盖材料应具有导热性好、高温机械强度高、能承受反复热应力、铸造性能良好的性能。目前常用的缸盖材料有灰铸铁或合金铸铁和铝合金两种。

　　铸铁缸盖具有高温强度高、铸造性能好、价格低等优点,但其导热性差、质量大。铝合金缸盖的主要优点是导热性好、质量小,有利于提高压缩比,但其高温强度低,使用中容易变形、成本较高。

2. 缸套

　　缸套镶嵌在缸体的缸筒内,与活塞和缸盖共同组成燃烧室,缸套工作表面由于与高温、高压的燃气想接触,有活塞环在其表面做高速往复运动,这就决定了缸套不仅要有足够的强度,还必须具有较好的耐高温、耐腐蚀和耐磨损性能。缸套分为干缸套和湿缸套两大类。背面不接触冷却水的缸套为干缸套,厚度较薄、结构简单、加工方便;背面和冷却水相接触的是湿缸套,直接接触冷却水,有利于发动机的冷却,也有利于发动机的小型轻量化。

　　常用缸套材料为耐磨合金铸铁,主要有高磷铸铁、硼铸铁、合金铸铁等,通过合金化提高珠光体基体的强硬度,并获得较细的石墨。为进一步提高缸套的耐磨性,可以对缸套表面进行镀铬、表面淬火、喷镀金属钼或其他耐磨合金等处理。

3. 活塞组(活塞、活塞销和活塞环)

　　活塞组在工作中受周期性变化的高温、高压燃气作用,并在气缸内作高速往复运动,产生很大的惯性载荷;活塞在传力给连杆时,还承受着交变的侧压力,工作条件十分苛刻。活塞组最常见的失效方式有:磨损、变形和断裂。

对活塞用材料的要求是有足够的高温强度、良好的导热性、较低的摩擦系数、良好的耐蚀性和工艺性能。常用的活塞材料是铝硅合金,铝硅合金导热性好、密度小,加入硅使膨胀系数减小,耐磨性、耐蚀性、硬度、刚度和强度提高。铝硅合金活塞需进行固溶处理及人工时效处理,以提高表面硬度。

经活塞销传递的力高达数万牛顿,且承受的载荷是交变的。这就要求活塞销材料应有足够的刚度和强度以及足够的承压面积和耐磨性,还要求外硬内韧,表面耐磨,同时具有较高的疲劳强度和冲击韧性。活塞销材料一般用 20 钢或 20Cr、20CrMnTi 等低碳合金钢。活塞销外表面应进行渗碳或碳氮共渗处理,以满足外表面硬而耐磨,材料内部韧而耐冲击的要求。

活塞环材料应具有一定的强度、硬度、弹性、耐磨性(包括贮油性)、耐蚀性、热稳定性和良好的工艺性能,目前多用以珠光体为基体的灰铸铁或在灰铸铁基础上添加 Cu、Cr、Mo 的合金铸铁制造,并且随着发动机的强化,出现从灰铸铁向可锻铸铁、球墨铸铁和钢材过渡的趋势。

(1)灰铸铁:其化学成分按活塞环尺寸大小、铸造方法而变化。主要成分为含 C 3.5%～3.75%,含 Si 2.2%～2.75%,含 Mn 0.6%～0.8%,含 P 0.3%～0.8%,含 S 小于 0.10%,含少量铬、钼或钒等合金元素,其抗弯强度为 30kg/cm² 以上,硬度 HRB94～107,弹性系数为 8000～11000kg/mm²,弹力衰减率(300℃×2h)在 10% 以下。

(2)合金铸铁:为了改进铸铁的基体组织,在铁水中另加铬、钛、钨、钒、铜、镍等元素即为合金铸铁。其具有硬度比灰铸铁高、耐热性好、弹力衰退小等优点。

(3)球墨铸铁:球墨铸铁是一种高强度的铸铁材料,是指石墨以球状形式存在的铸铁,综合性能接近于钢,主要优点是抗弯强度高,达 80～120kg/mm²,比普通铸铁高一倍以上。弹性系数高达 15000～17000kg/mm²,受冲击不易破坏。

4. 连杆

连杆是两端分别与主动和从动构件铰接以传递运动和力的杆件,其主体部分的截面多为圆形或工字形,两端有孔,孔内装有青铜衬套或滚针轴承。连杆在工作过程中,除承受燃烧室燃气产生的压力外,还要承受纵向和横向的惯性力。因此,连杆在工作时的应力状态比较复杂,既有交变的拉压应力,又有弯曲应力。其主要的损坏形式是疲劳断裂和过量变形,通常疲劳断裂的部位是在连杆上的三个高应力区域(小头与连杆的过渡区,连杆中间及大头与杆部的过渡区)。

连杆的工作条件要求连杆具有较高的强度和抗疲劳性能,又要求具有足够的刚性和韧性。材料一般采用 45 钢、40Cr 或者 40MnB 等调质钢。碳素钢连杆的调质硬度一般在 229～269HBS,抗拉强度可达 800MPa,冲击韧性在 60J/cm² 以上;合金钢调质硬度可达到 300HBS(最高不超过 330HBS,主要考虑后续的机加工),抗拉强度可达到 900MPa 以上,冲击韧性在 80J/cm² 以上。合金钢虽具有很高强度,但对应力集中很敏感。所以,对连杆外形、过渡圆角等方面需严格要求,还应注意表面加工质量以提高疲劳强度,否则高强度合金钢的应用并不能达到预期效果。

为节约能源、降低成分,发展了非调制钢连杆,其强化机理是在中碳钢的基础上添加钒、钛、铌等微合金元素。通过控制轧制或控制锻造过程的冷却速度,使其在基体组织中弥散析出碳、氮的化合物使其得到强化。用于发动机连杆的钢种有 35MnVS、35MnVN、40MnV 和 48MnV 等，其强度都在 900MPa 以下，其疲劳强度与相同级别的调质钢相当。

5. 气门

气门的作用是专门负责向发动机内输入燃料并排出废气，结构上分为进气门和排气门。传统发动机每个汽缸只有一个进气门和一个排气门，结构简单，低速性能好，但功率受到限制；现在常用的每个汽缸布置 4 个气门，4 个汽缸一共 16 个气门，常见的"16V"就表示发动机共 16 个气门。

气门在工作时，需要承受较高的机械负荷和热负荷，高温下燃油燃烧产生的钒化物、氧化物、硫化物等沉积在气门锥面上，导致气门烧损；高的机械负荷使其承受很大的应力，容易出现气门座扭曲、气门头部变形，因此气门材料需具有较高的高温强度和硬度，同时需具有较高的抗腐蚀能力。

进、排气门工作条件不同，材料的选择也不同。一般重型发动机进气门工作温度可达 525℃，进气门材料可以选用普通碳素钢、低合金钢或高合金马氏体耐热钢，常用材料为 40Cr、35CrMo、38CrSi、42Mn2V 等合金钢；排气门需要足够的高温疲劳强度，其材料一般选用铁基奥氏体型耐热钢或镍基高温合金。奥氏体型耐热钢可进行固溶处理和时效强化，使其具有足够的低温疲劳强度和良好的高温疲劳强度，同时具有良好的锻造性和机械加工性能。铁基奥氏体型合金材料需要进行碳氮化合物沉淀析出时效强化；镍基奥氏体高温合金有着比铁基奥氏体合金更好的高温疲劳强度，其强化主要是通过 Ni、Al 和 Ti 等金属间化合物沉淀析出进行。采用铁基的 4Cr10Si2Mo 合金作为排气门材料时工作温度可达 550~650℃，采用镍基的 4Cr14Ni14W2Mo 合金作为排气门材料时，工作温度可达 650~900℃，这种高镍基合金在高负荷发动机排气门上也开始应用。

6. 钢板材料

在汽车零件中，冷冲压零件约占总零件数的 50%~60%，有钢板和钢带，其中主要是钢板，包括热轧钢板和冷轧钢板，如钢板 08、20、25 和 16Mn 等。热轧钢板主要用来制造一些承受一定载荷的结构件，如保险杠、刹车盘、纵梁等。这些零件不仅要求钢板具有一定刚度、强度，还要具有良好的冲压成形性能；冷轧钢板主要用来制造一些形状复杂、受力不大的机器外壳、驾驶室、轿车的车身等覆盖零件。这些零件对钢板的强度要求不高，但却要求它具有优良的表面质量和良好的冲压性能，以保证高的成品合格率。

近年开发的加工性能良好、强度（屈服强度和抗拉强度）高的薄钢板——高强度钢板，由于其可降低汽车自重、提高燃油经济性而在汽车上获得应用，主要有普通高强度钢板和先进高强度钢板两类。

普通高强度钢板包括：①高强度 IF 钢板，是钢材在保证良好塑形和冲压性能的同时，拥有较高的强度，满足复杂形状轿车冲压件的性能要求；②烘烤硬化钢板，钢板冲压成形前具有较低的屈服强度，通过冲压成形后的涂漆烘烤工艺使钢板的屈服强度增加；③含磷钢板，利用磷在钢中的固溶强化作用进行强化，可以用来冲制一些形状比较复杂的汽车冲压件；④超低碳含磷钢板，该钢具有良好的深冲性、塑性和韧性。

先进高强度钢板包括：①双相钢，用于需高强度、高碰撞吸收能且成形要求严格的汽车零件，如车轮、保险杠等；②贝氏体钢板，适合冲压汽车支撑类部件，要求良好的翻边性能;③相变诱导塑形钢;④复相钢等。

7. 半轴

半轴也叫驱动桥,是差速器与驱动轮之间传递扭矩的实心轴,其内端一般通过花键与半轴齿轮连接,外端与轮毂连接。半轴工作时主要承受扭转力矩、交变弯曲和一定的冲击载荷作用,并且工作时频繁启动、变速、反向(倒车)、路面颠簸引起较大的疲劳作用。载重汽车主要失效形式为轴的杆部与凸缘的连接处、花键端以及花键花键与杆部相连的部位产生疲劳断裂。因此半轴材料性能要求具有较高的抗弯强度、疲劳强度和较好的韧性,通常选用调质钢制造。中小型汽车半轴一般选用 45 钢、40Cr,重型汽车一般选用40MnB、40CrNi 或 40CrMnMo 等淬透性较高的合金钢。其热处理过程一般为调质后中频淬火加低温回火,可以获得半轴沿截面的强度分布,基本与实际工作应力分布状态相适应,并具有较好的强韧性。

8. 螺栓、铆钉等冷镦零件

汽车结构中的螺栓和铆钉等冷镦零部件,主要起连接、紧固、定位以及密封汽车各零部件的作用。汽车行驶过程中,由于螺栓连接的零部件不同而所受的载荷各不相同,故不同螺栓的应力状态也不相同,包括弯曲或切应力、反复交变的拉压应力、冲击载荷,或同时承受上述几种载荷。因此,应根据螺栓的受力状态合理地选用材料。

汽车用普通螺栓选用低中碳钢(15、35 钢),而比较重要的螺栓要选用 40Cr 钢,经调质处理后使用。一般铆钉选用低碳钢经冷镦后再结晶处理即可。汽车用螺栓和铆钉一般采用冷镦塑性成型工艺,同切削加工相比,冷镦件内金属纤维组织沿产品形状连续分布,可提高产品的强度。

9.2.2 汽车用塑料

汽车材料技术发展的方向是轻量化和环保化,在目前新能源汽车尚未有突破情况下,轻量化是汽车节能、减少污染的最有效途径之一。据测算,汽车自身重量每减轻10%,燃油消耗可降低 6%～8%。

塑料在汽车中的应用发展很快,从机械、热应力较小的内饰件和小机件,发展到大型结构件和功能性部件等。用塑料取代金属制造汽车配件,可以直接取得汽车轻量化的效果,还可以改善汽车的某些性能,如防腐、防锈蚀、减振、抑制噪声、耐磨等。因而要求汽车用塑料材料向强度更高、耐冲击性更好、超高流动性的复合材料和塑料合金方向发展。

汽车用塑料有着很多传统塑料没有的优点,主要表现在重量轻、良好的装饰效果、易成型以及节能效果好等方面,具体表现在以下几个方面。

1. 重量轻

塑料具有的最突出的优点之一就是具有较高的比强度,其平均比重约为一般钢的15%～20%,对于高档轿车尤其重要,可大大降低汽车的自重。

2. 良好的加工性能

借助各种现代化的成型加工机械,通过挤出、注塑、压延、模塑、吹塑等方法加工成各种形状的塑料制品,如管材、型材、板材以及薄膜等,还可根据要求进行二次加工,如机械制品样的车削、冲切、裁剪、焊接等。

3. 良好的理化性能

除了具有很好的可塑性之外,塑料制品还具有良好的绝缘性能、耐腐蚀性能、耐老化性能、耐磨和耐洗刷性能、一定的力学性能,可被加工成各种要求、多种功能的汽车内外饰件。

4. 良好的装饰效果

1)汽车内饰用塑料

用于汽车内饰件的塑料材料要求具备以下特性。

(1)耐热性:因夏季长时间光照,车厢温度较高,因此要求内饰件塑料具有较高的耐热性。

(2)耐老化特性:塑料的老化是受到内外因素的综合作用后,性能逐渐变坏最后完全失效的现象。内部因素包括不饱和双键、支链、羰基和末端的羟基等,外部因素主要为紫外光照、氧气、热、水、应力等。内饰用塑料材料要防止因热氧化和紫外辐照老化所引起的变色和劣化。

(3)低气味性:汽车是一个相对狭小、密封的空间,为了驾乘人员的身体健康,内饰塑料材料应确保低挥发性、低气味性。

(4)耐刮擦性:内饰塑料要具有一定的表面硬度和较低的摩擦系数,以防止刮擦起毛,影响其装饰性。

内饰制品主要用塑料有聚氨酯(PU)、聚氯乙烯(PVC)、聚丙烯(PP)和 ABS 等,汽车中典型的塑料饰件见表 9-3 所列。

表 9-3　汽车中典型的塑料软饰件

塑料种类	内饰件名称
聚氨酯泡沫塑料(PUR)	座椅缓冲垫和头枕
聚氨酯泡沫塑料或聚氯乙烯(PVC)	扶手和仪表盘缓冲垫
丙烯腈-丁二烯-苯乙烯共聚物(ABS)	仪表盖板、前支柱装饰条和控制箱体
玻璃钢纤维增强丙烯腈-苯乙烯共聚物(ASG)	仪表板芯材
聚丙烯(PP)	仪表板托架、车门前饰板芯材、制动杆手柄、中后支柱装饰条
聚丙烯、聚氨酯(PUR)	转向盘
聚氯乙烯	车门内饰板表皮、车顶硼内衬表皮
聚氨酯、聚苯乙烯(PS)	车门内饰板隔离层、车顶棚内衬隔离层
聚丙烯、聚苯乙烯	车顶棚内衬托架

2)汽车外饰塑料

用于汽车外饰件的塑料材料要求具备以下特性。

(1)耐候性。耐候性是指材料暴露在日光,冷热、风雨等气候条件下的耐久性,对于外饰件中不进行涂装或电镀的部件应选择具有良好耐候性的塑料材料,如 AES 树脂(丙烯腈-EPDM 橡胶-苯乙烯共聚物)具有极佳的耐候性,即使长时间暴露在室外紫外线、潮湿、雨淋、光照及臭氧条件下,不经涂装也可以保持物性稳定。另外,还有 ASA、PC/PBT 塑料等都具有较好的耐候性。

(2)耐低温性能。外饰件塑料要求具有一定的耐低温性能,防止在冬季低温环境中产生部件的开裂。

(3)耐蚀性。外饰件工作环境相对较差,应具有良好的耐蚀性,防止油液及酸雨产生的侵蚀。

(4)耐刮擦性。要求材料具有一定的表面硬度和较低的摩擦系数,以防止刮伤。

工程塑料在汽车上主要用作结构件,要求塑料具有足够的温度-强度特性和温度-蠕变特性以及尺寸稳定性。工程塑料是能够满足这些技术要求的。汽车上常用的工程塑料有聚丙烯、聚乙烯、聚苯乙烯、ABS、聚酰胺、聚甲醛、聚碳酸酯、酚醛树脂等。

3)汽车外装及结构件用纤维增强塑料复合材料

纤维增强塑料复合材料统称为 FRP,是一种纤维和塑料复合而成的材料。增强用的纤维为玻璃纤维、碳纤维和高强度合成纤维。基体树脂根据使用要求,可分为环氧树脂、酚醛树脂、不饱和聚酯等。汽车上常用的是玻璃纤维与热固性树脂的复合材料。FRP 作为汽车用材料,具有材质轻、设计灵活、便于一体成型、耐腐蚀、耐化学药品、耐冲击、着色方便等优点,但这种材料用于大批量汽车生产时,与金属材料比较还存在着生产效率低、可靠性差、耐热性差、表面加工性差、材料回收困难等方面的问题。

FRP 材料可用于制造汽车顶棚、空气导流板、前端板、前灯壳、发动机罩、挡泥板、后端板、三角窗框、尾板等外装件。用碳纤维增强塑料复合材料制成的汽车零件,还有传动轴、悬挂弹簧、保险杠、车轮、转向节、制动鼓、车门、座椅骨架、发动机罩、格栅、车架等。

9.2.3 汽车用橡胶材料

橡胶具有很高的弹性和一定的机械强度,具有缓和冲击、吸收震动的能力,是汽车用的一种重要材料。一辆轿车的橡胶件约占轿车整个质量的 4%～5%。轮胎是汽车的主要橡胶件,此外还有各种橡胶软管、传送带、密封件、减振垫等约 300 件,具体如下。

(1)轮胎类:外胎、内胎、垫带、气门芯;

(2)密封胶条类:门窗胶条、门窗玻璃胶条、风窗玻璃胶条;

(3)管路类:发动机进气管、发动机进水管、发动机燃油管、液压系统高低压胶管、散热器进水管、制动油、气管等;

(4)传动类:发动机风扇、水泵皮带、空调压缩机皮带;

(5)密封件类:发动机气门油封、发动机曲轴前后油封、发动机燃油泵密封垫及油封、变速器一轴二轴油封、液压油缸密封圈、齿轮泵密封圈、气泵油封、水泵油封、空调压缩机油封、制动阀密封圈、方向机油封等;

(6)减震类:车架减振胶条、发动机减振垫、散热器减振垫、变速器减振垫、沙发坐垫等;

(7)结构件:脚踏班护垫、操作件防尘罩、传动轴伸缩套、限位块等。

汽车轮胎的主要成分有生胶(包括天然橡胶、合成橡胶、再生胶)、骨架材料(即纤维材料,包括棉纤维、人造丝、尼龙、聚酯、玻璃纤维、钢丝等)及炭黑等。其中炭黑特殊的吸附性与橡胶分子之间的黏合性非常高,从而明显增强橡胶的强度、硬度和耐磨性。生胶是轮胎最重要的原材料,轮胎用的生胶约占轮胎全部原材料质量的 50%。目前,轿车轮胎以合成橡胶为主,而载重轮胎以天然橡胶为主。天然橡胶在许多性能方面优于通用型合成橡胶,其主要特点是强度、弹性高,生热和滞后损失小,耐撕裂,以及有良好的工艺性、内聚性和黏合性。用它制成的轮胎耐刺扎,特别对使用条件苛刻的轮胎,其胎面上层胶大多采用天然橡胶。

合成橡胶主要有丁苯橡胶、顺丁橡胶和丁基橡胶三种。丁苯橡胶主要用于轿车轮胎,以提高轮胎的抗湿滑性,保证行车安全。顺丁橡胶一般都与天然橡胶或丁苯橡胶并用。随着顺丁橡胶掺用量的增加,使其耐磨性提高,生热降低,但抗撕裂和抗湿滑性却随之降低,为了保证行车安全,它的掺用量不宜太高。丁基橡胶是一种特种合成橡胶,具有优良的气密性和耐老化性。用它制造的内胎,气密性比天然橡胶的内胎好。由于气密性好,使用中不必经常充气,轮胎使用寿命相应提高。它又是无内胎轮胎密封层的最好材料。

9.2.4 汽车用陶瓷材料

陶瓷材料具有耐高温、耐磨损、耐腐蚀以及在电导与介电方面的特殊性能。在汽车上主要应用于那些要求较高耐热性、良好摩擦性(甚至是无润滑剂条件下)及惯性较小的部件。利用陶瓷材料所具有的独特性能制作部分汽车部件,对减轻车辆自身重量、提高发动机热效率、降低油耗、减少排气污染、提高易损件寿命、完善汽车智能性功能都具有积极意义。

1. 陶瓷在汽车发动机上的应用

新型的碳化硅和氮化硅陶瓷比氧化铝陶瓷具有更高的强度和耐热性,对于提高发动机的热效率是不可或缺的材料。汽机油的热效率约为 22%,柴油机的热效率约为 33%,其燃烧能量的损失主要发生在热能的转换以及热传递过程中,采用隔热性更好的陶瓷材料减少热损失,并用废弃蜗轮增压器和动力蜗轮来回收排气能量,有望将汽油机热效率提高到 48%。

日本、美国绝热发动机上采用工程陶瓷的情况见表 9-4 所列。

表 9-4 日本、美国绝热发动机上采用的工程陶瓷

零件	要求的性能						适用的工程陶瓷
	耐热	耐磨	低摩擦	轻量	耐蚀	膨胀小	
活塞	√	√				√	Si_3N_4、PSZ、TTA
活塞环	√			√	√	√	SSN、PSZ
气缸套	√	√	√				Si_3N_4、PSZ
预燃烧室	√	√	√			√	PSZ、Si_3N_4
气门头	√			√	√	√	SSN、PSZ
气门座	√	√		√		√	PSZ、SSN

(续表)

零件		要求的性能						适用的工程陶瓷
		耐热	耐磨	低摩擦	轻量	耐蚀	膨胀小	
气门挺柱			√			√		PSZ、Si_3N_4、SiC
气门导管		√	√	√			√	PSZ、SSN、SiC
进排气管		√						ZrO_2、Si_3N_4、TiO_2、Al_2O_3
排气口/进气口		√						ZrO_2、Si_3N_4、TiO_2、Al_2O_3
机械密封		√						SiC、Si_3N_4、PSZ
涡轮增压器	叶片	√			√	√	√	Si_3N_4、SiC
	涡轮壳	√				√	√	LAS
	隔热板	√				√	√	ZrO_2、LAS
	轴承	√	√	√	√	√	√	SSN

说明:SSN—烧结氮化硅;PSZ—部分稳定氧化锆;LAS—锂-铝-硅酸盐;TTA—改性的韧性氧化铝。

2. 陶瓷在汽车制动器上的应用

陶瓷制动器是在碳纤维制动器的基础上发展而来的,以 SiC 陶瓷为基体,碳纤维为增强体,经成型、烧结工序制备碳纤维增强的 SiC 陶瓷基复合材料,表面硬度高、耐磨,并且具有良好的抗冲击性。

3. 陶瓷在汽车传感器中的应用

一些特种陶瓷既具有一般陶瓷的耐热、耐磨、耐蚀性,又具有优良的电磁、光学性能,如其绝缘性、介电性和压电性等。陶瓷基传感器能够适用于汽车特有的恶劣环境,如高低温、振动、潮湿、噪音、废弃等,已成为汽车电子化的重要方面。

9.3 典型机械零件的选材及工艺分析

本节所述内容是机械零件传统选材方法的经验结晶,对于一般常用零件的选材具有重要的参考价值。

9.3.1 滚动轴承类零件

滚动轴承是将运转的轴与轴座之间的滑动摩擦变为滚动摩擦,从而减少摩擦损失的一种精密的机械元件,一般由内圈、外圈、滚动体和保持架四部分组成。其主要作用是支承转动的轴及轴上零件,并保持轴的正常工作位置和旋转精度,滚动轴承使用维护方便,工作可靠,起动性能好,在中等速度下承载能力较强。

1. 滚动轴承的工作条件

(1)承受高载荷和交变应力;

(2)承受高转速和一定冲击。

2. 滚动轴承的失效方式

(1)接触疲劳破坏；

(2)塑性变形；

(3)磨损失效。

3. 滚动轴承(内外圈和滚动体)的性能要求

(1)高的硬度和耐磨性；

(2)高的接触疲劳强度；

(3)较好的韧性和耐蚀性；

(4)尺寸稳定性。

4. 滚动轴承的材料选择

绝大多数轴承套圈和滚动体都采用专用钢材制造,如高碳铬轴承钢、渗碳轴承钢、耐热轴承钢、耐腐蚀轴承钢等。使用高碳铬轴承钢(GCr15 和 GCr15SiMn 与 ZGCr15 和 ZGCr15SiMn)制造套圈和滚动体,其硬度范围可达 HRC60～66,一般工作温度区间为 $-40～130℃$;采用渗碳轴承钢等制造的套圈和滚动体,其硬度为 HRC60～64,一般工作温度区间为 $-40～130℃$。

9.3.2　轴类零件

轴类零件是机床、汽车及各类机器的重要零件,其作用是支承旋转零件,传递运动和动力。轴质量的好坏直接影响机器的精度和寿命。

1. 轴的工作条件

(1)承受交变扭转载荷、交变弯曲载荷或拉-压载荷；

(2)轴颈承受磨损和摩擦；

(3)大多数轴要求承受一定的过载或冲击载荷。

2. 轴的失效方式

(1)疲劳断裂:由于交变载荷长期作用造成疲劳断裂。主要是扭转疲劳,也有弯曲疲劳,疲劳断裂是主要的失效方式。

(2)断裂失效:由于大载荷或冲击载荷的作用,轴发生折断或扭断。个别情况下,也可能发生过量的塑性变形。

(3)磨损失效:轴颈或花键处过度磨损失效。

3. 轴的性能要求

(1)应具有优良的综合力学性能,即要有足够的强度、塑性和一定的韧性,以承受过载和冲击载荷,防止过量变形和断裂。

(2)当弯曲载荷很大、转速又很高时,轴要承受很高的疲劳应力。因此要求具有高的疲劳强度,以防疲劳断裂。

(3)轴表面要具有高硬度和耐磨性。特别是与滑动轴承接触的轴颈部位,耐磨性要求高。轴转速愈高,耐磨性要求也愈高。

(4)良好的工艺性能,如足够的淬透性,良好的切削加工性。

4. 轴的材料选择

高分子材料的强度、刚度太低,极易变形;陶瓷材料太脆,疲劳性能差,这两类材料一般不适宜制造轴类零件。因此轴类零件几乎都选用钢铁材料。此外,对轴进行选材时,还要进一步分析轴的受力状况。

(1)受力不大,主要考虑刚度和耐磨性。若主要考虑刚度,可用碳钢或球墨铸铁制造。若要求轴颈有较高的耐磨性,则可选用中碳钢,并进行表面淬火,将硬度提高到 52HRC 以上。

(2)主要受弯曲、扭转的轴,如变速箱传动轴、发动机主轴和机床主轴等。这类轴在整个截面上所受的应力分析不均匀,表面应力较大,心部应力较小,不需要用淬透性很高的钢种,如 45 钢、40Cr 和 40MnB 等即可满足要求。

(3)要求高精度、高尺寸稳定性及高耐磨性的轴,当轴由钢质轴承支承时,其轴颈必须具有更高的表面硬度。如镗床主轴,则选用 38CrMoAlA 钢,并进行调质处理和氮化处理。

(4)承受弯曲(或扭转),同时承受拉-压载荷的轴,如船用推进器轴、锻锤锤杆等,这类轴的整个截面上应力均匀,心部受力也较大,选用的钢种应具有较高的淬透性,如 40CrMnMo 等。

轴类零件很多,主要有机床主轴、汽车半轴和内燃机曲轴等,其选材的原则和主要依据是由载荷大小、转速高低、精度和粗糙度的要求、有无冲击载荷和轴承类型等来决定的。

此外对形状极复杂、尺寸较大的轴,可采用铸钢来制造,如 ZG230-450。近几十年来越来越多地采用球墨铸铁和高强度灰铸铁来代替钢作为各种曲轴的材料。与钢轴相比,铸铁轴的刚度和耐磨性不低,且具有缺口敏感性、减振减摩、切削加工性好及生产成本低等优点,选材时值得重视。

(5)典型轴类零件选材举例

① C616 车床主轴的选材

该机床主轴受交变弯曲和扭转的复合应力,但载荷不大、转速不高、冲击作用力不大。由于在滚动轴承中工作,摩擦已转移给滚动体和套圈,其轴颈部位不需要特别的硬度,工作条件较好,故具有一般的综合力学性能即可满足要求。但大端的内锥孔和外锥体与顶尖和卡盘在装卸过程中有相对摩擦,花键部位与齿轮有相对滑动,为防止这些部位表面划伤和磨损而影响配合精度,故要求这些部位有较高的硬度和耐磨性。

C616 车床主轴简图如图 9-1 所示。

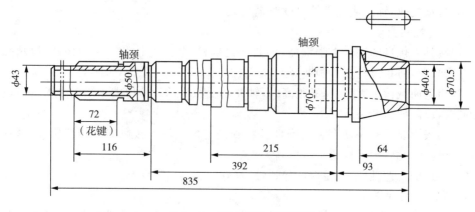

图 9-1 C616 车床主轴简图

根据上述分析,该主轴选用 45 钢即可满足要求。热处理工艺为整体调质处理,硬度要求为 220～250HB。内锥孔和外锥体局部淬火,硬度为 45～52HRC。具体加工工艺路线如下:

下料→锻造→正火→粗加工→调质→半精加工(除花键外)→局部淬火＋回火(内锥孔和外锥体)→粗磨(外圆、外锥体和内锥孔)→铣花键→花键高频淬火＋回火→精磨(外圆、外锥体和内锥孔)。

正火的目的:消除锻造应力,并得到合适的硬度,便于切削加工。同时改善锻造组织,为调质处理做准备。

调质处理目的:使主轴得到较好的综合力学性能和疲劳强度。

用盐浴快速加热局部淬火:使内锥孔及外锥体经回火后达到要求的硬度,保证装配精度和耐磨性。

在花键部位采用高频淬火、回火,以减少变形,并达到表面硬度的要求。

常用的机床主轴工作条件、选用材料、热处理工艺及应用举例详见表 9-5 所列。

表 9-5　根据工作条件推荐选用的机床主轴材料及热处理工艺

序号	工作条件	材料	热处理工艺	硬度要求	应用举例
1	在滚动轴承内运转; 低速、轻或中等载荷; 精度要求不高; 冲击、交变载荷不大	45	正火或调质后局部淬火 (1)正火调质; (2)局部淬火	≤229HBS 220～250HBS 40～51HRC	一般简易机床主轴、龙门铣床、立式铣床、小型式车床的主轴
2	在滚动轴承运转; 中等载荷、转速略高; 精度要求较高; 有一定交变、冲击载荷	40Cr 40MnB 40MnVB	整体淬硬	40～45HRC	滚齿机、铣齿机组合机床的主轴、铣床、C6132 车床主轴、M7475B 磨床砂主轴
			(1)调质; (2)局部淬火	220～250HBS 46～51HRC	
3	在滚动或滑动轴承内运转; 轻、中载荷,转速较低	50Mn2	正火	≤241HBS	重型机床主轴
4	在滑动轴承内运转; 中等或重载荷; 轴颈耐磨性更高; 精度很高; 有较高的交变应力	64Mn	调质后局部淬火 (1)调质; (2)轴颈、头颈淬火	250～280HBS 50～61HRC	M1450 磨床主轴
5	工作条件同 4,但表面硬度要求更高	GCr15 9Mn2V	调质后局部淬火 (1)调质; (2)轴颈和头处局部淬火	250～280HBS ≥50HRC	MQ1420、MB1432A磨床砂轮主轴
6	在滑动轴承内运转; 重载荷,转速很高; 精度要求极高; 有很高的交变、冲击载荷	38CrMoAl	调质后渗氮 (1)调质; (2)渗氮	≤260HBS ≥850HV	高精度磨床及坐标镗床主轴、多轴自动车床中心轴

（续表）

序号	工作条件	材料	热处理工艺	硬度要求	应用举例
7	在滑动轴承内运转；重载荷，转速很高；高的冲击载荷；很高的交变应力	20CrMnTi 12CrNi3	渗碳淬火	≥59HRC	Y7163 磨床、CG1107 车床、SG8630 精密车床主轴

② 汽车半轴的选材

汽车半轴是传递扭矩、直接驱动车轮转动的重要部件。承受反复弯曲疲劳和扭转应力的作用，工作应力较大，且受相当大的冲击载荷。要求材料有足够的抗弯强度、抗疲劳强度和较好的韧性。半轴是综合机械性能较高的零件，一般选用中碳调质合金钢制造。中小型汽车半轴选用 40Cr、40MnB 等制造。而大型载重汽车则用淬透性高的 40CrNi、40CrMnMo 和 40CrNiMo 合金钢制造。

130 载重汽车半轴简图如图 9-2 所示。

现以 130 载重汽车半轴为例进行选材分析。

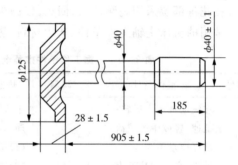

图 9-2　130 载重汽车半轴简图

根据技术条件，选用 40Cr 钢可满足要求，它的工艺路线为：下料→锻造→正火→机械加工→调质→盘部钻孔→磨削花键。

正火的目的：改善锻造组织，细化晶粒，以利于切削加工，并为随后调质处理做组织准备。其硬度为 187～241HB。

调质的目的：使半轴具有较高的综合机械性能。由于盘部和杆部要求不同的硬度。淬火采用整体加热后先将盘部油冷，一定时间后调过头将整体进行水冷，淬火后回火温度选用 420℃。回火后水冷，防止回火脆性，也有利于增加半轴表面的压应力，提高其疲劳强度。此时性能为杆部 37～44HRC，盘部外圆 24～34HRC。组织为回火索氏体或回火屈氏体。

几种国产汽车半轴的选材、技术条件和热处理工艺见表 9-6 所列。

表 9-6　国产汽车半轴选材、技术条件及热处理工艺

车型	载重量/t 功率/MW	选用材料	技术条件	热处理工艺
上海 SH130	2/75	40Cr	锻件：调质 388～440HB	淬火 850±10 油冷 回火 320～360℃
跃进 NJ130	2/70	40Cr	锻件：调质 341～415HB，突缘部分允许不小于 229HB	淬火 840～860℃油冷 回火 450±10℃水冷

（续表）

车型	载重量/t 功率/MW	选用材料	技术条件	热处理工艺
解放 CA10B	4/95	40Cr 40MnB	调质：37～44HRC	正火 860±10℃空冷 高质 860±10℃油浸 （法兰）水淬 回火 420～460℃水冷
黄河 NJ150	8/160	40CrMnMo	调质：37～44HRC	840±10℃柴油冷却 回火 480±10℃空冷
上海 SH380	32/400	40CrNi	调质：40～46HRC 从 ø60 肩到突缘渐降， 25～33HRC	淬火 840±10℃油冷 回火 430±10℃水冷

③ 内燃机曲轴的选材

曲轴是内燃机的重要零件之一，在工作时承受周期性变化的气体压力和活塞连杆惯性作用力、弯曲应力、扭转应力、拉伸应力，压缩应力、摩擦应力、切应力和小能量多次冲击力等复杂交变负荷及全部功率输出任务，服役条件恶劣。轴颈严重磨损和疲劳断裂是轴颈主要失效形式。在轴颈与曲柄过渡圆角处易产生疲劳裂纹，向曲柄深处扩展导致断裂。在高速内燃机中，曲轴还受到扭转振动的影响，产生很大的应力。因此，轴颈表面应有高的疲劳强度、优良耐磨性和足够硬化层深度，以满足多次修磨；基体应有高的综合力学性能与强韧性配合。

曲轴分为锻钢曲轴和球墨铸铁曲轴两类。长期以来，人们认为曲轴在动载荷下工作，材料有较高的冲击韧度更为安全。实践证明，这种想法不够全面。目前轻、中载荷，低、中速内燃机已成功地使用球墨铸铁曲轴。如果能保证铸铁质量，对一般内燃机曲轴完全可以采用球墨铸铁制造，同时可简化生产工艺，降低成本。

球墨铸铁曲轴：以 110 型柴油机球墨铸铁曲轴为例，说明其加工工艺路线。

材料：QT600-3 球墨铸铁。

热处理技术条件：整体正火，$R_m \geq 650N/mm^2$，$\alpha_k \geq 15J/cm^2$，硬度 240～300HBW；轴颈表面淬火＋低温回火，硬度≥55HRC；珠光体数量，试棒≥75%，曲轴≥70%。

加工工艺路线：铸造成形→正火＋高温回火→切削加工→轴颈表面淬火十低温回火→磨削。

铸造是保证这类曲轴质量的关键，例如铸造后的球化情况、有无铸造缺陷，成分及显微组织是否合格等都十分重要。在保证铸造质量的前提下，球墨铸铁曲轴的静强度、过载特性、耐磨性和缺口敏感性都比 45 钢锻钢曲轴好。

正火的目的是增加组织内珠光体的数量并使之细化，以提高抗拉强度、硬度和耐磨性；回火的目的是消除正火风冷所造成的内应力。

轴颈表面淬火是为了进一步提高该部位的硬度和耐磨性。

锻造合金曲轴：以机车内燃机曲轴为例，说明其选材及加工工艺路线。

材料:50CrMoA。

热处理技术条件:整体调质,$R_m \geq 950N/mm^2$、$R_{eL} \geq 750/mm^2$、$A \geq 12\%$、$Z \geq 45\%$、$\alpha_k \geq 56J/cm^2$、30~35HRC,轴颈表面淬火回火,60~65HRC、硬化层深度 3~8mm。

加工工艺路线:锻造→退火→粗加工→调质→半精加工→表面淬火＋低温回火→磨削。

9.3.2　齿轮类零件

1. 齿轮的工作条件、主要失效形式及性能要求

齿轮是应用极广的重要机械零件,其主要作用有传递扭矩(力或能),改变运动速度或方向。不同的齿轮,其工作条件、失效形式和性能要求有所差异,但也有如下的共同特点。

(1)工作条件:由于传递扭矩,齿根部承受较大的交变弯曲应力;齿面啮合并发生相对滑动与滚动,承受较大的交变接触应力及强烈的摩擦;因启动、换挡或啮合不良,齿轮要承受一定的冲击力;有时还有其他特殊条件要求,如耐高、低温要求,耐蚀要求,抗磁性要求等。

(2)主要失效形式:断裂,包括交变弯曲应力引起的轮齿疲劳断裂和冲击过载导致的崩齿与开裂;齿面损伤,包括交变接触应力引起的表面接触疲劳(麻点剥落)和强烈摩擦导致的齿面过度磨损,其他特殊失效,如腐蚀介质引起的齿面腐蚀现象。

(3)主要性能要求:根据齿轮的工作条件和主要失效形式分析,对齿轮材料提出的性能要求有以下几点。

① 齿轮材料应有高的弯曲疲劳极限,以防止轮齿的疲劳断裂。为简便计,可参照经验公式:弯曲疲劳极限$\approx k \cdot (HV)^m$,式中 HV 为齿面硬度,k,m 为与材料有关的常数,这说明齿轮的弯曲疲劳极限主要取决于齿面硬度。但也应注意齿轮心部强度、硬度的影响,有资料表明,当心部充分强化时,齿轮的弯曲疲劳极限可提高 14% 左右。

② 齿轮材料应有足够高的齿面接触疲劳极限和高的硬度、耐磨性,以防齿面损伤。为简便计算,也可采用近似经验公式:齿面接触疲劳极限$\approx 0.2 (HV/100)^2$,这也说明齿面硬度高,其齿面接触疲劳极限也高。

③ 齿轮材料应有足够的齿心部强韧性,以防冲击过载断裂。

2. 常用齿轮材料

1)金属材料

绝大多数齿轮均采用金属材料制造,并可通过热处理改变其性能。

(1)锻钢

锻钢是齿轮的主要材料。通过锻造(尤其是模锻),可改善钢的组织并形成有益的加工流线,因而力学性能优良。重要用途的齿轮大多采用锻钢制造。用作锻钢齿轮的钢材主要是表面硬化钢,包括三种类型。

① 低碳钢及低碳合金钢:常用牌号有 20、20Cr、20CIMO、18Cr2Ni4WA 等,这类钢可通过退火或正火来改善切削加工性能,通过渗碳后淬火＋低温回火来保证齿轮的使用性能。渗碳齿轮具有表面高硬度(一般为 56~62HRC,又称"硬齿面齿轮")、高耐磨性、高

的弯曲疲劳极限和接触疲劳极限,心部具有足够高的强韧性,故适合于制造高速、大冲击的中载和重载齿轮。

② 中碳钢及中碳合金钢:常用牌号有 Q275、40、45、40Ct、40MnB 等,这类钢常通过正火或调质处理来保证齿轮心部强韧性,然后再进行表面淬火+低温回火处理来保证齿表面的硬度、疲劳极限和耐磨性。由于齿面硬度不很高(一般为 50~56HRC,故又称"软齿面"齿轮,碳钢偏下限,合金钢偏上限),心部韧性也不够高,故这类齿轮钢的综合力学性能不及低碳渗碳钢。所以中碳钢表面淬火齿轮的工作速度、载荷及受冲击的程度应低于低碳钢渗碳淬火齿轮。其中 Q275 属于普通碳钢,只宜制造低速、轻载、无冲击的非重要齿轮,一般在正火状态直接使用;40、45 钢可用来制造低中速、轻中载、小冲击的齿轮,依据具体工作条件不同,可在正火、调质、表面淬火状态下使用;40Cr、40MnB 合金钢的综合力学性能优于 40、45 碳钢,可用于相对重要的齿轮,多在表面淬火状态使用,少数情况也可在调质状态使用。随着低淬透性钢的发展,也可选用 55Ti、60Ti 等低淬透性钢并进行表面淬火,部分代替低碳渗碳钢齿轮,可简化工艺,降低成本。

③ 中碳渗氮钢:如 40Ct、35CrMo、38CrMoAlA 钢,经调质处理后再进行表面渗氮处理,力学性能优良,变形微小,主要用于高精度、高速齿轮。

(2)铸钢

铸钢齿轮的力学性能比锻钢差,故较少使用,但对某些尺寸较大(ø＞500mm)、形状复杂的齿轮,采用铸钢较为合理。常用铸钢牌号有 ZG279 - 500(ZG35)、2G310 - 570(ZG45)、ZG40Cr 等。铸钢齿轮加工后一般也是进行表面淬火+低温回火处理,但对性能要求不高时,如低速齿轮,也可在调质状态甚至正火状态下使用。

(3)铸铁

灰铸铁齿轮具有优良的减摩性、减振性,工艺性能好且成本低,其主要缺点是强韧性欠佳,故多用于制造一些低速、轻载、不受冲击的非重要齿轮,常用牌号有 HT200、HT250、HT350 等。由于球墨铸铁的强韧性较好,故采用 QT600 - 3、QTS00 - 7 代替部分铸钢齿轮的趋势越来越大。铸铁齿轮的热处理方法类似于铸钢齿轮。

(4)有色金属材料

在仪器仪表及某些特殊条件下工作的轻载齿轮,由于有耐蚀、无磁、防爆等特殊要求,可采用一些耐磨性较好的有色金属材料制造,其中最主要的是铜合金,如黄铜(如H62)、铝青铜(如 QAl9 - 4)、锡青铜(如 QSn6.5 - 0.1)、硅青铜(如 QSi3 - 1)等。

(5)粉末冶金材料

粉末冶金齿轮材料可实现高精度、无切削加工,特别是随着粉末热锻新技术的应用,所制造的齿轮力学性能优良,技术经济效益高。粉末冶金材料一般适用于大批量生产的小齿轮,如汽车发动机的定时齿轮(材料 Fe - C0.9)、分电器齿轮(材料 Fe - CO9 -Cu2.0)、农用柴油机中的凸轮轴齿轮(材料 Fe - Cu - C)、联合收割机中的油泵齿轮。

2)非金属材料

陶瓷材料脆性大,工艺性能差,一般不用作齿轮材料;高分子材料(如尼龙、ABS、聚甲醛等)具有减摩耐磨(尤其是在无润滑或不良润滑条件下)、耐蚀、质量轻、噪声小、生产率高等优点,故适合于制造轻载、低速、无润滑条件下工作的小齿轮,如仪表齿轮、玩具齿轮、车床走刀机械传动齿轮等。

综上所述,适合于制造齿轮的材料很多,选材时应全面考虑齿轮的具体工作条件与要求,如载荷的性质与大小、传动方式的类型与传动速度的高低、齿轮的形状与尺寸、工作精度的要求等。一般地,对开式传动齿轮,或低速、轻载、不受冲击或冲击较小的齿轮,宜选相对价廉的材料,如铸铁、碳钢等;对闭式传动齿轮,或中高速、中重载、承受一定甚至较大冲击的齿轮,则宜选用相对较好的材料,如优质碳钢或合金钢,并须进行表面强化处理。在齿轮副选材时,为使两者寿命相近并防止咬合现象,大、小齿轮宜选不同的材料,且两者硬度要求也应有所差异。通常小齿轮应选相对好的材料,其硬度要求也较高一些。表 9-7 为推荐使用的一般齿轮材料、热处理及性能。

表 9-7 常用的一般齿轮材料、热处理及性能

传动方式	工作条件		小齿轮			大齿轮		
	速度	载荷	材料	热处理	硬度	材料	热处理	硬度
开式传动	低速	轻载、无冲击、非重要齿轮	Q255	正火	150～190HSB	HT200		170～230HBS
			Q275			HT250		170～240HBS
		轻载、小冲击	45	正火	170～200HBS	QT500-7	正火	170～207HBS
						QT600-3		197～269HBS
闭式传动	低速	中载	45	正火	170～200HBS	35	正火	150～180HBS
			ZG310～570	调质	200～250HBS	ZG270～500	调质	190～230HBS
		重载	45	整体淬火	38～48HRC	ZG270～500	整体淬火	35～40HRC
	中速	中载	45	调质	200～250HBS	35	调质	
				整体淬火	38～48HRC		整体淬火	
			40Cr	调质	230～280HBS	45,50	调质	
			40MnB			ZG270～550	整体淬火	
			40MnVB			35,40	调质	
		重载	45	整体淬火	38～48HRC	35	整体淬火	35～40HRC
				表面淬火	45～52HRC	45	调质	220～250HBS
			40Cr	整体淬火	38～48HRC	35,40	整体淬火	35～40HRC
			40MnB					
			40MnVB	表面淬火	52～56HRC	45,50	表面淬火	45～50HRC
	高速	中载、无猛烈冲击	40Cr	整体淬火	35～42HRC	35,40	整体淬火	35～40HRC
			40MnB					
			40MnVB	表面淬火	52～56HRC	45,50	表面淬火	45～50HRC
		中载、有冲击	20Cr	渗碳淬火	56～62HRC	ZG310～570	正火	160～210HBS
			20MnVB			35	调质	190～230HBS
			20CrMnTi			20Cr,20MnVB	渗碳淬火	56～62HRC
		重载、高精度、小冲击	38CrAl	渗氮	>850HV	35CrMo	调质	255～302HBS
			38CrMoAlA					

3. 典型齿轮类零件选材实例

(1) 机床齿轮

一般来说,机床齿轮运行平稳无强烈冲击、载荷不大、转速中等,工作条件相对好,故对齿轮表面耐磨性和心部韧性要求不太高。大多采用碳钢(40、45 钢)制造,经正火或调质处理后再进行表面淬火 + 低温回火,其齿面硬度可达 50HRC,齿心硬度为 220～250HBS,完全可满足性能要求。对部分性能要求较高的齿轮,也可选用中碳合金钢(40Cr、40MnB、40MnVB 等)制造,其齿面硬度可提高到 58HRC 左右,心部强韧性也有所改善。极少数高速、高精度、重载齿轮,还可选用中碳渗氮钢(如 35CrMo、38CrMnAlA 等)进行表面渗氮处理制造。

机床齿轮的简明加工工艺路线为:下料→锻造→正火→粗加工→调质→精加工→表面淬火 + 低温回火→精磨。

正火可使锻造组织均匀化,调整硬度便于切削加工。对一般齿轮,正火可直接作为表面淬火前的预备组织,并保证齿心的强韧性。调质处理可使齿轮具有较高的综合力学性能,改善齿心的强韧性进而使齿轮能承受较大的弯曲载荷和冲击载荷,并减小淬火变形,改善齿面加工质量。表面淬火可提高齿轮表面的硬度、耐磨性和疲劳性能。低温回火的作用主要是消除淬火应力、防止磨削裂纹和降低脆性以提高齿轮的抗冲击能力。

(2) 汽车、拖拉机齿轮

汽车、拖拉机等动力车辆的齿轮工作条件比机床齿轮恶劣,特别是主传动系统中的齿轮更是如此,它们受力较大,易过载,起动、制动及变速时受到频繁的强烈冲击。故这类齿轮对材料的耐磨性、疲劳性能、心部强度和韧性等性能的要求均比机床齿轮高,采用中碳钢表面淬火已难满足使用的需要。通常选用合金渗碳钢(20Cr、20MnVB、20CrMnTi、20CrMnMo)制造,经渗碳淬火 + 低温回火处理后使用,其齿面硬度可达 58～62HRC,心部硬度 30～45HRC。对飞机、坦克等特别重要齿轮,则可采用高性能高淬透性渗碳钢(如 18Cr2Ni4WA)来制造。

我国多采用 20CrMnTi 制造汽车齿轮,其简明的加工工艺路线为:下料→锻造→正火→切削加工→渗碳、淬火并低温回火→喷丸→磨削加工。

渗碳淬火处理可使齿面具有高硬度、高耐磨性和高的疲劳性能,而心部保持良好的强韧性;喷丸作为进一步强化手段,可使齿面硬度提高 1～3HRC,增加表层残余压应力,进而提高齿轮疲劳极限。

主要参考文献

[1] 胡赓祥,蔡珣,戎咏华. 材料科学基础[M]. 3 版. 上海:上海交通大学出版社,2010.

[2] 陶杰,姚正军,薛烽. 材料科学基础[M]. 3 版. 北京:化学工业出版社,2022.

[3] 崔忠圻,覃耀春. 金属学与热处理[M]. 3 版. 北京:机械工业出版社,2020.

[4] 潘金生,仝健民,田民波. 材料科学基础[M]. 修订版. 北京:清华大学出版社,2011.

[5] 叶宏. 工程材料及热处理[M]. 北京:化学工业出版社,2017.

[6] 沈莲. 机械工程材料[M]. 北京:机械工业出版社,2018.

[7] 刘宗昌,任慧平,安胜利,等. 马氏体相变[M]. 北京:科学出版社,2012.

[8] 王正品,李炳,要玉宏. 工程材料[M]. 2 版. 北京:机械工业出版社,2021.

[9] 刘天模,徐幸梓. 工程材料[M]. 北京:机械工业出版社,2020.

[10] 宋小龙,安继儒. 新编中外金属材料手册[M]. 北京:化学工业出版社,2007.

[11] 付华,张光磊. 材料性能学[M]. 2 版. 北京:北京大学出版社,2017.

[12] 王霞,邹华. 高分子材料概论[M]. 北京:化学工业出版社,2022.

[13] 陈宇飞,马成国. 聚合物基复合材料[M]. 北京:化学工业出版社,2020.

[14] William D. Callister Jr. , David G. Rethwisch. Fundamentals of Materials Science and Engineering[M]. 6th Edition,USA,Wiley,2022.

[15] C. Barry Carter, M. Grant Norton. Ceramic Materials:Science and Engineering [M]. 2nd Edition,German,Springer,2016.

[16] 吴玉程. 工程材料与先进成形技术基础[M]. 北京:机械工业出版社,2022.

[17] 李登超. 钢材质量检验[M]. 北京:化学工业出版社,2007.

[18] 朱张校,姚可夫. 工程材料[M]. 5 版. 北京:清华大学出版社,2011.